# 计算机视觉中的建模方法及应用

赵 越 著

科学出版社

北 京

## 内 容 简 介

本书以“厚理论、重问题、强实践、广应用”为出发点撰写内容。本书基于射影几何和数学建模思想，介绍针孔摄像机模型和全景摄像机模型，解决了摄像机标定、三维重建等计算机视觉中的基本理论和典型问题，分析建模方法及其应用。本书分三篇：理论篇，从射影几何的角度介绍针孔摄像机、全景摄像机和三维重构的基础知识；实践篇，基于理论知识，通过数学建模的分析来解决摄像机标定、三维重建和计算机视觉方面的问题，本篇内容是本书的精华与核心；技术篇，介绍与实践篇相关的图像处理技术和数值技术。

本书可作为信息与数学类等理工科本科生与研究生的教材，也可作为相关领域研究人员的参考书。

**图书在版编目（CIP）数据**

计算机视觉中的建模方法及应用 / 赵越著. —北京：科学出版社，2023.3

ISBN 978-7-03-075179-9

Ⅰ. ①计… Ⅱ. ①赵… Ⅲ. ①计算机视觉 Ⅳ. ①TP302.7

中国国家版本馆 CIP 数据核字（2023）第 043502 号

责任编辑：于海云 张丽花 / 责任校对：王 瑞

责任印制：张 伟 / 封面设计：迷底书装

科 学 出 版 社 出版

北京东黄城根北街 16 号

邮政编码：100717

http://www.sciencep.com

北京建宏印刷有限公司 印刷

科学出版社发行 各地新华书店经销

*

2023 年 3 月第 一 版 开本：787×1092 1/16

2023 年12月第二次印刷 印张：15 1/2

字数：365 000

**定价：79.00 元**

# 前　言

计算机视觉是人工智能的重要研究领域之一，是研究用计算机来模拟人或生物视觉系统功能的学科，其目的是让计算机能够基于图像感知和理解周围世界，即对图像或视频数据中的场景、目标、行为等信息进行识别、测量和理解等。计算机视觉的中心任务是对图像进行理解，而它的最终目标是使计算机具有通过二维图像认知三维环境信息的能力，这种能力不仅使机器能感知包括形状、姿态、运动等在内的三维环境中物体的几何信息，而且能对它们进行描述、存储、识别与理解。

计算机视觉的前提和基础是成像技术。早在战国时期，墨子及其学生就做了世界上第一个小孔成倒像的实验。20 世纪 60 年代，乌尔夫·格林纳德(Ulf Grenander)从数学的角度，整合代数、集合论和概率论，提出了 Analysis-by-Synthesis(综合分析)的思想，为计算机视觉奠定了开创性的理论基础。20 世纪 70 年代，大卫·马尔(David Marr)用计算机模拟人的视觉过程，在计算机中实现了人的立体视觉功能。马尔的视觉计算理论立足于计算机科学，系统地概括了当时神经科学、心理学等方面的重要成就，其重要特征在于使视觉信息处理的研究变得更加严密，把视觉研究从描述的水平提高到有数学理论支撑且可以计算的层级，从此标志着计算机视觉成为一门独立的学科，视觉信息科学得以迅速发展壮大。

本书分三篇，主要内容如下。

**理论篇**：主要介绍射影几何、针孔摄像机几何、全景摄像机几何和三维重构等的理论知识。射影几何是计算机视觉的数学理论渊源，包括二维射影几何和三维射影几何；通过数学方法建立针孔摄像机几何模型和全景摄像机几何模型，并给出模型相关的性质，如重要几何元素的成像过程和摄像机内参数的约束条件；三维重构涉及的对极几何与基本矩阵、分层重构。

**实践篇**：主要介绍针孔摄像机、中心折反射摄像机标定和三维重建等内容，以及其问题建模、计算机视觉方法的应用。

**技术篇**：主要介绍图像处理技术和数值技术等内容。

书中各篇的内容既相互独立，又相互渗透，形成一个有机的整体。

为了方便读者理解重点知识内容及其应用，本书配有微课视频和实例代码。微课视频和实例代码可作为纸质内容的拓展与补充。扫描书中相关的二维码即可观看视频讲解。本书中所涉及的实例代码均可在 Matlab 或 Python 软件中运行，学生可以通过本书提供的地址下载相应的代码资源包。代码资源包的获取方法：打开网址 www.ecsponline.com，在页面最上方注册或通过 QQ、微信等方式快速登录，在页面搜索框输入书名，找到图书后进入图书详情页，在“资源下载”栏目中下载。

全书由赵越总纂和定稿，卓庆丰、肖倩、王亚林、汪雪纯、杨丰澧等参与了本书内容的编写工作，姚玉凡、江汶参与了配套课件的制作，曾蓉、曹知章、汪黎箫参与了微课视频的录制，陈瑜阳、邓修营、柴塬琛编写了实例配套的程序代码，刘香、陈旭参与了书稿的校对工作，王亚林对本书的策划提出了宝贵意见。

在本书出版之际，编者衷心感谢云南省统计建模与数据分析重点实验室的支持。

由于编者水平有限，若书中存在疏漏和不妥之处，敬请广大读者批评指正，对此表示衷心的感谢。

编　者

2022 年 8 月

# 目 录

## 理 论 篇

## 实　践　篇

## 技　术　篇

# 理　论　篇

# 第 1 章　二维和三维射影几何

本节首先通过在欧氏空间引入无穷远元素的方式建立射影平面的概念，然后在射影平面的基础上引入齐次坐标，介绍对偶原理，后面介绍单比与交比的定义。1.1～1.6 节的内容是学习二维射影几何的基础，1.7～1.9 节的内容是学习三维射影几何的基础。

## 1.1　射 影 平 面

### 1.1.1　中心射影

1. 直线到直线的中心射影

**定义 1.1.1**　设 $l, l'$ 是相异且共面的两条直线，点 $O$ 是该平面上异于 $l$ 与 $l'$ 外任一点。若 $O$ 与 $l$ 上任一点 $A$ 的连线 $OA$ 交 $l'$ 于 $A'$。则定义：$A'$ 叫做 $A$ 点从 $O$ 投影到 $l'$ 上的中心射影下的对应点。$OA$ 叫做投射线，$O$ 叫做投射中心，简称射心。显然 $A$ 也是 $A'$ 在 $l$ 上以 $O$ 为射心的中心射影下的对应点。或者可以称 $A'$ 是 $A$ 在该中心射影下的像，$A$ 为 $A'$ 的原像。图 1.1.1 给出了直线 $l$ 到 $l'$ 的一个中心射影。

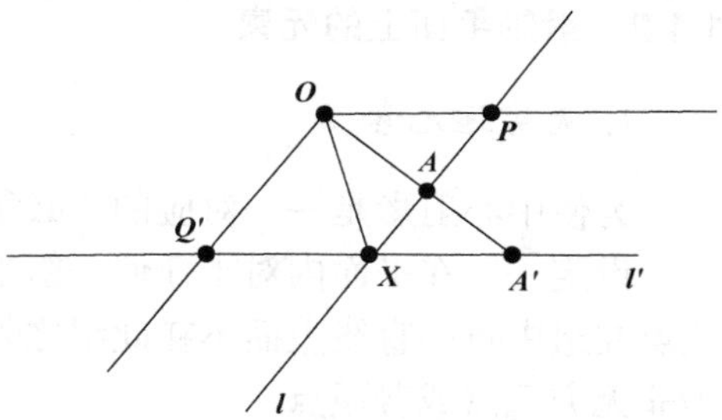

图 1.1.1　直线到直线的中心射影

当直线 $l$ 与 $l'$ 有交点 $X$ 时，该点为自对应点。若这两条直线平行，则没有自对应点。对于取定的两直线 $l$ 与 $l'$，取不同的射心，就得到不同的中心射影。

如图 1.1.1 所示，当直线 $l$ 与 $l'$ 不平行时，在直线 $l$ 上存在一点 $P$，使得 $OP//l'$，这样 $OP$ 与 $l'$ 不存在交点，即 $P$ 在 $l'$ 上不存在像点，称 $P$ 为 $l$ 上的消失点。同理，在 $l'$ 上也存在消失点 $Q'$。由于消失点的存在，欧氏几何中直线到直线的中心射影不是一一对应的。

2. 平面到平面的中心射影

给出了直线到直线的中心射影，类似地可以给出平面到平面的中心射影。

**定义 1.1.2**　设 $\pi, \pi'$ 为两个相异的平面，$O$ 为不在此二次平面上的任意定点，则由此确定了平面 $\pi$ 到 $\pi'$ 上的点之间的一个以 $O$ 为投射中心的中心射影。

若 $O$ 与 $\pi$ 上任一点 $A$ 的连线 $OA$ 交 $\pi'$ 于点 $A'$，则称 $A'$ 为 $A$ 在 $\pi'$ 上的中心射影，直

线 $OA$ 称为投射线。或者，称 $A'$ 为 $A$ 在该中心射影下的像，而称 $A$ 为 $A'$ 的原像。同样地，平面到平面上点之间的中心射影的逆对应也是中心射影。图 1.1.2 给出了平面 $\pi$ 到 $\pi'$ 上的点之间的一个中心射影。

若平面 $\pi$ 与 $\pi'$ 的交线为 $x$，则直线 $x$ 上的任一点 $X$ 都是该中心射影的自对应点，进而，直线 $x$ 为该中心射影下的自对应直线；若平面 $\pi$ 与 $\pi'$ 平行，则没有自对应直线。对于取定的两个平面 $\pi$ 和 $\pi'$，不同的投射中心将确定不同的中心射影。

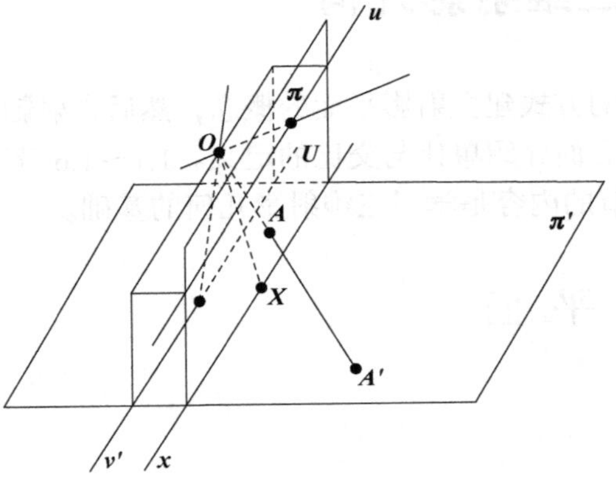

图 1.1.2　平面到平面上点的中心射影

如图 1.1.2 所示，当平面 $\pi$ 与 $\pi'$ 不平行时，在平面 $\pi$ 上存在一条直线 $u$ 与点 $O$ 确定的平面平行于平面 $\pi'$，这样直线 $u$ 上任一点 $U$ 与 $O$ 的连线均与平面 $\pi'$ 平行，于是，点 $U$ 在该中心射影下不存在像点，是消失点，从而，直线 $u$ 在平面 $\pi'$ 上不存在像，称直线 $u$ 为平面 $\pi$ 上的消失线。同样，在平面 $\pi'$ 上也存在一条消失线 $v'$。由于消失线的存在，欧氏几何中平面到平面上的点之间的中心射影不是一一对应的。

### 1.1.2　射影平面上的元素

#### 1. 无穷远元素

为使中心射影是一一对应的，必须要对欧氏平面加以拓广，所以引入无穷远元素。

设定一：在平面内对于任何一组平行线引入唯一一点，称其为无穷远点，记为 $P_\infty$。此点在组中每一直线上而不在此组之外的任何直线上。为区别起见，平面上原有的点称为非无穷远点或普通点。

设定二：一个平面内一切无穷远点的集合组成一条直线，称为无穷远直线，记作 $l_\infty$。为区别起见，平面内原有的直线称为非无穷远直线或普通直线。

无穷远直线实际上是三维空间中平行平面的交线。

空间里有无数多个方向，因此有无数多个无穷远点，这些无穷远点的轨迹与每个平面相交于一条无穷远直线。

设定三：空间中一切无穷远点的集合组成一个平面，称为无穷远平面，记作 $\pi_\infty$。为区别起见，平面内原有的平面称为非无穷远平面或普通平面。

**定义 1.1.3**　无穷远点、无穷远直线、无穷远平面统称为**无穷远元素**。平面上的无穷远元素为无穷远点与无穷远直线。

#### 2. 仿射直线和仿射平面

**定义 1.1.4**　在欧氏直线上添加一个无穷远点后便可以得到一条新的直线，称为仿射直线。

仿射直线上的无穷远点把直线左右两端连接起来，仿射直线可视为类似圆的封闭图形。图 1.1.3 是仿射直线的模型，可以按照图 1.1.4 的方式建立仿射直线与圆之间的一一对应。在图 1.1.4 中，设圆 $C$ 与直线 $l$ 相切于点 $A$，点 $B$ 是 $A$ 的对径点（$AB$ 是圆的直径）。以 $B$ 为投射中心建立圆与仿射直线间的中心射影，圆上任一点 $P'$ 与 $B$ 的连线交直线 $l$ 于点 $P$，$P$ 为 $P'$ 在此中心射影下的像。当 $Q'$ 在圆 $C$ 上离 $B$ 越来越近时，$Q'$ 的像 $Q$ 在直线 $l$ 上离 $A$ 越来越远，自然地可以定义圆 $C$ 上点 $B$ 的像是直线 $l$ 上的无穷远点。这样的中心射影建立了圆和仿射直线之间的一一对应。

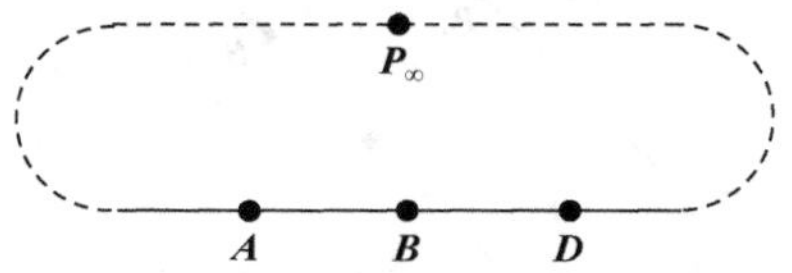

图 1.1.3　仿射直线模型

仿射直线与普通直线是不同的：在图 1.1.3 中，仿射直线上任一点 $A$ 不能将仿射直线分为不连通的两段；而仿射直线上任意的两个非无穷远点 $A$、$B$ 把它分为两段，其中一段包含无穷远点，另一段就是原来直线上的线段。仿射直线上的任意三个非无穷远点 $A$、$B$、$D$ 不能排成唯一顺序（一点介于另外两点之间）。

**定义 1.1.5**　在欧氏平面上添加一条无穷远直线就可以得到仿射平面。

下面给出欧氏空间中的一个仿射平面的模型。如图 1.1.5 所示，设有以 $O$ 为球心的球面，过球心 $O$ 做平面 $\alpha$ 交球面于大圆 $C$，这里规定：半球面 $S$ 为仿射平面，大圆 $C$ 上的点为无穷远点，并且大圆 $C$ 的每一直径的两个端点视为相同的无穷远点，半球面上除大圆 $C$ 外所有的点均为非无穷远点；大圆 $C$ 为无穷远直线，半球面上的半大圆弧为普通直线，相交于大圆 $C$ 上同一点的半大圆弧为平行直线。关于半球面和仿射平面之间的一一对应的建立读者可以进行思考。

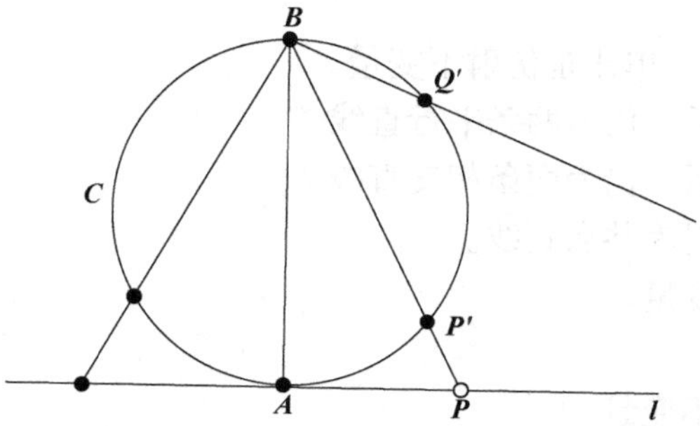

图 1.1.4　圆与仿射直线间的中心射影

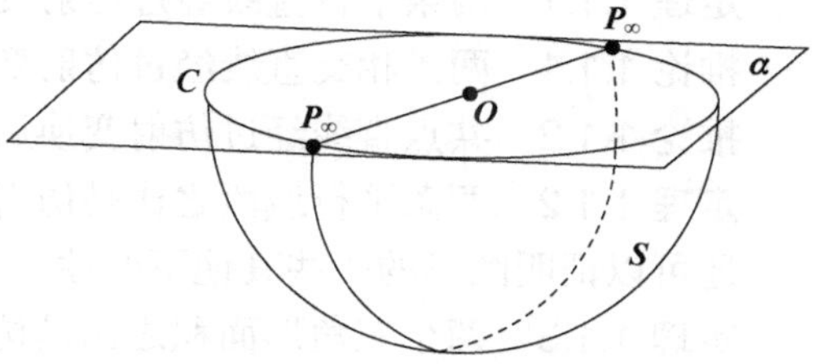

图 1.1.5　仿射平面模型

通过分析，仿射平面和普通平面也是不同的：在普通平面上，一条直线可以把平面分为不连通的两部分。但是在仿射平面上，一条仿射直线不能把它分成不连通的两部分。如图 1.1.6 所示，$l$ 是一条仿射直线，$A$、$B$ 在的同一侧。包含无穷远点的线段 $AB$ 与直线 $l$ 不相交（两条直线只有一个交点，直线 $l$ 与不包含无穷远点的直线 $AB$ 相交）。这说明 $l$ 两侧的点可以用不与 $l$ 相交的线段连接，于是，直线 $l$ 不能把仿射平面分为不连通的两部分。同样不难知道，图 1.1.7 中两条仿射直线 $l$、$m$ 将仿射平面分为两个不同的区域Ⅰ和Ⅱ，这里，Ⅰ和Ⅰ是连通的，Ⅱ和Ⅱ也是连通的，但是，Ⅰ和Ⅱ两部分互不连通。

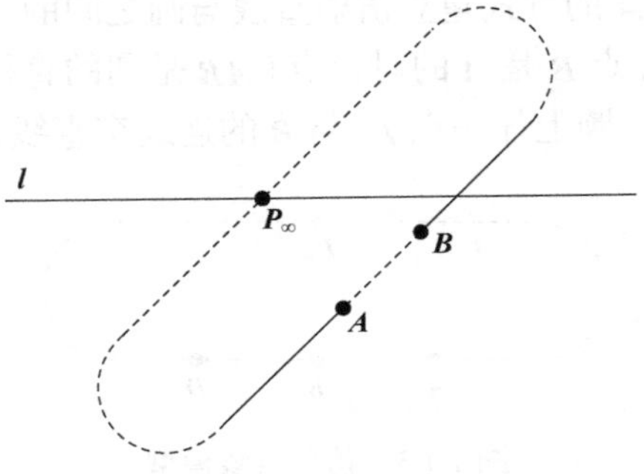


图 1.1.6　一条仿射直线划分仿射平面

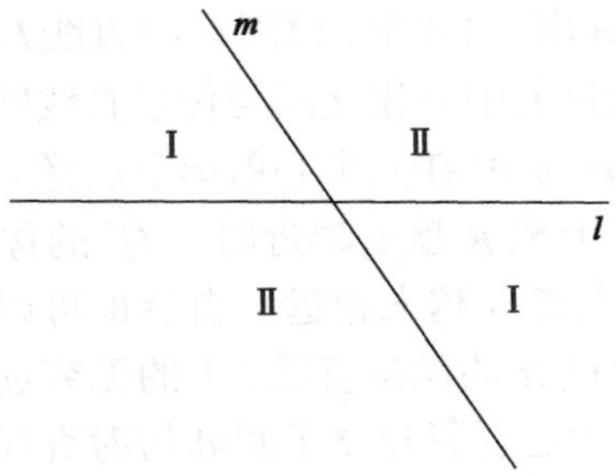


图 1.1.7　两条仿射直线划分仿射平面

给出仿射直线和仿射平面的定义之后，探讨图形的射影性质。

引入无穷远元素以后，便可以通过中心射影建立一个平面上两直线上点之间的一一对应，这种一一对应称为透视对应。同样，也可以通过中心射影建立两平面之间点的一一对应，也称为透视对应。

3. 仿射图形及仿射性质

仿射变换可以用代数形式表达：

$$\begin{cases} x' = a_{11}x + a_{12}y + a_{13} \\ y' = a_{21}x + a_{22}y + a_{23} \end{cases} \tag{1.1.1}$$

**定义 1.1.6**　图形经过任何仿射变换后都不变的性质(量)，称为图形的仿射性质(仿射不变量)。

例如，同素性、结合性是图形的仿射性质，单比是仿射不变量。

**定理 1.1.1**　两条平行直线经过仿射变换后，仍为两条平行直线。

**推论 1.1.1**　两条相交直线经过仿射变换后，仍为两条相交直线。

**推论 1.1.2**　共点直线经过仿射变换后，仍为共点直线。

**定理 1.1.2**　两条平行线段之比是仿射不变量。

还可以证明图形的一些其他不变性。

**定理 1.1.3**　两个三角形面积之比是仿射不变量。

**推论 1.1.3**　两个多边形面积之比是仿射不变量。

**推论 1.1.4**　两个封闭图形面积之比是仿射不变量。

下面读者自行证明：在仿射变换下，菱形对应的仿射图形是平行四边形；正方形对应的仿射图形是平行四边形；梯形对应的仿射图形是梯形；等腰三角形对应的仿射图形是三角形。

4. 射影直线和射影平面

**定义 1.1.7**　如果把仿射直线上的无穷远点与非无穷远点同等看待而不加以区别，则称这条直线为射影直线。

射影直线可看成封闭的，欧氏平面上的圆通常可以看成射影直线的模型(图 1.1.8)。

将射影直线的概念加以推广，就可以得到射影平面的概念。

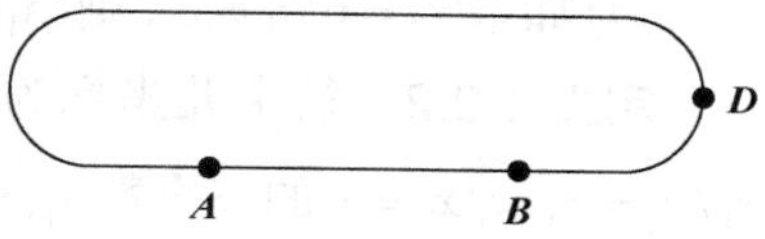


图 1.1.8　射影直线模型

**定义 1.1.8**　在仿射平面上，如果对于普通元素和无穷远元素不加以区分，即可得到射影平面。

将仿射平面的模型图 1.1.5 中的无穷远元素和普通元素不加以区分，就得到射影平面的一个模型。射影平面也是封闭的。

5. 射影基本形和图形的射影性质

**定义 1.1.9**　经过中心射影(透视对应)后图形的不变性质(量)叫做图形的射影性质(射影不变量)。

容易证明，同素性和结合性都是射影性质。另外，圆锥曲线经过中心射影后的像还是圆锥曲线，所以说圆锥曲线具有射影性质。圆经过某些中心射影不变，但经过另一些中心射影可能变成其他二次曲线而不一定是圆，因此圆这一图形不具有射影性质。

**定义 1.1.10**　一条直线 $\boldsymbol{l}$ 内所有点 $\boldsymbol{A},\boldsymbol{B},\boldsymbol{C},\cdots$ 的集合叫做点列，此直线叫点列的底，记为 $\boldsymbol{l}(\boldsymbol{A},\boldsymbol{B},\boldsymbol{C},\cdots)$。

**定义 1.1.11**　一个平面内通过一点 $\boldsymbol{O}$ 的所有直线 $\boldsymbol{a},\boldsymbol{b},\boldsymbol{c},\cdots$ 的集合叫做线束，$\boldsymbol{O}$ 为线束的中心(或顶点)，记为 $\boldsymbol{O}(\boldsymbol{a},\boldsymbol{b},\boldsymbol{c},\cdots)$。

显然点列与线束都是射影不变图形，但平行四边形、两直线的垂直性等都不是射影不变的。

## 1.2　齐次坐标

### 1.2.1　齐次点坐标

在欧氏直线上建立坐标系后，便有了点和实数间的一一对应，但引入无穷远点后，无穷远点无坐标，为了刻画无穷远点的坐标，引入齐次点坐标。

**定义 1.2.1**　设欧氏直线上普通点 $\boldsymbol{P}$ 的坐标为 $x$，则由满足 $x_1/x_2 = x$ 的两个数 $x_1,x_2$ 组成的有序数组 $(x_1,x_2)$ (其中 $x_2 \neq 0$) 叫做点 $\boldsymbol{P}$ 的齐次坐标，记作 $\boldsymbol{P}=(x_1,x_2)^{\mathrm{T}}$；$x=x_1/x_2$ 称为点 $\boldsymbol{P}$ 的非齐次坐标。当 $x_2=0$ 时，即 $(x_1,0)^{\mathrm{T}}$ (其中 $x_1 \neq 0$) 或 $(1,0)$ 规定为此直线上无穷远点的一维齐次坐标。

由定义可见：

(1) 不同时为 0 的两个数 $x_1,x_2$，在轴上唯一确定一点 $\boldsymbol{P}=(x_1,x_2)^{\mathrm{T}}$；而 $(0,0)$ 不决定一个点。

(2) 如果 $\rho \neq 0$，则 $(\rho x_1,\rho x_2)^{\mathrm{T}}$ 与 $(x_1,x_2)^{\mathrm{T}}$ 表示同一点。

(3) 如果 $x_2 \neq 0$，则 $(x_1,x_2)^{\mathrm{T}}$ 确定轴上的一个普通点，它的非齐次坐标为 $x_1/x_2$。

(4) 如果 $x_2=0, x_1\neq 0$，则 $(x_1,0)$ 或 $(1,0)$ 规定轴上的无穷远点。无穷远点无非齐次坐标。

**定义 1.2.2**　笛卡儿坐标为 $(x,y)^{\mathrm{T}}$ 的点的三维齐次坐标 $(x_1,x_2,x_3)^{\mathrm{T}}$ 是指由任意满足 $x_1/x_3=x, x_2/x_3=y$ 的三个数 $x_1,x_2,x_3$ 组成的有序三数组 $(x_1,x_2,x_3)$，其中 $x_3\neq 0$。$(x,y)^{\mathrm{T}}$ 称为此点的非齐次坐标。

由定义可以知道，一点的齐次坐标有无数组。

现在说明 $(x_1,x_2,0)^{\mathrm{T}}$ 可以规定为平面上无穷远点的齐次坐标。

**定义 1.2.3**　任意三个有序实数 $x_1,x_2,0$，其中 $x_2/x_1=\lambda(x_1\neq 0)$ 决定一个以 $\lambda$ 所确定的方向上的无穷远点，规定该无穷远点的齐次坐标为 $(x_1,x_2,0)^{\mathrm{T}}$ 或 $(1,\lambda,0)^{\mathrm{T}}$。当 $x_1=0$ 时，$(0,x_2,0)^{\mathrm{T}}(x_2\neq 0)$ 或 $(0,1,0)^{\mathrm{T}}$ 规定为 $y$ 轴方向上的无穷远点的齐次坐标。

注意：没有以 $(0,0,0)^{\mathrm{T}}$ 为齐次坐标的点。$x$ 轴方向上的无穷远点的齐次坐标为 $(1,0,0)^{\mathrm{T}}$。

在平面上采用齐次坐标以后，直线的方程也是齐次的。不难证明以下定理。

**定理 1.2.1**　设一条直线的非齐次方程为

$$a_1x+a_2y+a_3=0 \quad (a_1^2+a_2^2\neq 0) \tag{1.2.1}$$

则此直线的齐次方程为

$$a_1x_1+a_2x_2+a_3x_3=0 \quad (a_1^2+a_2^2\neq 0) \tag{1.2.2}$$

过原点的直线的齐次方程为

$$a_1x_1+a_2x_2=0 \tag{1.2.3}$$

**定理 1.2.2**　无穷远直线的齐次方程为

$$x_3=0 \tag{1.2.4}$$

注意：无穷远直线无非齐次方程。

### 1.2.2　齐次线坐标

平面的点采用齐次坐标后，直线的方程为

$$u_1x_1+u_2x_2+u_3x_3=0 \tag{1.2.5}$$

其中，$(x_1,x_2,x_3)^{\mathrm{T}}$ 是直线上任一点的流动坐标，显然，方程 $\rho u_1x_1+\rho u_2x_2+\rho u_3x_3=0(\rho\neq 0)$ 与式(1.2.5)表示同一直线。给出以下定义。

**定义 1.2.4**　一条直线的齐次点坐标方程中的系数 $u_1,u_2,u_3$ 组成的有序三数组 $[u_1,u_2,u_3]$ 叫做该直线的齐次线坐标。显然 $[\rho u_1,\rho u_2,\rho u_3](\rho\neq 0)$ 也是该直线的齐次线坐标，因此一条直线的齐次线坐标有无穷多比例组。

为了区别于点的齐次坐标，书中将直线 $\boldsymbol{u}$ 的齐次线坐标写作 $[u_1,u_2,u_3]$。

**定理 1.2.3**　点 $\boldsymbol{x}=(x_1,x_2,x_3)^{\mathrm{T}}$ 在直线 $\boldsymbol{u}=[u_1,u_2,u_3]$ 上的充要条件是

$$u_1x_1+u_2x_2+u_3x_3=0 \tag{1.2.6}$$

**定理 1.2.4**　在齐次坐标中，点 $\boldsymbol{a}=(a_1,a_2,a_3)^{\mathrm{T}}$ 的方程是

$$a_1u_1+a_2u_2+a_3u_3=0 \tag{1.2.7}$$

反之，$[u_1,u_2,u_3]$ 所构成的一次齐次方程必表示一点。注意：在线坐标下原点的方程为 $u_3=0$。

## 1.3 对偶原理

射影平面与欧氏平面的结构是不同的，对偶原则就是射影平面的一个重要特性。在射影平面内，“两条直线必交于一点”与“过两点必有一直线”二者相对偶；另外，关于点与直线的结合性，“点在直线上”与“直线过点”二者也是互为对偶的。本节介绍射影平面的对偶原则。

### 1.3.1 对偶图形

**定义 1.3.1**　点与直线叫做射影平面上的对偶元素。

**定义 1.3.2**　过一点作一条直线”与“在一条直线上取一点”叫做对偶作图。

**定义 1.3.3**　设有点和直线构成的图形，将此图形中各元素改成它的对偶元素，各作图改为它的对偶作图，其结果形成另一图形，称这两个图形为对偶图形。

根据定义 1.3.3 可以知道，点列与线束、点场与线场、简单 $n$ 点形与简单 $n$ 线形、完全 $n$ 点形与完全 $n$ 线形均为对偶图形。

### 1.3.2 对偶命题与对偶原则

**定义 1.3.4**　射影平面上，如果命题 $P$ 仅与点和直线的结合、顺序关系(点偶、线偶的分离关系)以及图形的射影性质有关，则称 $P$ 为一个射影命题。

**定义 1.3.5**　射影平面上，对于给定的一个射影命题 $P$，将 $P$ 中的元素改为它的对偶元素，各作图改为它的对偶作图，得到一个新的射影命题 $P^*$，称 $P$ 与 $P^*$ 为一对对偶命题。

对偶原则：在射影平面里，如果一个命题成立，则它的对偶命题也成立。

注意：对偶原则是射影几何所特有的，它只适用于几何元素的结合与顺序关系的命题，而不能应用于度量关系。

### 1.3.3 代数对偶

为了简便，本节将一个点记作 $\boldsymbol{X}=(x_1,x_2,x_3)^{\mathrm{T}}$，一条直线记为 $\boldsymbol{\alpha}=[a_1,a_2,a_3]$。

**定理 1.3.1**　两点 $\boldsymbol{a}$、$\boldsymbol{b}$ 重合的条件为 $\begin{pmatrix} a_1 & a_2 & a_3 \\ b_1 & b_2 & b_3 \end{pmatrix}$ 的秩是 1。

**定理 1.3.2**　两不同点 $\boldsymbol{a}$、$\boldsymbol{b}$ 连线的齐次坐标方程为

$$\begin{vmatrix} x_1 & x_2 & x_3 \\ a_1 & a_2 & a_3 \\ b_1 & b_2 & b_3 \end{vmatrix} = 0 \tag{1.3.1}$$

其中，“| |”表示行列式。此直线的线坐标是

$$\left[\begin{vmatrix} a_2 & a_3 \\ b_2 & b_3 \end{vmatrix}, \begin{vmatrix} a_3 & a_1 \\ b_3 & b_1 \end{vmatrix}, \begin{vmatrix} a_1 & a_2 \\ b_1 & b_2 \end{vmatrix}\right]$$

**定理 1.3.3**　三个不同点 $\boldsymbol{a}$、$\boldsymbol{b}$、$\boldsymbol{c}$ 共线的充要条件是

$$\begin{vmatrix} a_1 & a_2 & a_3 \\ b_1 & b_2 & b_3 \\ c_1 & c_2 & c_3 \end{vmatrix} = 0 \tag{1.3.2}$$

**定理 1.3.4**　以两个不同已知点 $\boldsymbol{a}$、$\boldsymbol{b}$ 的连线为底的点列中任一点的齐次坐标可表示为 $l\boldsymbol{a}+m\boldsymbol{b}$，其中 $l$、$m$ 为不全为零的常数。

**定理 1.3.5**　两直线 $\boldsymbol{\alpha}=0$、$\boldsymbol{\beta}=0$ 重合的条件为：$\begin{pmatrix} a_1 & a_2 & a_3 \\ b_1 & b_2 & b_3 \end{pmatrix}$ 的秩是 1。

**定理 1.3.6**　两不同直线 $\boldsymbol{\alpha}=0$、$\boldsymbol{\beta}=0$ 的交点的方程为

$$\begin{vmatrix} u_1 & u_2 & u_3 \\ a_1 & a_2 & a_3 \\ b_1 & b_2 & b_3 \end{vmatrix} = 0 \tag{1.3.3}$$

该点的坐标是

$$\left(\begin{vmatrix} a_2 & a_3 \\ b_2 & b_3 \end{vmatrix}, \begin{vmatrix} a_3 & a_1 \\ b_3 & b_1 \end{vmatrix}, \begin{vmatrix} a_1 & a_2 \\ b_1 & b_2 \end{vmatrix}\right)^{\mathrm{T}}$$

**定理 1.3.7**　三条不同直线 $\boldsymbol{\alpha}=0$、$\boldsymbol{\beta}=0$、$\boldsymbol{\gamma}=0$ 共点的充要条件是

$$\begin{vmatrix} a_1 & a_2 & a_3 \\ b_1 & b_2 & b_3 \\ c_1 & c_2 & c_3 \end{vmatrix} = 0 \tag{1.3.4}$$

**定理 1.3.8**　以两条不同直线 $\boldsymbol{\alpha}=0$、$\boldsymbol{\beta}=0$ 的交点为顶点的线束中任一条直线的齐次坐标方程可表示为 $l\boldsymbol{a}+m\boldsymbol{b}=0$，其中 $l$、$m$ 为不全为零的常数。

## 1.4　单比与交比

1. 单比

**定义 1.4.1**　共线三点 $\boldsymbol{P}_1$、$\boldsymbol{P}_2$、$\boldsymbol{P}_3$ 的一个距离比称为单比，表示为 $(\boldsymbol{P}_1\boldsymbol{P}_2\boldsymbol{P}_3)$，定义这个距离比为

$$(P_1P_2P_3)=\frac{P_1P_3}{P_2P_3} \tag{1.4.1}$$

其中，$P_1P_3$、$P_2P_3$ 是有向线段的数量，称 $P_1$、$P_2$ 为基点，$P_3$ 为分点。

2. 交比

**定义 1.4.2**　共线四点 $P_1$、$P_2$、$P_3$、$P_4$ 的两个单比 $(P_1P_2P_3)$ 与 $(P_1P_2P_4)$ 的比称为这四个点的交比，即

$$(P_1P_2,P_3P_4)=\frac{(P_1P_2P_3)}{(P_1P_2P_4)} \tag{1.4.2}$$

其中，$P_1$、$P_2$ 称为基点偶；$P_3$、$P_4$ 称为分点偶。

根据单比和交比的定义有

$$(P_1P_2,P_3P_4)=\frac{(P_1P_2P_3)}{(P_1P_2P_4)}=\frac{\dfrac{P_1P_3}{P_2P_3}}{\dfrac{P_1P_4}{P_2P_4}}=\frac{P_1P_3\cdot P_2P_4}{P_2P_3\cdot P_1P_4} \tag{1.4.3}$$

3. 完全四点形和完全四线形

1) 完全四点形

**定义 1.4.3**　由平面上任意三点不共线的四个点及连接其中任意两点形成的六条直线所组成的图形称为完全四点形，如图 1.4.1 所示。其中，这四个点称为顶点，六条直线称为边，没有公共顶点的两边称为对边，共有三对对边，对边的交点称为对边点，它们构成一个三点形，叫对边三点形。

2) 完全四线形

**定义 1.4.4**　由任意三线不共点的四条直线以及其中任意两条直线的六个交点所组成的图形叫完全四线形，如图 1.4.2 所示。其中这六个点叫顶点，这四条直线叫边，不在公共边上的两顶点叫对顶，共有三对对顶，三对对顶的连线叫对顶线，它们构成一个三线形，叫对顶三线形。

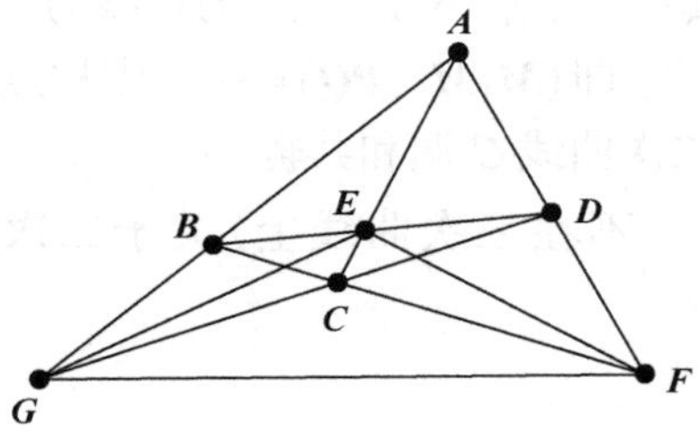


图 1.4.1　完全四点形

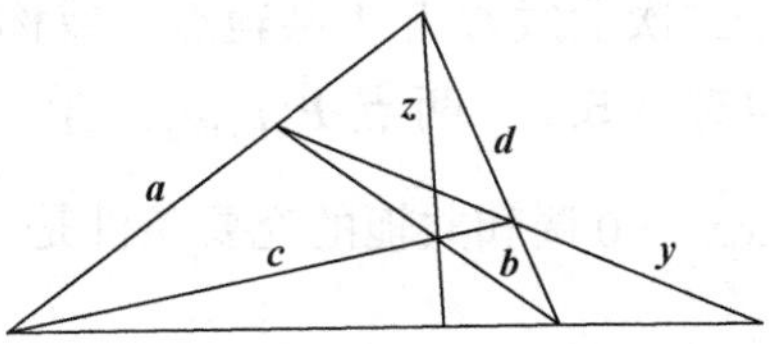


图 1.4.2　完全四线形

# 1.5　射影变换和二次曲线

## 1.5.1　射影变换

**定义 1.5.1**　由有限次中心射影的积定义的两条直线间的一一对应称为一维射影变换。由有限次中心射影的积定义的两个平面之间的一一对应称为二维射影变换。其中，由于正交变换、相似变换和仿射变换都保持共线三点的单比不变，必然保持共线四点的交比不变，所以这些变换都是射影变换。

如果平面上点场的点建立了一一对应，并且满足：任何共线三点的像仍是共线三点以及共线四点的交比不变，则称这个一一对应为点场的射影变换，简称射影变换。

## 1.5.2　二次曲线

1. 二次曲线的定义

**定义 1.5.2**　在射影平面上，满足下列三元二次方程的齐次(笛卡儿或射影)坐标 $(x_1,x_2,x_3)^{\mathrm{T}}$ 构成的集合称为二次曲线。

$$\sum_{i,j=1}^{3} a_{ij}x_ix_j=0 \quad (a_{ij}=a_{ji}) \tag{1.5.1}$$

在式(1.5.1)中，$a_{ij}$ 为实数且至少有一个不为零，式(1.5.1)称为二次曲线的方程。其可以表示成矩阵的形式：

$$(x_1,x_2,x_3)\begin{pmatrix} a_{11} & a_{12} & a_{13} \\ a_{21} & a_{22} & a_{23} \\ a_{31} & a_{32} & a_{33} \end{pmatrix}\begin{pmatrix} x_1 \\ x_2 \\ x_3 \end{pmatrix}=0 \tag{1.5.2}$$

其中，$(a_{ij})$ 用 $\boldsymbol{A}$ 表示，称为系数矩阵，$|\boldsymbol{A}|$ 或 $|a_{ij}|$ 表示系数行列式，$a_{ij}=a_{ji}$。

2. 二次曲线的极点与极线

**定义 1.5.3**　给定二次曲线 $\boldsymbol{C}$，两点 $\boldsymbol{P}$、$\boldsymbol{Q}$ (其中一个点不在 $\boldsymbol{C}$ 上)的连线与二次曲线 $\boldsymbol{C}$ 交于两点 $\boldsymbol{M}_1$、$\boldsymbol{M}_2$，并且这四个点的比为调和比，即 $(\boldsymbol{M}_1\boldsymbol{M}_2,\boldsymbol{PQ})=-1$，则称点 $\boldsymbol{P}$ 与 $\boldsymbol{Q}$ 关于二次曲线 $\boldsymbol{C}$ 互为共轭点，或称 $\boldsymbol{P}$、$\boldsymbol{Q}$ 关于二次曲线 $\boldsymbol{C}$ 调和共轭。

**定理 1.5.1**　两点 $\boldsymbol{P}(p_1,p_2,p_3)^{\mathrm{T}}$、$\boldsymbol{Q}(q_1,q_2,q_3)^{\mathrm{T}}$ (不在二次曲线上)关于二次曲线 $\sum_{i,j=1}^{3} a_{ij}x_ix_j=0$ 调和共轭的充要条件是

$$s_{pq}=(p_1,p_2,p_3)\begin{pmatrix} a_{11} & a_{12} & a_{13} \\ a_{21} & a_{22} & a_{23} \\ a_{31} & a_{32} & a_{33} \end{pmatrix}\begin{pmatrix} q_1 \\ q_2 \\ q_3 \end{pmatrix}=0 \tag{1.5.3}$$

**定理 1.5.2**　不在二次曲线上的一个定点关于一条二次曲线的调和共轭点的轨迹是一条直线。

**定义 1.5.4**　定点 $\boldsymbol{P}$ 关于二次曲线的共轭点的轨迹是一条直线，这条直线叫做 $\boldsymbol{P}$ 点关于此二次曲线的极线，$\boldsymbol{P}$ 点叫做这条直线关于此二次曲线的极点。

**定义 1.5.5**　二次曲线主轴方向上的无穷远点与其关于二次曲线的极线方向上的无穷远点是一组正交方向上的无穷远点。

### 3. 二次曲线的中心与直径

1) 二次曲线的中心

**定义 1.5.6**　无穷远直线关于二次曲线的极点称为二次曲线的中心。

**定理 1.5.3**　双曲线、椭圆各有唯一中心并且为有穷远点，而抛物线的中心为无穷远点。

**注意**

(1) 定义 1.5.6 与解析几何中定义的中心等价。

(2) 称椭圆、双曲线为有心二次曲线，抛物线为无心二次曲线。

2) 二次曲线的直径

**定义 1.5.7**　一个无穷远点关于二次曲线的有穷极线称为二次曲线的直径。

**注意**

(1) 由于无穷远直线的极点为中心，由配极原则可知无穷远点的极线过中心，从而过中心的直线的极点为无穷远点，即直径过二次曲线的中心。

(2) 定义 1.5.7 与解析几何直径的定义等价。

(3) 对抛物线而言，它与无穷远直线相切，则抛物线的极点为切点，所以无穷远点关于抛物线的极线均过这个切点，即抛物线的直径有公共的无穷远点(切点)，因此抛物线的直径都是互相平行的。

**定义 1.5.8**　二次曲线的一条直径与无穷远直线的交点的极线称为此直径的共轭直径。

如图 1.5.1 所示，设无穷远点 $\boldsymbol{p}$ 的极线为 $\boldsymbol{l}$，即过中心的直径，与无穷远直线交于点 $\boldsymbol{q}$。点 $\boldsymbol{q}$ 在无穷远直线上，由配极原则得，中心的极线过点 $\boldsymbol{q}$，则点 $\boldsymbol{q}$ 的极线过二次曲线的中心。同理，点 $\boldsymbol{q}$ 的极线过点 $\boldsymbol{p}$。综上，直径 $\boldsymbol{l}$ 的共轭直径过二次曲线的中心和直径的极点。

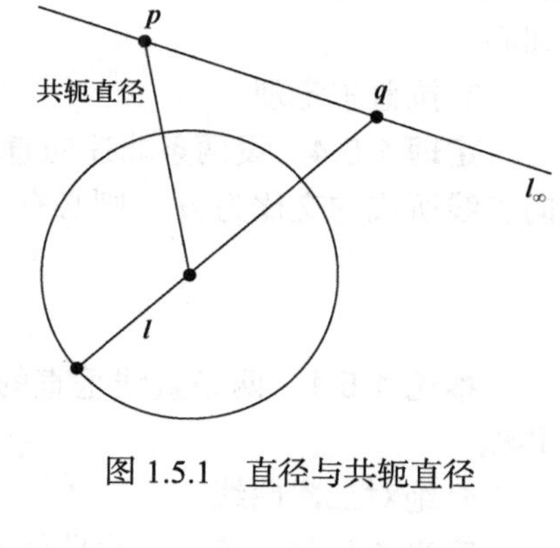


图 1.5.1　直径与共轭直径

### 4. 二次曲线的性质

1) 圆环点

**定义 1.5.9**　设 $\boldsymbol{\pi}$ 是空间中任一有穷远平面，在平面 $\boldsymbol{\pi}$ 上取两条相互正交的直线，为 $x$ 轴和 $y$ 轴，两轴的交点为原点 $\boldsymbol{O}$，并且以通过两个轴的交点 $\boldsymbol{O}$ 且与平面 $\boldsymbol{\pi}$ 正交的直线为$z$轴，建立右手坐标系$\boldsymbol{O}_w\text{-}X_wY_wZ_w$，于是平面$\boldsymbol{\pi}$的方程为$z=0$。在射影平面的齐次坐标系中，$\boldsymbol{\pi}$上的无穷远直线方程为

$$\begin{cases} w=0 \\ z=0 \end{cases} \tag{1.5.4}$$

其中，$w$表示空间点齐次坐标中的最后一维。

设$\boldsymbol{C}$是平面$\boldsymbol{\pi}$上任一圆，圆心的齐次坐标为$(x_0,y_0,0,1)^{\mathrm{T}}$，半径为$r$，则圆的齐次方程为

$$\begin{cases} (x-x_0w)^2+(y-y_0w)^2=w^2r^2 \\ z=0 \end{cases} \tag{1.5.5}$$

圆环点为平面上无穷远直线与圆的交点，联立式(1.5.4)和式(1.5.5)可以得到圆环点的坐标为$\boldsymbol{I}=(1,i,0,0)^{\mathrm{T}}$，$\boldsymbol{J}=(1,-i,0,0)^{\mathrm{T}}$，它们是无穷远平面上绝对二次曲线($\boldsymbol{X}^{\mathrm{T}}\boldsymbol{X}=0$)上的一对共轭点。

2) 迷向直线

**定义 1.5.10** 通过圆环点的直线(无穷远直线除外)叫做迷向直线。

由定义 1.5.10 可知，通过平面上任一点$\boldsymbol{B}$有两条迷向直线$\boldsymbol{BI}$、$\boldsymbol{BJ}$。由于迷向直线过圆环点，则$\boldsymbol{BI}$的直线方程可写为

$$x_2=ix_1+bx_3\ (b\text{ 为复数})$$

$\boldsymbol{BJ}$的直线方程可写为

$$x_2=-ix_1+bx_3\ (b\text{ 为复数})$$

注意：由于平面上的每个圆都过圆环点，则圆与无穷远直线的交点为两个圆环点，所以圆的渐近线为圆环点的切线，也是过点$\boldsymbol{I}$、$\boldsymbol{J}$的迷向直线，而且两切线的交点为圆心。

3) 拉盖尔定理

**定理 1.5.4** 设两条非迷向直线的交角为$\theta$，又设这两条直线与过它们交点的两条迷向直线所成的交比为$\mu$，则必有

$$\theta=\frac{1}{2i}\ln\mu \tag{1.5.6}$$

**推论 1.5.1** 两条直线垂直的充要条件是这两条直线上的无穷远点与两圆环点调和共轭。

4) 绝对二次曲线

**定义 1.5.11** 绝对二次曲线$\boldsymbol{\Omega}_\infty$是在无穷远平面$\boldsymbol{\pi}_\infty=[0,0,0,1]$上的一条(点)二次曲线，其上的点满足

$$\left.\begin{matrix} X_1^2+X_2^2+X_3^2 \\ X_4^2 \end{matrix}\right\}=0 \tag{1.5.7}$$

注意为了定义 $\boldsymbol{\Omega}_\infty$，需要两个方程。

为确定 $\boldsymbol{\pi}_\infty$ 上(即具有 $X_4=0$ 的平面)点的方向，定义 $\boldsymbol{\Omega}_\infty$ 的方程为

$$(X_1,X_2,X_3)\boldsymbol{I}_3(X_1,X_2,X_3)^{\mathrm{T}}=0 \tag{1.5.8}$$

因而，$\boldsymbol{\Omega}_\infty$ 是对应于矩阵 $\boldsymbol{C}=\boldsymbol{I}_3$ 的一条二次曲线 $\boldsymbol{C}$。可见它是由 $\boldsymbol{\pi}_\infty$ 上的纯虚点组成的一条二次曲线。

$\boldsymbol{\Omega}_\infty$ 的几何表示需 5 个额外自由度，这 5 个自由度是仿射坐标系中确定度量性质所需要的。$\boldsymbol{\Omega}_\infty$ 的一个主要性质是它在任何相似变换下都不动的二次曲线。

**推论 1.5.2**　在射影变换 $\boldsymbol{H}$ 下，绝对二次曲线 $\boldsymbol{\Omega}_\infty$ 是不动二次曲线的充要条件为 $\boldsymbol{H}$ 是相似变换。

**证明**　因为绝对二次曲线在无穷远平面上，使它不动的变换必须使无穷远平面不动，从而变换必须是仿射的。这样一种变换的形式为

$$\boldsymbol{H}_A=\begin{pmatrix}\boldsymbol{A} & \boldsymbol{t}\\ \boldsymbol{0}^{\mathrm{T}} & 1\end{pmatrix} \tag{1.5.9}$$

限制在无穷远平面上的绝对二次曲线由矩阵 $\boldsymbol{I}_3$ 表示，既然它在 $\boldsymbol{H}_A$ 作用下是不动的，那么可以得到 $\boldsymbol{A}^{-\mathrm{T}}\boldsymbol{I}_3\boldsymbol{A}^{-1}=\boldsymbol{I}_3$ (相差一个尺度因子)，对它取逆得到 $\boldsymbol{A}\boldsymbol{A}^{\mathrm{T}}=\boldsymbol{I}_3$。这说明 $\boldsymbol{A}$ 是正交矩阵，因而它是一个带有缩放的旋转，或者是一个带有缩放的旋转加反射。

**证毕**

虽然 $\boldsymbol{\Omega}_\infty$ 没有任何实点，但它仍具有任何二次曲线的性质，如一条直线与一条二次曲线相交于两点，极点极线的关系等。下面给出 $\boldsymbol{\Omega}_\infty$ 的几个具体性质。

(1) $\boldsymbol{\Omega}_\infty$ 在一般相似变换下是集合不动的，而不是点点不动的。这表明在相似变换下，$\boldsymbol{\Omega}_\infty$ 上的一点可能被移动到 $\boldsymbol{\Omega}_\infty$ 上的另一点，但不会被映射出该二次曲线。

(2) 所有的圆交 $\boldsymbol{\Omega}_\infty$ 于两点。假定圆的支撑平面是 $\boldsymbol{\pi}$，那么 $\boldsymbol{\pi}$ 交 $\boldsymbol{\pi}_\infty$ 于一条直线，而该直线交 $\boldsymbol{\Omega}_\infty$ 于两点，这两点是 $\boldsymbol{\pi}$ 的虚圆点。

(3) 所有球面交 $\boldsymbol{\pi}_\infty$ 于 $\boldsymbol{\Omega}_\infty$。

5) 度量性质

一旦 $\boldsymbol{\Omega}_\infty$ (和它的支撑平面 $\boldsymbol{\pi}_\infty$) 在三维射影空间被辨认，那么夹角和相对长度等度量性质可以被测定。

设两条直线的方向为 $\boldsymbol{d}_1$ 和 $\boldsymbol{d}_2$ (三维矢量)，在欧氏坐标系中这些方向之间的夹角为

$$\cos\theta=\frac{\boldsymbol{d}_1^{\mathrm{T}}\boldsymbol{d}_2}{\sqrt{(\boldsymbol{d}_1^{\mathrm{T}}\boldsymbol{d}_1)(\boldsymbol{d}_2^{\mathrm{T}}\boldsymbol{d}_2)}} \tag{1.5.10}$$

它可以写成

$$\cos\theta=\frac{\boldsymbol{d}_1^{\mathrm{T}}\boldsymbol{\Omega}_\infty\boldsymbol{d}_2}{\sqrt{(\boldsymbol{d}_1^{\mathrm{T}}\boldsymbol{\Omega}_\infty\boldsymbol{d}_1)(\boldsymbol{d}_2^{\mathrm{T}}\boldsymbol{\Omega}_\infty\boldsymbol{d}_2)}} \tag{1.5.11}$$

其中，$\boldsymbol{d}_1$ 和 $\boldsymbol{d}_2$ 上的消失点是直线与包含二次曲线 $\boldsymbol{\Omega}_\infty$ 的平面 $\boldsymbol{\pi}_\infty$ 的交点，而 $\boldsymbol{\Omega}_\infty$ 是该平面上绝对二次曲线的矩阵表示。

6) 正交与配极

基于绝对二次曲线，给出射影空间中正交性的几何表示，主要工具是由二次曲线诱导的点与线之间的极点极线关系。

如果 $\boldsymbol{d}_1^{\mathrm{T}}\boldsymbol{\Omega}_\infty\boldsymbol{d}_2=0$，则 $\boldsymbol{d}_1$ 和 $\boldsymbol{d}_2$ 相互垂直。因而垂直性可由关于 $\boldsymbol{\Omega}_\infty$ 的共轭性来表征。因此在射影坐标系(由三维欧氏空间的射影变换得到)下，如果两方向关于 $\boldsymbol{\Omega}_\infty$ 共轭，那么它们被认为相互垂直( $\boldsymbol{\Omega}_\infty$ 的矩阵在射影坐标系下一般不是 $\boldsymbol{I}$ )。正交性的几何表示在图 1.5.2 中给出：图 1.5.2(a)表示在 $\boldsymbol{\pi}_\infty$ 上，正交方向 $\boldsymbol{d}_1$、$\boldsymbol{d}_2$ 关于 $\boldsymbol{\Omega}_\infty$ 共轭；图 1.5.2(b)表示平面的法向量 $\boldsymbol{d}$ 和该平面与 $\boldsymbol{\pi}_\infty$ 的交线 $\boldsymbol{I}$ 是关于 $\boldsymbol{\Omega}_\infty$ 的极点极线关系。

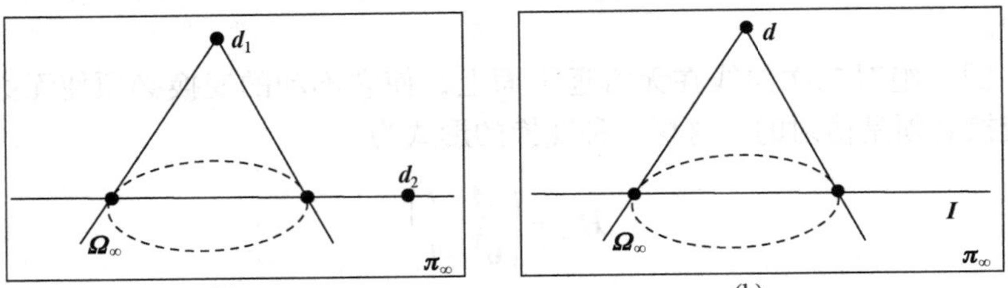


图 1.5.2　正交性与 $\boldsymbol{\Omega}_\infty$

这种表示有助于研究摄像机中射线之间的正交性，如有助于确定过摄像机中心的平面的法线。如果图像点关于 $\boldsymbol{\Omega}_\infty$ 的图像共轭，那么对应的射线相互垂直。

同样，从算法的角度，对坐标进行射影变换，使 $\boldsymbol{\Omega}_\infty$ 映射到它的标准位置，然后度量性质可以直接由坐标确定。

## 1.6 点 与 平 面

本节介绍三维射影空间 $\mathbb{P}^3$ 的性质和基本要素，其中包括空间点、平面的表示。

在 $\mathbb{P}^3$ 中，点与平面对偶的表示和推导均与 $\mathbb{P}^2$ 中点-线对偶类似。

### 1.6.1　空间点的表示

三维空间中的一点 $\boldsymbol{X}$ 可用齐次坐标表示为一个四维矢量。一般地，当齐次矢量 $\boldsymbol{X}=(X_1,X_2,X_3,X_4)^{\mathrm{T}}$ 中 $X_4\neq 0$ 时，它表示 $\mathbb{P}^2$ 中非齐次坐标为 $(X,Y,Z)^{\mathrm{T}}$ 的点，其中

$$X=X_1/X_4,\ \ Y=X_2/X_4,\ \ Z=X_3/X_4 \tag{1.6.1}$$

例如，$(X,Y,Z)^{\mathrm{T}}$ 的一种齐次表示是 $\boldsymbol{X}=(X,Y,Z,1)^{\mathrm{T}}$，$X_4=0$ 的齐次点表示无穷远点。

### 1.6.2　平面的表示

在三维空间中，平面可以写成

$$\pi_1X+\pi_2Y+\pi_3Z+\pi_4=0 \tag{1.6.2}$$

显然，上述等式左右两边同时乘一个非零常数仍然成立，所以平面方程系数的三对独立

的比率$\left\{\dfrac{\pi_1}{\pi_4},\dfrac{\pi_2}{\pi_4},\dfrac{\pi_3}{\pi_4}\right\}$是有意义的。因此，在三维空间中一个平面有 3 个自由度。平面的齐次表示是四维矢量$\boldsymbol{\pi}=[\pi_1,\pi_2,\pi_3,\pi_4]^{\mathrm{T}}$。

用式(1.6.1)齐次化式(1.6.2)得到

$$\pi_1X_1+\pi_2X_2+\pi_3X_3+\pi_4X_4=0 \tag{1.6.3}$$

或更简洁地记为

$$\boldsymbol{\pi X}=0 \tag{1.6.4}$$

它表示点$\boldsymbol{X}$在平面$\boldsymbol{\pi}$上。

$\boldsymbol{\pi}$的前 3 个分量对应于欧氏几何中平面的法线，式(1.6.4)就变成三维矢量形式下熟知的平面方程：$\boldsymbol{n}\cdot\tilde{\boldsymbol{X}}+d=0$，其中$\boldsymbol{n}=(\pi_1,\pi_2,\pi_3)$，$\tilde{\boldsymbol{X}}=(X,Y,Z)^{\mathrm{T}}$，$X_4=1$，$d=\pi_4$。在此式中$d/\|\boldsymbol{n}\|$是原点到平面的距离，其中$\|\boldsymbol{n}\|$表示$\boldsymbol{n}$的模。

## 1.7 二次曲面

### 1.7.1 二次曲面的定义

**定义 1.7.1** 在$\mathbb{P}^3$中，二次曲面由下列方程定义：

$$\boldsymbol{X}^{\mathrm{T}}\boldsymbol{QX}=0 \tag{1.7.1}$$

其中，$\boldsymbol{Q}$是一个 4×4 的对称矩阵。矩阵$\boldsymbol{Q}$和它定义的二次曲面通常不加以区别，今后将简单地使用二次曲面$\boldsymbol{Q}$的说法。

### 1.7.2 对偶二次曲面

**定义 1.7.2** 空间曲面的对偶是指以该曲面的切平面为基本元素在对偶空间(以面为元素构成的空间)中所构成的曲面，通常称为对偶曲面。

对于二次曲面的对偶，在一般情况下，二次曲面的对偶仍是一个二次曲面。令$\boldsymbol{Q}$是一个二次曲面，它的对偶曲面记为$\boldsymbol{Q}^*$，按照对偶曲面的定义，$\boldsymbol{Q}^*$的基本元素是$\boldsymbol{Q}$的切平面，即它是$\boldsymbol{Q}$的所有切平面所构成的平面集合，而$\boldsymbol{Q}$是$\boldsymbol{Q}^*$中所有平面所形成的包络。在计算机视觉中，二次曲面的对偶，尤其是锥面与空间二次曲面的对偶特别重要。

考虑非退化二次曲面的对偶。令$\boldsymbol{Q}$是一个非退化的二次曲面，即$\det(\boldsymbol{Q})\neq 0$，它在(点)空间的方程为$\boldsymbol{X}^{\mathrm{T}}\boldsymbol{QX}=0$。根据上面的定义，它的对偶是它的所有切平面构成的集合，下面证明这个集合在对偶空间中也构成一个非退化的二次曲面。

任取$\boldsymbol{Q}$的一个切平面为$\boldsymbol{\pi}$，切点为$\boldsymbol{X}$，必有$\boldsymbol{\pi}=\boldsymbol{X}^{\mathrm{T}}\boldsymbol{Q}$，因此，$\boldsymbol{\pi Q}^{-1}=\boldsymbol{X}^{\mathrm{T}}$。又因为点$\boldsymbol{X}$在平面$\boldsymbol{\pi}$上，则$\boldsymbol{\pi X}=0$。于是，得到$\boldsymbol{\pi Q}^{-1}\boldsymbol{\pi}^{\mathrm{T}}=\boldsymbol{\pi X}=0$。因此，对$\boldsymbol{Q}$的任一切平面$\boldsymbol{\pi}$，等式$\boldsymbol{\pi Q}^{-1}\boldsymbol{\pi}^{\mathrm{T}}=0$成立。反之，假定平面$\boldsymbol{\pi}$满足方程$\boldsymbol{\pi Q}^{-1}\boldsymbol{\pi}^{\mathrm{T}}=0$。下面证明平面$\boldsymbol{\pi}$必为$\boldsymbol{Q}$的切平面。

令 $\boldsymbol{\pi}^{-1}=\boldsymbol{Q}\boldsymbol{X}^{\mathrm{T}}$，则必有 $\boldsymbol{\pi}=\boldsymbol{X}^{\mathrm{T}}\boldsymbol{Q}$。为了证明 $\boldsymbol{\pi}$ 是 $\boldsymbol{Q}$ 的切平面，只需证明点 $\boldsymbol{X}$ 在二次曲面上。由于 $\boldsymbol{X}^{\mathrm{T}}\boldsymbol{Q}\boldsymbol{X}=\boldsymbol{\pi}\boldsymbol{X}=\boldsymbol{\pi}(\boldsymbol{\pi}\boldsymbol{Q}^{-1})^{\mathrm{T}}=\boldsymbol{\pi}\boldsymbol{Q}^{-\mathrm{T}}\boldsymbol{\pi}^{\mathrm{T}}=\boldsymbol{\pi}\boldsymbol{Q}^{-1}\boldsymbol{\pi}^{\mathrm{T}}=0$，因此，点 $\boldsymbol{X}$ 在二次曲面 $\boldsymbol{Q}$ 上。

从上面的论证，有下述推论。

**推论 1.7.1**　非退化二次曲面的对偶 $\boldsymbol{Q}^*$ 仍是二次曲面，并且 $\boldsymbol{Q}^*=\boldsymbol{Q}^{-1}$。

注意：非退化二次曲面与它的对偶二次曲面互为对偶，即有 $(\boldsymbol{Q}^*)^*=\boldsymbol{Q}$。

## 1.8　绝对对偶二次曲面

**定义 1.8.1**　绝对二次曲线 $\boldsymbol{\Omega}_\infty$ 的对偶是三维空间中一种退化的对偶二次曲面，称为**绝对对偶二次曲面**，记为 $\boldsymbol{Q}_\infty^*$，英文缩写为 DAQ (the Dual Absolute Quadric)。

已知 $\boldsymbol{\Omega}_\infty$ 由两个方程定义——它是在无穷远平面上的一条二次曲线。在几何上，$\boldsymbol{Q}_\infty^*$ 由 $\boldsymbol{\Omega}_\infty$ 的切平面组成，因而 $\boldsymbol{\Omega}_\infty$ 是 $\boldsymbol{Q}_\infty^*$ 的“边缘”。$\boldsymbol{Q}_\infty^*$ 称为边二次曲面。想象一个椭球面的所有切平面的集合，然后把椭球面压成平饼的情况。在代数上，$\boldsymbol{Q}_\infty^*$ 由秩为 3 的 4×4 的齐次矩阵表示，它在三维度量空间中的标准形式是

$$\boldsymbol{Q}_\infty^*=\begin{pmatrix}\boldsymbol{I}_3 & \boldsymbol{0}\\ \boldsymbol{0}^{\mathrm{T}} & 0\end{pmatrix} \tag{1.8.1}$$

下面证明在绝对对偶二次曲面包络中的任何平面都与 $\boldsymbol{\Omega}_\infty$ 相切，因而 $\boldsymbol{Q}_\infty^*$ 真正是 $\boldsymbol{\Omega}_\infty$ 的对偶。

考察由 $\boldsymbol{\pi}=[\boldsymbol{v}^{\mathrm{T}},k]$ 表示的平面，该平面在 $\boldsymbol{Q}_\infty^*$ 定义的包络上的充要条件是 $\boldsymbol{\pi}\boldsymbol{Q}_\infty^*\boldsymbol{\pi}^{\mathrm{T}}=\boldsymbol{0}$，根据式(1.8.1)的形式，等价于 $\boldsymbol{v}^{\mathrm{T}}\boldsymbol{v}=0$。其中，$\boldsymbol{v}$ 表示平面 $\boldsymbol{\pi}=[\boldsymbol{v}^{\mathrm{T}},k]$ 与无穷远平面的交线。该直线与绝对二次曲线相切的充要条件是 $\boldsymbol{v}^{\mathrm{T}}\boldsymbol{I}_3\boldsymbol{v}=0$。因此，$\boldsymbol{Q}_\infty^*$ 的包络就是由这些与绝对二次曲线相切的平面组成的。

由于绝对二次曲线很重要，下面再从另一角度来考虑它。考虑绝对二次曲线是一系列压平了的椭球的极限，即二次曲面由矩阵 $\boldsymbol{Q}=\mathrm{diag}(1,1,1,k)$ 表示。当 $k$ 趋于无穷时，这些二次曲面越来越靠近无穷远平面，取极限时，它们仅包含点 $(X_1,X_2,X_3,0)^{\mathrm{T}}$，其中 $X_1^2+X_2^2+X_3^2=0$，这正是绝对二次曲线上的点。但 $\boldsymbol{Q}$ 的对偶是二次曲面 $\boldsymbol{Q}^*=\boldsymbol{Q}^{-1}=\mathrm{diag}(1,1,1,k^{-1})$，它在取极限时变成绝对二次曲线的对偶 $\boldsymbol{Q}_\infty^*=\mathrm{diag}(1,1,1,0)$。

绝对对偶二次曲面 $\boldsymbol{Q}_\infty^*$ 是退化的二次曲面，有 8 个自由度(一个对称矩阵有 10 个独立元素，但与尺度无关以及行列式为零的条件各减去 1 个自由度)。这 8 自由度的几何表示是射影坐标系下确定度量性质所需的。

在代数上 $\boldsymbol{Q}_\infty^*$ 比 $\boldsymbol{\Omega}_\infty$ 有显著的优越性，因为 $\boldsymbol{\pi}_\infty$ 和 $\boldsymbol{Q}_\infty^*$ 包含在单个几何对象中(而不像 $\boldsymbol{\Omega}_\infty$ 需要两个方程来确定)。下面给出 $\boldsymbol{Q}_\infty^*$ 三个最重要的性质。

**推论 1.8.1**　在射影变换 $\boldsymbol{H}$ 下，绝对对偶二次曲面 $\boldsymbol{Q}_\infty^*$ 不动的充要条件是 $\boldsymbol{H}$ 是相似

变换。

**证明**　因为 $\boldsymbol{Q}^*$ 是一个对偶二次曲面，它的变换遵循 $\boldsymbol{Q}^{*\prime}=\boldsymbol{H}\boldsymbol{Q}^*\boldsymbol{H}^{\mathrm{T}}$，因而它在 $\boldsymbol{H}$ 下不动的充要条件是 $\boldsymbol{Q}_\infty=\boldsymbol{H}\boldsymbol{Q}_\infty\boldsymbol{H}^{\mathrm{T}}$。用形如

$$\boldsymbol{H}=\begin{pmatrix}\boldsymbol{A} & \boldsymbol{T}\\ \boldsymbol{v}^{\mathrm{T}} & k\end{pmatrix} \tag{1.8.2}$$

的任意一个变换代入，发现

$$\begin{pmatrix}\boldsymbol{I}_3 & \boldsymbol{0}\\ \boldsymbol{0}^{\mathrm{T}} & 0\end{pmatrix}=\begin{pmatrix}\boldsymbol{A} & \boldsymbol{T}\\ \boldsymbol{v}^{\mathrm{T}} & k\end{pmatrix}\begin{pmatrix}\boldsymbol{I}_3 & \boldsymbol{0}\\ \boldsymbol{0}^{\mathrm{T}} & 0\end{pmatrix}\begin{pmatrix}\boldsymbol{A}^{\mathrm{T}} & \boldsymbol{v}\\ \boldsymbol{T}^{\mathrm{T}} & k\end{pmatrix}=\begin{pmatrix}\boldsymbol{A}\boldsymbol{A}^{\mathrm{T}} & \boldsymbol{A}\boldsymbol{v}\\ \boldsymbol{v}^{\mathrm{T}}\boldsymbol{A}^{\mathrm{T}} & \boldsymbol{v}^{\mathrm{T}}\boldsymbol{v}\end{pmatrix} \tag{1.8.3}$$

式(1.8.3)必须在相差一个尺度的情况下为真。通过分析，此等式成立的充要条件是 $\boldsymbol{v}=\boldsymbol{0}$ 且 $\boldsymbol{A}$ 是带有均匀缩放的正交矩阵。换句话说，$\boldsymbol{H}$ 是一个相似变换。

**证毕**

**推论 1.8.2**　无穷远平面 $\boldsymbol{\pi}_\infty$ 是 $\boldsymbol{Q}_\infty^*$ 的零矢量。

这很容易验证，当 $\boldsymbol{Q}_\infty^*$ 在度量坐标系下取其标准形式而 $\boldsymbol{\pi}_\infty=[0,0,0,1]$ 时，$\boldsymbol{\pi}_\infty\boldsymbol{Q}_\infty^*=\boldsymbol{0}^{\mathrm{T}}$。该性质在任何坐标系下都成立，这一点可以用代数方法由平面和对偶二次曲面的变换性质推出：如果 $\boldsymbol{X}'=\boldsymbol{H}\boldsymbol{X}$，那么 $\boldsymbol{Q}_\infty^{*\prime}=\boldsymbol{H}\boldsymbol{Q}_\infty^*\boldsymbol{H}^{\mathrm{T}}$，$\boldsymbol{\pi}_\infty'=\boldsymbol{\pi}_\infty\boldsymbol{H}^{-1}$，以及

$$\boldsymbol{\pi}_\infty'\boldsymbol{Q}_\infty^{*\prime}=\boldsymbol{\pi}_\infty\boldsymbol{H}^{-1}(\boldsymbol{H}\boldsymbol{Q}_\infty^*\boldsymbol{H}^{\mathrm{T}})=\boldsymbol{\pi}_\infty\boldsymbol{Q}_\infty^*\boldsymbol{H}^{\mathrm{T}}=\boldsymbol{0}^{\mathrm{T}} \tag{1.8.4}$$

**推论 1.8.3**　两个平面 $\boldsymbol{\pi}_1$ 和 $\boldsymbol{\pi}_2$ 之间的夹角由式(1.9.5)给出：

$$\cos\theta=\frac{\boldsymbol{\pi}_1\boldsymbol{Q}_\infty^*\boldsymbol{\pi}_2^{\mathrm{T}}}{\sqrt{(\boldsymbol{\pi}_1\boldsymbol{Q}_\infty^*\boldsymbol{\pi}_1^{\mathrm{T}})(\boldsymbol{\pi}_2\boldsymbol{Q}_\infty^*\boldsymbol{\pi}_2^{\mathrm{T}})}} \tag{1.8.5}$$

**证明**　设两平面的欧氏坐标为 $\boldsymbol{\pi}_1=[\boldsymbol{n}_1,d_1]$，$\boldsymbol{\pi}_2=[\boldsymbol{n}_2,d_2]$。在欧氏坐标系下，$\boldsymbol{Q}_\infty^*$ 形如式(1.8.1)，从而式(1.8.5)化为

$$\cos\theta=\frac{\boldsymbol{n}_1\boldsymbol{n}_2^{\mathrm{T}}}{\sqrt{(\boldsymbol{n}_1\boldsymbol{n}_1^{\mathrm{T}})(\boldsymbol{n}_2\boldsymbol{n}_2^{\mathrm{T}})}} \tag{1.8.6}$$

其中，平面间的夹角用它们法线的标量积来表示。

如果对平面和 $\boldsymbol{Q}_\infty^*$ 进行射影变换，根据平面和对偶二次曲面的(协变)变换性质，式(1.8.5)将仍然能用来确定平面之间的夹角。

**证毕**

# 第 2 章　针孔摄像机几何

三维计算机视觉的主要任务是利用三维物体的二维图像所包含的信息，获取三维物体的空间位置与形状等几何信息，并在此基础上识别三维物体。图像上每一点的亮度与物体某个表面点的反射光的强度有关，而图像点在图像平面上的位置仅与摄像机与空间物体的相对方位和摄像机的内部结构有关，摄像机的内部结构是由摄像机的内部参数所决定的。为了描述摄像机的几何成像关系，需要对摄像机进行数学建模。

本章所介绍的摄像机模型是计算机视觉中广泛使用的针孔模型，通常也称为线性模型。这种模型在数学上是三维空间到二维平面的中心投影，由一个 $3\times4$ 的矩阵来描述，可以说这种模型对应于一个射影变换，因此通常又称它为射影摄像机。本章给出摄像机关于空间点、二次曲线和二次曲面的投影性质，以及图像平面点与二次曲线的反向投影性质。这些投影与反向投影性质是由图像恢复物体三维几何结构的基础，尤其是绝对二次曲线与绝对对偶二次曲面的投影性质。

## 2.1　针孔摄像机概述

### 1. 针孔摄像机简介

随着计算机视觉的快速发展，针孔摄像机作为一种廉价的图像获取设备而得到广泛的应用。

针孔摄像机的工作原理如下：将透过镜头收集到的光线投在感光元件上，由感光元件把光信号转换为电信号，电信号进一步被转换成数字信号，数字信号进行压缩后传输到监视器或录制设备上，从而显示或者录制成能够看到的影像。由于体积的限制，这类摄像机一般没有太过复杂的功能，不能调整焦距，也不能调节光圈大小。它们一般由镜头、图像传感器、模拟数字转换器、图像控制器等部分构成，如果带音频功能组件，还要加上声音收集、处理和传输的组件。

针孔摄像机具有以下特点：

(1) 针孔摄像机的成像具有最原始的真实感。

(2) 制作简单，成本低廉。

(3) 具有一定的摄影知识的人都可以掌握。

(4) 景深大。

(5) 针孔摄像机制作简陋，难免会有漏光。

(6) 曝光时间具有不准确性，虽然有曝光时间计算表，但会随着环境气温等客观因素的影响而变化。

2. 针孔摄像机成像原理来源

我国战国时期的《墨经》中记载了光通过小孔成像这一现象，而学院派的历史学家把发现小孔成像的荣誉给了亚里士多德，因为他发现了光透过不透明物体的小孔时会发生聚焦现象，还有光通过小孔后发散并与前面的影像相同——这些都是直线传播的现象。亚里士多德还证明了小孔的形状大小与最终在投影面所形成的影像具有直接的联系，而这一发现并没有实际的影像记录，一些艺术家将这一现象运用在绘画创作中(代表人物有莱昂・巴蒂斯塔・阿尔伯蒂和列奥纳多・达・芬奇等)。

现代摄影技术的发明也是在这一原理的基础上发展而来的。针孔摄像机可以拍摄出许多不同视角的照片，原因在于小孔与成像平面(感光材料或胶片等)的距离越近，成像角度越大(即广角照片效果)。反之，小孔与成像平面越远，成像越小(即长焦镜头效果)。

## 2.2 针孔摄像机几何模型

2.2-视频

为了描述摄像机的成像过程，首先定义如下坐标系。

(1) 图像坐标系。

摄像机采集的数字图像可以在计算机内存储为数组，数组中的每一个元素(称为像素)的值即是图像点的灰度。图像坐标系定义为 $\boldsymbol{o}\text{-}uv$，每一像素的坐标 $(u,v)$ 分别是该像素在数组中的列数和行数。

(2) 成像平面坐标系。

由于图像坐标系只表示像素位于数字图像中的列数和行数，并没有用物理单位表示出该像素在图像中的物理位置，因此需建立以物理单位(如毫米)表示的成像平面坐标系 $\boldsymbol{p}\text{-}xy$，在 $\boldsymbol{p}\text{-}xy$ 坐标系中，原点 $\boldsymbol{p}$ 定义在摄像机光轴和成像平面的交点处，称为图像的主点，该点一般位于图像中心处，但由于摄像机制作工艺上的原因，也会有些偏离。若 $\boldsymbol{p}$ 在 $\boldsymbol{o}\text{-}uv$ 坐标系中的坐标为 $(u_0,v_0)$，每个像素在 $x$ 轴和 $y$ 轴方向上的物理尺寸为 $d_x$、$d_y$，则两个坐标系的关系如下：

$$\begin{pmatrix} u \\ v \\ 1 \end{pmatrix} = \begin{pmatrix} \dfrac{1}{d_x} & \gamma & u_0 \\ 0 & \dfrac{1}{d_y} & v_0 \\ 0 & 0 & 1 \end{pmatrix} \begin{pmatrix} x \\ y \\ 1 \end{pmatrix} \tag{2.2.1}$$

其中，$\gamma$ 表示因摄像机成像平面坐标轴相互不正交而引出的倾斜因子。

(3) 摄像机坐标系。

摄像机针孔模型下的成像几何关系如图 2.2.1 所示，其中点 $\boldsymbol{O}_c$ 为摄像机光心，$X_c$ 轴和 $Y_c$ 轴与图像坐标系的 $v$ 轴和 $u$ 轴平行，摄像机的光轴 $Z_c$ 与图像平面垂直。光轴与图像平面的交点为主点 $\boldsymbol{p}$，由点 $\boldsymbol{O}_c$ 与 $X_c$、$Y_c$、$Z_c$ 轴组成的直角坐标系称为摄像机坐标系，

$\boldsymbol{pO}_c$ 为焦距。

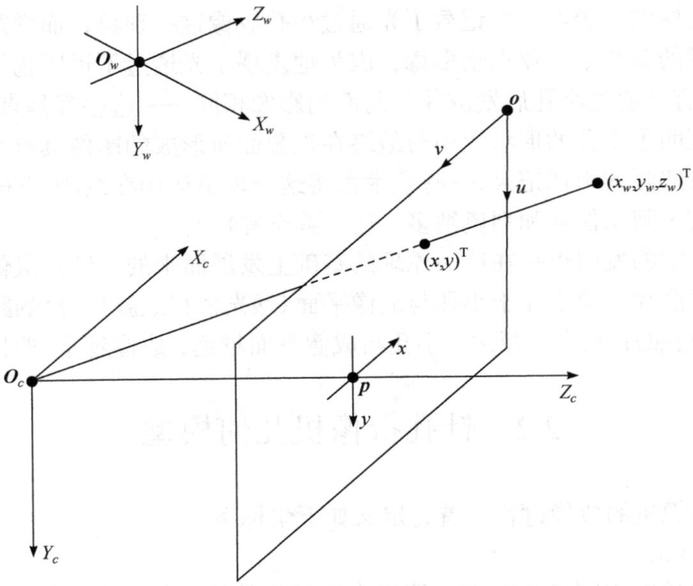


图 2.2.1 摄像机成像关系示意图

(4) 世界坐标系。

在真实环境中需选择一个参考坐标系描述物体的形状和位置，该坐标系称为世界坐标系。摄像机坐标系和世界坐标系之间的关系可用旋转矩阵与平移向量来描述。空间中点 $\boldsymbol{X}$ 在世界坐标系和摄像机坐标系下的齐次坐标分别为 $(x_w, y_w, z_w, 1)^{\mathrm{T}}$ 与 $(x_c, y_c, z_c, 1)^{\mathrm{T}}$，则存在如下关系：

$$\begin{pmatrix} x_c \\ y_c \\ z_c \\ 1 \end{pmatrix} = \begin{pmatrix} \boldsymbol{R} & \boldsymbol{T} \\ \boldsymbol{0}^{\mathrm{T}} & 1 \end{pmatrix} \begin{pmatrix} x_w \\ y_w \\ z_w \\ 1 \end{pmatrix} \tag{2.2.2}$$

其中，$\boldsymbol{R}$ 是 3×3 旋转矩阵；$\boldsymbol{T}$ 是三维平移向量；$\boldsymbol{0} = (0,0,0)^{\mathrm{T}}$ 。

### 2.2.1 基本模型

摄像机的基本成像模型通常称为基本针孔模型，由三维空间到二维平面的中心投影变换所给出。令空间点 $\boldsymbol{O}_c$ 是投影中心，它到成像平面的距离为 $f$ 。如图 2.2.2(a) 所示，以 $\boldsymbol{O}_c$ 为坐标原点建立摄像机(欧氏)坐标系。空间点 $\boldsymbol{X}_c$ 在成像平面上的投影点 $\boldsymbol{m}$ 是点 $\boldsymbol{O}_c$ 与 $\boldsymbol{X}_c$ 的射线和成像平面的交点。平面 $\boldsymbol{\pi}$ 称为摄像机的成像平面，点 $\boldsymbol{O}_c$ 称为摄像机中心(或光心)，$f$ 称为摄像机的焦距，以点 $\boldsymbol{O}_c$ 为端点且垂直于成像平面的射线称为光轴或主轴，主轴与成像平面的交点 $\boldsymbol{p}$ 称为摄像机的主点。

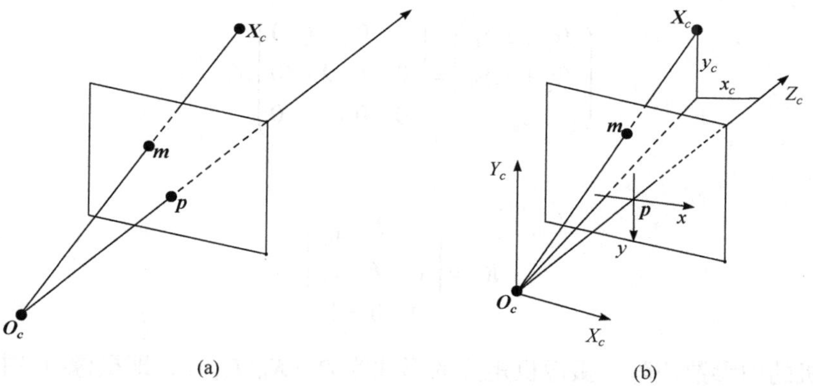


图 2.2.2　基本针孔模型

在摄像机坐标系中，空间点 $\boldsymbol{X}_c=(x_c,y_c,z_c)^{\mathrm{T}}$ 的图像点 $\boldsymbol{m}$ 在成像平面坐标系中的坐标记为 $\boldsymbol{m}=(x,y)^{\mathrm{T}}$ 。根据三角形相似原理，可得到空间点与图像点之间的关系为

$$\begin{cases} x=\dfrac{fx_c}{z_c} \\ y=\dfrac{fy_c}{z_c} \end{cases} \tag{2.2.3}$$

式(2.2.3)用齐次坐标可表述为

$$\begin{pmatrix} fx_c \\ fy_c \\ z_c \end{pmatrix}=\begin{pmatrix} f & 0 & 0 & 0 \\ 0 & f & 0 & 0 \\ 0 & 0 & 1 & 0 \end{pmatrix}\begin{pmatrix} x_c \\ y_c \\ z_c \\ 1 \end{pmatrix} \tag{2.2.4}$$

这是从空间到成像平面的一个齐次线性变换。令

$$\boldsymbol{P}=\mathrm{diag}(f,f,1)(\boldsymbol{I}_3,\boldsymbol{0}) \tag{2.2.5}$$

则这个齐次线性变换可表示为

$$\mu\boldsymbol{m}=\boldsymbol{P}\boldsymbol{X}_c \tag{2.2.6}$$

其中，$\mu$ 是比例因子；$\boldsymbol{P}$ 是一个 3×4 矩阵，通常称它为摄像机矩阵；$\boldsymbol{m}$、$\boldsymbol{X}_c$ 分别表示图像点和空间点的齐次坐标。

### 2.2.2　主点偏置

式(2.2.4)的形式是假设成像平面的坐标原点在主点上，但是在实际应用中，由于事先不知道主点的确切位置，通常都是以图像中心或者图像的左上角作为成像平面坐标系的原点来建立成像平面坐标系。

假设主点坐标为 $\boldsymbol{p}=(x_0,y_0,1)^{\mathrm{T}}$ ，则摄像机的投影关系变为

$$\begin{pmatrix} fx_c + z_c x_0 \\ fy_c + z_c y_0 \\ z_c \end{pmatrix} = \begin{pmatrix} f & 0 & x_0 & 0 \\ 0 & f & y_0 & 0 \\ 0 & 0 & 1 & 0 \end{pmatrix} \boldsymbol{X}_c \tag{2.2.7}$$

其中

$$\boldsymbol{K}_0 = \begin{pmatrix} f & 0 & x_0 \\ 0 & f & y_0 \\ 0 & 0 & 1 \end{pmatrix} \tag{2.2.8}$$

称为摄像机的内参数矩阵。摄像机矩阵的形式为 $\boldsymbol{P} = \boldsymbol{K}_0(\boldsymbol{I}_3, \boldsymbol{0})$ ，即摄像机的投影关系可写成

$$\mu \boldsymbol{m} = \boldsymbol{K}_0(\boldsymbol{I}_3, \boldsymbol{0})\boldsymbol{X}_c = \boldsymbol{P}\boldsymbol{X}_c \tag{2.2.9}$$

### 2.2.3　CCD 摄像机

在计算机图像处理中，通常都使用以电荷耦合器件为核心部件的数字传感器，即 CCD(Charge Coupled Device)摄像机来获取数字图像。针孔模型都假定图像坐标在两个轴方向上是等尺度的。一般地，CCD 摄像机的内参数矩阵不具有式(2.2.8)的形式。为了得到 CCD 摄像机的模型，必须刻画 CCD 摄像机的数字离散化过程。

假定 CCD 摄像机数字离散化后的像素是一个长为 $d_x$ 、宽为 $d_y$ 的矩形。设图像点 $(x, y, 1)^{\mathrm{T}}$ 离散化后的坐标为 $(u, v, 1)^{\mathrm{T}}$ ，则有

$$\begin{pmatrix} u \\ v \\ 1 \end{pmatrix} = \begin{pmatrix} \frac{1}{d_x} & 0 & 0 \\ 0 & \frac{1}{d_y} & 0 \\ 0 & 0 & 1 \end{pmatrix} \begin{pmatrix} x \\ y \\ 1 \end{pmatrix} \tag{2.2.10}$$

即摄像机的投影关系可写成

$$\mu \boldsymbol{m} = \boldsymbol{K}_1(\boldsymbol{I}_3, \boldsymbol{0})\boldsymbol{X}_c = \boldsymbol{P}\boldsymbol{X}_c \tag{2.2.11}$$

其中

$$\boldsymbol{K}_1 = \begin{pmatrix} f_x & 0 & u_0 \\ 0 & f_y & v_0 \\ 0 & 0 & 1 \end{pmatrix} \tag{2.2.12}$$

称为 CCD 摄像机的内参数矩阵，$f_x = f / d_x$，$f_y = f / d_y$ 称为 CCD 摄像机在成像平面 $u$ 轴和 $v$ 轴方向上的尺度因子，$(u_0, v_0)^{\mathrm{T}} = (x_0 / d_x, y_0 / d_y)^{\mathrm{T}}$ 称为 CCD 摄像机的主点。

一般地，CCD 摄像机数字离散化后的像素是一个平行四边形，其中一边平行于 $u$ 轴，

另一边与 $u$ 轴成一个 $\theta$ 角。设平行四边形的两边长分别为 $d_x$ 和 $d_y$，图像点 $(x,y,1)^{\mathrm{T}}$ 在离散化后的坐标为 $(u,v,1)^{\mathrm{T}}$，则有

$$\begin{pmatrix} u \\ v \\ 1 \end{pmatrix} = \begin{pmatrix} \dfrac{1}{d_x} & -\dfrac{\cot\theta}{d_x} & 0 \\ 0 & \dfrac{1}{d_y \sin\theta} & 0 \\ 0 & 0 & 1 \end{pmatrix} \begin{pmatrix} x \\ y \\ 1 \end{pmatrix} \tag{2.2.13}$$

结合式(2.2.12)，得到

$$z_c \begin{pmatrix} u \\ v \\ 1 \end{pmatrix} = \begin{pmatrix} \dfrac{f}{d_x} & -\dfrac{f\cot\theta}{d_x} & \dfrac{x_0 - y_0\cot\theta}{d_x} & 0 \\ 0 & \dfrac{f}{d_y \sin\theta} & \dfrac{y_0}{d_y \sin\theta} & 0 \\ 0 & 0 & 1 & 0 \end{pmatrix} \boldsymbol{X}_c \tag{2.2.14}$$

则式(2.2.14)可写成

$$\mu \boldsymbol{m} = \boldsymbol{K}(\boldsymbol{I}_3, \boldsymbol{0})\boldsymbol{X}_c = \boldsymbol{P}\boldsymbol{X}_c \tag{2.2.15}$$

其中

$$\boldsymbol{K} = \begin{pmatrix} f_x & s & u_0 \\ 0 & f_y & v_0 \\ 0 & 0 & 1 \end{pmatrix} \tag{2.2.16}$$

是 CCD 摄像机的内参数矩阵，$f_x = f / d_x, f_y = f / d_y \sin\theta$ 称为一般 CCD 摄像机在成像平面 $u$ 轴和 $v$ 轴方向上的尺度因子，$(u_0, v_0)^{\mathrm{T}} = ((x_0 - y_0 \cot\theta) / d_x, y_0 / d_y \sin\theta)^{\mathrm{T}}$ 称为一般 CCD 摄像机的主点，而 $s = -f\cot\theta / d_x$ 称为一般 CCD 摄像机的畸变因子或倾斜因子。

### 2.2.4　摄像机矩阵的一般形式

上面所介绍的摄像机矩阵是在摄像机坐标系下的结果。由于摄像机的中心和主轴等事先都是未知的，这个坐标系不能给出空间点的具体坐标值，另外，摄像机可安放在环境中的任何位置，所以需要一个基准坐标系来描述空间点和摄像机的位置。这个基准坐标系通常称为世界坐标系。

世界坐标系与摄像机坐标系之间的关系可以用一个旋转矩阵和一个平移向量来描述，如图 2.2.3 所示。令空间点在世界坐标系与摄像机坐标系中的齐次坐标分别为 $\boldsymbol{X} = (x_w, y_w, z_w, 1)^{\mathrm{T}}$ 和 $\boldsymbol{X}_c = (x_c, y_c, z_c, 1)^{\mathrm{T}}$，则它们之间的关系为

$$X_c = \begin{pmatrix} R & -R\tilde{O}_c \\ 0^T & 1 \end{pmatrix} X \tag{2.2.17}$$

其中，$\tilde{O}_c$表示摄像机光心在世界坐标系中的非齐次坐标，齐次坐标为$O_c = (\tilde{O}_c^T, 1)^T$。将式(2.2.17)代入式(2.2.15)，则有

$$\mu m = K(I_3, 0)X_c = K\begin{pmatrix} R & -R\tilde{O}_c \\ 0^T & 1 \end{pmatrix} X = KR(I_3, -\tilde{O}_c)X \tag{2.2.18}$$

于是，摄像机矩阵的一般形式为

$$P = KR(I_3, -\tilde{O}_c) \tag{2.2.19}$$

其中，$R(I_3, -\tilde{O}_c)$称为摄像机的外参数矩阵。有时也用$\tilde{X}_c = RX + T$来描述世界坐标系与摄像机坐标系之间的关系，此时摄像机矩阵为

$$P = KR(I_3, T) \tag{2.2.20}$$

其中，$T = -R\tilde{O}_c$。

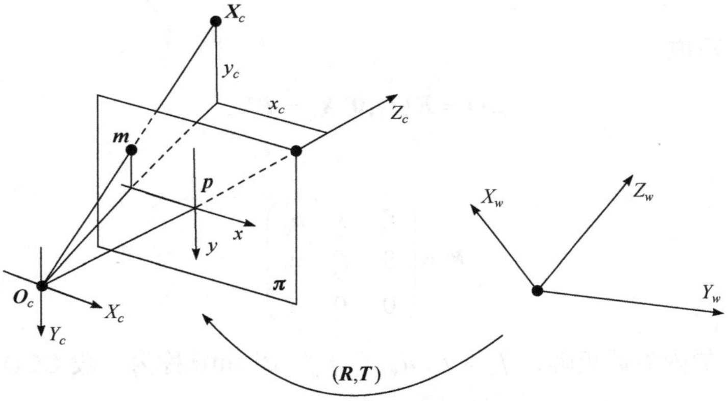


图 2.2.3　世界坐标系与摄像机坐标系之间的欧氏变换

摄像机矩阵$P$是一个秩为3的$3\times4$矩阵，它有11个自由度。记摄像机矩阵为$P = (p^{1T}, p^{2T}, p^{3T})^T$，其中$p^{1T}$、$p^{2T}$、$p^{3T}$为$P$的三个行向量。这三个行向量具有下述几何意义：

(1)摄像机坐标系的坐标平面$X_cO_cY_c$(主平面)在世界坐标系下的坐标可用$p^{3T}$表示。

(2)图像坐标系的$v$与摄像机光心所确定的平面(轴平面)在世界坐标系下的坐标可用$p^{1T}$表示。

(3)图像坐标系的$u$与摄像机光心所确定的平面(轴平面)在世界坐标系下的坐标可用$p^{2T}$表示。

# 2.3　几何元素在针孔摄像机模型下的投影

## 2.3.1　点在针孔摄像机模型下的投影

### 1. 正向投影

给定空间中的一个点 $\boldsymbol{X}$，它在世界坐标系下的齐次坐标为 $(x_w, y_w, z_w, 1)^{\mathrm{T}}$，对它被摄像机矩阵 $\boldsymbol{P}$ 作用到图像平面上的图像点 $\boldsymbol{m}$，有

$$\mu \boldsymbol{m} = \boldsymbol{P}\boldsymbol{X} \tag{2.3.1}$$

其表示的投影关系为摄像机的正向投影，简称投影。在点的投影中特别感兴趣的是无穷远点的投影，因为通过无穷远点的投影可以恢复物体的仿射结构。空间中无穷远点的齐次坐标可以表示为 $\boldsymbol{X}_\infty = (\boldsymbol{d}^{\mathrm{T}}, 0)^{\mathrm{T}}$，其中 $\boldsymbol{d}$ 是三维向量，表示通过无穷远点 $\boldsymbol{X}_\infty$ 的直线方向，因此对它被摄像机矩阵 $\boldsymbol{P} = (\boldsymbol{H}, \boldsymbol{p}_4)$（$\boldsymbol{H}$ 为 $\boldsymbol{P}$ 的前三列构成的矩阵，$\boldsymbol{p}_4$ 是 $\boldsymbol{P}$ 的第四列）作用到图像平面上的图像点 $\boldsymbol{m}_\infty$，有

$$\boldsymbol{m}_\infty = \boldsymbol{P}\boldsymbol{X}_\infty = (\boldsymbol{H}, \boldsymbol{p}_4)\begin{pmatrix} \boldsymbol{d} \\ 0 \end{pmatrix} = \boldsymbol{H}\boldsymbol{d} \tag{2.3.2}$$

可以看出无穷远点的投影仅与摄像机矩阵的前三列有关，而与它的第四列无关。

### 2. 反向投影

反向投影是从图像平面上的几何元素出发寻找对应的空间几何元素。图像平面上的点 $\boldsymbol{m}$ 的反向投影是指在摄像机矩阵 $\boldsymbol{P}$ 的作用下投影点为 $\boldsymbol{m}$ 的所有空间点的集合：

$$\boldsymbol{l}_X = \{\boldsymbol{X} : \boldsymbol{m} = \boldsymbol{P}\boldsymbol{X}\} \tag{2.3.3}$$

从几何学的角度考虑，图像平面上的点 $\boldsymbol{m}$ 的反向投影是从摄像机光心 $\boldsymbol{O}_c$ 出发且通过图像点 $\boldsymbol{m}$ 的一条射线，如图 2.3.1 所示。

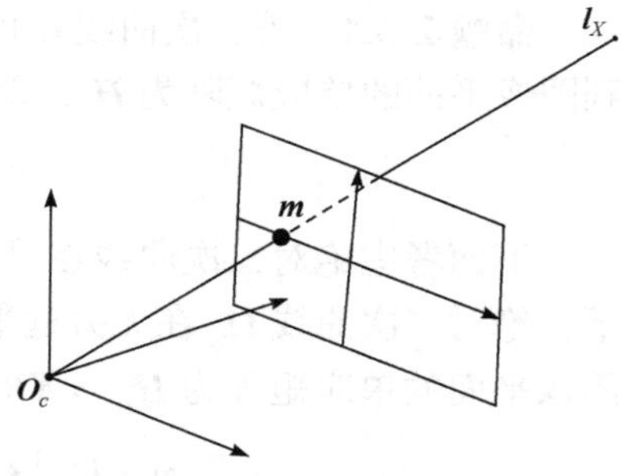

图 2.3.1　图像点 $\boldsymbol{m}$ 的反向投影线

## 2.3.2　无穷远平面在针孔摄像机模型下的投影

考虑无穷远平面 $\boldsymbol{\pi}_\infty$ 在摄像机矩阵 $\boldsymbol{P}$ 下的投影，无穷远平面上的点 $\boldsymbol{M}_\infty$ 的齐次坐标为 $\boldsymbol{M}_\infty = (x_w, y_w, z_w, 0)^{\mathrm{T}}$，则 $\boldsymbol{M}_\infty$ 的像 $\boldsymbol{m}_\infty$ 为

$$\boldsymbol{m}_\infty = \boldsymbol{P}\boldsymbol{M}_\infty = (\boldsymbol{p}_1, \boldsymbol{p}_2, \boldsymbol{p}_3, \boldsymbol{p}_4)\begin{pmatrix} x_w \\ y_w \\ z_w \\ 0 \end{pmatrix} = (\boldsymbol{p}_1, \boldsymbol{p}_2, \boldsymbol{p}_3)\begin{pmatrix} x_w \\ y_w \\ z_w \end{pmatrix} \tag{2.3.4}$$

记 $\boldsymbol{P}_\infty=(\boldsymbol{p}_1,\boldsymbol{p}_2,\boldsymbol{p}_3)$， $\tilde{\boldsymbol{M}}_\infty=(x_w,y_w,z_w)^{\mathrm{T}}$ ，则式(2.3.4)可简写为

$$\boldsymbol{m}_\infty=\boldsymbol{P}_\infty\tilde{\boldsymbol{M}}_\infty \tag{2.3.5}$$

其中，矩阵 $\boldsymbol{P}_\infty$ 为无穷远平面到图像平面的单应矩阵，简称无穷远单应。

### 2.3.3　二次曲线在针孔摄像机模型下的投影

1. 正向投影

考虑空间中的二次曲线在摄像机下的投影。任一条二次曲线都在空间中的一个平面(支撑平面)上，将二次曲线的支撑平面记为 $\boldsymbol{\pi}$，并以支撑平面 $\boldsymbol{\pi}$ 为世界坐标系的 $X_w\boldsymbol{O}_wY_w$ 平面，根据前面章节的讨论可知，摄像机对平面 $\boldsymbol{\pi}$ 的作用可由一个单应矩阵 $\boldsymbol{H}$ 来描述，这里有 $\boldsymbol{m}=\boldsymbol{H}\boldsymbol{X}_\pi$。设 $\boldsymbol{C}$ 为平面 $\boldsymbol{\pi}$ 上的一条二次曲线， $\boldsymbol{X}_\pi=(x_w,y_w,1)^{\mathrm{T}}$ 为 $\boldsymbol{C}$ 上的任一点，它的图像点为 $\boldsymbol{m}$ 。当摄像机的光心 $\boldsymbol{O}_c$ 不在平面 $\boldsymbol{\pi}$ 上时， $\boldsymbol{H}$ 可逆，则

$$\boldsymbol{X}_\pi=\boldsymbol{H}^{-1}\boldsymbol{m} \tag{2.3.6}$$

于是

$$\boldsymbol{m}^{\mathrm{T}}\boldsymbol{H}^{-\mathrm{T}}\boldsymbol{C}\boldsymbol{H}^{-1}\boldsymbol{m}=\boldsymbol{X}_\pi^{\mathrm{T}}\boldsymbol{C}\boldsymbol{X}_\pi=0 \tag{2.3.7}$$

记 $\boldsymbol{C}_m=\boldsymbol{H}^{-\mathrm{T}}\boldsymbol{C}\boldsymbol{H}^{-1}$ ，则 $\boldsymbol{C}_m$ 仍为一个 3 阶对称矩阵，所以它表示图像平面上的一条二次曲线。因此，二次曲线的图像仍是二次曲线。

**命题 2.3.1**　若二次曲线 $\boldsymbol{C}$ 的图像一条是二次曲线 $\boldsymbol{C}_m$，其中二次曲线 $\boldsymbol{C}$ 的支撑平面到图像平面的单应矩阵为 $\boldsymbol{H}$ ，则

$$\boldsymbol{C}_m=\boldsymbol{H}^{-\mathrm{T}}\boldsymbol{C}\boldsymbol{H}^{-1} \tag{2.3.8}$$

下面考虑绝对二次曲线在摄像机下的投影，即绝对二次曲线的图像。在欧氏坐标系下，绝对二次曲线 $\boldsymbol{\Omega}_\infty$ 在无穷远平面 $\boldsymbol{\pi}_\infty$ 上的矩阵为 3 阶单位矩阵。 $\boldsymbol{\Omega}_\infty$ 的支撑平面 $\boldsymbol{\pi}_\infty$ 到图像平面的单应矩阵为 $\boldsymbol{H}_\infty=\boldsymbol{K}\boldsymbol{R}$ ，于是由命题 2.3.1，有 $\boldsymbol{\Omega}_\infty$ 的像为

$$\boldsymbol{\omega}=\boldsymbol{H}_\infty^{-\mathrm{T}}\boldsymbol{I}_3\boldsymbol{H}_\infty^{-1}=(\boldsymbol{K}\boldsymbol{R})^{-\mathrm{T}}\boldsymbol{I}_3(\boldsymbol{K}\boldsymbol{R})^{-1}=\boldsymbol{K}^{-\mathrm{T}}\boldsymbol{K}^{-1} \tag{2.3.9}$$

**命题 2.3.2**　绝对二次曲线在摄像机下的像曲线为 $\boldsymbol{\omega}=\boldsymbol{K}^{-\mathrm{T}}\boldsymbol{K}^{-1}$ 。

绝对二次曲线的图像与世界坐标系的选择无关(或者说与摄像机位置无关)，仅与摄像机内参数有关。命题 2.3.2 是摄像机自标定的理论基础。

2. 反向投影

令 $\boldsymbol{C}_m$ 是图像平面上的二次曲线，考虑它在摄像机矩阵 $\boldsymbol{P}$ 下的反向投影。在几何上， $\boldsymbol{C}_m$ 的反向投影是顶点在摄像机中心并通过二次曲线 $\boldsymbol{C}_m$ 的一个锥面 $\boldsymbol{Q}$ ，它是一个退化的二次曲面。这一几何事实的代数描述如下。

**命题 2.3.3**　设摄像机矩阵为 $\boldsymbol{P}$ ，则二次曲线 $\boldsymbol{C}_m$ 的反向投影 $\boldsymbol{Q}$ 为

$$\boldsymbol{Q}=\boldsymbol{P}^{\mathrm{T}}\boldsymbol{C}_m\boldsymbol{P} \tag{2.3.10}$$

**证明**　设点 $\boldsymbol{X}$ 是二次曲线 $\boldsymbol{C}_m$ 确定的锥面 $\boldsymbol{Q}$ 上的任一点，则点 $\boldsymbol{X}$ 的投影 $\boldsymbol{PX}$ 在二次曲线 $\boldsymbol{C}_m$ 上，于是

$$\boldsymbol{X}^{\mathrm{T}}\boldsymbol{P}^{\mathrm{T}}\boldsymbol{C}_m\boldsymbol{PX}=0 \tag{2.3.11}$$

从而

$$\boldsymbol{Q}=\boldsymbol{P}^{\mathrm{T}}\boldsymbol{C}_m\boldsymbol{P} \tag{2.3.12}$$

**证毕**

### 2.3.4　二次曲面在针孔摄像机模型下的投影

在几何上，二次曲面 $\boldsymbol{Q}$ 的轮廓 $\boldsymbol{\Gamma}$ 在成像平面上的投影 $\boldsymbol{C}$ 是顶点在摄像机光心的视锥面与成像平面的交线。二次曲面 $\boldsymbol{Q}$ 的图像是交线 $\boldsymbol{C}$ 所包含的区域，如图 2.3.2 所示，通常称 $\boldsymbol{C}$ 是二次曲面图像的轮廓线。因 $\boldsymbol{\Gamma}$ 是一条二次曲线，所以 $\boldsymbol{C}$ 也是一条二次曲线。如果二次曲面上没有纹理，它的轮廓线 $\boldsymbol{\Gamma}$ 的图像 $\boldsymbol{C}$ 是唯一可以利用的图像信息，因此，以后称 $\boldsymbol{C}$ 是二次曲面 $\boldsymbol{Q}$ 的图像。这一几何事实的代数描述如下。

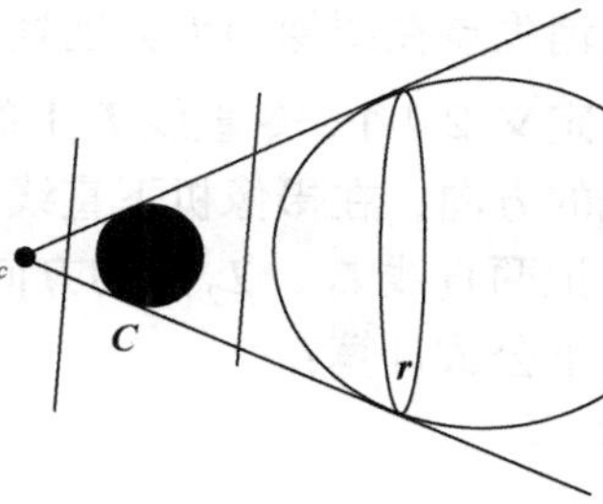

图 2.3.2　二次曲面的投影

**命题 2.3.4**　(1) 令摄像机矩阵为 $\boldsymbol{P}$，二次曲面 $\boldsymbol{Q}$ 的对偶为 $\boldsymbol{Q}^*$，它的图像 $\boldsymbol{C}$ 的对偶为 $\boldsymbol{C}^*$，则有

$$\boldsymbol{C}^*=\boldsymbol{PQ}^*\boldsymbol{P}^{\mathrm{T}} \tag{2.3.13}$$

(2) 二次曲面的轮廓线 $\boldsymbol{\Gamma}$ 所在的平面为

$$\boldsymbol{\pi}_{\Gamma}=\boldsymbol{QO}_c \tag{2.3.14}$$

其中，$\boldsymbol{O}_c$ 是摄像机的光心坐标。

下面考虑绝对对偶二次曲面在摄像机下的投影，即绝对对偶二次曲面的图像。在之前章节中已经对绝对对偶二次曲面 $\boldsymbol{Q}_\infty^*$ 作了简单的介绍。在几何上，$\boldsymbol{Q}_\infty^*$ 由 $\boldsymbol{\Omega}_\infty$ 的切平面组成，在代数上，$\boldsymbol{Q}_\infty^*$ 由一个秩为 3 的 4 阶齐次矩阵表示。绝对对偶二次曲面是绝对二次曲线的对偶，所以它在摄像机矩阵 $\boldsymbol{P}$ 下的图像是绝对二次曲线图像的对偶。因此，绝对对偶二次曲面 $\boldsymbol{Q}_\infty^*$ 的图像为

$$\boldsymbol{\omega}^*=\boldsymbol{\omega}^{-1}=\boldsymbol{KK}^{\mathrm{T}} \tag{2.3.15}$$

于是，有下述命题。

**命题 2.3.5**　绝对对偶二次曲面在摄像机下的图像为 $\boldsymbol{\omega}^*=\boldsymbol{KK}^{\mathrm{T}}$。

类似于绝对二次曲线的图像，绝对二次曲线的对偶图像，即绝对对偶二次曲面的图像，也是成像平面上的一条(对偶)二次曲线，它也与摄像机位置无关，仅与摄像机内参数有关，它也是摄像机自标定的理论基础。

2.4.1-视频

# 2.4　摄像机内参数的约束条件

## 2.4.1　消失点(线)与摄像机内参数的约束

1. 消失点

一条世界直线的消失点由平行于该直线并过摄像机中心的射线与图像平面的交点得到，因此消失点仅依赖于直线的方向，而与其位置无关，若世界直线平行于图像平面，那么消失点在图像的无穷远处。

**定义 2.4.1**　令直线 $\boldsymbol{L}$ 上的无穷远点为 $\boldsymbol{V}=(\boldsymbol{d}^{\mathrm{T}},0)^{\mathrm{T}}$，其为四维齐次坐标，则 $\boldsymbol{d}$ 表示直线的方向，在摄像机下直线 $\boldsymbol{L}$ 的无穷远点 $\boldsymbol{V}$ 的像称为**消失点** $\boldsymbol{v}$，其满足 $\boldsymbol{v}=\boldsymbol{P}\boldsymbol{d}$。

记两直线 $\boldsymbol{L}_1$、$\boldsymbol{L}_2$ 上的方向分别为 $\boldsymbol{d}_1$、$\boldsymbol{d}_2$，由欧氏几何可知，它们之间的夹角可通过以下公式计算：

$$\cos\theta=\frac{\boldsymbol{d}_1^{\mathrm{T}}\boldsymbol{d}_2}{\sqrt{\boldsymbol{d}_1^{\mathrm{T}}\boldsymbol{d}_1}\sqrt{\boldsymbol{d}_2^{\mathrm{T}}\boldsymbol{d}_2}} \tag{2.4.1}$$

令直线 $\boldsymbol{L}_1$、$\boldsymbol{L}_2$ 的消失点分别为 $\boldsymbol{v}_1$、$\boldsymbol{v}_2$，由式(2.3.5)有

$$\boldsymbol{d}_1=\boldsymbol{P}_\infty^{-1}\boldsymbol{v}_1=\boldsymbol{R}^{-1}\boldsymbol{K}^{-1}\boldsymbol{v}_1 \tag{2.4.2}$$

$$\boldsymbol{d}_2=\boldsymbol{P}_\infty^{-1}\boldsymbol{v}_2=\boldsymbol{R}^{-1}\boldsymbol{K}^{-1}\boldsymbol{v}_2 \tag{2.4.3}$$

因此

$$\cos\theta=\frac{\boldsymbol{v}_1^{\mathrm{T}}(\boldsymbol{P}_\infty^{-\mathrm{T}}\boldsymbol{P}_\infty^{-1})\boldsymbol{v}_2}{\sqrt{\boldsymbol{v}_1^{\mathrm{T}}(\boldsymbol{P}_\infty^{-\mathrm{T}}\boldsymbol{P}_\infty^{-1})\boldsymbol{v}_1}\sqrt{\boldsymbol{v}_2^{\mathrm{T}}(\boldsymbol{P}_\infty^{-\mathrm{T}}\boldsymbol{P}_\infty^{-1})\boldsymbol{v}_2}}=\frac{\boldsymbol{v}_1^{\mathrm{T}}\boldsymbol{\omega}\boldsymbol{v}_2}{\sqrt{\boldsymbol{v}_1^{\mathrm{T}}\boldsymbol{\omega}\boldsymbol{v}_1}\sqrt{\boldsymbol{v}_2^{\mathrm{T}}\boldsymbol{\omega}\boldsymbol{v}_2}} \tag{2.4.4}$$

其中，$\boldsymbol{\omega}=\boldsymbol{K}^{-\mathrm{T}}\boldsymbol{K}^{-1}$ 是绝对二次曲线的像。

若已知两条直线的夹角及其消失点，则式(2.4.4)就构成摄像机内参数的约束，从而用于摄像机内参数的标定。

2. 消失线

**定义 2.4.2**　三维空间的平行平面与无穷远平面交于一条公共直线，该直线的像就是平行平面的**消失线**。

消失线由平行于世界平面并过摄像机中心的一张平面与图像平面的交线得到，因此消失线仅与景物平面的定向有关，而与它的位置无关。

令 $\boldsymbol{L}_1$、$\boldsymbol{L}_2$ 是平面 $\boldsymbol{\pi}$ 上相交于有限点的两条直线，其无穷远点分别为 $\boldsymbol{V}_1=(\boldsymbol{d}_1^{\mathrm{T}},0)^{\mathrm{T}}$、$\boldsymbol{V}_2=(\boldsymbol{d}_2^{\mathrm{T}},0)^{\mathrm{T}}$，对应消失点分别为 $\boldsymbol{v}_1$、$\boldsymbol{v}_2$。平面 $\boldsymbol{\pi}$ 上的无穷远直线必通过 $\boldsymbol{V}_1$、$\boldsymbol{V}_2$，令 $\boldsymbol{l}$ 是平面 $\boldsymbol{\pi}$ 上的消失线，则 $\boldsymbol{v}_1$、$\boldsymbol{v}_2$ 是 $\boldsymbol{l}$ 上两个不同的点。因此

$$\boldsymbol{l}=\boldsymbol{v}_1\times\boldsymbol{v}_2=\boldsymbol{P}_\infty\boldsymbol{d}_1\times\boldsymbol{P}_\infty\boldsymbol{d}_2=\boldsymbol{P}_\infty^{-\mathrm{T}}(\boldsymbol{d}_1\times\boldsymbol{d}_2)=\boldsymbol{P}_\infty^{-\mathrm{T}}\boldsymbol{n}=\boldsymbol{K}^{-\mathrm{T}}\boldsymbol{R}\boldsymbol{n} \tag{2.4.5}$$

其中，“×”表示两点连接得到直线；$\boldsymbol{n}=\boldsymbol{d}_1\times\boldsymbol{d}_2$ 是平面 $\boldsymbol{\pi}$ 的法向量。

令 $\boldsymbol{\pi}_1$ 、$\boldsymbol{\pi}_2$ 的法向量分别为 $\boldsymbol{n}_1$ 、$\boldsymbol{n}_2$ ，则它们之间的夹角可表示为

$$\cos\theta=\frac{\boldsymbol{n}_1{}^{\mathrm{T}}\boldsymbol{n}_2}{\sqrt{\boldsymbol{n}_1{}^{\mathrm{T}}\boldsymbol{n}_1}\sqrt{\boldsymbol{n}_2{}^{\mathrm{T}}\boldsymbol{n}_2}} \tag{2.4.6}$$

若平面 $\boldsymbol{\pi}_1$ 、$\boldsymbol{\pi}_2$ 的消失线分别为 $\boldsymbol{l}_1$、$\boldsymbol{l}_2$ ，则由式(2.4.5)和式(2.4.6)可得

$$\cos\theta=\frac{\boldsymbol{v}_1{}^{\mathrm{T}}\boldsymbol{\omega}^*\boldsymbol{v}_2}{\sqrt{\boldsymbol{l}_1{}^{\mathrm{T}}\boldsymbol{\omega}^*\boldsymbol{l}_1}\sqrt{\boldsymbol{l}_2{}^{\mathrm{T}}\boldsymbol{\omega}^*\boldsymbol{l}_2}} \tag{2.4.7}$$

其中，$\boldsymbol{\omega}^*=\boldsymbol{K}\boldsymbol{K}^{\mathrm{T}}$ 是绝对对偶二次曲面的像。

类似于消失点，若已知平面夹角和消失线，则可用式(2.4.7)标定摄像机内参数。

3. 正交消失点(线)

**定义 2.4.3**　经过射影变换后，无穷远点 $\boldsymbol{V}_1$ 的像 $\boldsymbol{v}_1$ 称为消失点。其正交方向上的无穷远点 $\boldsymbol{V}_2$ 的像 $\boldsymbol{v}_2$ 称为它的**正交消失点**。类似于正交消失点，两正交平面的消失线构成一组**正交消失线**。

## 2.4.2　圆环点与摄像机内参数的约束

2.4.2-视频

在相似变换下，无穷远直线上有两个不动点，它们是圆环点 $\boldsymbol{I}$ 和 $\boldsymbol{J}$ ，其坐标为

$$\begin{cases}\boldsymbol{I}=(1,i,0)^{\mathrm{T}}\\ \boldsymbol{J}=(1,-i,0)^{\mathrm{T}}\end{cases} \tag{2.4.8}$$

圆环点位于绝对二次曲线上，而绝对二次曲线的像为 $\boldsymbol{\omega}=\boldsymbol{K}^{-\mathrm{T}}\boldsymbol{K}^{-1}$ ，则圆环点的像 $\boldsymbol{m}_I$ 、$\boldsymbol{m}_J$ 位于绝对二次曲线的像上，即满足

$$\begin{cases}\boldsymbol{m}_I{}^{\mathrm{T}}\boldsymbol{\omega}\boldsymbol{m}_I=0\\ \boldsymbol{m}_J{}^{\mathrm{T}}\boldsymbol{\omega}\boldsymbol{m}_J=0\end{cases} \tag{2.4.9}$$

由于 $\boldsymbol{m}_I$ 、$\boldsymbol{m}_J$ 是一组共轭复点，因此由式(2.4.9)得到关于摄像机内参数的线性约束方程组如下：

$$\begin{cases}\mathrm{Re}(\boldsymbol{m}_I{}^{\mathrm{T}}\boldsymbol{\omega}\boldsymbol{m}_I)=0\\ \mathrm{Im}(\boldsymbol{m}_I{}^{\mathrm{T}}\boldsymbol{\omega}\boldsymbol{m}_I)=0\end{cases} \tag{2.4.10}$$

其中，Re 、Im 分别表示复数的实部和虚部。设 $\boldsymbol{m}_I=(m_{I1},m_{I2},1)^{\mathrm{T}}$ ，

$$\boldsymbol{\omega}=\boldsymbol{K}^{-\mathrm{T}}\boldsymbol{K}^{-1}=\begin{pmatrix}c_1 & c_2 & c_3\\ c_2 & c_4 & c_5\\ c_3 & c_5 & c_6\end{pmatrix} \tag{2.4.11}$$

则式(2.4.10)可化为

$$\begin{pmatrix} \mathrm{Re}(\boldsymbol{A}) \\ \mathrm{Im}(\boldsymbol{A}) \end{pmatrix} \boldsymbol{c}_{6\times1} = \boldsymbol{0} \tag{2.4.12}$$

其中，$\boldsymbol{A}_{1\times6} = (m_{I1}^2, 2m_{I1}m_{I2}, m_{I2}^2, 2m_{I1}, 2m_{I2}, 1)$；$\boldsymbol{c}_{6\times1} = (c_1, c_2, c_3, c_4, c_5, c_6)^{\mathrm{T}}$。每个图像获得对应的圆环点的像后，建立 $N$ 组式(2.4.12)所示的方程，联立得

$$\boldsymbol{A}_{2N\times6}\boldsymbol{c}_{6\times1} = \boldsymbol{0} \tag{2.4.13}$$

矩阵奇异值分解的右酉矩阵的最后一列为该齐次方程组的一个最小二乘解，则至少三对圆环点的像即可线性确定 $\boldsymbol{\omega}$，再对 $\boldsymbol{\omega}$ 进行 Cholesky 分解后求逆，就可以得到摄像机内参数矩阵 $\boldsymbol{K}$。

# 第 3 章　全景摄像机几何

## 3.1　全景摄像机概述

随着安防要求的不断增强及安防产品的不断升级，单一或者局部角度的监控摄像机在一定程度上已经不能满足安全防护的要求，全景摄像机可以在这些方面起到很大的作用。全景摄像机是可以实现大范围无死角监控的摄像机，其概念与初级成品诞生已久。又因为目前国内安防方面的标准大多围绕模拟摄像机与网络摄像机展开，故对于全景摄像机还没有较为统一的标准定义，使得在具体到某些项目的实施过程中会存在认同度方面的问题。总的说来，当下主流全景摄像机采用吊装与壁装方式可分别达到 360°与 180°的监控效果，而某些只有 120°～130°视场角的摄像机，因为能满足客户对一个较为开阔面积的监控诉求，也可称为全景摄像机（广角全景摄像机）。

全景摄像机的工作原理如下：内部封装多个传感器，通过对分画面进行图像拼接操作得到全景效果。目前主流产品的结构是把四个 200 万像素的传感器，以及视场角为 45°或者 90°的短焦镜头封装在统一的外壳中。其中数字处理与压缩等核心技术被集成在前端固件上，将四个单独的画面按用户需求集成为 180°或者 360°的高清全景画面，再由网络传输到后端管理平台。越来越多的客户会要求“看得更多、看得更清”，所以全景摄像机必然有着很大的市场。

全景摄像机具有以下特点：

(1) 采用鱼眼式全景成像光学系统，中央无盲区。

(2) 300 万像素高清输出，满足大视场覆盖和分辨力要求。

(3) 适用于会议室、办公室、大厅、大堂、商场、仓库、车间等大面积开阔室内区域的监控使用要求。

(4) 提供免费全景监控系统软件，可按八种数字云台模式实时展开浏览全景视频。

(5) 提供 SDK（Software Development Kit）开发包，实现接入第三方网管平台。

## 3.2　单位视球模型

3.2-视频

折反射摄像机由一个普通摄像机和其正前方的反射镜面两部分组成。折反射摄像机的反射镜面可以有多种类型，如平面、球面、锥面、旋转二次曲面等。Baker 和 Nayer 根据折反射摄像机是否有固定的单视点将折反射摄像机分为中心和非中心两类。满足单视点特性的折反射摄像机有四种类型：第一种是旋转抛物面镜和正交投影摄像机，这里的旋转抛物面是由抛物线绕其对称轴旋转得到的；第二、三种分别为旋转双曲面镜和旋转椭球面镜的情况，此时普通摄像机的光心应位于另一个焦点处，这里的旋转二次曲面由二次曲线绕两焦点所在对称轴旋转得到；第四种就是平面镜与一台普通摄像机，Geyer 和 Daniilidis 针对中心折反射摄像机提出了一个一般化的投影模型。这个一般化的投影模型将中心折反射摄像机的成像过程等价为通过一个单位视球的两步投影：第一步，将场景透视投影到以反射镜面的焦点 $\boldsymbol{O}$ 为球心的单位视球面上，此时反射镜面的焦点即等效单视点；第二步，以某一空间点 $\boldsymbol{O}_c$ 为投影中心，将单位视球面上的投影点再透视投影到与 $\boldsymbol{O}_c\boldsymbol{O}$ 垂直的投影平面 $\boldsymbol{\pi}_1$ 上，从而形成折反射图像，如图 3.2.1 所示。

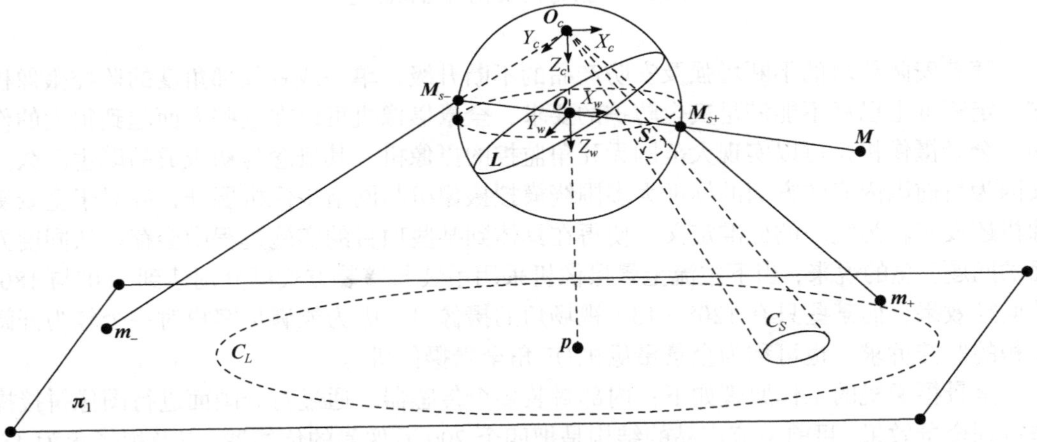


图 3.2.1　空间点、空间直线与球的折反射投影

### 3.2.1　单视点折反射摄像机成像模型

平面镜的折反射摄像机可以等效为一个针孔摄像机，所以只讨论其他三种情况。这三种情况如图 3.2.2 所示。显然，这些投影可以看成一般化的两步投影的特例。

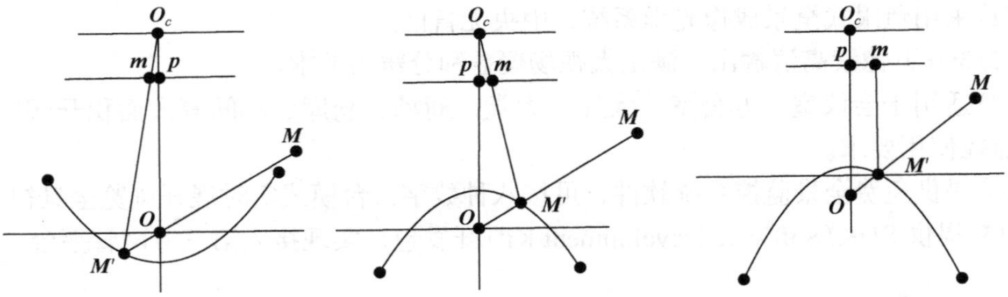


图 3.2.2　单视点折反射摄像机成像模型

对于抛物面的情况，有 $e=1$ 和 $f_e\to\infty$，$d\to\infty$，$f_e/d\to1$，可得

$$(x,y)=\boldsymbol{P}_{e,p}(x_w,y_w,z_w)=\left(\pm\frac{px_w}{-r+z_w},\pm\frac{py_w}{-r+z_w}\right)\tag{3.2.1}$$

其中，$e\in\mathbb{R}$ 是旋转二次曲面的偏心率；$p\in\mathbb{R}\backslash\{0\}$ 是焦点到准线的距离；$f_e$ 是针孔摄像

机的焦距；$d$ 是针孔摄像机的光心到坐标原点的距离；$r=\sqrt{x_w^2+y_w^2+z_w^2}$ 是空间 $\boldsymbol{M}$ 点到坐标原点的距离；$\boldsymbol{P}$ 代表在抛物面情况下，空间点与成像平面之间的线性变换；“$\to$”代表趋近的意思。

对于椭球面的情况，有 $0<e<1$ 和 $d=2e^2p/(1-e^2)$（$d$ 为椭圆两焦点之间的距离），可得

$$(x,y)=\boldsymbol{E}_{e,p,f_e}(x_w,y_w,z_w)=\left(\frac{\dfrac{f_e x_w(1-e^2)}{1+e^2}}{\dfrac{-2er}{1+e^2}+z_w},\ \frac{\dfrac{f_e y_w(1-e^2)}{1+e^2}}{\dfrac{-2er}{1+e^2}+z_w}\right) \tag{3.2.2}$$

其中，$\boldsymbol{E}$ 代表在椭球面情况下空间点与成像平面之间的线性变换。

对于双曲面的情况，有 $e>1$ 和 $d=2e^2p/(1-e^2)$（$d$ 为双曲面两焦点之间的距离），可得

$$(x,y)=\boldsymbol{H}_{e,p,f_e}(x_w,y_w,z_w)=\left(\frac{\dfrac{f_e x_w(e^2-1)}{e^2+1}}{\dfrac{-2er}{e^2+1}+z_w},\ \frac{\dfrac{f_e y_w(e^2-1)}{e^2+1}}{\dfrac{-2er}{e^2+1}+z_w}\right) \tag{3.2.3}$$

其中，$\boldsymbol{H}$ 代表在双曲面情况下空间点与成像平面之间的线性变换。

### 3.2.2 基于单位视球的两步投影

球面的两步投影如下：任意取空间一点 $\boldsymbol{M}$，首先将它投影到球面上，然后用一个针孔摄像机透视投影到成像平面上，如图 3.2.3 所示。

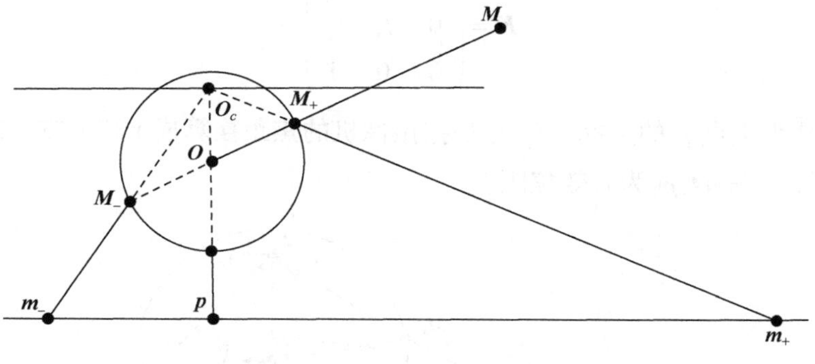


图 3.2.3　基于单位视球的两步投影

对于球面的投影，有 $e\to 0$ 和 $p\to\infty$，$ep\to 1$。令 $d=l$，此时的投影可以表示为

$$(x,y)=\boldsymbol{S}_{l,f_e}(x_w,y_w,z_w)=\left(\frac{f_e x_w}{\pm lr+z_w},\ \frac{f_e y_w}{\pm lr+z_w}\right) \tag{3.2.4}$$

其中，$l=|\boldsymbol{O}_c\boldsymbol{O}|$；$r=\sqrt{x_w^2+y_w^2+z_w^2}$；$\boldsymbol{S}$ 代表在单位视球情况下空间点与成像平面之间的线性变换。

### 3.2.3　单位视球模型与折反射成像模型的等价性

由式(3.2.4)得到的一般化的两步投影模型可以表示为两参数 $\alpha,\beta$ 的模型，即

$$(x,y)=\boldsymbol{G}_{\alpha,\beta}(x_w,y_w,z_w)=\left(\frac{\beta x_w}{\alpha r+z_w},\frac{\beta y_w}{\alpha r+z_w}\right) \tag{3.2.5}$$

对于单视点折反射摄像机的成像，从式(3.2.5)中可得到 $-1\leqslant\alpha\leqslant 0\cup\alpha=1$。对于单位视球的投影，得到 $\alpha=\pm l$。

## 3.3　几何元素在单位视球模型下的投影(点和直线)

### 3.3.1　点在单位视球模型下的投影

点是最基本的几何元素，它在单位视球模型下的投影是其他场景物体在单位视球模型下投影的基础。给定空间中的一个点 $\boldsymbol{M}$，下面讨论它在单位视球模型下的投影。如图 3.3.1 所示，取世界坐标系 $\boldsymbol{O}_w$-$X_wY_wZ_w$ 与视球坐标系 $\boldsymbol{O}$-$XYZ$ 重合，点 $\boldsymbol{M}$ 在 $\boldsymbol{O}_w$-$X_wY_wZ_w$ 下的齐次坐标为 $(x_w,y_w,z_w,1)^{\mathrm{T}}$。$\boldsymbol{M}$ 在单位视球模型下的投影分为两步：第一步，通过视球中心 $\boldsymbol{O}$ 与 $\boldsymbol{M}$ 的射线 $\boldsymbol{OM}$ 将点 $\boldsymbol{M}$ 投影到视球上的两个点 $\boldsymbol{M}_{s+}$ 和 $\boldsymbol{M}_{s-}$，显然 $\boldsymbol{M}_{s+}$ 和 $\boldsymbol{M}_{s-}$ 为视球某一直径的两个端点，称为对拓点；第二步，通过空间中的一个点 $\boldsymbol{O}_c$ 将 $\boldsymbol{M}_{s+}$ 和 $\boldsymbol{M}_{s-}$ 投影到与 $\boldsymbol{O}_c\boldsymbol{O}$ 垂直的平面 $\boldsymbol{\pi}_1$ 上的两个点 $\boldsymbol{m}_+$ 和 $\boldsymbol{m}_-$，由于它们是视球某一直径的两个端点的投影，称为对拓像点。这里的第二步相当于一个针孔摄像机模型，这个摄像机是以 $\boldsymbol{O}_c$ 为光心的一个虚拟摄像机，令它的内参数矩阵为

$$\boldsymbol{K}=\begin{pmatrix} f_x & s & u_0 \\ 0 & f_y & v_0 \\ 0 & 0 & 1 \end{pmatrix} \tag{3.3.1}$$

其中，$(u_0,v_0)^{\mathrm{T}}$ 为主点 $\boldsymbol{p}$ 的坐标；$f_x,f_y$ 是把摄像机的焦距换算成 $x$ 和 $y$ 方向的像素量纲；$s$ 为倾斜因子；$f=\|\boldsymbol{O}_c\boldsymbol{p}\|$ 为有效焦距。

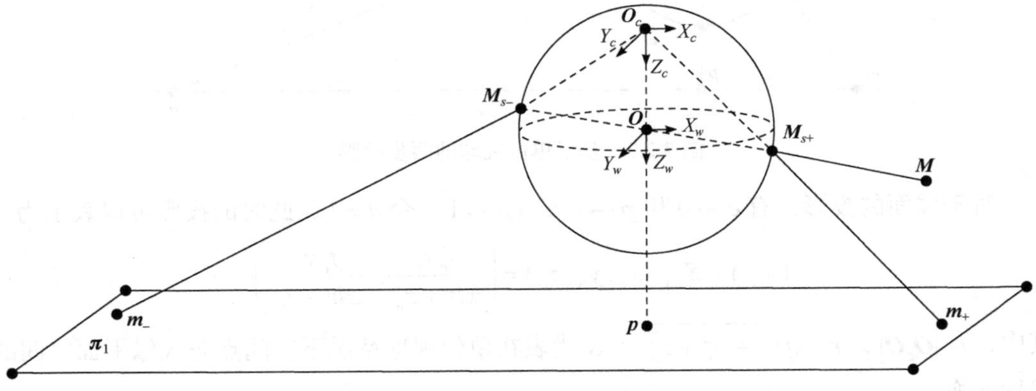


图 3.3.1　空间点在单位视球模型下的投影

基于上述讨论，下面给出空间点 $\boldsymbol{M}=(x_w,y_w,z_w,1)^{\mathrm{T}}$ 在单位视球模型下投影的代数表达。空间点 $\boldsymbol{M}$ 在单位视球上的投影 $\boldsymbol{M}_{s\pm}$ 在 $\boldsymbol{O}_w$-$X_wY_wZ_w$ 下的齐次坐标可表示为

$$\boldsymbol{M}_{s\pm}=\left(\pm\frac{x_w}{\|\boldsymbol{M}\|},\pm\frac{y_w}{\|\boldsymbol{M}\|},\pm\frac{z_w}{\|\boldsymbol{M}\|},1\right)^{\mathrm{T}} \tag{3.3.2}$$

其中，$\|\boldsymbol{M}\|=\sqrt{x_w^2+y_w^2+z_w^2}$ 。如图 3.3.1 所示，摄像机坐标系 $\boldsymbol{O}_c$-$X_cY_cZ_c$ 是将视球坐标系 $\boldsymbol{O}_w$-$X_wY_wZ_w$ 沿 $Z_w$ 轴的负方向平移 $\xi$（镜面参数）个单位，若记它们之间的旋转矩阵为 $\boldsymbol{R}_c$，平移向量为 $\boldsymbol{T}$，则 $\boldsymbol{R}_c=\boldsymbol{I}$，$\boldsymbol{T}=(0,0,\xi)^{\mathrm{T}}$。当 $\xi=0$ 时，单位视球模型就是针孔摄像机模型，这里只讨论 $0<\xi\leqslant 1$ 的情况。设点 $\boldsymbol{M}_{s\pm}$ 在以 $\boldsymbol{O}_c$ 为光心的虚拟摄像机下的投影为 $\boldsymbol{m}_{\pm}=(u_{\pm},v_{\pm},1)^{\mathrm{T}}$，则可得

$$\lambda_{\pm}\boldsymbol{m}_{\pm}=\boldsymbol{K}(\boldsymbol{I}_3,\boldsymbol{T})\boldsymbol{M}_{s\pm}=\boldsymbol{K}\begin{pmatrix}\pm\dfrac{x_w}{\|\boldsymbol{M}\|}\\[2ex] \pm\dfrac{y_w}{\|\boldsymbol{M}\|}\\[2ex] \pm\dfrac{z_w}{\|\boldsymbol{M}\|}+\xi\end{pmatrix} \tag{3.3.3}$$

其中，$\lambda_{+}$、$\lambda_{-}$ 为两个非零常数因子，记 $\lambda_{+}=\lambda_{+}$，$\lambda_{-}=-\lambda_{+}$，则式(3.3.3)可表示为

$$\lambda_{\pm}\boldsymbol{m}_{\pm}=\boldsymbol{K}\begin{pmatrix}\dfrac{x_w}{\|\boldsymbol{M}\|}\\[2ex] \dfrac{y_w}{\|\boldsymbol{M}\|}\\[2ex] \dfrac{z_w}{\|\boldsymbol{M}\|}+\xi\end{pmatrix} \tag{3.3.4}$$

式(3.3.4)就是空间点 $\boldsymbol{M}=(x_w,y_w,z_w,1)^{\mathrm{T}}$ 与它的折反射投影 $\boldsymbol{m}_{\pm}=(u_{\pm},v_{\pm},1)^{\mathrm{T}}$ 之间的代数表示。

**注意**，理论上空间中的一个点 $\boldsymbol{M}$ 投影为折反射成像平面 $\boldsymbol{\pi}_1$ 上的两个点 $\boldsymbol{m}_{+}$ 和 $\boldsymbol{m}_{-}$，但是只有一个是可见的，这里不妨设 $\boldsymbol{m}_{+}$ 是可见的，称为 $\boldsymbol{M}$ 的像点，而不可见点 $\boldsymbol{m}_{-}$ 称为 $\boldsymbol{M}$ 的对拓像点。

下面介绍对拓点理论。在上面的讨论中已经提到对拓点与对拓像点，这里给出它们的定义与相关结论。

**定义 3.3.1**　如果两个点 $\boldsymbol{M}_{s+}$ 和 $\boldsymbol{M}_{s-}$ 是单位视球上的某一直径的两个端点，则称 $\{\boldsymbol{M}_{s+},\boldsymbol{M}_{s-}\}$ 为一对对拓点。

**定义 3.3.2**　如果点 $\boldsymbol{m}_{+}$ 和点 $\boldsymbol{m}_{-}$ 是一对对拓点 $\{\boldsymbol{M}_{s+},\boldsymbol{M}_{s-}\}$ 的像，则称 $\{\boldsymbol{m}_{+},\boldsymbol{m}_{-}\}$ 为一对对拓像点。

**命题 3.3.1**　如果 $\{\boldsymbol{m}_{+},\boldsymbol{m}_{-}\}$ 是中心折反射摄像机下的一对对拓像点，则有

$$\frac{1+\sqrt{1+\tau \boldsymbol{m}_+^{\mathrm{T}}\boldsymbol{\omega}\boldsymbol{m}_+}}{\boldsymbol{m}_+^{\mathrm{T}}\boldsymbol{\omega}\boldsymbol{m}_+}\boldsymbol{m}_+ + \frac{1+\sqrt{1+\tau \boldsymbol{m}_-^{\mathrm{T}}\boldsymbol{\omega}\boldsymbol{m}_-}}{\boldsymbol{m}_-^{\mathrm{T}}\boldsymbol{\omega}\boldsymbol{m}_-}\boldsymbol{m}_- = 2\boldsymbol{p} \tag{3.3.5}$$

特别地，对于抛物折反射摄像机的情况有

$$\frac{1}{\boldsymbol{m}_+^{\mathrm{T}}\boldsymbol{\omega}\boldsymbol{m}_+}\boldsymbol{m}_+ + \frac{1}{\boldsymbol{m}_-^{\mathrm{T}}\boldsymbol{\omega}\boldsymbol{m}_-}\boldsymbol{m}_- = \boldsymbol{p} \tag{3.3.6}$$

其中，$\tau = \frac{1-\xi^2}{\xi^2}$；$\boldsymbol{p} = (x_0, y_0, 1)^{\mathrm{T}}$ 为主点。

### 3.3.2 直线在单位视球模型下的投影

给定空间中的一条直线 $\boldsymbol{l}$，下面讨论它在单位视球模型下的投影。如图 3.3.2 所示，取世界坐标系 $\boldsymbol{O}_w\text{-}X_wY_wZ_w$ 与视球坐标系 $\boldsymbol{O}\text{-}XYZ$ 重合。视球中心 $\boldsymbol{O}$ 与直线 $\boldsymbol{l}$ 确定的平面记为 $\boldsymbol{\pi}$，称为直线 $\boldsymbol{l}$ 的基本平面。平面 $\boldsymbol{\pi}$ 的单位法向量为 $\bar{\boldsymbol{n}} = (n_x, n_y, n_z)^{\mathrm{T}}$。直线 $\boldsymbol{l}$ 在单位视球模型下的投影通过两步完成：第一步，将空间直线 $\boldsymbol{l}$ 投影到单位视球上，形成一个大圆 $\boldsymbol{L}$；第二步，通过空间中的一个点 $\boldsymbol{O}_c$ 将大圆 $\boldsymbol{L}$ 投影到与 $\boldsymbol{O}_c\boldsymbol{O}$ 垂直的平面 $\boldsymbol{\pi}_1$ 上，形成一条二次曲线。这里的第二步相当于一个针孔摄像机投影模型，其中这个摄像机是以 $\boldsymbol{O}_c$ 为光心的一个虚拟摄像机，它的内参数矩阵与式(3.3.1)相同。下面讨论空间直线 $\boldsymbol{l}$ 在单位视球模型下投影的代数表示。

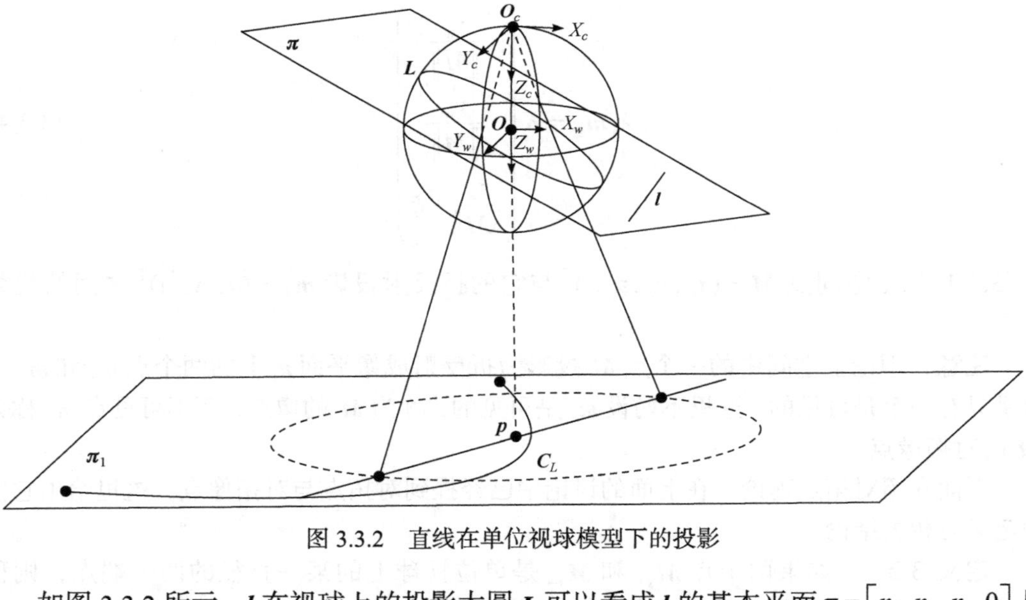


图 3.3.2 直线在单位视球模型下的投影

如图 3.3.2 所示，$\boldsymbol{l}$ 在视球上的投影大圆 $\boldsymbol{L}$ 可以看成 $\boldsymbol{l}$ 的基本平面 $\boldsymbol{\pi} = \left[n_x, n_y, n_z, 0\right]$ 与单位视球的截线。基本平面 $\boldsymbol{\pi}$ 在 $\boldsymbol{O}_w\text{-}X_wY_wZ_w$ 中的方程为

$$n_x x + n_y y + n_z z = 0 \tag{3.3.7}$$

设点 $\boldsymbol{M}_s$ 为大圆 $\boldsymbol{L}$ 上任一点，它在 $\boldsymbol{O}_w\text{-}X_wY_wZ_w$ 下的非齐次坐标为 $(x_s, y_s, z_s)^{\mathrm{T}}$，则

$$\begin{cases} n_x x_s + n_y y_s + n_z z_s = 0 \\ x_s^2 + y_s^2 + z_s^2 = 1 \end{cases} \tag{3.3.8}$$

如图 3.3.2 所示，摄像机坐标系 $\boldsymbol{O}_c\text{-}X_cY_cZ_c$ 和视球坐标系 $\boldsymbol{O}_w\text{-}X_wY_wZ_w$ 之间不存在旋转只存在平移，平移向量为 $\boldsymbol{T}=(0,0,\xi)^{\mathrm{T}}$。记 $\boldsymbol{M}_s$ 在折反射成像平面上的投影为 $\boldsymbol{m}=(u,v,1)^{\mathrm{T}}$，则由式(3.3.4)可得

$$\lambda \boldsymbol{m} = \begin{pmatrix} u \\ v \\ 1 \end{pmatrix} = \boldsymbol{K}\begin{pmatrix} x_s \\ y_s \\ z_s+\xi \end{pmatrix} \tag{3.3.9}$$

由式(3.3.8)和式(3.3.9)，有

$$\boldsymbol{m}^{\mathrm{T}}\boldsymbol{K}^{-\mathrm{T}}\boldsymbol{C}'\boldsymbol{K}^{-1}\boldsymbol{m} = 0 \tag{3.3.10}$$

其中

$$\boldsymbol{C}' = \begin{pmatrix} \xi^2 n_z^2 + n_x^2(\xi^2-1) & n_x n_y(\xi^2-1) & -n_x n_z \\ n_x n_y(\xi^2-1) & \xi^2 n_z^2 + n_y^2(\xi^2-1) & -n_y n_z \\ -n_x n_z & -n_y n_z & -n_z^2 \end{pmatrix} \tag{3.3.11}$$

记 $\mu \boldsymbol{C}_L = \boldsymbol{K}^{-\mathrm{T}}\boldsymbol{C}'\boldsymbol{K}^{-1}$，则 $\boldsymbol{M}_s$ 在折反射成像平面 $\boldsymbol{\pi}_1$ 上的投影点 $\boldsymbol{m}$ 在二次曲线 $\boldsymbol{C}_L$ 上，即 $\boldsymbol{C}_L$ 就是空间直线 $\boldsymbol{l}$ 在单位视球模型下的投影曲线。大圆 $\boldsymbol{L}$ 在 $\boldsymbol{O}_c$ 下的投影也可通过 $\boldsymbol{O}_c$ 与 $\boldsymbol{L}$ 确定的斜锥与折反射成像平面的交线获得。

如图 3.3.2 所示，当空间直线 $\boldsymbol{l}_0$ 与摄像机光轴 $\boldsymbol{O}_c\boldsymbol{O}$ 平行时，摄像机的光心 $\boldsymbol{O}_c$ 在 $\boldsymbol{l}_0$ 的基本平面 $\boldsymbol{\pi}_0$ 上，显然以 $\boldsymbol{O}_c$ 为投影中心，大圆 $\boldsymbol{L}_0$ 上任意两个点在折反射像平面 $\boldsymbol{\pi}_0$ 上的投影点是共线的，即 $\boldsymbol{l}_0$ 的投影退化为一条过摄像机主点的主线 $\boldsymbol{C}_{L_0}$。在式(3.3.11)中令 $n_z=0$ 可得 $\boldsymbol{C}_{L_0}$ 的代数表示。当镜面参数 $\xi=0$ 时，单位视球模型就是针孔摄像机模型，空间任一直线的投影仍为直线；令 $\xi=0$ 可得投影直线的代数表示。

# 第4章　三 维 重 构

三维重构技术通过深度数据获取、预处理、点云配准与融合生成表面等过程，把真实场景刻画成符合计算机逻辑表达的数学模型。这种模型不仅可以还原三维世界中物体的形状和运动状态等，还可以帮助计算机对物体的属性进行存储。三维重构技术普遍在文物保护、游戏开发、建筑设计和临床医学等研究中起到辅助的作用。本章对其进行一些简单的介绍。

## 4.1　三维重构概述

三维重构又称为三维重建，是计算机视觉领域中较为重要的一部分。对它最普遍的定义为：指对三维物体建立适合计算机表示和处理的数学模型，是在计算机环境下对三维物体进行处理、操作和分析其性质的基础，也是在计算机中建立表达客观世界的虚拟现实的关键技术。简单来说，就是计算机对获取的多个二维图像进行分析，通过二维图像中的物体信息，还原空间中物体的三维信息。

在计算机视觉中，三维重构是指根据单视图或者多视图的图像重建物体的三维信息的过程。但是由于单视图的信息不完全，所给出的是二维信息(即 $x, y$ 轴信息，$z$ 轴信息无法获取)，因此三维重建需要利用先验知识，必须有足够的先验知识。而多视图的三维重构(类似人的双目定位)相对比较容易，其方法是先对摄像机进行标定，即计算出摄像机的图像坐标系与世界坐标系的关系,然后利用多个二维图像中的信息重建出三维信息。由于多视图三维重构的便利性和准确性，本书只描述多视图几何的三维重构，不再对单视图三维重构进行讨论。

三维重构的计算机存储，是将现实世界中物体的三维信息获取到计算机中的过程，使物体的三维信息能够通过点云、网格等形式，显示储存在计算机中。所需要的三维数据就要通过三维重构技术获得。广义的三维重构是指通过测量工具与解算方法，获取目标局部点、三维坐标、面三维结构乃至整体三维模型；狭义的三维重构指通过重构技术，获取包括结构、纹理、尺度等在内的目标完整三维信息。

三维重构技术主要应用的领域范围非常广，在教育领域普遍用于远程教育、重建教学环境和实验环境仿真等方面；在娱乐领域用于电影特效制作、游戏建模设计和体感交互游戏设施设计等方面；在军事领域用于重建作战环境和仿真大型战场地形等；在生活领域用于医疗诊断、视频行为监控、体育运动分析和 VR 设计等方面。

三维重建发展的最大意义就是能够彻底地改变人类的生活方式。近年来，人们对虚拟空间的想象在电影和文学创作中表达得淋漓尽致。如果能够有效地将现实生活的世界在计算机的空间中重建出来，其意义将不亚于哥伦布发现新大陆和人类登月。

## 4.2 对极几何与基本矩阵

4.2-视频

说到多视图重构，其中最简单的当属于二视图重构了。二视图可以类比于一个双眼视觉装置获取的空间信息，由一个相对于物体运动的摄像机相继获取，这两种情形在几何上等价。二视图重构中最重要的就是研究对极几何(二视图几何)。

本节首先介绍对极几何并推导基本矩阵，然后结合摄像机在视图之间的运动，简单阐述基本矩阵的性质。接着将证明，若两个摄像机之间相差一个三维射影变换，则可以通过基本矩阵恢复摄像机矩阵。在已知摄像机内参数矩阵的情况下，便可以由基本矩阵算出拍摄视图的摄像机的运动属性。

本质上，两幅视图之间的对极几何是图像平面与以基线为轴的平面束的交的几何，这里基线指的是连接两个摄像机中心的直线。这种几何与双目视觉搜索对应点的问题相似，可以从解决这个问题开始。

如图 4.2.1 所示，两摄像机由它们的中心 $\boldsymbol{C}$ 和 $\boldsymbol{C}'$ 以及它们的图像平面表示，两个摄像机的内参数矩阵均为 $\boldsymbol{K}$ 。摄像机中心、三维空间点 $\boldsymbol{X}$ 以及它的图像 $\boldsymbol{x}$ 和 $\boldsymbol{x}'$ 都处于一张公开的平面 $\boldsymbol{\pi}$ 上，而图像点 $\boldsymbol{x}$ 反向投影成三维空间中的一条射线，它由第一个摄像机中心 $\boldsymbol{C}$ 和 $\boldsymbol{x}$ 确定。这条射线在第二幅视图中被影像成一条直线 $\boldsymbol{l}'$ ，投影到 $\boldsymbol{x}$ 的三维空间点 $\boldsymbol{X}$ 必然在这条射线上，因此 $\boldsymbol{X}$ 在第二幅视图上的图像 $\boldsymbol{x}'$ 也必然在 $\boldsymbol{l}'$ 上。摄像机基线与每幅图像平面交于对极点 $\boldsymbol{e}$ 和 $\boldsymbol{e}'$ ，任何包含基线的平面 $\boldsymbol{\pi}$ 是一张对极平面，并且与图像平面相交于对应极线 $\boldsymbol{l}$ 和 $\boldsymbol{l}'$ 。

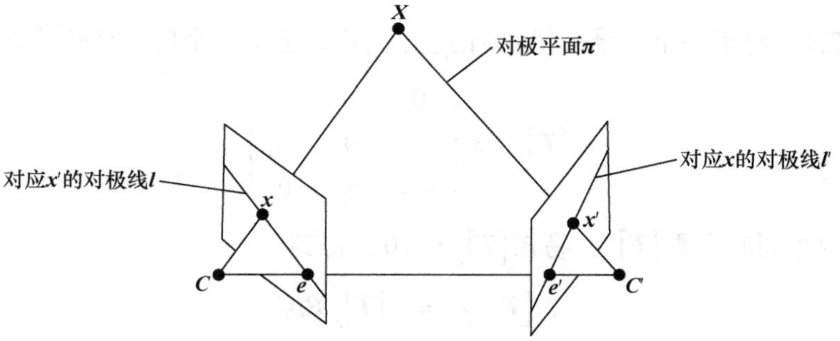


图 4.2.1 对极几何

显然从 $\boldsymbol{x}$ 和 $\boldsymbol{x}'$ 反向投影的射线相交于 $\boldsymbol{X}$ ,因而两条射线共面并在 $\boldsymbol{\pi}$ 上。在点对应中，它具有非常重要的意义。

现在假设只知道 $\boldsymbol{x}$ ，那么 $\boldsymbol{x}'$ 就可以被约束。此时平面 $\boldsymbol{\pi}$ 被基线和由 $\boldsymbol{x}$ 定义的射线所确定。从上面的讨论的可知，对应于未知点 $\boldsymbol{x}'$ 的射线在 $\boldsymbol{\pi}$ 上，因此点 $\boldsymbol{x}'$ 在平面 $\boldsymbol{\pi}$ 与第二幅图像的交线 $\boldsymbol{l}'$ 上，直线 $\boldsymbol{l}'$ 是从 $\boldsymbol{x}$ 反向投影的射线在第二幅视图上的像。从双目视觉对应算法来看,它的好处在于无须在整幅图像平面上搜索对应于 $\boldsymbol{x}$ 的点,只需限制在直线 $\boldsymbol{l}'$ 上即可。

对极几何中有一些关键术语，具体如下。

(1) 对极点：它是连接两摄像机中心的直线(基线)与图像平面的交点。等价地，对极点是在一幅视图中对另一个摄像机中心所成的像，它也是基线(平移)方向上的影消点。

(2) 对极平面：它是一张包含基线的平面。

(3) 对极线：是对极平面与图像平面的交线，所有对极线与基线相交于对极点。一张对极平面与左或右图像平面相交于对极线，并定义了对极线之间的对应。

### 4.2.1　三角原理

对极几何中的三角原理可以描述为：已知两幅图像的匹配点 $\boldsymbol{X}$ 在两幅视图中的坐标为 $\boldsymbol{x}_1$ 和 $\boldsymbol{x}_2$，以及两个旋转矩阵 $\boldsymbol{R}$、平移向量 $\boldsymbol{T}$，求匹配点 $\boldsymbol{X}$ 的 3D 坐标。

如图 4.2.1 所示，设左边图像的投影点为 $\boldsymbol{x}_1=(x_1,x_2,1)^{\mathrm{T}}$，右边图像的投影点为 $\boldsymbol{x}_2=(y_1,y_2,1)^{\mathrm{T}}$，以左摄像机 $\boldsymbol{C}$ 的坐标系为参考坐标系有

$$\begin{cases} s_1\boldsymbol{x}_1=\boldsymbol{K}\boldsymbol{X} \\ s_2\boldsymbol{x}_2=\boldsymbol{K}(\boldsymbol{R}\boldsymbol{X}+\boldsymbol{T}) \end{cases} \tag{4.2.1}$$

其中，$s_1$、$s_2$ 分别为空间匹配点 $\boldsymbol{X}$ 在两个摄像机坐标系下的射影深度。因为 $\boldsymbol{K}$ 为内参数矩阵，是可逆的，所以

$$\begin{cases} s_1\boldsymbol{K}^{-1}\boldsymbol{x}_1=\boldsymbol{X} \\ s_2\boldsymbol{K}^{-1}\boldsymbol{x}_2=\boldsymbol{R}\boldsymbol{X}+\boldsymbol{T} \end{cases} \tag{4.2.2}$$

取 $\boldsymbol{p}_1=\boldsymbol{K}^{-1}\boldsymbol{x}_1$，$\boldsymbol{p}_2=\boldsymbol{K}^{-1}\boldsymbol{x}_2$，则

$$s_2\boldsymbol{p}_2=s_1\boldsymbol{R}\boldsymbol{p}_1+\boldsymbol{T} \tag{4.2.3}$$

**定义 4.2.1**　对于一个三维矢量 $\boldsymbol{a}=(a_1,a_2,a_3)^{\mathrm{T}}$，定义一个反对称矩阵如下：

$$s_1[\boldsymbol{T}]_\times=s_1\begin{pmatrix} 0 & -a_3 & a_2 \\ a_3 & 0 & -a_1 \\ -a_2 & a_1 & 0 \end{pmatrix} \tag{4.2.4}$$

将式(4.2.3)两边同时左乘 $[\boldsymbol{T}]_\times$，易知 $[\boldsymbol{T}]_\times\boldsymbol{T}=0$，得到

$$s_1[\boldsymbol{T}]_\times\boldsymbol{p}_2=s_1[\boldsymbol{T}]_\times\boldsymbol{R}\boldsymbol{p}_1 \tag{4.2.5}$$

将式(4.2.5)两边同时左乘 $\boldsymbol{p}_2^{\mathrm{T}}$ 得到

$$s_1\boldsymbol{p}_2^{\mathrm{T}}[\boldsymbol{T}]_\times\boldsymbol{p}_2=s_1\boldsymbol{p}_2^{\mathrm{T}}[\boldsymbol{T}]_\times\boldsymbol{R}\boldsymbol{p}_1 \tag{4.2.6}$$

由于 $[\boldsymbol{T}]_\times\boldsymbol{p}_2$ 与 $\boldsymbol{T}$ 和 $\boldsymbol{p}_2$ 都垂直，所以式(4.2.6)左边为 0，得到

$$s_1\boldsymbol{p}_2^{\mathrm{T}}[\boldsymbol{T}]_\times\boldsymbol{R}\boldsymbol{p}_1=0 \tag{4.2.7}$$

将 $\boldsymbol{p}_1=\boldsymbol{K}^{-1}\boldsymbol{x}_1$，$\boldsymbol{p}_2=\boldsymbol{K}^{-1}\boldsymbol{x}_2$ 代入式(4.2.7)得到

$$\boldsymbol{x}_2^{\mathrm{T}}\boldsymbol{K}^{-\mathrm{T}}[\boldsymbol{T}]_\times\boldsymbol{R}\boldsymbol{K}^{-1}\boldsymbol{x}_1=0 \tag{4.2.8}$$

求解式(4.2.8)后即可得到旋转矩阵 $\boldsymbol{R}$ 和平移向量 $\boldsymbol{T}$。在取得多对视图中对应点后，$[\boldsymbol{T}]_\times \boldsymbol{R}$ 就可以被求解出来，令

$$\boldsymbol{SR} = [\boldsymbol{T}]_\times \boldsymbol{R} \tag{4.2.9}$$

其中，$\boldsymbol{S}$ 是一个反对称矩阵，则可以将 $\boldsymbol{S}$ 进行分解：

$$\boldsymbol{S} = \lambda \boldsymbol{UZU}^{\mathrm{T}} \tag{4.2.10}$$

其中，$\lambda$ 为一个比例因子；$\boldsymbol{U}$ 是一个正交矩阵。在相差一个比例因子的情况下有

$$\boldsymbol{Z} = \mathrm{diag}(1,1,0)\boldsymbol{W} \tag{4.2.11}$$

其中，$\boldsymbol{W}$ 是由 $\boldsymbol{Z}$ 分解得到的正交矩阵。将式(4.2.11)代入式(4.2.10)中有

$$\boldsymbol{S} = \lambda \boldsymbol{U}\mathrm{diag}(1,1,0)\boldsymbol{WU}^{\mathrm{T}} \tag{4.2.12}$$

则式(4.2.9)可以展开为

$$\boldsymbol{SR} = \lambda \boldsymbol{U}\mathrm{diag}(1,1,0)(\boldsymbol{WU}^{\mathrm{T}}\boldsymbol{R}) \tag{4.2.13}$$

$\boldsymbol{SR}$ 的 SVD 分解为

$$\boldsymbol{SR} = \lambda \boldsymbol{U}\mathrm{diag}(1,1,0)\boldsymbol{V}^{\mathrm{T}} \tag{4.2.14}$$

由此可得 $\boldsymbol{SR}$ 可能的分解：

$$\boldsymbol{S} = \lambda \boldsymbol{UZU}^{\mathrm{T}}, \boldsymbol{R} = \boldsymbol{UWV}^{\mathrm{T}} \text{ 或 } \boldsymbol{R} = \boldsymbol{UW}^{\mathrm{T}}\boldsymbol{V}^{\mathrm{T}} \tag{4.2.15}$$

不难看出这种分解方法是唯一的，由此旋转矩阵 $\boldsymbol{R}$ 和平移向量 $\boldsymbol{T}$ 即可确定。由式(4.2.3)可得

$$s_2 \boldsymbol{p}_2 = s_1 \boldsymbol{R}\boldsymbol{p}_1 + \boldsymbol{T} \tag{4.2.16}$$

同时左乘 $[\boldsymbol{p}_2]_\times$ 有

$$s_2 [\boldsymbol{p}_2]_\times \boldsymbol{p}_2 = 0 = s_1 [\boldsymbol{p}_2]_\times \boldsymbol{R}\boldsymbol{p}_1 + [\boldsymbol{p}_2]_\times \boldsymbol{T} \tag{4.2.17}$$

由式(4.2.17)可得 $s_1$，由式(4.2.16)可得 $s_2$。再根据式(4.2.1)可得空间匹配点 $\boldsymbol{X}$ 的三维坐标。

### 4.2.2 基本矩阵及其估计

基本矩阵实际上是对极几何的代数表示，这里将从一个点与它的对极线之间的映射来推导基本矩阵，并根据多个匹配点利用最小二乘法对其进行估计。

给定一对图像，已经能够从图 4.2.1 中看到对于一幅图像中的每个点 $\boldsymbol{x}$，在另一幅图像上存在一条对应的极线 $\boldsymbol{l}'$。在第二幅图像上，任何与该点 $\boldsymbol{x}$ 匹配的点 $\boldsymbol{x}'$ 必然在对极线 $\boldsymbol{l}'$ 上，该对极线是过点 $\boldsymbol{x}$ 与第一个摄像机中心 $\boldsymbol{C}$ 的射线在第二幅图像上的投影。因此，存在一个从第一幅图像上与第二幅图像对应的极线映射：

$$\boldsymbol{x} \rightarrow \boldsymbol{l}'$$

本节需要研究的就是这个映射的本质，得到的结论为这是一个对射，即由称为基本矩阵的 $\boldsymbol{F}$ 表示从点到直线的映射。

先从基本矩阵的几何推导开始，一幅图像上的一个点到另一幅图像上与之对应的对极线的映射可以分解为两步：第一步，把点 $\boldsymbol{x}$ 映射到另一幅图像上它的对极线 $\boldsymbol{l}'$ 上某点 $\boldsymbol{x}'$，这个点 $\boldsymbol{x}'$ 是点 $\boldsymbol{x}$ 的一个潜在匹配点；第二步，连接点 $\boldsymbol{x}'$ 与对极点 $\boldsymbol{e}'$ 所得的直线即为对极线。

1. 点通过平面的转移

考虑空间中不通过任何两个摄像机光心的平面 $\boldsymbol{\pi}'$。过第一个摄像机中心和 $\boldsymbol{x}$ 的射线与平面 $\boldsymbol{\pi}'$ 相交于一个点 $\boldsymbol{X}$，这个点 $\boldsymbol{X}$ 再投影到第二幅图像上的一点 $\boldsymbol{x}'$，该过程称为通过平面 $\boldsymbol{\pi}'$ 的转移。因为 $\boldsymbol{X}$ 在对应于 $\boldsymbol{x}$ 的射线上，它的投影点 $\boldsymbol{x}'$ 必然在对应于这条射线的图像即对极线 $\boldsymbol{l}'$ 上。点 $\boldsymbol{x}$ 和 $\boldsymbol{x}'$ 都是在一张平面上的 3D 点 $\boldsymbol{X}$ 的像。第一幅图像上所有这样的点 $\boldsymbol{x}_i$ 的集合和对应 $\boldsymbol{x}_i'$ 的集合是射影等价的，因为它们都射影等价于共面的点集 $\boldsymbol{X}_i$，因此存在一个 2D 单应 $\boldsymbol{H}_{\pi'}$ 把每一个 $\boldsymbol{x}_i$ 映射到 $\boldsymbol{x}_i'$。

2. 构造对极线

给定点 $\boldsymbol{x}'$，通过 $\boldsymbol{x}'$ 和对极点 $\boldsymbol{e}'$ 的对极线 $\boldsymbol{l}'$ 有：$\boldsymbol{l}'=\boldsymbol{e}'\times\boldsymbol{x}'=\boldsymbol{x}'^{\mathrm{T}}\left[\boldsymbol{e}'\right]_{\times}$，因为 $\boldsymbol{x}'$ 可以记为 $\boldsymbol{x}'=\boldsymbol{H}_{\pi'}\boldsymbol{x}$，故有

$$\boldsymbol{l}'=\boldsymbol{x}'^{\mathrm{T}}\left[\boldsymbol{e}'\right]_{\times}=(\boldsymbol{H}_{\pi'}\boldsymbol{x})^{\mathrm{T}}\left[\boldsymbol{e}'\right]_{\times}=\boldsymbol{x}^{\mathrm{T}}\boldsymbol{H}_{\pi'}{}^{\mathrm{T}}\left[\boldsymbol{e}'\right]_{\times}=\boldsymbol{x}^{\mathrm{T}}\boldsymbol{F} \tag{4.2.18}$$

其中，$\boldsymbol{F}=\boldsymbol{H}_{\pi'}{}^{\mathrm{T}}\left[\boldsymbol{e}'\right]_{\times}$，为基本矩阵。

通过以上描述，可以知道基本矩阵 $\boldsymbol{F}=\boldsymbol{H}_{\pi'}{}^{\mathrm{T}}\left[\boldsymbol{e}'\right]_{\times}$，其中 $\boldsymbol{H}_{\pi'}$ 是从一幅图像到另一幅图像通过任意平面 $\boldsymbol{\pi}'$ 的转移映射。另外，因为 $\left[\boldsymbol{e}'\right]_{\times}$ 秩为 2 和 $\boldsymbol{H}_{\pi'}$ 秩为 3，所以 $\boldsymbol{F}$ 是秩为 2 的矩阵。

从几何上讲，$\boldsymbol{F}$ 表示由第一幅图像的二维射影平面到通过对极点 $\boldsymbol{e}'$ 的对极线约束的映射，因此它表示一个二维到一维的射影空间的映射，因此秩必须为 2。

同时也可以用代数方法由两个摄像机的射影矩阵 $\boldsymbol{P}$、$\boldsymbol{P}'$ 来推导基本矩阵的形式。在式(4.2.18)中，先转置再左乘一个 $\boldsymbol{x}'^{\mathrm{T}}$ 可以得到

$$\boldsymbol{x}'^{\mathrm{T}}\boldsymbol{l}'^{\mathrm{T}}=\boldsymbol{x}'^{\mathrm{T}}\boldsymbol{F}\boldsymbol{x}=0 \tag{4.2.19}$$

由式(4.2.8)进行类比得到

$$\boldsymbol{x}'^{\mathrm{T}}\boldsymbol{K}^{-\mathrm{T}}\left[\boldsymbol{T}\right]_{\times}\boldsymbol{R}\boldsymbol{K}^{-1}\boldsymbol{x}=0 \tag{4.2.20}$$

因此，可以推导得到

$$\boldsymbol{F}=\boldsymbol{K}^{-\mathrm{T}}\left[\boldsymbol{T}\right]_{\times}\boldsymbol{R}\boldsymbol{K}^{-1} \tag{4.2.21}$$

这就是基本矩阵 $\boldsymbol{F}$ 在代数推导下相比于几何推导的另一种形式。

在式(4.2.19)中，可以很容易知道每一对匹配点就可以给基本矩阵提供 2 个约束，那么只要给出足够多的约束，就可以利用最小二乘法对基本矩阵的值进行估计。

## 4.3 分层重构

三角原理通常是对已标定图像进行重构的基本方法，本节讨论未标定图像的重构方法——分层重构。

显然地，物体的视图本身提供的信息是有限的。不过，物体绝对位置和整体尺度等物体自身信息与摄像机内参数和两者的相对位置并无关系。这意味着，从图像对物体的重构与“理想”的重构一般相差一个变换，即使在最好的情况下也会与真实的世界坐标系相差一个欧氏变换(旋转和平移的复合)。此处用某一重构与真正的重构相差一个给定的群或类的变换定义该重构的类型，有射影重构、仿射重构、相似重构等。需要注意的是，以下提到的度量重构实质上是相似重构而非欧氏重构，因为仅从图像中无法实现真正的欧氏重构。

分层重构，即根据适当类型的信息对物体进行的重构过程，一般由射影重构到仿射重构再到度量重构。这是“由易到难”的：需要的重构越精确，即获取的重构与真正的重构差距越小，需要的信息也相对越丰富。例如，仅需获取上面提到的基本矩阵可得到一个对应的射影重构，而确定无穷远平面或无穷远单应矩阵的信息才能得到仿射重构。下面分别介绍射影重构、仿射重构和度量重构的有关内容。

### 4.3.1 射影重构

射影重构是最基本的重构步骤。

**定义 4.3.1** 令 $\boldsymbol{P}_E, \boldsymbol{P}'_E$ 为观察三维欧氏空间点集 $\{\boldsymbol{X}_{Ei}\}$ 的实际摄像机矩阵对，即真正的欧氏重构，记为 $(\boldsymbol{P}_E, \boldsymbol{P}'_E, \{\boldsymbol{X}_{Ei}\})$；观察空间点 $\{\boldsymbol{X}_{Ei}\}$ 所得图像点对应的集合可由条件 $\boldsymbol{x}_i'^{\mathrm{T}}\boldsymbol{F}\boldsymbol{x}_i = 0$ (对所有 $i$ 成立)确定唯一的基本矩阵 $\boldsymbol{F}$，记为 $\boldsymbol{x}_i \leftrightarrow \boldsymbol{x}'_i$。设 $(\boldsymbol{P}, \boldsymbol{P}', \{\boldsymbol{X}_i\})$ 为对应 $\boldsymbol{x}_i \leftrightarrow \boldsymbol{x}'_i$ 的一个重构，如果存在射影变换 $\boldsymbol{H}$ 使得

$$(\boldsymbol{P}_E, \boldsymbol{P}'_E) = (\boldsymbol{P}\boldsymbol{H}^{-1}, \boldsymbol{P}'\boldsymbol{H}^{-1}), \quad \boldsymbol{X}_{Ei} = \boldsymbol{H}\boldsymbol{X}_i \tag{4.3.1}$$

称 $(\boldsymbol{P}, \boldsymbol{P}', \{\boldsymbol{X}_i\})$ 为**射影重构**，记为 $(\boldsymbol{P}_H, \boldsymbol{P}'_H, \{\boldsymbol{X}_{Hi}\})$。

**定理 4.3.1(射影重构定理)** 令 $(\boldsymbol{P}_1, \boldsymbol{P}'_1, \{\boldsymbol{X}_{1i}\})$ 和 $(\boldsymbol{P}_2, \boldsymbol{P}'_2, \{\boldsymbol{X}_{2i}\})$ 为对应 $\boldsymbol{x}_i \leftrightarrow \boldsymbol{x}'_i$ 的两个射影重构，则存在射影变换 $\boldsymbol{H}$ 使得 $\boldsymbol{P}_2 = \boldsymbol{P}_1\boldsymbol{H}^{-1}$，$\boldsymbol{P}'_2 = \boldsymbol{P}'_1\boldsymbol{H}^{-1}$，且除满足 $\boldsymbol{F}\boldsymbol{x}_i = \boldsymbol{F}^{\mathrm{T}}\boldsymbol{x}'_i = \boldsymbol{0}$ 的点外，对每个点都有 $\boldsymbol{X}_{2i} = \boldsymbol{H}\boldsymbol{X}_{1i}$。

**证明** 由于基本矩阵由点对应唯一地确定，那么两摄像机对 $(\boldsymbol{P}_1, \boldsymbol{P}'_1)$ 和 $(\boldsymbol{P}_2, \boldsymbol{P}'_2)$ 的基本矩阵相同。该情况下，存在一个射影变换 $\boldsymbol{H}$ 使得 $\boldsymbol{P}_2 = \boldsymbol{P}_1\boldsymbol{H}^{-1}$，$\boldsymbol{P}'_2 = \boldsymbol{P}'_1\boldsymbol{H}^{-1}$。

对观察的点，既有 $\boldsymbol{P}_2(\boldsymbol{H}\boldsymbol{X}_{1i}) = \boldsymbol{P}_1\boldsymbol{H}^{-1}\boldsymbol{H}\boldsymbol{X}_{1i} = \boldsymbol{P}_1\boldsymbol{X}_{1i} = \boldsymbol{x}_i$，又有 $\boldsymbol{P}_2\boldsymbol{X}_{2i} = \boldsymbol{x}_i$，则 $\boldsymbol{P}_2(\boldsymbol{H}\boldsymbol{X}_{1i}) = \boldsymbol{P}_2\boldsymbol{X}_{2i}$，即 $\boldsymbol{H}\boldsymbol{X}_{1i}$ 和 $\boldsymbol{X}_{2i}$ 都被摄像机矩阵 $\boldsymbol{P}_2$ 映射为同一点 $\boldsymbol{x}_i$。可说明，$\boldsymbol{H}\boldsymbol{X}_{1i}$ 和 $\boldsymbol{X}_{2i}$ 在过摄像机 $\boldsymbol{P}_2$ 中心的同一射线上。同理，这两点也在过摄像机 $\boldsymbol{P}'_2$ 中心的同一射线上。当图像点 $\boldsymbol{x}_i$ 和 $\boldsymbol{x}'_i$ 与两图像上的对极点重合时，$\boldsymbol{F}\boldsymbol{x}_i = \boldsymbol{F}^{\mathrm{T}}\boldsymbol{x}'_i = \boldsymbol{0}$。除此之外的点，则满足 $\boldsymbol{X}_{2i} = \boldsymbol{H}\boldsymbol{X}_{1i}$。

**证毕**

虽然摄像机对可以唯一确定基本矩阵，但一个基本矩阵可以对应多个摄像机对，它们之间差一个射影变换。可以规定摄像机矩阵对的第一个矩阵为简单的形式$(\boldsymbol{I}_3,\boldsymbol{0})$，将注意力集中在摄像机对之间的关系。下列性质十分重要，其描述了基本矩阵与射影重构的关系。

**命题 4.3.1** 对应摄像机对 $\boldsymbol{P}=(\boldsymbol{I}_3,\boldsymbol{0})$ 和 $\boldsymbol{P}'=(\boldsymbol{H}_\pi,\boldsymbol{e}')$ 的基本矩阵为 $\boldsymbol{F}=[\boldsymbol{e}']_\times\boldsymbol{H}_\pi$，满足基本矩阵 $\boldsymbol{F}=[\boldsymbol{e}']_\times\boldsymbol{H}_\pi$ 的摄像机对 $\boldsymbol{P}=(\boldsymbol{P},\boldsymbol{P}')$ 可以选择为 $\boldsymbol{P}=(\boldsymbol{I}_3,\boldsymbol{0})$ 和 $\boldsymbol{P}'=(\boldsymbol{H}_\pi,\boldsymbol{e}')$。

根据该性质，由基本矩阵就能得到一个射影重构。若要研究物体的射影性质，射影重构就足够了，其获得的图形与原物体是射影等价的。

### 4.3.2 仿射重构

类似地，可以得到仿射重构的定义。

**定义 4.3.2** 设$(\boldsymbol{P},\boldsymbol{P}',\{\boldsymbol{X}_i\})$为对应 $\boldsymbol{x}_i\leftrightarrow\boldsymbol{x}_i'$ 的一个射影重构，如果存在仿射变换 $\boldsymbol{H}_A$ 使得

$$(\boldsymbol{P}_E,\boldsymbol{P}_E')=(\boldsymbol{P}\boldsymbol{A}^{-1},\boldsymbol{P}'\boldsymbol{A}^{-1}),\quad \boldsymbol{X}_{Ei}=\boldsymbol{H}_A\boldsymbol{X}_i \tag{4.3.2}$$

其中，$(\boldsymbol{P}_E,\boldsymbol{P}_E',\{\boldsymbol{X}_{Ei}\})$为真正的欧氏重构，称$(\boldsymbol{P},\boldsymbol{P}',\{\boldsymbol{X}_i\})$为**仿射重构**，记为$(\boldsymbol{P}_A,\boldsymbol{P}_A',\{\boldsymbol{X}_{Ai}\})$。

仿射重构定理与射影重构定理稍有不同，其 $\boldsymbol{H}$ 有固定的形式。

**定理 4.3.2（仿射重构定理）** 令$(\boldsymbol{P},\boldsymbol{P}',\{\boldsymbol{X}_i\})$是一个射影重构，则三维射影变换 $\boldsymbol{H}$ 使$(\boldsymbol{P}\boldsymbol{H}^{-1},\boldsymbol{P}'\boldsymbol{H}^{-1},\{\boldsymbol{H}\boldsymbol{X}_i\})$为仿射重构的充要条件是 $\boldsymbol{H}$ 满足

$$\boldsymbol{H}=\begin{pmatrix}\boldsymbol{A}' & \boldsymbol{b}'\\ \boldsymbol{p}^{\mathrm{T}} & w\end{pmatrix} \tag{4.3.3}$$

其中，$\boldsymbol{\pi}_\infty^{(p)}=(\boldsymbol{p}^{\mathrm{T}},w)^{\mathrm{T}}$ 为无穷远平面在射影重构坐标系下的坐标；$\boldsymbol{A}'$ 和 $\boldsymbol{b}'$ 分别为任意的 3 阶方阵和任意的三维向量。

**证明** 由于仿射变换保持无穷远平面，若该三维射影变换 $\boldsymbol{H}$ 使$(\boldsymbol{P}\boldsymbol{H}^{-1},\boldsymbol{P}'\boldsymbol{H}^{-1},\{\boldsymbol{H}\boldsymbol{X}_i\})$为仿射重构，则其满足

$$\boldsymbol{\pi}_\infty^{(t)}=\boldsymbol{H}^{-\mathrm{T}}\boldsymbol{\pi}_\infty^{(p)} \tag{4.3.4}$$

其中，$\boldsymbol{\pi}_\infty^{(p)}=(\boldsymbol{p}^{\mathrm{T}},w)^{\mathrm{T}}$ 为无穷远平面在射影重构坐标系下的坐标；$\boldsymbol{\pi}_\infty^{(t)}=(\boldsymbol{0}^{\mathrm{T}},1)^{\mathrm{T}}$ 为无穷远平面在仿射重构坐标系下的坐标，则可得

$$\boldsymbol{\pi}_\infty^{(p)}=\boldsymbol{H}^{\mathrm{T}}\boldsymbol{\pi}_\infty^{(t)}=\boldsymbol{h}^{4\mathrm{T}} \tag{4.3.5}$$

其中，$\boldsymbol{h}^4$ 表示 $\boldsymbol{H}$ 的第四行。也只有 $\boldsymbol{H}$ 满足式(4.3.3)时，$(\boldsymbol{P}\boldsymbol{H}^{-1},\boldsymbol{P}'\boldsymbol{H}^{-1},\{\boldsymbol{H}\boldsymbol{X}_i\})$才是一个仿射重构。

**证毕**

该证明表明，仿射重构的本质是在射影重构中定位无穷远平面。

**命题 4.3.2** 若射影重构的摄像机对为 $\boldsymbol{P}=(\boldsymbol{I}_3,\boldsymbol{0})$ 和 $\boldsymbol{P}'=(\boldsymbol{M}',\boldsymbol{e}')$，且无穷远平面在该重构空间中的坐标为 $\boldsymbol{\pi}_\infty^{(p)}=(\boldsymbol{p}^{\mathrm{T}},1)^{\mathrm{T}}$，则仿射重构的摄像机可取为 $\boldsymbol{P}\boldsymbol{H}^{-1}=(\boldsymbol{I}_3,\boldsymbol{0})$ 和

$P'H^{-1}=(M'-e'p^{\mathrm{T}},e')$，其中

$$H=\begin{pmatrix} I_3 & 0 \\ p^{\mathrm{T}} & 1 \end{pmatrix} \tag{4.3.6}$$

这样即可从射影重构升级为仿射重构，从而研究物体的仿射性质。

### 4.3.3 度量重构

类似地，可以得到相似重构，即度量重构的定义。

**定义 4.3.3** 设 $(P,P',\{X_i\})$ 为对应 $x_i \leftrightarrow x_i'$ 的一个重构，如果存在相似变换 $H_S$ 使得

$$(P_E,P_E')=(PS^{-1},P'S^{-1}),\quad X_{Ei}=H_S X_i \tag{4.3.7}$$

其中，$(P_E,P_E',\{X_{Ei}\})$ 为真正的欧氏重构，称 $(P,P',\{X_i\})$ 为**相似重构或度量重构**，记为 $(P_S,P_S',\{X_{Si}\})$。

**定理 4.3.3(度量重构定理)** 令 $(P_A,P_A',\{X_{Ai}\})$ 是一个仿射重构，则三维射影变换 $H$ 使 $(P_AH^{-1},P_A'H^{-1},\{HX_{Ai}\})$ 为度量重构的充要条件是 $H$ 满足

$$H=H_S\begin{pmatrix} K^{-1} & 0 \\ 0^{\mathrm{T}} & 1 \end{pmatrix} \tag{4.3.8}$$

其中，$K$ 为第一个摄像机的内参数矩阵；$H_S$ 为任意一个三维相似变换矩阵。

**证明** 由于 $(P_A,P_A',\{X_{Ai}\})$ 已经是一个仿射重构，可记满足 $(P_AH^{-1},P_A'H^{-1},\{HX_{Ai}\})$ 为度量重构的 $H$ 满足

$$H=\begin{pmatrix} A & b \\ 0^{\mathrm{T}} & 1 \end{pmatrix} \tag{4.3.9}$$

其中，$A$ 为非退化的三阶方阵；$b$ 为任意三维列向量。由于相似变换保持圆环点，继而保持绝对二次曲线。绝对二次曲线 $\Omega_\infty$ 上的点 $(x^{\mathrm{T}},0)^{\mathrm{T}}$ 在 $P_AH^{-1}$ 下的像记为 $m=P_AH^{-1}(x^{\mathrm{T}},0)^{\mathrm{T}}$，其满足

$$m^{\mathrm{T}}\omega m=(x^{\mathrm{T}},0)H^{-\mathrm{T}}P_A^{\mathrm{T}}\omega P_AH^{-1}\begin{pmatrix} x \\ 0 \end{pmatrix}=0 \tag{4.3.10}$$

其中，$\omega=K^{-\mathrm{T}}K^{-1}$ 为绝对二次曲线的像。由于

$$H^{-\mathrm{T}}P_A^{\mathrm{T}}\omega P_AH^{-1}=\begin{pmatrix} A^{-\mathrm{T}}\omega A^{-1} & -A^{-\mathrm{T}}\omega A^{-1}b \\ -b^{\mathrm{T}}A^{-\mathrm{T}}\omega A^{-1} & -b^{\mathrm{T}}A^{-\mathrm{T}}\omega A^{-1}b \end{pmatrix} \tag{4.3.11}$$

将式(4.3.11)代入式(4.3.10)，则可得到绝对二次曲线在该重构 $(P_AH^{-1},P_A'H^{-1},\{HX_{Ai}\})$ 空间中的方程：

$$x^{\mathrm{T}}A^{-\mathrm{T}}\omega A^{-1}x=0 \tag{4.3.12}$$

那么该重构是度量重构的充要条件为

$$\boldsymbol{A}^{-\mathrm{T}}\boldsymbol{\omega}\boldsymbol{A}^{-1}=s\boldsymbol{I}_3 \tag{4.3.13}$$

其中，$s$为任意一个正实数。由式(4.3.13)可推得$\boldsymbol{A}=\sqrt{s}\boldsymbol{R}\boldsymbol{K}^{-1}$，其中$\boldsymbol{R}$为任意三维旋转矩阵，则$(\boldsymbol{P}_A\boldsymbol{H}^{-1},\boldsymbol{P}_A'\boldsymbol{H}^{-1},\{\boldsymbol{H}\boldsymbol{X}_i\})$为度量重构的充要条件为

$$\boldsymbol{H}=\begin{pmatrix}\boldsymbol{A} & \boldsymbol{b}\\ \boldsymbol{0}^{\mathrm{T}} & 1\end{pmatrix}=\begin{pmatrix}s\boldsymbol{R} & \boldsymbol{b}\\ \boldsymbol{0}^{\mathrm{T}} & 1\end{pmatrix}\begin{pmatrix}\boldsymbol{K}^{-1} & \boldsymbol{0}\\ \boldsymbol{0}^{\mathrm{T}} & 1\end{pmatrix}=\boldsymbol{H}_S\begin{pmatrix}\boldsymbol{K}^{-1} & \boldsymbol{0}\\ \boldsymbol{0}^{\mathrm{T}} & 1\end{pmatrix} \tag{4.3.14}$$

**证毕**

该证明表明，度量重构的本质是在仿射重构中确定第一个摄像机的内参数矩阵或定位绝对二次曲线。

**命题 4.3.3**　若仿射重构的摄像机对为$\boldsymbol{P}_A=(\boldsymbol{I}_3,\boldsymbol{0})$和$\boldsymbol{P}_A'=(\boldsymbol{M}',\boldsymbol{e}')$，且第一个摄像机的内参数矩阵为$\boldsymbol{K}$，则摄像机对$\boldsymbol{P}_A\boldsymbol{H}^{-1}$和$\boldsymbol{P}_A'\boldsymbol{H}^{-1}$为一个度量重构，其中

$$\boldsymbol{H}=\begin{pmatrix}\boldsymbol{K}^{-1} & \boldsymbol{0}\\ \boldsymbol{0}^{\mathrm{T}} & 1\end{pmatrix} \tag{4.3.15}$$

这样即可从仿射重构再升级为度量重构，从而研究物体的度量性质。实际上，绝对对偶二次曲面$\boldsymbol{Q}_\infty^*$与绝对二次曲线所含的信息是一样的，与其相关的度量重构定理和命题可类似地得出。

# 实 践 篇

# 第 5 章　圆的针孔摄像机标定方法与问题建模

**问题**：生活中的圆随处可见，如果在一个场景中有一个圆形，如轮胎、救生圈等，用一台针孔摄像机放在不同的位置捕获到它的 3 幅图像，如何求该摄像机的内参数？

## 5.1　利用具有三条直径的圆的模板标定摄像机内参数

在针孔摄像机模型下，射影性质不变。对已知圆的模型任取三条直径，无须已知圆的直径和摄像机或平面模板的运动，仅从给定的每幅图像中提取出所需要点的坐标。根据圆中各个点的坐标，有两种方法可恢复摄像机内参数。方法一：利用射影几何调和共轭性质，可恢复正交消失点坐标，从而线性求解摄像机内参数。方法二：通过圆上点与点之间连线的射影关系可恢复正交消失点，由正交消失点与圆环点的像成调和共轭关系恢复圆环点的像坐标，进而恢复摄像机内参数。

1. 摄像机模型

在针孔摄像机模型中，设空间点 $\boldsymbol{P}$ 在世界坐标系中的齐次坐标为 $\boldsymbol{M}=(x_w,y_w,z_w,1)^{\mathrm{T}}$，它对应在图像坐标系中的齐次坐标为 $\boldsymbol{m}=(u,v,1)^{\mathrm{T}}$，其满足

$$\mu\boldsymbol{m}=\boldsymbol{K}(\boldsymbol{R},\boldsymbol{T})\boldsymbol{M} \tag{5.1.1}$$

其中，$\mu$ 是一个非零常数；矩阵 $\boldsymbol{K}=\begin{pmatrix} f_x & s & u_0 \\ 0 & f_y & v_0 \\ 0 & 0 & 1 \end{pmatrix}$ 为 5 个自由度的摄像机内参数矩阵；$\boldsymbol{R}$ 和 $\boldsymbol{T}$ 分别对应摄像机坐标系在世界坐标系中的旋转矩阵和平移向量。

在本节中采用的标定模板是一个包含任意 3 条直径且任意大小的圆。设为 $\boldsymbol{C}$，其在图像平面上的图像设为 $\boldsymbol{Q}$，一般情况下 $\boldsymbol{Q}$ 为椭圆。

椭圆可使用基于代数距离的最小二乘法行拟合。设椭圆的一般方程为

$$\boldsymbol{Q}(x,y)=Ax^2+2Bxy+Cy^2+2Dx+2Ey+F=0 \tag{5.1.2}$$

即选择目标函数为

$$I(A,B,C,D,E,F)=\sum_{i=1}^{n}\left[(Ax_i^{\,2}+2Bx_iy_i+Cy_i^{\,2}+2Dx_i+2Ey_i+F)^2\right] \tag{5.1.3}$$

其中，$(x_i,y_i)^{\mathrm{T}}(i=1,2,\cdots,n)$ 为曲线 $\boldsymbol{Q}$ 上的点，由于 $A$、$B$、$C$、$D$、$E$、$F$ 在相差一个非零

比例因子下仍然能满足 $\boldsymbol{Q}$ 的表达式，采用模板较简单，提取的噪声点很少，因此可以加入约束条件，如 $A^2+B^2+C^2+D^2+E^2+F^2=1$，使 $I$ 达到最小。利用最小二乘法求解系数，即构造矩阵：

$$\boldsymbol{W}=\begin{pmatrix} x_1^2 & 2x_1y_1 & y_1^2 & 2x_1 & 2y_1 & 1 \\ x_2^2 & 2x_2y_2 & y_2^2 & 2x_2 & 2y_2 & 1 \\ \vdots & \vdots & \vdots & \vdots & \vdots & \vdots \\ x_n^2 & 2x_ny_n & y_n^2 & 2x_n & 2y_n & 1 \end{pmatrix} \tag{5.1.4}$$

对矩阵 $\boldsymbol{W}$ 进行 SVD 分解。令 $\boldsymbol{W}=\boldsymbol{UDV}^{\mathrm{T}}$，其中，$\boldsymbol{U}$ 和 $\boldsymbol{V}$ 都为酉矩阵，$\boldsymbol{D}=\mathrm{diag}(\sigma_1,\sigma_2,\cdots,\sigma_r)$，其中 $\sigma_i$( $i=1,2,\cdots,r,\sigma_1\geqslant\cdots\geqslant\sigma_r>0$) 为矩阵 $\boldsymbol{W}$ 的全部奇异值。则右奇异矩阵的最后一列即为该约束的最小二乘解。若其为 $(A,B,C,D,E,F)^{\mathrm{T}}$，则椭圆可表示为

$$\boldsymbol{Q}=\begin{pmatrix} A & B & D \\ B & C & E \\ D & E & F \end{pmatrix} \tag{5.1.5}$$

2. 求解直径的消失点和圆环点的像

如图 5.1.1 所示，在平面圆 $\boldsymbol{C}$ 中，$\boldsymbol{O}$ 为其圆心，$\boldsymbol{AB}$、$\boldsymbol{CD}$、$\boldsymbol{EF}$ 为圆上任意 3 条直径。设其上无穷远点分别为 $\boldsymbol{P}_{1\infty}$、$\boldsymbol{P}_{2\infty}$、$\boldsymbol{P}_{3\infty}$，圆 $\boldsymbol{C}$ 过点 $\boldsymbol{A}$、$\boldsymbol{B}$、$\boldsymbol{C}$、$\boldsymbol{D}$、$\boldsymbol{E}$、$\boldsymbol{F}$ 的切线分别为 $\boldsymbol{L}_A$、$\boldsymbol{L}_B$、$\boldsymbol{L}_C$、$\boldsymbol{L}_D$、$\boldsymbol{L}_E$、$\boldsymbol{L}_F$，它们的无穷远点分别为 $\boldsymbol{P}_{1\infty}$、$\boldsymbol{P}_{2\infty}$、$\boldsymbol{P}_{3\infty}$、$\boldsymbol{Q}_{1\infty}$、$\boldsymbol{Q}_{2\infty}$、$\boldsymbol{Q}_{3\infty}$。图 5.1.2 是圆 $\boldsymbol{C}$ 的像，直线 $\boldsymbol{L}_A$、$\boldsymbol{L}_B$、$\boldsymbol{L}_C$、$\boldsymbol{L}_D$、$\boldsymbol{L}_E$、$\boldsymbol{L}_F$ 的像分别为 $\boldsymbol{l}_a$、$\boldsymbol{l}_b$、$\boldsymbol{l}_c$、$\boldsymbol{l}_d$、$\boldsymbol{l}_e$、$\boldsymbol{l}_f$，它们的无穷远点的像分别为 $\boldsymbol{p}_1$、$\boldsymbol{p}_2$、$\boldsymbol{p}_3$、$\boldsymbol{q}_1$、$\boldsymbol{q}_2$、$\boldsymbol{q}_3$。并设点 $\boldsymbol{a}$、$\boldsymbol{b}$、$\boldsymbol{c}$、$\boldsymbol{d}$、$\boldsymbol{e}$、$\boldsymbol{f}$、$\boldsymbol{o}$ 的图像坐标系坐标分别为 $(u_a,v_a)^{\mathrm{T}}$、$(u_b,v_b)^{\mathrm{T}}$、$(u_c,v_c)^{\mathrm{T}}$、$(u_d,v_d)^{\mathrm{T}}$、$(u_e,v_e)^{\mathrm{T}}$、$(u_f,v_f)^{\mathrm{T}}$、$(u_o,u_o)^{\mathrm{T}}$。

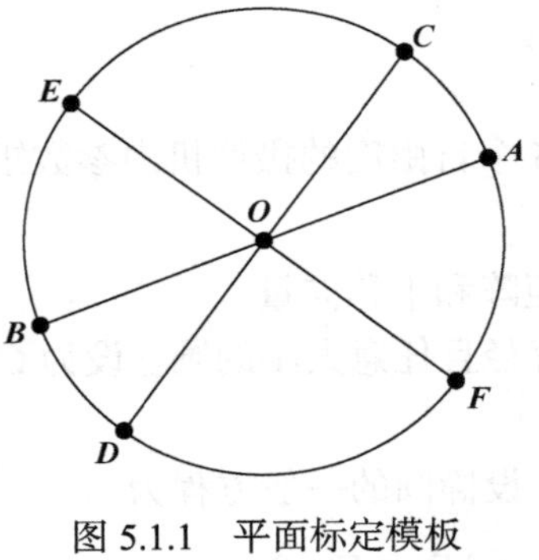


图 5.1.1　平面标定模板

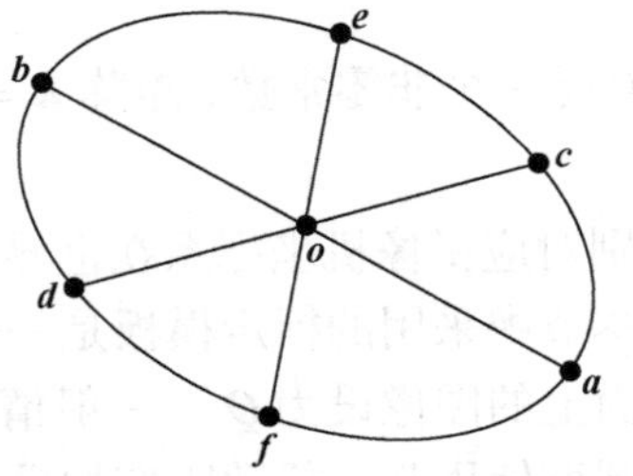


图 5.1.2　平面标定模板的图像

方法一：求解消失点坐标

(1) 求解圆直径方向的消失点坐标。

圆的每条直径被圆心平分，且交圆于两点。根据射影几何调和共轭性质，一条线段被这条线段上的中点以及这条线段上的消失点调和分离。根据交比不变性，此性质在图像平面中也成立，由此可以得到以下方程：

$$\begin{cases}(\boldsymbol{ab},\boldsymbol{op}_1)=-1\\(\boldsymbol{cd},\boldsymbol{op}_2)=-1\\(\boldsymbol{ef},\boldsymbol{op}_3)=-1\end{cases}\tag{5.1.6}$$

将各个点的坐标代入式(5.1.6)可得 $\boldsymbol{p}_1,\boldsymbol{p}_2,\boldsymbol{p}_3$ 的坐标，即

$$\begin{cases}u_{p1}=[u_o(u_a+u_b)-2u_au_b]/(2u_o-u_a-u_b)\\v_{p1}=[v_o(v_a+v_b)-2v_av_b]/(2v_o-v_a-v_b)\end{cases}$$
$$\begin{cases}u_{p2}=[u_o(u_c+u_d)-2u_cu_d]/(2u_o-u_c-u_d)\\v_{p2}=[v_o(v_c+v_d)-2v_cv_d]/(2v_o-v_c-v_d)\end{cases}\tag{5.1.7}$$
$$\begin{cases}u_{p3}=[u_o(u_e+u_f)-2u_eu_f]/(2u_o-u_e-u_f)\\v_{p3}=[v_o(v_e+v_f)-2v_ev_f]/(2v_o-v_e-v_f)\end{cases}$$

(2)求解圆切线方向的消失点坐标。

由已提取的点 $\boldsymbol{a},\boldsymbol{b},\boldsymbol{c},\boldsymbol{d},\boldsymbol{e},\boldsymbol{f}$ 拟合椭圆，得到椭圆矩阵 $\boldsymbol{Q}$ 。直线 $\boldsymbol{l}_i\ (i=\boldsymbol{a},\boldsymbol{b},\boldsymbol{c},\boldsymbol{d},\boldsymbol{e},\boldsymbol{f})$ 的线坐标满足

$$\boldsymbol{l}_i=\begin{pmatrix}u_i\\v_i\\1\end{pmatrix}\boldsymbol{Q}\quad(i=\boldsymbol{a},\boldsymbol{b},\boldsymbol{c},\boldsymbol{d},\boldsymbol{e},\boldsymbol{f})\tag{5.1.8}$$

由于 $\boldsymbol{l}_a/\!/\boldsymbol{l}_b,\boldsymbol{l}_c/\!/\boldsymbol{l}_d,\boldsymbol{l}_e/\!/\boldsymbol{l}_f$ ，且两条平行直线的交点为消失点，可以得到以下方程：

$$\begin{cases}\boldsymbol{q}_1=\boldsymbol{l}_a\times\boldsymbol{l}_b\\\boldsymbol{q}_2=\boldsymbol{l}_c\times\boldsymbol{l}_d\\\boldsymbol{q}_3=\boldsymbol{l}_e\times\boldsymbol{l}_f\end{cases}\tag{5.1.9}$$

设 $\boldsymbol{l}_a,\boldsymbol{l}_b,\boldsymbol{l}_c,\boldsymbol{l}_d,\boldsymbol{l}_e,\boldsymbol{l}_f$ 的坐标为 $\boldsymbol{l}_i=[X_i,Y_i,Z](i=\boldsymbol{a},\boldsymbol{b},\boldsymbol{c},\boldsymbol{d},\boldsymbol{e},\boldsymbol{f})$ ，则根据式(5.1.9)有

$$\begin{cases}u_{q1}=[X_aY_bu_a+Y_aY_b(v_a-v_b)-X_bY_au_b]/(X_aY_b-X_bY_a)\\v_{q1}=[X_aY_bv_b+X_aX_b(u_b-u_a)-X_bY_av_a]/(X_aY_b-X_bY_a)\end{cases}$$
$$\begin{cases}u_{q2}=[X_cY_du_c+Y_cY_d(v_c-v_d)-X_dY_cu_d]/(X_cY_d-X_dY_c)\\v_{q2}=[X_cY_dv_d+X_cX_d(u_d-u_c)-X_dY_cv_c]/(X_cY_d-X_dY_c)\end{cases}\tag{5.1.10}$$
$$\begin{cases}u_{q3}=[X_eY_fu_e+Y_eY_f(v_e-v_f)-X_fY_eu_f]/(X_eY_f-X_fY_e)\\v_{q3}=[X_eY_fv_f+X_eX_f(u_f-u_e)-X_fY_ev_e]/(X_eY_f-X_fY_e)\end{cases}$$

由于圆的直径与其切线垂直，消失点 $\boldsymbol{p}_1$、$\boldsymbol{p}_2$、$\boldsymbol{p}_3$ 与 $\boldsymbol{q}_1$、$\boldsymbol{q}_2$、$\boldsymbol{q}_3$ 两两正交，即可恢复三组正交消失点。

方法二：求解圆环点的像坐标

(1)选取圆上各个点的坐标(像坐标)。

如图 5.1.1 和图 5.1.2 所示，对平面上一以 $\boldsymbol{O}$ 为圆心的圆，$\boldsymbol{AB}$ 、$\boldsymbol{CD}$ 、$\boldsymbol{EF}$ 是圆上任意三条直径，$\boldsymbol{l}_\infty$ 是平面 $\boldsymbol{\pi}$ 上的无穷远直线，与圆的交点为圆环点 $\boldsymbol{I}$、$\boldsymbol{J}$ 。$\boldsymbol{A}$、$\boldsymbol{B}$、$\boldsymbol{C}$、$\boldsymbol{D}$、

$\boldsymbol{E}$、$\boldsymbol{F}$、$\boldsymbol{I}$、$\boldsymbol{J}$ 对应的像点分别为 $\boldsymbol{a}=(u_a,v_a)^{\mathrm{T}}$，$\boldsymbol{b}=(u_b,v_b)^{\mathrm{T}}$，$\boldsymbol{c}=(u_c,v_c)^{\mathrm{T}}$，$\boldsymbol{d}=(u_d,v_d)^{\mathrm{T}}$，$\boldsymbol{e}=(u_e,v_e)^{\mathrm{T}}$，$\boldsymbol{f}=(u_f,v_f)^{\mathrm{T}}$，$\boldsymbol{m}_I=(x_r+x_i i,y_r+y_i i)^{\mathrm{T}}$、$\boldsymbol{m}_J=(x_r-x_i i,y_r-y_i i)^{\mathrm{T}}$，其中 $i$ 为虚数，$y_r$、$x_r$和 $x_i$ 为实数。设 $\boldsymbol{p}_k=(u_{pk},v_{pk})^{\mathrm{T}}$ $(k=1,2,3,4)$ 分别是 $\boldsymbol{ad}$ 、$\boldsymbol{ac}$ 、$\boldsymbol{ed}$ 、$\boldsymbol{ec}$ 方向上的消失点。

(2)求解正交消失点。

连接任意两条直径交于圆上的四个点，可以得到一个四边形，如图 5.1.3 所示，这个四边形对角线互相平分且相等，因此四边形为矩形，对角线满足

$$\begin{cases}\boldsymbol{p}_1=\boldsymbol{l}_{ad}\times\boldsymbol{l}_{bc}\\ \boldsymbol{p}_2=\boldsymbol{l}_{ac}\times\boldsymbol{l}_{bd}\\ \boldsymbol{p}_3=\boldsymbol{l}_{ed}\times\boldsymbol{l}_{cf}\\ \boldsymbol{p}_4=\boldsymbol{l}_{ec}\times\boldsymbol{l}_{df}\end{cases} \tag{5.1.11}$$

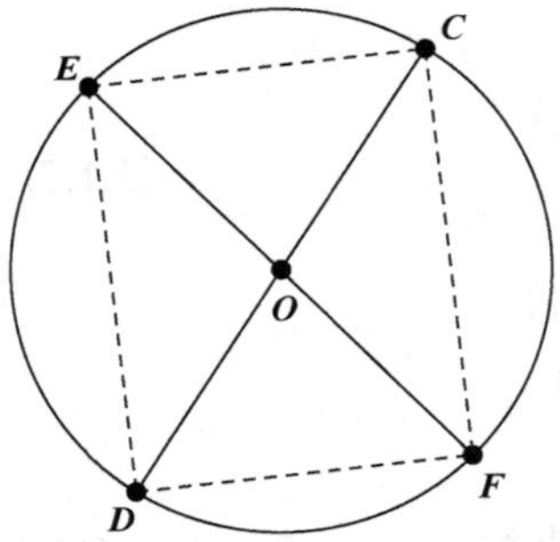

图 5.1.3 平面标定模板

矩形邻边互相垂直，在图像平面上同样成立，因此可得到两组正交消失点。

(3)求解圆环点的像坐标。

由射影几何中二次曲线射影性质可知，若把 $\boldsymbol{I}$、$\boldsymbol{J}$、$\boldsymbol{C}$、$\boldsymbol{D}$ 看作圆上的四定点，则有 $(\boldsymbol{l}_{AI}\boldsymbol{l}_{AJ},\boldsymbol{l}_{AC}\boldsymbol{l}_{AD})=(\boldsymbol{l}_{BI}\boldsymbol{l}_{BJ},\boldsymbol{l}_{BC}\boldsymbol{l}_{BD})=(\boldsymbol{l}_{EI}\boldsymbol{l}_{EJ},\boldsymbol{l}_{EC}\boldsymbol{l}_{ED})=(\boldsymbol{l}_{FI}\boldsymbol{l}_{FJ},\boldsymbol{l}_{FC}\boldsymbol{l}_{FD})$。根据交比的射影性质，正交消失点与圆环点的像呈调和共轭关系，可得

$$(\boldsymbol{m}_I\boldsymbol{m}_J,\boldsymbol{p}_1\boldsymbol{p}_2)=(\boldsymbol{m}_I\boldsymbol{m}_J,\boldsymbol{p}_2\boldsymbol{p}_1)=(\boldsymbol{m}_I\boldsymbol{m}_J,\boldsymbol{p}_3\boldsymbol{p}_4)=(\boldsymbol{m}_I\boldsymbol{m}_J,\boldsymbol{p}_4\boldsymbol{p}_3) \tag{5.1.12}$$

由式(5.1.12)可得到方程组：

$$\begin{cases}(u_{p1}+u_{p4}-u_{p2}-u_{p3})(x_r^2+x_i^2)+2(u_{p2}u_{p3}-u_{p1}u_{p4})x_r=u_{p1}u_{p2}(u_{p3}-u_{p4})+u_{p3}u_{p4}(u_{p2}-u_{p1})\\ x_r^2+x_i^2-(u_{p1}+u_{p2})x_r=-u_{p1}u_{p2}\\ x_r^2+x_i^2-(u_{p3}+u_{p4})x_r=-u_{p3}u_{p4}\end{cases} \tag{5.1.13}$$

解方程组(5.1.13)可以得到圆环点的像 $\boldsymbol{m}_I=(x_r+x_i i,y_r+y_i i)^{\mathrm{T}}$ 和 $\boldsymbol{m}_J=(x_r-x_i i,y_r-y_i i)^{\mathrm{T}}$。

3. 内参数求解

方法一

根据式(5.1.1)，有

$$\lambda_{p1}\boldsymbol{p}_1=\boldsymbol{K}(\boldsymbol{R},\boldsymbol{T})\boldsymbol{P}_{1\infty},\quad \lambda_{q1}\boldsymbol{q}_1=\boldsymbol{K}(\boldsymbol{R},\boldsymbol{T})\boldsymbol{Q}_{1\infty} \tag{5.1.14}$$

则可以得到

$$(\boldsymbol{R},\boldsymbol{T})\boldsymbol{P}_{1\infty}=\lambda_{p1}\boldsymbol{K}^{-1}\boldsymbol{p}_1,\quad (\boldsymbol{R},\boldsymbol{T})\boldsymbol{Q}_{1\infty}=\lambda_{q1}\boldsymbol{K}^{-1}\boldsymbol{q}_1 \tag{5.1.15}$$

由初等几何，圆的直径 $\boldsymbol{AB}$ 与两端切线 $\boldsymbol{L}_A,\boldsymbol{L}_B$ 互相垂直，则有

$$\lambda_{p1}\lambda_{q1}\boldsymbol{p}_1^{\mathrm{T}}\boldsymbol{K}^{-\mathrm{T}}\boldsymbol{K}^{-1}\boldsymbol{q}_1 = \boldsymbol{P}_{1\infty}^{\mathrm{T}}(\boldsymbol{R},\boldsymbol{T})^{\mathrm{T}}(\boldsymbol{R},\boldsymbol{T})\boldsymbol{Q}_{1\infty} = 0 \tag{5.1.16}$$

从而可得

$$\boldsymbol{p}_1^{\mathrm{T}}\boldsymbol{K}^{-\mathrm{T}}\boldsymbol{K}^{-1}\boldsymbol{q}_1 = 0 \tag{5.1.17}$$

同理可得

$$\boldsymbol{p}_2^{\mathrm{T}}\boldsymbol{K}^{-\mathrm{T}}\boldsymbol{K}^{-1}\boldsymbol{q}_2 = 0\,,\quad \boldsymbol{p}_3^{\mathrm{T}}\boldsymbol{K}^{-\mathrm{T}}\boldsymbol{K}^{-1}\boldsymbol{q}_3 = 0 \tag{5.1.18}$$

令 $\boldsymbol{C} = \boldsymbol{K}^{-\mathrm{T}}\boldsymbol{K}^{-1}$，易知 $\boldsymbol{C}$ 是一个 $3\times3$ 的对称矩阵，因而可令 $\boldsymbol{C} = \begin{pmatrix} c_1 & c_2 & c_3 \\ c_2 & c_4 & c_5 \\ c_3 & c_5 & c_6 \end{pmatrix}$，从而得到

$$\begin{cases} u_{p1}u_{q1}c_1 + (u_{q1}v_{p1} + u_{p1}v_{q1})c_2 + (u_{p1} + u_{q1})c_3 + v_{p1}v_{q1}c_4 + (v_{p1} + v_{q1})c_5 + c_6 = 0 \\ u_{p2}u_{q2}c_1 + (u_{q2}v_{p2} + u_{p2}v_{q2})c_2 + (u_{p2} + u_{q2})c_3 + v_{p2}v_{q2}c_4 + (v_{p2} + v_{q2})c_5 + c_6 = 0 \\ u_{p3}u_{q3}c_1 + (u_{q3}v_{p3} + u_{p3}v_{q3})c_2 + (u_{p3} + u_{q3})c_3 + v_{p3}v_{q3}c_4 + (v_{p3} + v_{q3})c_5 + c_6 = 0 \end{cases} \tag{5.1.19}$$

令

$$\boldsymbol{f} = (c_1, c_2, c_3, c_4, c_5, c_6)^{\mathrm{T}}$$

$$\boldsymbol{A} = \begin{pmatrix} u_{p1}u_{q1} & u_{q1}v_{p1} + u_{p1}v_{q1} & u_{p1} + u_{q1} & v_{p1}v_{q1} & v_{p1} + v_{q1} & 1 \\ u_{p2}u_{q2} & u_{q2}v_{p2} + u_{p2}v_{q2} & u_{p2} + u_{q2} & v_{p2}v_{q2} & v_{p2} + v_{q2} & 1 \\ u_{p3}u_{q3} & u_{q3}v_{p3} + u_{p3}v_{q3} & u_{p3} + u_{q3} & v_{p3}v_{q3} & v_{p3} + v_{q3} & 1 \end{pmatrix}$$

则式(5.1.19)可以写为 $\boldsymbol{Af} = \boldsymbol{0}$。当从 $n$ 个不同方向对模板拍摄得到 $n$ 幅图像时，可以得到 $3n$ 个关于 $\boldsymbol{C}$ 的方程，就可以通过最小二乘法线性地求解出 $\boldsymbol{f}$，从而得到 $\boldsymbol{C}$。再利用下面的公式得到内参数矩阵 $\boldsymbol{K}$：

$$\begin{cases} v_0 = (c_2c_3 - c_1c_5)/(c_1c_4 - c_2^2) \\ \lambda = c_6 - [c_3^2 + v_0(c_2c_3 - c_1c_5)]/c_1 \\ f_x = \sqrt{\lambda/c_1} \\ f_y = \sqrt{\lambda c_1/(c_1c_4 - c_2^2)} \\ s = -c_2 f_x^2 f_y/\lambda \\ u_0 = sv_0/f_x - c_3 f_x^2/\lambda \end{cases} \tag{5.1.20}$$

方法二

设二次曲线的像 $\boldsymbol{\omega} = \boldsymbol{K}^{-\mathrm{T}}\boldsymbol{K}^{-1} = \begin{pmatrix} c_1 & c_2 & c_3 \\ c_2 & c_4 & c_5 \\ c_3 & c_5 & c_6 \end{pmatrix}$，它是一个实对称矩阵，定义一个 6 维向量 $\boldsymbol{C} = (c_1, c_2, c_3, c_4, c_5, c_6)^{\mathrm{T}}$，于是根据对圆环点的约束有

$$\begin{pmatrix} x_r^2 - x_i^2 & 2(x_r y_r - x_i y_i) & 2x_r & y_r^2 - y_i^2 & 2y_r & 1 \\ x_r x_i & x_r y_i + x_i y_r & x_i & y_r y_i & y_i & 0 \end{pmatrix} \boldsymbol{C} = \boldsymbol{0} \tag{5.1.21}$$

摄像机在 $n$ 个不同方位 $(\boldsymbol{R}^{(i)}, \boldsymbol{T}^{(i)})$ $(i=1,2,\cdots,n)$ 对模板拍摄 $n$ 幅图像,分别计算每幅图像上圆环点的图像坐标 $\boldsymbol{m}_I^{(i)}, \boldsymbol{m}_J^{(i)}$ $(i=1,2,\cdots,n)$。联立 $n$ 个形如式(5.1.21)的方程组，得到

$$\boldsymbol{AC} = \boldsymbol{0} \tag{5.1.22}$$

其中，$\boldsymbol{A}$ 是一个 $2n \times 6$ 的矩阵，当 $n \geqslant 3$ 时，在相差一个常数因子下可以唯一地确定 $\boldsymbol{C}$，利用 Cholesky 分解法对 $\boldsymbol{\omega}$ 进行分解得到 $\boldsymbol{K}^{-1}$，求逆得到 $\boldsymbol{K}$，再将 $\boldsymbol{K}$ 的最后一个元素归一化处理，即得到摄像机的内参数矩阵。

4. 算法描述

基于以上分析，下面介绍两种利用圆的三条直径的摄像机线性标定方法。

---

**算法 5.1**　利用正交消失点恢复摄像机内参数

**输入：** 圆的任意三条直径

**输出：** 摄像机内参数矩阵 $\boldsymbol{K}$

第一步，用激光打印机打印一个包含任意三条直径的圆，并把它贴到硬的平面上；

第二步，改变摄像机与模板的相对位置，至少拍摄三幅不同的图像；

第三步，输入图片，提取各图像上直径与椭圆的交点坐标；

第四步，根据式(5.1.2)～式(5.1.4)得椭圆；

第五步，根据式(5.1.6)和式(5.1.7)得到各条直径上消失点的坐标；

第六步，根据式(5.1.8)～式(5.1.10)得到各端点处切线坐标和各条切线上消失点的坐标；

第七步，根据式(5.1.19)和式(5.1.20)恢复 $\boldsymbol{K}$。

**算法 5.2**　利用圆环点恢复摄像机内参数

**输入：** 圆的任意三条直径

**输出：** 摄像机内参数矩阵 $\boldsymbol{K}$

第一步，用激光打印机打印一个包含任意三条直径的圆，并把它贴到硬的平面上；

第二步，改变摄像机与模板的相对位置，至少拍摄三幅不同的图像；

第三步，输入图片，提取各图像上直径与椭圆的交点坐标；

第四步，利用式(5.1.11)求出各个方向的消失点坐标；

第五步，利用式(5.1.13)解出各图像上圆环点的像坐标；

第六步，根据式(5.1.21)解出 $\boldsymbol{\omega}$，对 $\boldsymbol{\omega}$ 进行 Cholesky 分解再求逆即可恢复 $\boldsymbol{K}$。

---

## 5.2 利用具有一对垂直直径的圆的模板标定摄像机内参数

1. 摄像机模型

在针孔摄像机模型下，世界坐标系 $\boldsymbol{O}_w\text{-}X_wY_wZ_w$ 中的点 $\boldsymbol{M}=(x_w,y_w,z_w,1)^{\mathrm{T}}$ 和对应的图像坐标系上的像素点 $\boldsymbol{m}=(u,v,1)^{\mathrm{T}}$ 之间的射影几何关系可以表示为

$$\mu\boldsymbol{m}=\boldsymbol{K}(\boldsymbol{R},\boldsymbol{T})\boldsymbol{M} \tag{5.2.1}$$

其中，上三角矩阵

$$\boldsymbol{K}=\begin{pmatrix} f_x & s & u_0 \\ 0 & f_y & v_0 \\ 0 & 0 & 1 \end{pmatrix} \tag{5.2.2}$$

为摄像机的内参数矩阵。$(u_0,v_0)^{\mathrm{T}}$ 为摄像机主点的非齐次坐标；$f_x$ 和 $f_y$ 分别为在成像平面 $u$ 和 $v$ 方向上的尺度因子；$s$ 为畸变因子；$\mu$ 为一个非零比例因子；$\boldsymbol{R}$ 和 $\boldsymbol{T}$ 分别对应世界坐标系转换到摄像机坐标系 $\boldsymbol{O}_c\text{-}X_cY_cZ_c$ 过程中的 3 阶旋转矩阵和三维平移向量。

2. 圆的成像

在一个平面上，给定圆 $\overline{\boldsymbol{C}}$ 上一点 $\overline{\boldsymbol{M}}=(x,y,1)^{\mathrm{T}}$，满足

$$\overline{\boldsymbol{M}}^{\mathrm{T}}\overline{\boldsymbol{C}}\overline{\boldsymbol{M}}=0 \tag{5.2.3}$$

不失一般性，假定圆位于世界坐标系 $\boldsymbol{O}_w\text{-}X_wY_wZ_w$ 的 $Z_w=0$ 平面上，则圆 $\overline{\boldsymbol{C}}$ 上一点的空间坐标为 $\boldsymbol{M}=(x,y,0,1)^{\mathrm{T}}$。若用 $\boldsymbol{r}_i$ 表示旋转矩阵 $\boldsymbol{R}$ 的第 $i(i=1,2,3)$ 列，$\boldsymbol{M}$ 的像 $\boldsymbol{m}=(u,v,1)^{\mathrm{T}}$ 满足

$$\mu\boldsymbol{m}=\boldsymbol{K}(\boldsymbol{R},\boldsymbol{T})\begin{pmatrix} x \\ y \\ 0 \\ 1 \end{pmatrix}=\boldsymbol{K}(\boldsymbol{r}_1,\boldsymbol{r}_2,\boldsymbol{T})\begin{pmatrix} x \\ y \\ 1 \end{pmatrix}=\boldsymbol{H}\boldsymbol{M} \tag{5.2.4}$$

其中，$\boldsymbol{H}=\boldsymbol{K}(\boldsymbol{r}_1,\boldsymbol{r}_2,\boldsymbol{T})$ 为圆所在平面 $\tilde{\boldsymbol{\pi}}$ 到图像平面 $\boldsymbol{\pi}$ 的单应矩阵；$\mu$ 为一个非零比例因子。

因射影变换保持结合性，在图像平面上，像点 $\boldsymbol{m}$ 在圆像 $\boldsymbol{C}$ 上，其满足

$$\boldsymbol{m}^{\mathrm{T}}\boldsymbol{C}\boldsymbol{m}=0 \tag{5.2.5}$$

由于摄像机光心 $\boldsymbol{O}_c$ 不在成像平面 $\boldsymbol{\pi}$ 上，一般情况下 $\boldsymbol{H}$ 可逆，将式(5.2.3)和式(5.2.4)代入式 (5.2.5)，可得

$$\lambda\boldsymbol{C}=\boldsymbol{H}^{-\mathrm{T}}\overline{\boldsymbol{C}}\boldsymbol{H}^{-1} \tag{5.2.6}$$

其中，$\lambda$ 为一个非零比例因子。

3. 相关性质

基于以上推导，此处对三个有一对垂直直径的圆像进行讨论，可恢复一些图像上的元素，如消失线。

1) 利用极点极线关系恢复消失线

如图 5.2.1 中，$A_iB_i$、$C_iD_i(i=1,2,3)$ 分别为三个以 $O_i(i=1,2,3)$ 为圆心的共面圆的任意两条相互垂直的直径。图 5.2.2 为图 5.2.1 的像，其中 $A_i$、$B_i$、$C_i$、$D_i$、$O_i(i=1,2,3)$ 的像分别为 $a_i,b_i,c_i,d_i,o_i(i=1,2,3)$，并设 $o_i(i=1,2,3)$ 的齐次坐标为 $(u_{oi},v_{oi},1)^{\mathrm{T}}(i=1,2,3)$。

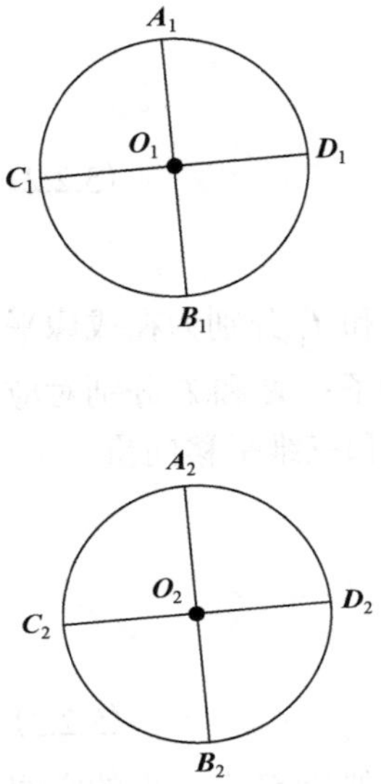


图 5.2.1　一对垂直直径的三个圆模板

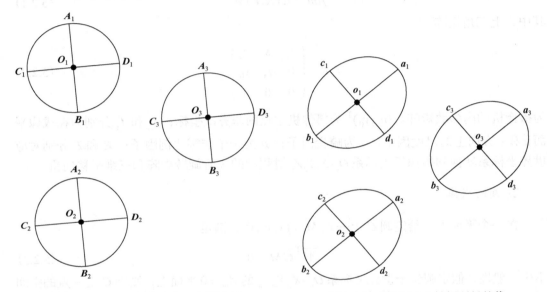

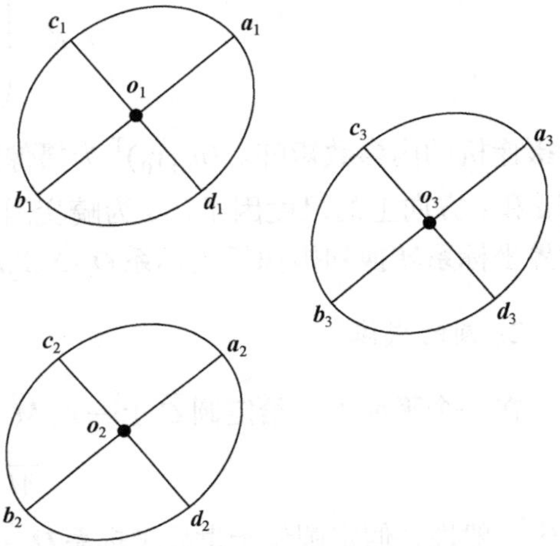


图 5.2.2　对图 5.2.1 拍摄所得的像

由于消失线为点 $o_i(i=1,2,3)$ 关于以 $o_i(i=1,2,3)$ 为圆心的圆的极线，以 $O_i(i=1,2,3)$ 为圆心的圆像的方程简记为 $c_i=0(i=1,2,3)$，则消失线为 $l=[x,y,z]$，满足

$$o_i^{\mathrm{T}}c_i=l\quad(i=1,2,3)\tag{5.2.7}$$

为使得结果更精确，则可用式(5.2.8)确定消失线 $l$：

$$l=\frac{1}{3}\sum_{i=1}^{3}o_i^{\mathrm{T}}c_i\tag{5.2.8}$$

2) 利用调和共轭关系恢复消失线

图 5.2.3 为图 5.2.1 中的一个圆模板，$P_1P_2$、$P_3P_4$ 是圆的两条相互垂直的直径，$O$ 为该圆的圆心。设 $P_1P_2$、$P_3P_4$ 上的无穷远点分别为 $P_{1\infty}$、$P_{2\infty}$。图 5.2.4 为图 5.2.3 的像，设 $p_1p_2$、$p_3p_4$ 分别是 $P_1P_2$、$P_3P_4$ 的像，$o$ 为 $O$ 的像，$p$ 是无穷远点 $P_{1\infty}$ 的像，即 $p_1p_2$ 方向上的消失点。

对原像，根据射影几何中的调和共轭理论可得

$$(P_3P_4,OP_{2\infty})=-1\tag{5.2.9}$$

设 $L_{p3}$、$L_{p4}$ 为 $P_3$、$P_4$ 两点关于圆的极线，即平面圆在 $P_3$、$P_4$ 两点处的切线；$L_\infty$ 为圆心 $O$

关于圆的极线，即该平面上的无穷远直线；$\boldsymbol{L}_{p1p2}$ 为 $\boldsymbol{P}_{1\infty}$ 关于圆的极线，即 $\boldsymbol{P}_1\boldsymbol{P}_2$ 所在的直线，则有

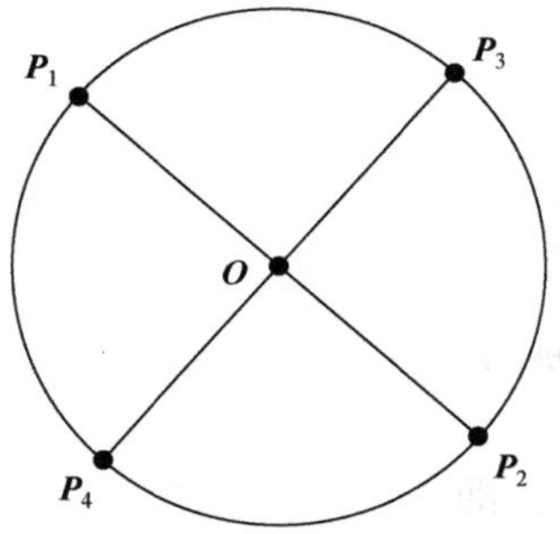


图 5.2.3　一对垂直直径的一个圆模板

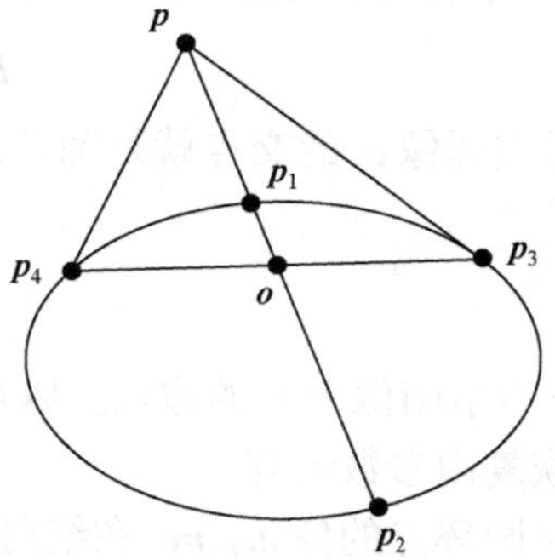


图 5.2.4　对图 5.2.3 拍摄所得的像

$$(\boldsymbol{L}_{p3}\boldsymbol{L}_{p4},\boldsymbol{L}_{\infty}\boldsymbol{L}_{p3p4})=(\boldsymbol{P}_3\boldsymbol{P}_4,\boldsymbol{O}\boldsymbol{P}_{2\infty})=-1 \tag{5.2.10}$$

对像，若设 $\boldsymbol{p}_3\boldsymbol{p}_4$ 上的无穷远点 $\boldsymbol{P}_{2\infty}$ 的像为 $\boldsymbol{p}_m$，根据射影变换的交比不变性，可得

$$(\boldsymbol{p}_3\boldsymbol{p}_4,\boldsymbol{o}\boldsymbol{p}_m)=-1 \tag{5.2.11}$$

设 $\boldsymbol{p}_3$、$\boldsymbol{p}_4$ 两点关于圆的像的切线为 $\boldsymbol{l}_{p3}$、$\boldsymbol{l}_{p4}$，$\boldsymbol{p}_1\boldsymbol{p}_2$、$\boldsymbol{p}_3\boldsymbol{p}_4$ 所在的直线分别为 $\boldsymbol{l}_{p1p2}$、$\boldsymbol{l}_{p3p4}$，该平面的消失线为 $\boldsymbol{l}_{\infty}$。同理也有

$$(\boldsymbol{l}_{p3}\boldsymbol{l}_{p4},\boldsymbol{l}_{\infty}\boldsymbol{l}_{p3p4})=(\boldsymbol{p}_3\boldsymbol{p}_4,\boldsymbol{o}\boldsymbol{p}_m)=-1 \tag{5.2.12}$$

若能确定 $\boldsymbol{l}_{p3}$、$\boldsymbol{l}_{p4}$、$\boldsymbol{l}_{p1p2}$ 三直线，平面消失线 $\boldsymbol{l}_{\infty}$ 即可唯一确定。

简记圆像的方程为 $\boldsymbol{c}=0$，那么点 $\boldsymbol{p}_3$ 关于圆像的切线 $\boldsymbol{l}_{p3}$ 满足

$$\boldsymbol{c}\boldsymbol{p}_3=\boldsymbol{l}_{p3} \tag{5.2.13}$$

同理可得，点 $\boldsymbol{p}_4$ 关于 $\boldsymbol{c}$ 的切线 $\boldsymbol{l}_{p4}$ 满足

$$\boldsymbol{c}\boldsymbol{p}_4=\boldsymbol{l}_{p4} \tag{5.2.14}$$

则有

$$x_1\boldsymbol{l}_{p1p2}=\boldsymbol{l}_{p3}+x_2\boldsymbol{l}_{p4} \tag{5.2.15}$$

$$y_1\boldsymbol{l}_{\infty}=\boldsymbol{l}_{p3}+y_2\boldsymbol{l}_{p4} \tag{5.2.16}$$

其中，$x_1$、$y_1$、$x_2$、$y_2$ 为非零常数。因为 $(\boldsymbol{l}_{p3}\boldsymbol{l}_{p4},\boldsymbol{l}_{\infty}\boldsymbol{l}_{p1p2})=-1$，根据共点四线的性质，所以有 $y_2/x_2=-1$，即

$$y_2=-x_2 \tag{5.2.17}$$

只需将 $\boldsymbol{l}_{p3}$、$\boldsymbol{l}_{p4}$、$\boldsymbol{l}_{p1p2}$ 的坐标代入式(5.2.15)即可求得 $x_2$，再根据式(5.2.17)确定 $y_2$，进而确定消失线 $\boldsymbol{l}_{\infty}$。

3) 恢复圆环点的像

圆与无穷远直线交于两个圆环点，则圆像与消失线交于圆环点的像。已知三个圆的图像 $\boldsymbol{c}_i(i=1,2,3)$ 及对应圆心的像 $\boldsymbol{o}_i(i=1,2,3)$，圆心的像 $\boldsymbol{o}_i$ 关于 $\boldsymbol{c}_i$ 的极线 $\boldsymbol{l}_i(i=1,2,3)$ 满足

$$\boldsymbol{l}_i=\boldsymbol{o}_i^{\mathrm{T}}\boldsymbol{c}_i \quad (i=1,2,3) \tag{5.2.18}$$

因 $\boldsymbol{l}_i$ 与对应圆像 $\boldsymbol{c}_i$ 的交点就是圆环点的像 $\boldsymbol{m}_I,\boldsymbol{m}_J$，即

$$\begin{cases}\boldsymbol{l}_i^{\mathrm{T}}\boldsymbol{x}=0\\ \boldsymbol{x}^{\mathrm{T}}\boldsymbol{c}_i\boldsymbol{x}=0\end{cases} \tag{5.2.19}$$

其中，$\boldsymbol{x}$ 表示图像上 $\boldsymbol{c}_i$ 的像点。则可获得圆环点的像 $\boldsymbol{m}_I,\boldsymbol{m}_J$。

4) 恢复内参数矩阵

由于圆环点的像 $\boldsymbol{m}_I,\boldsymbol{m}_J$ 在绝对二次曲线的像 $\boldsymbol{\omega}$ 上，即

$$\begin{cases}\boldsymbol{m}_I{}^{\mathrm{T}}\boldsymbol{\omega}\boldsymbol{m}_I=0\\ \boldsymbol{m}_J{}^{\mathrm{T}}\boldsymbol{\omega}\boldsymbol{m}_J=0\end{cases} \tag{5.2.20}$$

将式(5.2.20)化为实线性约束方程：

$$\begin{cases}\mathrm{Re}(\boldsymbol{m}_I{}^{\mathrm{T}}\boldsymbol{\omega}\boldsymbol{m}_I)=0\\ \mathrm{Im}(\boldsymbol{m}_I{}^{\mathrm{T}}\boldsymbol{\omega}\boldsymbol{m}_I)=0\end{cases} \tag{5.2.21}$$

其中，Re 和 Im 表示复数的实部和虚部。设 $\boldsymbol{m}_I=(m_{I1},m_{I2},1)^{\mathrm{T}}$，

$$\boldsymbol{\omega}=\boldsymbol{K}^{-\mathrm{T}}\boldsymbol{K}^{-1}=\begin{pmatrix}c_1&c_2&c_3\\c_2&c_4&c_5\\c_3&c_5&c_6\end{pmatrix} \tag{5.2.22}$$

则式(5.2.22)可化为

$$\begin{pmatrix}\mathrm{Re}(\boldsymbol{A})\\ \mathrm{Im}(\boldsymbol{A})\end{pmatrix}\boldsymbol{c}_{6\times1}=\boldsymbol{0} \tag{5.2.23}$$

其中，$\boldsymbol{A}_{1\times6}=(m_{I1}^2,2m_{I1}m_{I2},m_{I2}^2,2m_{I1},2m_{I2},1)$；$\boldsymbol{c}_{6\times1}=(c_1,c_2,c_3,c_4,c_5,c_6)^{\mathrm{T}}$。每个图像获得对应的圆环点的像后，建立 $N$ 组式(5.2.23)所示的方程，联立得

$$\boldsymbol{A}_{2N\times6}\boldsymbol{c}_{6\times1}=\boldsymbol{0} \tag{5.2.24}$$

矩阵奇异值分解的右西矩阵的最后一列为该齐次方程组的一个最小二乘解，则至少三对圆环点的像即可线性确定 $\boldsymbol{\omega}$，再对 $\boldsymbol{\omega}$ 进行 Cholesky 分解后求逆，就可以得到摄像机内参数矩阵 $\boldsymbol{K}$。

4. 算法步骤

基于以上分析，下面介绍两种利用圆的一对垂直直径的摄像机线性标定方法。

---

**算法 5.3** 基于圆的垂直直径的第一种摄像机线性标定方法

**输入：** 三个分离共面的含垂直直径的圆像

**输出：** 摄像机内参数矩阵 $\boldsymbol{K}$

第一步，提取各图片的椭圆上的点的坐标和圆心的坐标；

第二步，拟合二次曲线，获得圆像方程 $\boldsymbol{c}_i = 0(i=1,2,3)$ ，根据式(5.2.8)得到消失线的方程；

第三步，计算圆像与对应消失线的交点，得到三对圆环点的像；

第四步，确定 $\boldsymbol{\omega}$ ，Cholesky 分解再求逆，得到 $\boldsymbol{K}$ 值。

**算法 5.4**　基于圆的垂直直径的第二种摄像机线性标定方法

**输入：**三个分离共面的含垂直直径的圆像

**输出：**摄像机内参数矩阵 $\boldsymbol{K}$

第一步，提取各图片上的椭圆上的点的坐标和直径；

第二步，拟合二次曲线，获得圆像方程 $\boldsymbol{c}_i = 0(i=1,2,3)$ ，根据“相关性质”部分的 2)得到消失线的方程；

第三步，计算圆像与对应消失线的交点，得到三对圆环点的像；

第四步，确定 $\boldsymbol{\omega}$ ，Cholesky 分解再求逆，得到 $\boldsymbol{K}$ 值。

## 5.3　利用具有两对垂直直径的圆的模板标定摄像机内参数

本节利用调和共轭点的关系提出一种新的求解消失点的方法。此方法不需要拟合平行线，也不需要拟合点来计算共线点的交比。首先拟合模板中的椭圆，然后利用简单的射影几何知识确定消失点坐标，最后利用两对相互垂直的直径和调和共轭关系建立 2 个关于摄像机内参数的约束方程，从而求解摄像机的内参数。

### 1. 摄像机模型

设点 $\boldsymbol{M}$ 为空间中任意一点，它的世界坐标为 $\boldsymbol{M}=(X_w,Y_w,Z_w,1)^{\mathrm{T}}$ ，对应于图像平面上的像素点坐标为 $\boldsymbol{m}=(x,y,1)^{\mathrm{T}}$ ，其满足

$$\mu(x,y,1)^{\mathrm{T}} = \boldsymbol{K}(\boldsymbol{R},\boldsymbol{T})(X_w,Y_w,Z_w,1)^{\mathrm{T}} \tag{5.3.1}$$

其中，$\boldsymbol{K}=\begin{pmatrix} f_x & s & u_0 \\ 0 & f_y & v_0 \\ 0 & 0 & 1 \end{pmatrix}$ 称为摄像机的内参数矩阵；$\boldsymbol{R}$ 是旋转矩阵；$\boldsymbol{T}$ 是平移向量；$(\boldsymbol{R},\boldsymbol{T})$ 称为摄像机的外参数矩阵；$\boldsymbol{P}=\boldsymbol{K}(\boldsymbol{R},\boldsymbol{T})$ 称为投影矩阵。

如图 5.3.1 所示，在平面圆 $\boldsymbol{C}$ 中，$\boldsymbol{O}$ 为其圆心，$\boldsymbol{AB}$、$\boldsymbol{CD}$、$\boldsymbol{EF}$、$\boldsymbol{GH}$ 为圆的四条直径，其中 $\boldsymbol{AB}\perp\boldsymbol{CD}$ 、$\boldsymbol{EF}\perp\boldsymbol{GH}$ 。

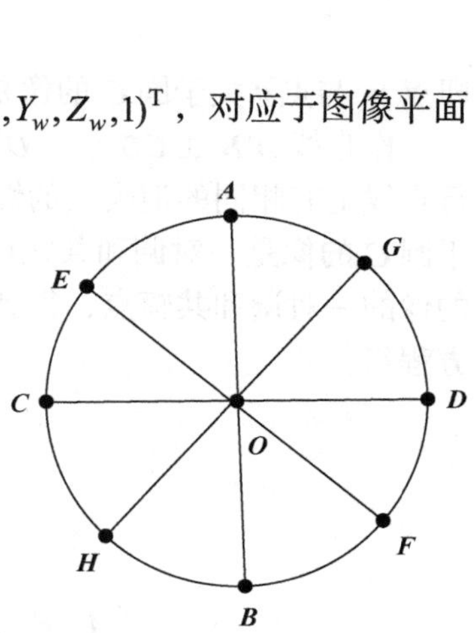


图 5.3.1　具有两对垂直直径的圆的模板

2. 求解模型

1) 求解消失点坐标

如图 5.3.2 所示，在平面圆 $\boldsymbol{C}$ 中，$\boldsymbol{O}$ 为其圆心，$\boldsymbol{AB}$、$\boldsymbol{CD}$、$\boldsymbol{EF}$、$\boldsymbol{GH}$ 为圆的四条直径。其中 $\boldsymbol{AB}\perp\boldsymbol{CD}$、$\boldsymbol{EF}\perp\boldsymbol{GH}$。设 $\boldsymbol{AB}$、$\boldsymbol{CD}$、$\boldsymbol{EF}$、$\boldsymbol{GH}$ 上的无穷远点分别为 $\boldsymbol{P}_{1\infty}$、$\boldsymbol{P}_{2\infty}$、$\boldsymbol{P}_{3\infty}$、$\boldsymbol{P}_{4\infty}$。图 5.3.3 是图 5.3.2 的像。设 $\boldsymbol{P}_{1\infty}$、$\boldsymbol{P}_{2\infty}$、$\boldsymbol{P}_{3\infty}$、$\boldsymbol{P}_{4\infty}$ 在图像中的对应点，即消失点为 $\boldsymbol{p}_1$、$\boldsymbol{p}_2$、$\boldsymbol{p}_3$、$\boldsymbol{p}_4$。$\boldsymbol{A}$、$\boldsymbol{B}$、$\boldsymbol{C}$、$\boldsymbol{D}$、$\boldsymbol{E}$、$\boldsymbol{F}$、$\boldsymbol{G}$、$\boldsymbol{H}$、$\boldsymbol{O}$、$\boldsymbol{A}'$、$\boldsymbol{B}'$、$\boldsymbol{O}'$ 在图像中的对应点为 $\boldsymbol{a}$、$\boldsymbol{b}$、$\boldsymbol{c}$、$\boldsymbol{d}$、$\boldsymbol{e}$、$\boldsymbol{f}$、$\boldsymbol{g}$、$\boldsymbol{h}$、$\boldsymbol{o}$、$\boldsymbol{a}'$、$\boldsymbol{b}'$、$\boldsymbol{o}'$，其坐标分别为 $(u_a,v_a)^{\mathrm{T}}$、$(u_b,v_b)^{\mathrm{T}}$、$(u_c,v_c)^{\mathrm{T}}$、$(u_d,v_d)^{\mathrm{T}}$、$(u_e,v_e)^{\mathrm{T}}$、$(u_f,v_f)^{\mathrm{T}}$、$(u_g,v_g)^{\mathrm{T}}$、$(u_h,v_h)^{\mathrm{T}}$、$(u_o,v_o)^{\mathrm{T}}$、$(u_{a'},v_{a'})^{\mathrm{T}}$、$(u_{b'},v_{b'})^{\mathrm{T}}$、$(u_{o'},v_{o'})^{\mathrm{T}}$。

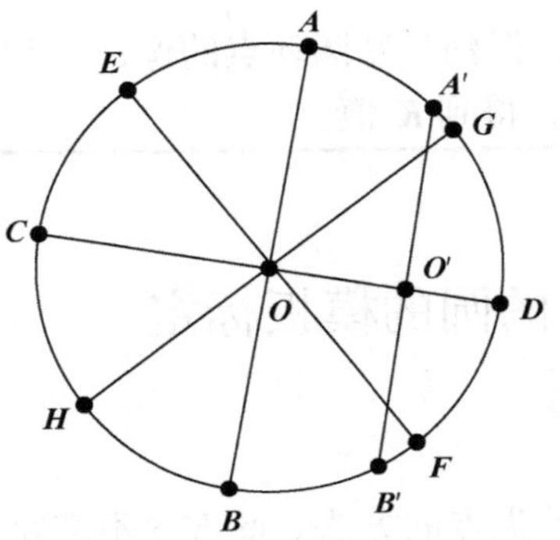


图 5.3.2　圆 $\boldsymbol{C}$ 中求解消失点的示意图

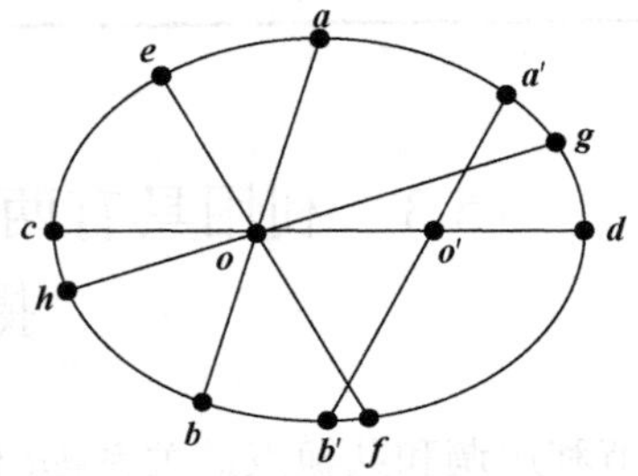


图 5.3.3　图 5.3.2 的像

由于 $\boldsymbol{O}$ 为 $\boldsymbol{AB}$ 的中点，根据射影几何中共线四点调和共轭关系和交比的不变性，可得

$$(\boldsymbol{AB},\boldsymbol{OP}_{1\infty})=(\boldsymbol{ab},\boldsymbol{op}_1)=-1 \tag{5.3.2}$$

即点 $\boldsymbol{p}_1$ 与点 $\boldsymbol{o}$ 关于圆 $\boldsymbol{C}$ 的像是一对共轭点。

作直线 $\boldsymbol{A'B'}\perp\boldsymbol{CD}$ 于点 $\boldsymbol{O}'$，且 $\boldsymbol{A'B'}$ 交圆 $\boldsymbol{C}$ 于 $\boldsymbol{A}'$、$\boldsymbol{B}'$ 两点，那么 $\boldsymbol{A'B'}//\boldsymbol{AB}$。根据平行直线上有相同的消失点的性质，可得 $(\boldsymbol{A'B'},\boldsymbol{O'P}_{1\infty})=(\boldsymbol{a'b'},\boldsymbol{o'p}_1)=-1$，则点 $\boldsymbol{p}_1$ 与点 $\boldsymbol{o}'$ 关于圆 $\boldsymbol{C}$ 的像是一对调和共轭点，同理可以得到直径 $\boldsymbol{CD}$ 上的所有点都与点 $\boldsymbol{p}_1$ 为关于圆 $\boldsymbol{C}$ 的像的一对调和共轭点，得到 $\boldsymbol{C}$、$\boldsymbol{D}$ 两点的像点 $c$、$d$ 也与点 $\boldsymbol{p}_1$ 互为调和共轭点。得到方程组：

$$\begin{cases}\boldsymbol{o}^{\mathrm{T}}\boldsymbol{C}\boldsymbol{p}_1=0\\ \boldsymbol{c}^{\mathrm{T}}\boldsymbol{C}\boldsymbol{p}_1=0\\ \boldsymbol{d}^{\mathrm{T}}\boldsymbol{C}\boldsymbol{p}_1=0\end{cases} \tag{5.3.3}$$

其中，圆 $\boldsymbol{C}$ 满足 $\boldsymbol{C}=\begin{pmatrix}A & B & D\\ B & C & E\\ D & E & F\end{pmatrix}$。

设 $\boldsymbol{p}_1$ 的坐标为 $(u_{p1},v_{p1},1)^{\mathrm{T}}$，将其代入式(5.3.3)中可得如下方程组：

$$\begin{cases}(Au_o+Bv_o+D)u_{p1}+(Bu_o+Cv_o+E)v_{p1}+(Du_o+Ev_o+F)=0\\(Au_c+Bv_c+D)u_{p1}+(Bu_c+Cv_c+E)v_{p1}+(Du_c+Ev_c+F)=0\\(Au_d+Bv_d+D)u_{p1}+(Bu_d+Cv_d+E)v_{p1}+(Du_d+Ev_d+F)=0\end{cases} \tag{5.3.4}$$

由式(5.3.4)即可求得消失点 $\boldsymbol{p}_1$。同理可求得消失点 $\boldsymbol{p}_2$、$\boldsymbol{p}_3$、$\boldsymbol{p}_4$。

2)线性求解摄像机内参数

由拉盖尔定理，平面上两条垂直直线上的消失点 $\boldsymbol{p}_1$、$\boldsymbol{p}_2$ 调和分离平面上的圆环点。因为圆环点为绝对二次曲线上的点，所以垂直直线上的两个消失点为关于绝对二次曲线的像的一对调和共轭点，得到

$$\boldsymbol{p}_1^{\mathrm{T}}\boldsymbol{\omega}\boldsymbol{p}_2=0 \tag{5.3.5}$$

其中，$\boldsymbol{\omega}=\begin{pmatrix}w_1 & w_2 & w_3\\ w_2 & w_4 & w_5\\ w_3 & w_5 & w_6\end{pmatrix}$。从模板中可以得到下述两个方程：

$$\begin{cases}\boldsymbol{p}_1^{\mathrm{T}}\boldsymbol{\omega}\boldsymbol{p}_2=0\\ \boldsymbol{p}_3^{\mathrm{T}}\boldsymbol{\omega}\boldsymbol{p}_4=0\end{cases} \tag{5.3.6}$$

将四个消失点的坐标分别代入式(5.3.6)，得

$$\begin{cases}u_{p1}u_{p2}w_1+(v_{p1}u_{p2}+u_{p1}v_{p2})w_2+(u_{p1}+u_{p2})w_3+v_{p1}v_{p2}w_4+(v_{p1}+v_{p2})w_5+w_6=0\\ u_{p3}u_{p4}w_1+(v_{p3}u_{p4}+u_{p3}v_{p4})w_2+(u_{p3}+u_{p4})w_3+v_{p3}v_{p4}w_4+(v_{p3}+v_{p4})w_5+w_6=0\end{cases} \tag{5.3.7}$$

令

$$\boldsymbol{f}=(w_1,w_2,w_3,w_4,w_5,w_6)^{\mathrm{T}}$$

$$\boldsymbol{A}=\begin{pmatrix}u_{p1}u_{p2} & v_{p1}u_{p2}+u_{p1}v_{p2} & u_{p1}+u_{p2} & v_{p1}v_{p2} & v_{p1}+v_{p2} & 1\\ u_{p3}u_{p4} & v_{p3}u_{p4}+u_{p3}v_{p4} & u_{p3}+u_{p4} & v_{p3}v_{p4} & v_{p3}+v_{p4} & 1\end{pmatrix}$$

则式(5.3.7)可写为 $\boldsymbol{Af}=\boldsymbol{0}$。

当从 $n$ 个不同方向对模板拍摄得到 $n$ 幅图像后，可以得到 $2n$ 个关于 $\boldsymbol{\omega}$ 的方程，可以通过最小二乘法线性地求解出 $\boldsymbol{f}$，从而得到 $\boldsymbol{\omega}$。再利用 Cholesky 分解 $\boldsymbol{\omega}=\boldsymbol{K}^{-\mathrm{T}}\boldsymbol{K}^{-1}$，从而得到内参数矩阵 $\boldsymbol{K}$。

### 3. 算法步骤

基于以上分析，提出利用圆的两对垂直直径的摄像机线性标定方法。

---

**算法 5.5**　利用圆的两对垂直直径的摄像机线性标定方法

**输入：** 三幅该模板的不同位置图片

**输出：** 摄像机内参数矩阵 $\boldsymbol{K}$

第一步，打印一个八等分圆，并且把它贴在墙上；

第二步，改变摄像机与模板的相对位置，拍摄至少三幅图片；
第三步，输入图片，提取各个图片上的直径的像与圆的像的交点的坐标；
第四步，得到椭圆矩阵；
第五步，根据式(5.3.4)得到每幅图片中 4 条直径上消失点的坐标；
第六步，根据式(5.3.5)～式(5.3.7)以及 Cholesky 分解得到 $\boldsymbol{K}$ 。

## 5.4 利用圆与圆的位置关系标定摄像机内参数

### 1. 建立与求解模型

1) 针孔摄像机的投影模型

设空间中任意一点 $\boldsymbol{M}$ 的世界坐标为 $(X_w,Y_w,Z_w,1)^{\mathrm{T}}$，对应于成像平面上的像素点坐标为 $\boldsymbol{m}=(u,v,1)^{\mathrm{T}}$，其满足

$$\mu(u,v,1)^{\mathrm{T}}=\boldsymbol{K}(\boldsymbol{R},\boldsymbol{T})(X_w,Y_w,Z_w,1)^{\mathrm{T}} \tag{5.4.1}$$

其中，$\boldsymbol{K}=\begin{pmatrix} f_x & s & u_0 \\ 0 & f_y & v_0 \\ 0 & 0 & 1 \end{pmatrix}$ 称为摄像机的内参数矩阵；$\boldsymbol{R}$ 是旋转矩阵；$\boldsymbol{T}$ 是平移向量；$\mu$ 为非零比例因子；$(\boldsymbol{R},\boldsymbol{T})$ 称为摄像机的外参数矩阵；$\boldsymbol{P}=\boldsymbol{K}(\boldsymbol{R},\boldsymbol{T})$ 称为投影矩阵。

2) 圆与圆内含

两个圆内含，当它们的圆心不重合时，无法根据它们对应图像中所含的信息完成标定；同心圆是平面上两个内含圆的特殊形式，基于同心圆的摄像机标定方法已有很多讨论，都是通过求取同心圆圆心的像来完成标定。但是本次将利用平面上两个同心圆和一个圆不在同一条直径上的两个点作为标定模板，再根据成像平面上退化的二次曲线(两同心圆的投影曲线的线性组合)，进行摄像机内参数的线性求解。

在世界坐标平面上，半径为 $r$、圆心坐标为 $(X_0,Y_0)^{\mathrm{T}}$ 的圆 $\boldsymbol{Q}$ 上的点 $\boldsymbol{X}$ 满足方程 $\boldsymbol{X}^{\mathrm{T}}\boldsymbol{Q}\boldsymbol{X}=0$，它的矩阵形式为

$$\boldsymbol{Q}=\begin{pmatrix} 1 & 0 & -X_0 \\ 0 & 1 & -Y_0 \\ -X_0 & -Y_0 & X_0^2+Y_0^2-r^2 \end{pmatrix} \tag{5.4.2}$$

在成像平面上，圆 $\boldsymbol{Q}$ 的像为一条椭圆曲线，记为 $\boldsymbol{C}$，它上面的点 $\boldsymbol{x}$ 满足方程 $\boldsymbol{x}^{\mathrm{T}}\boldsymbol{C}\boldsymbol{x}=0$。在单应变换 $\boldsymbol{H}$ 下，有

$$\lambda\boldsymbol{C}=\boldsymbol{H}^{-\mathrm{T}}\boldsymbol{Q}\boldsymbol{H}^{-1} \tag{5.4.3}$$

其中，$\lambda$ 为一个非零尺度因子。设有两个同心圆 $\boldsymbol{Q}_j\ (j=1,2)$。于是由式(5.4.3)得

$$\lambda_j\boldsymbol{C}_j=\boldsymbol{H}^{-\mathrm{T}}\boldsymbol{Q}_j\boldsymbol{H}^{-1}\quad (j=1,2) \tag{5.4.4}$$

由式(5.4.4)得

$$\frac{1}{\lambda_j}\boldsymbol{C}_j^{-1}=\boldsymbol{H}\boldsymbol{Q}_j^{-1}\boldsymbol{H}^{\mathrm{T}} \tag{5.4.5}$$

假设在世界坐标系上，选取同心圆的圆心为坐标原点，则由式(5.4.2)可得

$$\boldsymbol{Q}_j=\mathrm{diag}(1,1,-r_j^2) \tag{5.4.6}$$

$$\boldsymbol{Q}_j^{-1}=\mathrm{diag}\left(1,1,-\frac{1}{r_j^2}\right) \tag{5.4.7}$$

下面考虑线性组合：

$$\boldsymbol{\varDelta}=\boldsymbol{C}_1^{-1}-\beta\boldsymbol{C}_2^{-1} \tag{5.4.8}$$

满足 $\det\boldsymbol{\varDelta}=0$，其中 $\beta\neq 0$，曲线 $\boldsymbol{C}_1$、$\boldsymbol{C}_2$ 的方程可由图像上获得，则式(5.4.8)是关于 $\beta$ 的一个 3 次方程，故有 3 个解。可以解得

$$\beta_1=\frac{\lambda_2}{\lambda_1},\ \ \beta_2=\frac{\lambda_2 r_1}{\lambda_1 r_2} \tag{5.4.9}$$

其中，$\beta_1$ 是方程的二重根。将 $\beta_1$ 代入式(5.4.8)得到 $\boldsymbol{\varDelta}_1$ 是一个秩为 1 的矩阵，即

$$\boldsymbol{\varDelta}_1=\boldsymbol{C}_1^{-1}-\beta_1\boldsymbol{C}_2^{-1}\sim\boldsymbol{H}\mathrm{diag}(0,0,1)\boldsymbol{H}^{\mathrm{T}}=\boldsymbol{o}\boldsymbol{o}^{\mathrm{T}} \tag{5.4.10}$$

其中，“～”表示左右两边只差一个非零比例因子；$\boldsymbol{o}=\boldsymbol{H}(0,0,1)^{\mathrm{T}}$。由于在世界坐标平面上，同心圆的圆心与世界坐标系的原点重合，故 $\boldsymbol{o}$ 为同心圆的圆心在成像平面上的投影。

选取两个同心圆及一个圆上的任意不在同一条直径上的两点作为标定模板，如图 5.4.1 所示，图 5.4.2 为标定模板的成像。

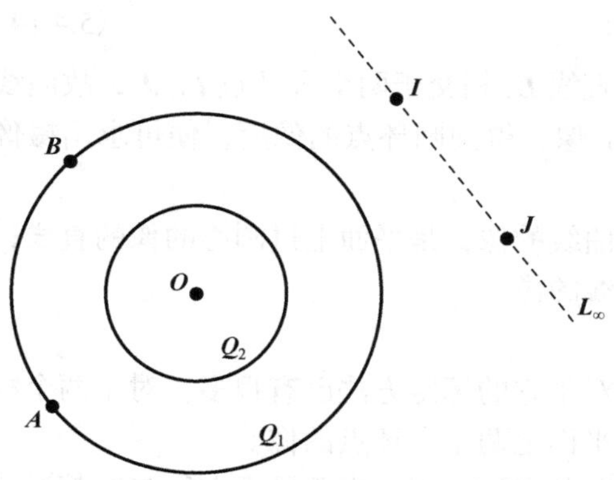


图 5.4.1　标定模板

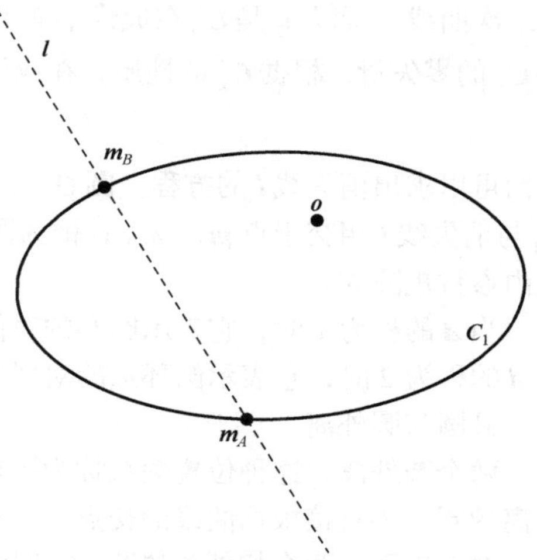


图 5.4.2　模板平面的成像

当求出圆心的投影 $\boldsymbol{o}$ 的坐标后，在成像平面上可以求出投影点 $\boldsymbol{m}_A$、$\boldsymbol{m}_B$ 关于点 $\boldsymbol{o}$ 在

曲线 $\boldsymbol{C}_1$ 上的对应点，记为 $\boldsymbol{m}_C$、$\boldsymbol{m}_D$（图 5.4.3），则点 $\boldsymbol{m}_A$、$\boldsymbol{m}_C$ 和 $\boldsymbol{m}_B$、$\boldsymbol{m}_D$ 所在直线是圆 $\boldsymbol{Q}_1$ 的两条直径的投影。故

$$\boldsymbol{v}_1 = (\boldsymbol{m}_A \times \boldsymbol{m}_B) \times (\boldsymbol{m}_D \times \boldsymbol{m}_C) \tag{5.4.11}$$

$$\boldsymbol{v}_2 = (\boldsymbol{m}_A \times \boldsymbol{m}_D) \times (\boldsymbol{m}_B \times \boldsymbol{m}_C) \tag{5.4.12}$$

为两个正交方向的消失点，可以求解出摄像机内参数矩阵 $\boldsymbol{K}$。

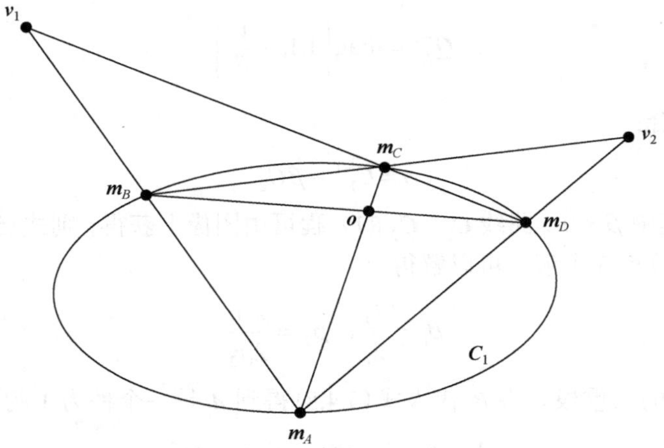


图 5.4.3 消失点求解原理

把 $\beta_2$ 代入式(5.4.8)，得到 $\boldsymbol{\Delta}_2$ 是一个秩为 2 的矩阵，即

$$\boldsymbol{\Delta}_2 = \boldsymbol{C}_1^{-1} - \beta_2 \boldsymbol{C}_2^{-1} \sim \boldsymbol{H}\mathrm{diag}(1,1,0)\boldsymbol{H}^{\mathrm{T}} \tag{5.4.13}$$

因为圆环点的对偶二次曲线 $\boldsymbol{C}_\infty^* = \boldsymbol{I}\boldsymbol{J}^{\mathrm{T}} + \boldsymbol{J}\boldsymbol{I}^{\mathrm{T}} = \mathrm{diag}(1,1,0)$ 是由两个圆环点构成的退化二次曲线，所以 $\boldsymbol{\Delta}_2$ 是 $\boldsymbol{C}_\infty^*$ 在成像平面上的投影曲线。在世界坐标系上，无穷远直线 $\boldsymbol{L}_\infty$ 是 $\boldsymbol{C}_\infty^*$ 的零矢量，根据 $\boldsymbol{C}_\infty^*$ 的性质，在成像平面上，$\boldsymbol{L}_\infty$ 的投影 $\boldsymbol{l}$ 是 $\boldsymbol{\Delta}_2$ 的零矢量，即

$$\boldsymbol{\Delta}_2 \boldsymbol{l} = 0 \tag{5.4.14}$$

从而可以求出消失线 $\boldsymbol{l}$ 的方程。圆 $\boldsymbol{Q}_1$ 与无穷远直线 $\boldsymbol{L}_\infty$ 相交于两个圆环点 $\boldsymbol{I}$、$\boldsymbol{J}$，故曲线 $\boldsymbol{C}_1$ 与消失线 $\boldsymbol{l}$ 相交于点 $\boldsymbol{m}_I$、$\boldsymbol{m}_J$，记为圆环点的像。得到圆环点的像后，便可求出摄像机内参数矩阵 $\boldsymbol{K}$。

当 $\boldsymbol{\Delta}$ 的秩为 1 时，它表示圆心的对偶二次曲线的像，是平面上过圆心的像的直线；当 $\boldsymbol{\Delta}$ 的秩为 2 时，它表示圆环点的对偶二次曲线的像。

3) 圆与圆外离

两个圆外离，这种位置关系称为平行圆，对于它的标定方法已有很多。对于两个相外离的圆，将直接根据曲线的交点，求出成像平面上两个圆环点的像。

对于平面上两个相外离的圆，它们没有实交点(图 5.4.4)。由于平面上所有圆都过圆环点，所以两个相离的圆有两个虚交点，即为圆环点 $\boldsymbol{I}$、$\boldsymbol{J}$。根据射影不变性，两圆的像 $\boldsymbol{C}_1$、$\boldsymbol{C}_2$ 在成像平面上也相交于两点，这两个点即为两圆环点的像 $\boldsymbol{m}_I$、$\boldsymbol{m}_J$（图 5.4.5）。当从图像上获取两圆的投影曲线方程后，便可求出两圆环点的像的坐标，从而完成标定。

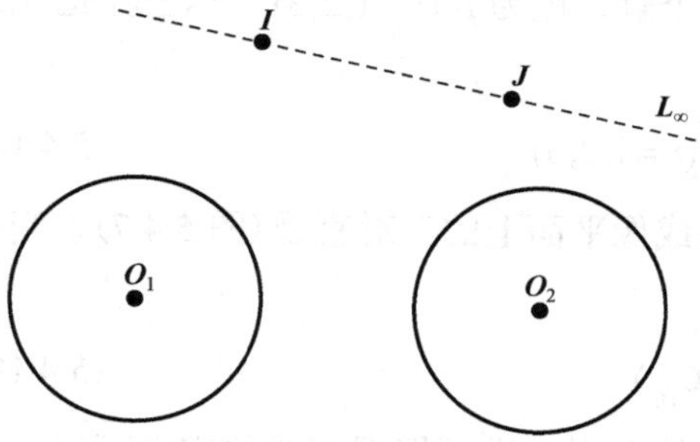


图 5.4.4　标定模板

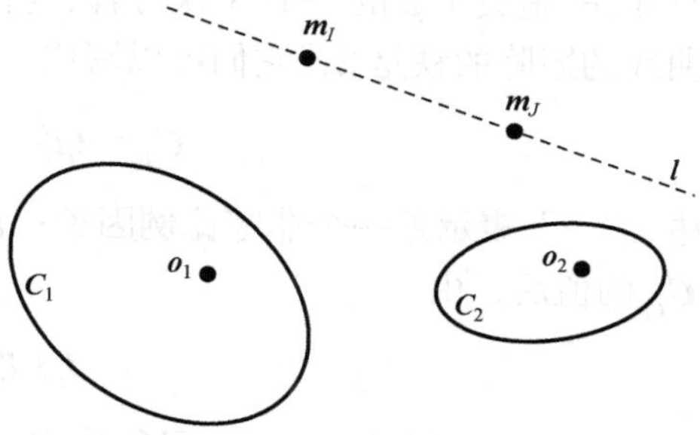


图 5.4.5　模板平面的成像

4) 圆与圆相交

欧氏平面上两个相交的圆，在射影平面上相交于四个点，有两个为圆环点 $\boldsymbol{I}$、$\boldsymbol{J}$ 。根据这一情形，求出这四个点的像在成像平面上组成的完全四点形。完全四点形的对应边的交点构成过这四点的二次曲线的自极三角形。根据完全四点形各边的交点求解出圆环点的像的坐标。

如果在世界坐标系的一个平面上存在两个相交的圆(图 5.4.6)，它们的两个交点记为 $\boldsymbol{A}$、$\boldsymbol{B}$ 。因为平面上任意的圆都过圆环点 $\boldsymbol{I}$、$\boldsymbol{J}$ ，所以两个相交圆有四个交点，分别为 $\boldsymbol{A}$、$\boldsymbol{B}$、$\boldsymbol{I}$、$\boldsymbol{J}$ 。

如图 5.4.7 所示，$\boldsymbol{m}_A$、$\boldsymbol{m}_B$ 分别为交点 $\boldsymbol{A}$、$\boldsymbol{B}$ 的像，$\boldsymbol{m}_I$、$\boldsymbol{m}_J$ 分别为两圆环点 $\boldsymbol{I}$、$\boldsymbol{J}$ 的像，$\boldsymbol{C}_1$、$\boldsymbol{C}_2$ 为两相交圆的投影曲线，它们在成像平面上仍是相交的，交点为 $\boldsymbol{m}_A$、$\boldsymbol{m}_B$。过四个像点 $\boldsymbol{m}_A$、$\boldsymbol{m}_B$、$\boldsymbol{m}_I$、$\boldsymbol{m}_J$ 的二次曲线 $\boldsymbol{C}$ ，可以写成 $\boldsymbol{C}_1$、$\boldsymbol{C}_2$ 的线性组合的形式：

$$\boldsymbol{C} = \boldsymbol{C}_1 + \mu \boldsymbol{C}_2 \quad (\mu \neq 0) \tag{5.4.15}$$

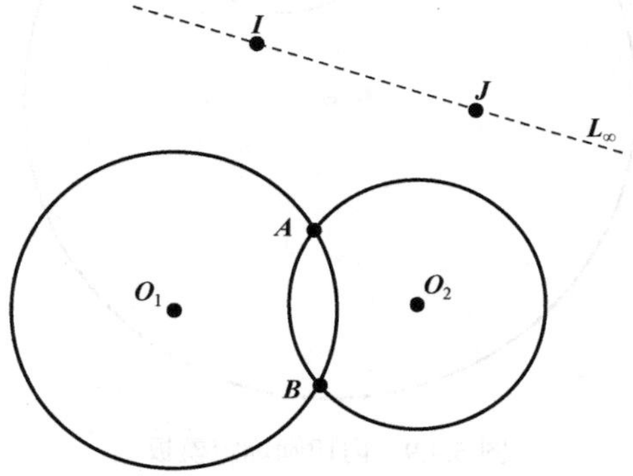


图 5.4.6　标定模板

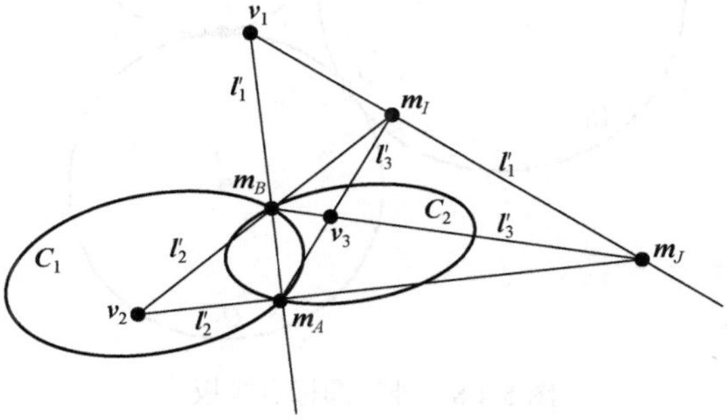


图 5.4.7　模板平面的成像

由 $\boldsymbol{m}_A$、$\boldsymbol{m}_B$、$\boldsymbol{m}_I$、$\boldsymbol{m}_J$ 四点可组成一个完全四点形，对应边的交点记为 $\boldsymbol{v}_1$、$\boldsymbol{v}_2$、$\boldsymbol{v}_3$ ，$\triangle \boldsymbol{v}_1\boldsymbol{v}_2\boldsymbol{v}_3$ 是关于 $\boldsymbol{C}$ 的一个自极三角形。由此可以看出，过这四点的曲线最多有三条是退化的，并且满足

$$\det(\boldsymbol{C}) = \det(\boldsymbol{C}_1 + \mu \boldsymbol{C}_2) = 0 \tag{5.4.16}$$

式(5.4.16)是关于$\mu$的一个 3 次方程，所以有三个解，记为$\mu_i(i=1,2,3)$。这三条退化二次曲线的矩阵的秩是 2，它们可以写成

$$\boldsymbol{C}_{\mu_i} \sim \boldsymbol{l}_i \boldsymbol{l}_i'^{\mathrm{T}} + \boldsymbol{l}_i' \boldsymbol{l}_i^{\mathrm{T}} \quad (i=1,2,3) \tag{5.4.17}$$

其中，“～”表示差一个非零比例因子；$\boldsymbol{l}_i$、$\boldsymbol{l}_i'$是成像平面上的三对直线(图 5.4.7)。当得到$\boldsymbol{C}_{\mu_i}$的值后，由

$$\boldsymbol{l}_i \times \boldsymbol{l}_i' \sim \mathrm{null}(\boldsymbol{C}_{\mu_i}) \tag{5.4.18}$$

其中，$\mathrm{null}(\boldsymbol{C}_{\mu_i})$表示$\boldsymbol{C}_{\mu_i}=0$，可得出直线$\boldsymbol{l}_i$和$\boldsymbol{l}_i'$的方程，进而根据直线的交点可以求得圆环点的像$\boldsymbol{m}_I$、$\boldsymbol{m}_J$，便可求解出摄像机内参数矩阵$\boldsymbol{K}$。

5) 圆与圆相切

采用三个相互外切的圆作为标定模板，需要先求出各圆的圆心的像的坐标，在检测出一个圆的切点的像的坐标后，计算出此切点的像关于该圆的圆心的像在此投影曲线上的对应点，然后根据交比不变性求出一条直径方向的消失点，最后分别计算出该切点的像以及它的对应点关于此投影曲线的切线，计算两切线的交点，此交点为另一个消失点。由此计算出的两个消失点为正交方向上的，获得三幅图像上的三对正交消失点便可实现摄像机内参数的线性求解。

平面上相切的圆有内切和外切两种情况。本节将采用三个相切的圆作为标定模板(图 5.4.8 和图 5.4.9)。不失一般性，在此将图 5.4.8 作为讨论的情形。

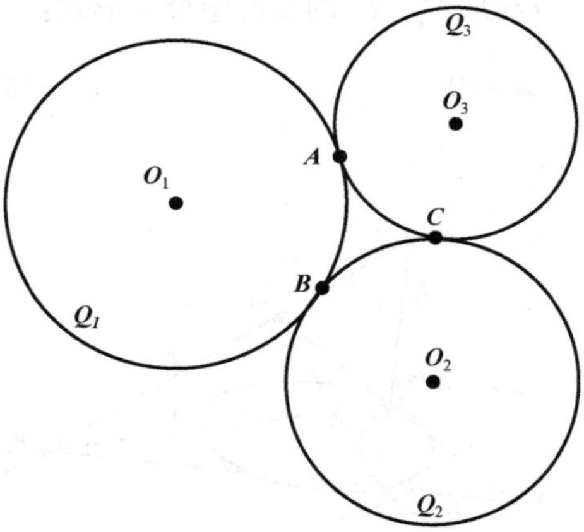


图 5.4.8 外切圆标定模板

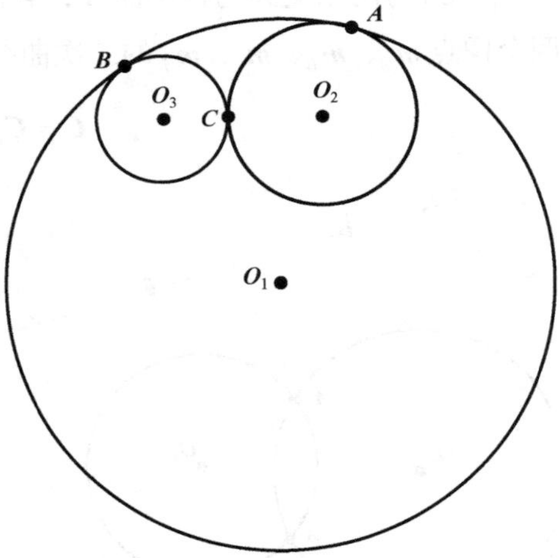


图 5.4.9 内切圆标定模板

圆$\boldsymbol{Q}_1$、$\boldsymbol{Q}_2$、$\boldsymbol{Q}_3$相互外切，它们有不同的圆心，其中点$\boldsymbol{A}$、$\boldsymbol{B}$、$\boldsymbol{C}$为切点。在世界坐标平面到成像平面的单应变换$\boldsymbol{H}$下，它们在成像平面上的像$\boldsymbol{C}_i(i=1,2,3)$满足

$$\boldsymbol{C}_i = \lambda_i \boldsymbol{H}^{-\mathrm{T}} \boldsymbol{Q}_i \boldsymbol{H}^{-1} \quad (i=1,2,3) \tag{5.4.19}$$

其中，$\lambda_i$为非零常数，假设圆$\boldsymbol{Q}_1$的圆心与世界坐标系的原点重合。由圆与圆内含的知识可知，成像平面上的一条曲线可以表示成三个圆的投影曲线的线性组合，即

$$\boldsymbol{\Delta}_j = \boldsymbol{C}_1^{-1} - \beta \boldsymbol{C}_j^{-1} \quad (j=2,3) \tag{5.4.20}$$

并且满足 $\beta \neq 0$ ， $\det \boldsymbol{\Delta}_j = 0$ 。这是一个关于 $\beta$ 的三次方程，它有三个根。通过方程

$$\det(\lambda_1^{-1}\boldsymbol{Q}_1^{-1} - \beta\lambda_j^{-1}\boldsymbol{Q}_j^{-1}) = 0 \tag{5.4.21}$$

联立式(5.4.2)可以解得

$$\beta_1 = \lambda_j / \lambda_1 \tag{5.4.22}$$

$$\beta_{2,3} = \frac{\lambda_j}{2\lambda_1 r_1^2}\left[(r_1^2 + r_j^2 - X_{0j}^2 - Y_{0j}^2) \pm \sqrt{(r_1^2 - r_j^2)^2 + (X_{0j}^2 + Y_{0j}^2) - 2(r_1^2 + r_j^2)(X_{0j}^2 + Y_{0j}^2)}\right] \tag{5.4.23}$$

其中， $(X_{0j}, Y_{0j})^{\mathrm{T}}$ 是圆 $\boldsymbol{Q}_j$ 的圆心坐标； $\beta_{2,3}$ 是上述方程的二重根。将 $\beta_1$ 代入式(5.4.21)得到一个秩为 1 的矩阵，它表示通过圆心的像的直线。再联立式(5.4.22)及式(5.4.20)可得

$$\boldsymbol{\Delta}_j = \boldsymbol{C}_1^{-1} - \beta_1 \boldsymbol{C}_j^{-1} = \lambda_1^{-1}(\boldsymbol{o}_j\boldsymbol{o}_j^{\mathrm{T}} - \boldsymbol{o}_1\boldsymbol{o}_1^{\mathrm{T}}) \tag{5.4.24}$$

其中， $\boldsymbol{o}_1$ 、 $\boldsymbol{o}_j$ 表示圆 $\boldsymbol{Q}_1$ 、 $\boldsymbol{Q}_j$ 的圆心的投影。过圆心的像的直线 $\boldsymbol{l}_{1j} = \boldsymbol{o}_1 \times \boldsymbol{o}_j$ 是 $\boldsymbol{\Delta}_j$ 的特征值 $\beta_1$ 对应的广义特征向量，所以圆 $\boldsymbol{Q}_1$ 的圆心的像的坐标 $\boldsymbol{o}_1 = \boldsymbol{l}_{12} \times \boldsymbol{l}_{13}$ 。同样地， $\boldsymbol{o}_2$、 $\boldsymbol{o}_3$ 的坐标也可以计算出来。

当计算出圆 $\boldsymbol{Q}_1$ 的圆心的像 $\boldsymbol{o}_1$ 的坐标，并检测出圆 $\boldsymbol{Q}_1$ 和 $\boldsymbol{Q}_3$ 的切点 $\boldsymbol{A}$ 的像的坐标 $\boldsymbol{m}_A$ 后，进而可以计算出 $\boldsymbol{m}_A$ 关于圆心的像 $\boldsymbol{o}_1$ 在曲线 $\boldsymbol{C}_1$ 上的对应点 $\boldsymbol{m}_D$（图 5.4.10）。故 $\boldsymbol{m}_A$、 $\boldsymbol{o}_1$、 $\boldsymbol{m}_D$ 所在直线是圆 $\boldsymbol{Q}_1$ 上一条直径的投影，由调和共轭和交比不变性可得

$$(\boldsymbol{m}_A\boldsymbol{m}_D, \boldsymbol{o}_1\boldsymbol{v}_1) = -1 \tag{5.4.25}$$

其中， $\boldsymbol{v}_1$ 是该直径方向上的一个消失点。计算 $\boldsymbol{m}_A$、 $\boldsymbol{m}_D$ 关于曲线 $\boldsymbol{C}_1$ 的切线 $\boldsymbol{l}_1$、 $\boldsymbol{l}_2$ ，则它们的交点 $\boldsymbol{v}_2$ 是直径两端点切线方向上的一个消失点，所以 $\boldsymbol{v}_1$、 $\boldsymbol{v}_2$ 是两个正交方向上的消失点。求得三幅图像上的消失点，便可以求得摄像机的内参数矩阵 $\boldsymbol{K}$ 。

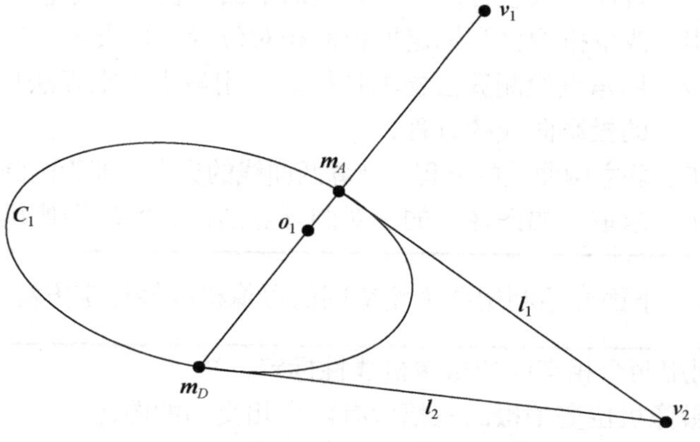


图 5.4.10　两个正交方向消失点的求解原理

2. 算法步骤

基于以上分析，下面介绍利用两个同心圆的摄像机线性标定方法。

---

**算法 5.6**　利用两个同心圆的摄像机线性标定方法

**输入：** 不同摄像机位姿拍摄的三幅含有两个同心圆的图像

**输出：** 摄像机内参数矩阵 $\boldsymbol{K}$

第一步，打印一张包含两个同心圆的平面模板，并把它贴到硬的平面上；

第二步，改变摄像机和标定模板的相对位置，拍摄至少三幅实验图像；

第三步，用角点检测算法检测特征点，用最小二乘算法拟合各图像上投影曲线的方程；

第四步，根据式(5.4.9)解出方程的两个解 $\beta_1$、$\beta_2$；

第五步，当把 $\beta_1$ 代入式(5.4.8)，得到 $\boldsymbol{\Delta}_1$ 的秩为 1 时，可以得到圆心的投影坐标，然后求出图像上已知点关于圆心的投影在该曲线上的对应点，最后根据式(5.4.11)和式(5.4.12)求出两个正交方向上的消失点。当把 $\beta_2$ 代入式(5.4.8)，得到 $\boldsymbol{\Delta}_2$ 是一个秩为 2 的矩阵时，根据式 (5.4.14)求出消失线的方程，再根据消失线与圆的投影曲线的交点求出两个圆环点的像的坐标；

第六步，根据第五步求出三幅图像上的正交方向上的消失点和圆环点的像的坐标，即可完成摄像机内参数的线性求解。

---

基于以上分析，下面介绍利用两个外离圆的摄像机线性标定方法。

---

**算法 5.7**　利用两个外离圆的摄像机线性标定方法

**输入：** 不同摄像机位姿拍摄的三幅含有两个外离圆的图像

**输出：** 摄像机内参数矩阵 $\boldsymbol{K}$

第一步，打印一张包含两个外离圆的平面模板，并把它贴到硬的平面上；

第二步，改变摄像机和标定模板的相对位置，拍摄至少三幅实验图像；

第三步，用角点检测算法检测特征点，用最小二乘算法拟合出图像上两圆的投影曲线的方程；

第四步，联立两曲线的方程，计算两曲线的交点，即为两圆环点的像的坐标；

第五步，求取三幅图像上的三对圆环点的像，实现摄像机的线性标定。

---

基于以上分析，下面介绍利用两个相交圆的摄像机线性标定方法。

---

**算法 5.8**　利用两个相交圆的摄像机线性标定方法

**输入：** 不同摄像机位姿拍摄的三幅含有两个相交圆的图像

**输出：** 摄像机内参数矩阵 $\boldsymbol{K}$

第一步，打印一张包含两个相交圆的平面模板，并把它贴到硬的平面上；

第二步，改变摄像机和标定模板的相对位置，拍摄至少三幅实验图像；

第三步，用角点检测算法检测特征点，获取两个实交点的坐标，用最小二乘算法拟合图像平面上投影曲线的方程；
第四步，根据式(5.4.18)求出完全四点形各边的方程，然后求出对应边的交点，获得两个圆环点的像的坐标；
第五步，获取各幅图像上圆环点的像的坐标，完成摄像机内参数的线性求解。

基于以上分析，下面介绍利用三个相切圆的摄像机线性标定方法。

**算法 5.9**　利用三个相切圆的摄像机线性标定方法
**输入：** 不同摄像机位姿拍摄的三幅含有三个相切圆的图像
**输出：** 摄像机内参数矩阵 $\boldsymbol{K}$
第一步，打印一张包含三个相切圆的平面模板，并把它贴到硬的平面上；
第二步，改变摄像机和标定模板的相对位置，拍摄至少三幅实验图像；
第三步，计算圆心的像的坐标，检测出一个圆上的切点的像的坐标，计算该切点的像关于圆心的像在该投影曲线上的对应点坐标，根据交比不变和调和共轭计算一个消失点，计算成像平面上关于切点的像及对应点的切线方程，它们的交点为另一个消失点；
第四步，计算三幅图像上的三对消失点，可以线性求解摄像机的内参数。

## 5.5　利用三个共面圆的投影性质标定摄像机内参数

圆是生活中最为常见的二次曲线，它存在于生活的每个角落，如汽车的轮胎、瓶盖、交通警示牌等，以它作为模板来进行摄像机标定就会显得十分方便。

在针孔摄像机模型下，首先，摄像机拍摄平面上三个共面圆，以此作为标定模板得到几何信息，通过提取像上点的坐标，可以拟合得到三个共面圆的图像，由此得到圆的投影矩阵的对偶形式，根据矩阵及矩阵特征值与特征向量的知识，圆心的像可以由三个共面圆的投影方程得出，在求出圆心的像之后，根据圆心的像与消失线是极点极线的关系得到消失线。然后，由于圆与无穷远直线相交于两个圆环点，因此，根据射影不变性即可求出圆环点的像。根据无穷远点关于圆的极线性质可获得一组正交消失点。最后，根据圆环点的像、正交消失点与绝对二次曲线像的约束关系求出摄像机的内参数。

1. 摄像机模型

针孔摄像机的内参数矩阵为

$$\boldsymbol{K}=\begin{pmatrix} f_x & s & u_0 \\ 0 & f_y & v_0 \\ 0 & 0 & 1 \end{pmatrix} \tag{5.5.1}$$

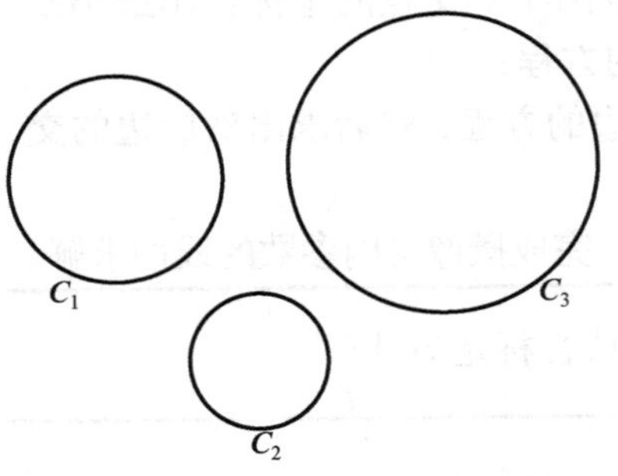


图 5.5.1　三个共面圆的标定模板

其中，$(x_0, y_0, 1)^T$ 为主点的齐次坐标；$s$ 为倾斜因子；$f_x, f_y$ 称为图像平面 $u$ 轴和 $v$ 轴上的焦距。如图 5.5.1 所示，空间平面上的三个圆分别标记为 $\boldsymbol{C}_1$、$\boldsymbol{C}_2$、$\boldsymbol{C}_3$。

2. 建立三个共面圆的投影模型

1) 估计三个共面圆圆心的像

设有三个圆 $\boldsymbol{C}_1$、$\boldsymbol{C}_2$、$\boldsymbol{C}_3$ 在同一个平面上，如图 5.5.2 所示。以圆 $\boldsymbol{C}_1$ 的圆心为世界坐标系的原点建立世界坐标系 $\boldsymbol{O}_w\text{-}X_wY_wZ_w$，三个圆 $\boldsymbol{C}_1$、$\boldsymbol{C}_2$、$\boldsymbol{C}_3$ 所在的平面为世界坐标系的 $X_w\boldsymbol{O}_wY_w$ 平面。以空间中一点 $\boldsymbol{O}_c$ 为原点建立摄像机坐标系 $\boldsymbol{O}_c\text{-}X_cY_cZ_c$，且三个圆 $\boldsymbol{C}_1$、$\boldsymbol{C}_2$、$\boldsymbol{C}_3$ 的像分别为 $c_1$、$c_2$、$c_3$。

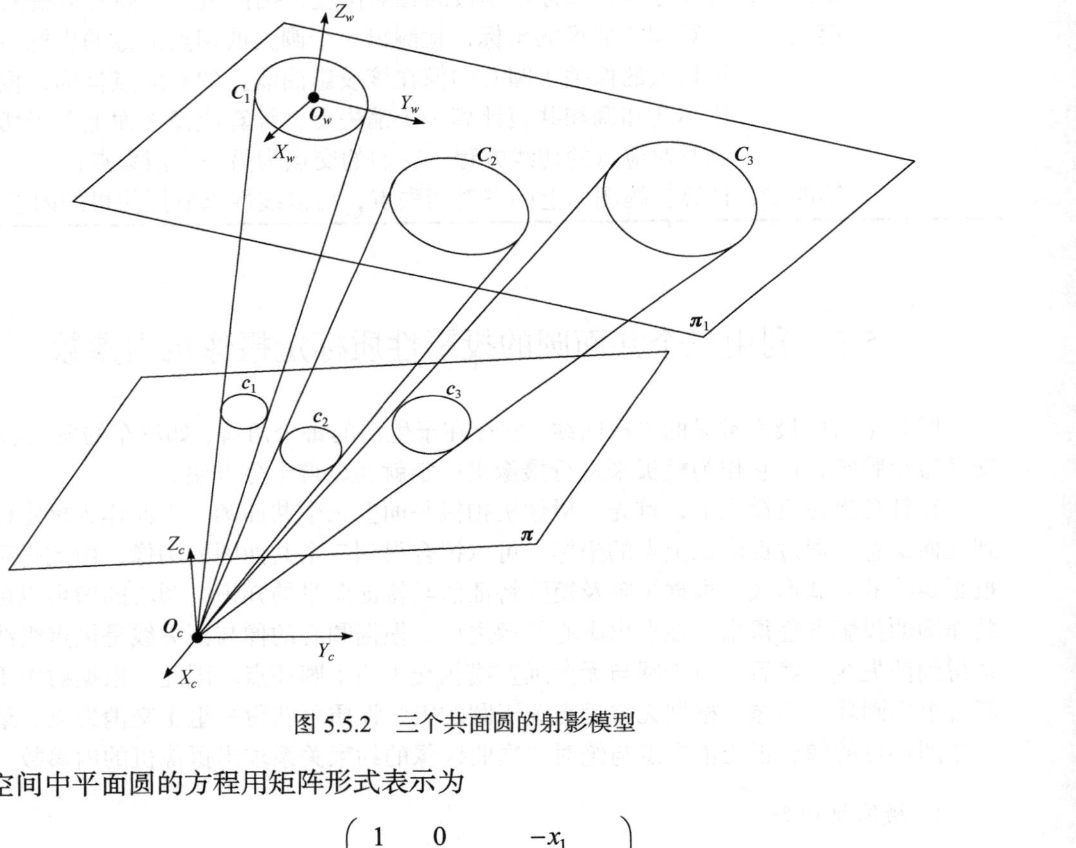


图 5.5.2　三个共面圆的射影模型

空间中平面圆的方程用矩阵形式表示为

$$\boldsymbol{C} = \begin{pmatrix} 1 & 0 & -x_1 \\ 0 & 1 & -y_1 \\ -x_1 & -y_1 & x_1^2 + y_1^2 - r^2 \end{pmatrix} \tag{5.5.2}$$

其中，$(x_1, y_1, 1)^T$ 表示圆心坐标；$r$ 表示圆 $\boldsymbol{C}$ 的半径。空间平面上圆的矩阵形式是已知的，该矩阵显然是一个可逆矩阵，那么圆 $\boldsymbol{C}$ 的对偶 $\boldsymbol{C}^*$ 表示为

$$C^* = \frac{1}{r^2}\begin{pmatrix} r^2 - x_1^2 & -x_1y_1 & -x_1 \\ -x_1y_1 & r^2 - y_1^2 & -y_1 \\ -x_1 & -y_1 & -1 \end{pmatrix} \tag{5.5.3}$$

$C^*$ 的像 $c^*$ 和 $C^*$ 之间满足

$$\gamma c^* = HC^*H^{\mathrm{T}} \tag{5.5.4}$$

其中，$\gamma = 1/\beta$ 是一个非零比例因子；$H$ 为单应矩阵。将式(5.5.3)代入式(5.5.4)中，得到

$$\begin{aligned} \gamma c^* &= HC^*H^{\mathrm{T}} \\ &= H\left(\frac{1}{r^2}\begin{pmatrix} r^2 - x_1^2 & -x_1y_1 & -x_1 \\ -x_1y_1 & r^2 - y_1^2 & -y_1 \\ -x_1 & -y_1 & -1 \end{pmatrix}\right)H^{\mathrm{T}} \\ &= H\left(\frac{1}{r^2}\begin{pmatrix} r^2 & 0 & 0 \\ 0 & r^2 & 0 \\ 0 & 0 & 0 \end{pmatrix} - \frac{1}{r^2}\begin{pmatrix} x_1^2 & x_1y_1 & x_1 \\ x_1y_1 & y_1^2 & y_1 \\ x_1 & y_1 & 1 \end{pmatrix}\right)H^{\mathrm{T}} \\ &= H\left(\begin{pmatrix} 1 & 0 & 0 \\ 0 & 1 & 0 \\ 0 & 0 & 0 \end{pmatrix} - \frac{1}{r^2}(x_1, y_1, 1)^{\mathrm{T}}(x_1, y_1, 1)\right)H^{\mathrm{T}} \\ &= c_\infty^* - \frac{1}{r^2}H(x_1, y_1, 1)^{\mathrm{T}}(x_1, y_1, 1)H^{\mathrm{T}} \\ &= c_\infty^* - oo^{\mathrm{T}} \end{aligned} \tag{5.5.5}$$

其中，$c_\infty^*$ 表示圆环点的对偶，其满足

$$c_\infty^* = H\begin{pmatrix} 1 & 0 & 0 \\ 0 & 1 & 0 \\ 0 & 0 & 0 \end{pmatrix}H^{\mathrm{T}} \tag{5.5.6}$$

同样地，$o$ 表示圆心的像，其满足

$$o = \frac{1}{r}H(x_1, y_1, 1)^{\mathrm{T}} \tag{5.5.7}$$

其中，$1/r$ 是一个比例因子。由式(5.5.5)可以知道对于三个共面圆 $C_1$、$C_2$、$C_3$ 对应的像 $c_1$、$c_2$、$c_3$ 有下列关系成立：

$$\gamma_1 c_1^* = c_\infty^* - o_1 o_1^{\mathrm{T}} \tag{5.5.8}$$

$$\gamma_2 c_2^* = c_\infty^* - o_2 o_2^{\mathrm{T}} \tag{5.5.9}$$

$$\gamma_3 c_3^* = c_\infty^* - o_3 o_3^{\mathrm{T}} \tag{5.5.10}$$

其中，$\gamma_1$、$\gamma_2$、$\gamma_3$是非零比例因子；$\boldsymbol{o}_1$、$\boldsymbol{o}_2$、$\boldsymbol{o}_3$表示圆$\boldsymbol{C}_1$、$\boldsymbol{C}_2$、$\boldsymbol{C}_3$的圆心的像。若已知三个共面圆的圆像方程，则可分别获取圆心的像$\boldsymbol{o}_1$、$\boldsymbol{o}_2$、$\boldsymbol{o}_3$。具体获取过程如下，先取圆像$\boldsymbol{c}_1$、$\boldsymbol{c}_2$、$\boldsymbol{c}_3$的对偶$\boldsymbol{c}_1^*$、$\boldsymbol{c}_2^*$、$\boldsymbol{c}_3^*$，则它们满足式(5.5.8)～式(5.5.10)。令

$$\boldsymbol{c}_{ij} = \gamma_i \boldsymbol{c}_i^* - \gamma_j \boldsymbol{c}_j^* = \boldsymbol{o}_j \boldsymbol{o}_j^{\mathrm{T}} - \boldsymbol{o}_i \boldsymbol{o}_i^{\mathrm{T}} \tag{5.5.11}$$

其中，$i, j = 1,2,3\ (i \neq j)$ $\boldsymbol{c}_{ij}$的秩至多为 2。可以将式(5.5.11)除以非零比例因子$\gamma_i$，那么$\gamma_j/\gamma_i$就可以看作$(\boldsymbol{c}_i^*,\boldsymbol{c}_j^*)$的广义特征值。而$(\boldsymbol{c}_i^*,\boldsymbol{c}_j^*)$的广义特征值有三个。固定$\gamma_1 = 1$，从$(\boldsymbol{c}_1^*,\boldsymbol{c}_2^*)$的三个广义特征值中选取一个作为$\gamma_2$，从$(\boldsymbol{c}_1^*,\boldsymbol{c}_3^*)$的三个广义特征值中选取一个作为$\gamma_3$，而$\gamma_2$、$\gamma_3$的选取需要满足$\gamma_3/\gamma_2$是$(\boldsymbol{c}_2^*,\boldsymbol{c}_3^*)$的某个广义特征值，由此，$\gamma_1$、$\gamma_2$、$\gamma_3$就可以确定了。由 Like-SVD 分解，可以将对称矩阵$\boldsymbol{c}_{ij}$分解为

$$\boldsymbol{c}_{ij} = \boldsymbol{U}_{ij} \boldsymbol{\Lambda}_{ij} \boldsymbol{U}_{ij}^{\mathrm{T}} \tag{5.5.12}$$

其中，$\boldsymbol{\Lambda}_{ij}$是一个对角矩阵，且满足

$$\boldsymbol{\Lambda}_{ij} = \mathrm{diag}(\lambda_1, \lambda_2, 0) \tag{5.5.13}$$

其中，$\lambda_1$、$\lambda_2$是矩阵$\boldsymbol{c}_{ij}$的两个特征值；$\boldsymbol{U}_{ij}$是一个正交矩阵。联立式(5.5.11)～式(5.5.13)可得

$$\mathrm{diag}(\lambda_1, \lambda_2, 0) = \boldsymbol{U}_{ij}^{\mathrm{T}} (\boldsymbol{o}_j \boldsymbol{o}_j^{\mathrm{T}} - \boldsymbol{o}_i \boldsymbol{o}_i^{\mathrm{T}}) \boldsymbol{U}_{ij} \tag{5.5.14}$$

令$\boldsymbol{b}_j = \boldsymbol{U}_{ij}^{\mathrm{T}} \boldsymbol{o}_j$、$\boldsymbol{b}_i = \boldsymbol{U}_{ij}^{\mathrm{T}} \boldsymbol{o}_i$，则

$$\mathrm{diag}(\lambda_1, \lambda_2, 0) = \boldsymbol{b}_j \boldsymbol{b}_j^{\mathrm{T}} - \boldsymbol{b}_i \boldsymbol{b}_i^{\mathrm{T}} \tag{5.5.15}$$

因为在式(5.5.15)中，$\boldsymbol{b}_i \neq \boldsymbol{b}_j$，所以$\lambda_1$、$\lambda_2 \neq 0$。又因为$\boldsymbol{o}_i = \boldsymbol{U}_{ij} \boldsymbol{b}_i$，这里如果令$\boldsymbol{b}_i = (\tau_1, \tau_2, 0)^{\mathrm{T}}$，其中$\tau_1$、$\tau_2$是向量$\boldsymbol{b}_i$中的两个元素，则$\boldsymbol{o}_i$是对称矩阵$\boldsymbol{c}_{ij}$特征向量的线性组合。

综上所述，在圆像$\boldsymbol{c}_1$、$\boldsymbol{c}_2$、$\boldsymbol{c}_3$已知的情况下，由式(5.5.11)可得$\boldsymbol{c}_{12}$、$\boldsymbol{c}_{13}$。$\boldsymbol{C}_1$圆心的像$\boldsymbol{o}_1$与$\boldsymbol{c}_{12}$、$\boldsymbol{c}_{13}$的特征向量满足如下关系：

$$\begin{cases} \boldsymbol{o}_1 = \kappa_1 \boldsymbol{u}_1 + \kappa_2 \boldsymbol{u}_2 \\ \boldsymbol{o}_1 = \sigma_1 \boldsymbol{v}_1 + \sigma_2 \boldsymbol{v}_2 \end{cases} \tag{5.5.16}$$

其中，$\kappa_1$、$\kappa_2$、$\sigma_1$、$\sigma_2$为非零常数；$\boldsymbol{u}_1$、$\boldsymbol{u}_2$为$\boldsymbol{c}_{12}$的非零特征向量；$\boldsymbol{v}_1$、$\boldsymbol{v}_2$为$\boldsymbol{c}_{13}$的非零特征向量。解方程组(5.5.16)就可以求解出$\boldsymbol{C}_1$圆心的像$\boldsymbol{o}_1$，同理，可以求得$\boldsymbol{C}_1$、$\boldsymbol{C}_2$圆心的像$\boldsymbol{o}_2$、$\boldsymbol{o}_3$。

2)恢复圆环点和正交消失点

(1)恢复圆环点。

由上面的部分已经获得了平面圆$\boldsymbol{C}_i\,(i=1,2,3)$的圆心的像$\boldsymbol{o}_i\,(i=1,2,3)$，根据极点极线关系就可以求出圆心的像$\boldsymbol{o}_i$关于圆像$\boldsymbol{c}_i\,(i=1,2,3)$的极线，且这条直线也是圆像$\boldsymbol{c}_i$所在平

面的消失线，记为 $\boldsymbol{l}_\infty$，其满足如下关系式：

$$\boldsymbol{l}_\infty = \boldsymbol{o}_i^{\mathrm{T}} \boldsymbol{c}_i \tag{5.5.17}$$

消失线 $\boldsymbol{l}_\infty$ 与圆像 $\boldsymbol{c}_i$ 相交于两个圆环点的像 $\boldsymbol{m}_I, \boldsymbol{m}_J$，则它们满足

$$\begin{cases} \boldsymbol{l}_\infty \boldsymbol{m}_I = 0 \\ \boldsymbol{m}_I^{\mathrm{T}} \boldsymbol{c}_i \boldsymbol{m}_I = 0 \end{cases}, \quad \begin{cases} \boldsymbol{l}_\infty \boldsymbol{m}_J = 0 \\ \boldsymbol{m}_J^{\mathrm{T}} \boldsymbol{c}_i \boldsymbol{m}_J = 0 \end{cases} \quad (i = 1,2,3) \tag{5.5.18}$$

理论上，三组约束条件会获得相同的解，但是由于真实场景中存在误差，得到的三组解也会稍有偏差，因此为了使实验更加准确，可以取三组方程得到的解的平均值。

(2)恢复正交消失点。

如图 5.5.3 所示，设点 $\boldsymbol{M}_{1\infty}$ 是圆 $\boldsymbol{C}$ 所在平面的一个无穷远点，则无穷远点 $\boldsymbol{M}_{1\infty}$ 关于圆 $\boldsymbol{C}$ 的极线 $\boldsymbol{L}$ 是圆 $\boldsymbol{C}$ 的一条直径。记直线 $\boldsymbol{L}$ 所在方向上的无穷远点为 $\boldsymbol{M}_{2\infty}$。直线 $\boldsymbol{L}$ 与圆 $\boldsymbol{C}$ 相交于 $\boldsymbol{M}_1$、$\boldsymbol{M}_2$ 两点，过点 $\boldsymbol{M}_1$、$\boldsymbol{M}_2$ 的切线分别为 $\boldsymbol{L}_1$、$\boldsymbol{L}_2$，根据圆切线的性质可知 $\boldsymbol{L}_1 // \boldsymbol{L}_2$，且有 $\boldsymbol{L}_1 \perp \boldsymbol{L}$、$\boldsymbol{L}_2 \perp \boldsymbol{L}$。因为 $\boldsymbol{M}_1$、$\boldsymbol{M}_2$ 是 $\boldsymbol{M}_{1\infty}$ 关于圆 $\boldsymbol{C}$ 的极线 $\boldsymbol{L}$ 上的点，所以 $\boldsymbol{M}_1$、$\boldsymbol{M}_2$ 关于圆 $\boldsymbol{C}$ 的极线都经过 $\boldsymbol{M}_{1\infty}$，而 $\boldsymbol{M}_1$、$\boldsymbol{M}_2$ 关于圆 $\boldsymbol{C}$ 的极线即为 $\boldsymbol{L}_1$、$\boldsymbol{L}_2$，故 $\boldsymbol{L}_1$、$\boldsymbol{L}_2$ 相交于点 $\boldsymbol{M}_{1\infty}$。由此可知 $\boldsymbol{M}_{1\infty}$ 与 $\boldsymbol{M}_{2\infty}$ 是一组正交方向上的无穷远点。

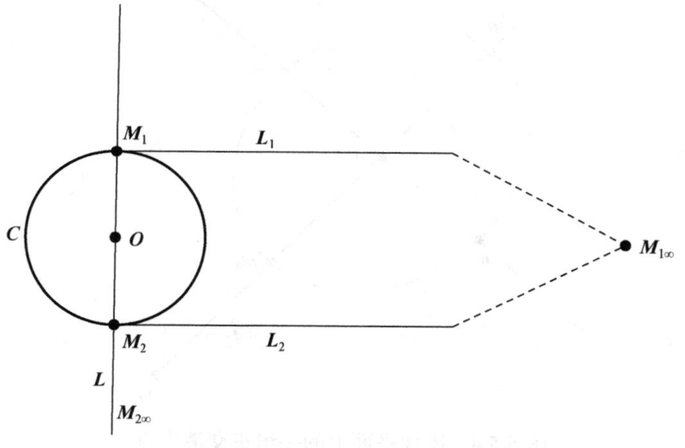


图 5.5.3　平面圆正交方向上的无穷远点

综上可恢复图像平面上的一组正交消失点。如图 5.5.4 所示，在圆像 $\boldsymbol{c}$ 上任取一点记为 $\boldsymbol{m}_1$，过点 $\boldsymbol{m}_1$ 与圆心的像 $\boldsymbol{o}$ 得直线：

$$\boldsymbol{l}_1 = \boldsymbol{m}_1 \times \boldsymbol{o} \tag{5.5.19}$$

联立直线 $\boldsymbol{l}_1$ 和圆像 $\boldsymbol{c}$ 的方程：

$$\begin{cases} \boldsymbol{l}_1 \boldsymbol{x} = 0 \\ \boldsymbol{x}^{\mathrm{T}} \boldsymbol{c} \boldsymbol{x} = 0 \end{cases} \tag{5.5.20}$$

其中，$\boldsymbol{x}$ 是直线与圆交点的平面齐次坐标。可以解出直线 $\boldsymbol{l}_1$ 和圆像 $\boldsymbol{c}$ 另一个交点 $\boldsymbol{m}_2$ 的坐标。根据射影变换交比不变性可知点 $\boldsymbol{m}_1$、$\boldsymbol{m}_2$ 以及圆心的像 $\boldsymbol{o}$ 和消失点 $\boldsymbol{m}_{1\infty}$ 满足条件：

$$(\boldsymbol{m}_1\boldsymbol{m}_2, \boldsymbol{o}\boldsymbol{m}_{1\infty}) = -1 \tag{5.5.21}$$

由式(5.5.21)就可以获取消失点 $\boldsymbol{m}_{1\infty}$ 的坐标。再根据极点极线关系，可以求出消失点 $\boldsymbol{m}_{1\infty}$ 关于圆像 $\boldsymbol{c}$ 的极线 $\boldsymbol{l}_2$ 为

$$\boldsymbol{l}_2 = \boldsymbol{m}_{1\infty}^{\mathrm{T}}\boldsymbol{c} \tag{5.5.22}$$

之后联立直线 $\boldsymbol{l}_2$ 和圆像 $\boldsymbol{c}$ 的方程：

$$\begin{cases} \boldsymbol{l}_2\boldsymbol{x} = 0 \\ \boldsymbol{x}^{\mathrm{T}}\boldsymbol{c}\boldsymbol{x} = 0 \end{cases} \tag{5.5.23}$$

可以解出直线 $\boldsymbol{l}_2$ 和圆像 $\boldsymbol{c}$ 的两个交点 $\boldsymbol{m}_3$ 和 $\boldsymbol{m}_4$ 的坐标，同样根据射影变换交比不变性可知点 $\boldsymbol{m}_3$、$\boldsymbol{m}_4$ 以及圆心的像 $\boldsymbol{o}$ 和消失点 $\boldsymbol{m}_{2\infty}$ 满足条件：

$$(\boldsymbol{m}_3\boldsymbol{m}_4, \boldsymbol{o}\boldsymbol{m}_{2\infty}) = -1 \tag{5.5.24}$$

由式(5.5.24)就可以获取消失点 $\boldsymbol{m}_{2\infty}$ 的坐标。这里，$\boldsymbol{m}_{1\infty}$、$\boldsymbol{m}_{2\infty}$ 即为图像上所恢复出的正交消失点。

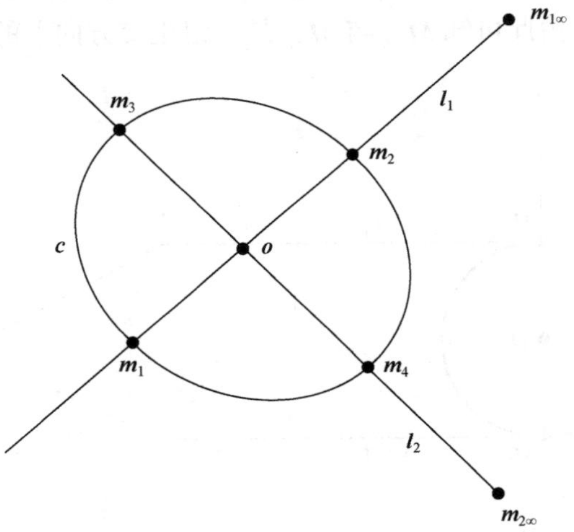


图 5.5.4　图像平面上的一组正交消失点

3. 标定算法

一组圆环点的像可以对绝对二次曲线的像提供两个约束，至少需要三组圆环点的像才可以求解出摄像机内参数，而一幅图像上只有一组圆环点的像，所以至少需要提供三幅三个共面圆的图像。一组正交消失点对绝对二次曲线的像只提供一个约束，至少需要五组正交消失点才可以求解出摄像机内参数，而一幅图像上可以提供两组正交消失点，所以至少需要提供三幅三个共面圆的图像。若提供了三幅以上的图像可以用最小二乘法求最优解。因此三幅或者三幅以上的三个共面圆的图像就可以获得摄像机内参数。

下面将给出相对应的标定算法。

**算法 5.10**　利用圆环点的像进行摄像机标定

**输入：** 拍摄至少三幅不同位置的三个共面圆图像

**输出：** 摄像机内参数矩阵 $\boldsymbol{K}$

第一步，输入三幅共面圆的图像，提取圆像的像素坐标，利用最小二乘法获取圆像方程；

第二步，根据“建立三个共面圆的投影模型”部分 1) 的内容，获取圆心的像 $\boldsymbol{o}_i(i=1,2,3)$；

第三步，根据式 (5.5.18) 获得圆环点的像，并取其平均值；

第四步，由圆环点的像计算绝对二次曲线的像 $\boldsymbol{\omega}$；

第五步，对 $\boldsymbol{\omega}$ 进行 Cholesky 分解再求逆，输出摄像机内参数矩阵 $\boldsymbol{K}$ 。

**算法 5.11**　利用正交消失点进行摄像机标定

**输入：** 拍摄至少三幅不同位置的三个共面圆图像

**输出：** 摄像机内参数矩阵 $\boldsymbol{K}$

第一步，输入三幅共面圆的图像，提取圆像的像素坐标，利用最小二乘法估计圆像方程；

第二步，根据“建立三个共面圆的投影模型”部分 1) 的内容，获取圆心的像 $\boldsymbol{o}_i(i=1,2,3)$；

第三步，根据式 (5.5.21) 和式 (5.5.24) 获取两组正交消失点；

第四步，由正交消失点计算绝对二次曲线的像 $\boldsymbol{\omega}$；

第五步，对 $\boldsymbol{\omega}$ 进行 Cholesky 分解再求逆，输出 $\boldsymbol{K}$ 。

也有不少学者已经提出如何利用圆来标定摄像机，其中就有利用同心圆和分离圆的性质，恢复消失线和圆环点，找到绝对二次曲线像的约束。本节提出了一种全新的标定模板，相比于已有的利用圆来标定摄像机的模板，它的优势在于：在针孔摄像机模型下，不需要知道三个圆的相对位置关系，就可以恢复图像上的欧氏结构。

## 5.6　利用共面圆的公共极点极线和公切线的性质标定摄像机内参数

5.6-视频

5.5 节介绍了不需要知道圆的位置关系就可以利用三个圆进行摄像机标定，本节介绍如何利用共面圆的公共极点极线和公切线的性质对摄像机进行标定。

在针孔摄像机模型下，摄像机拍摄平面上的三个共面圆，通过提取像上点的坐标，可以拟合得到三个共面圆的图像，通过分析不同位置下圆公共极点极线和公切线的性质，恢复图像上的消失线以及圆环点来标定摄像机内参数。

### 1. 摄像机模型

针孔摄像机的内参数矩阵为

$$K=\begin{pmatrix} f_x & s & u_0 \\ 0 & f_y & v_0 \\ 0 & 0 & 1 \end{pmatrix} \tag{5.6.1}$$

其中，$(x_0, y_0, 1)^{\mathrm{T}}$ 为主点的齐次坐标；$s$ 为倾斜因子；$f_x$、$f_y$ 称为在图像平面 $u$ 轴和 $v$ 轴方向上的尺度因子。如图 5.6.1 所示，空间平面上的三个圆分别标记为 $\boldsymbol{C}_1$、$\boldsymbol{C}_2$、$\boldsymbol{C}_3$。

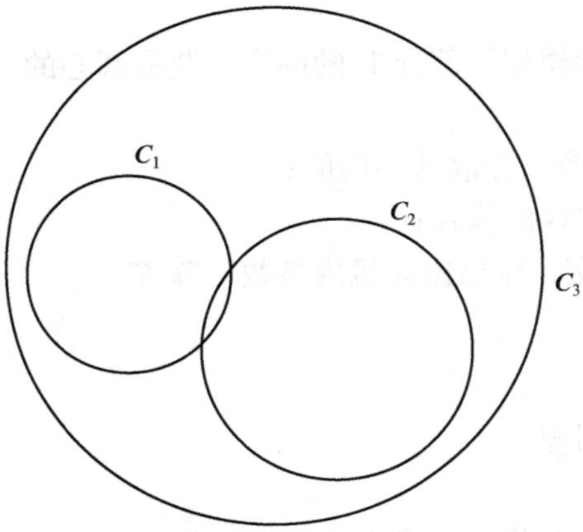

图 5.6.1　三个共面圆的标定模板

2. 建立圆的投影模型

摄像机的基本成像模型称为针孔模型或线性模型，通过三维空间到二维图像平面的中心投影变换所给出。如图 5.6.2 所示，以投影中心 $\boldsymbol{O}_c$ 为摄像机坐标系的原点，$Z_c$ 轴为光轴，其垂直于图像平面 $\boldsymbol{\pi}$，与图像平面 $u$ 轴和 $v$ 轴平行的分别为 $X_c$ 轴和 $Y_c$ 轴，建立摄像机坐标系 $\boldsymbol{O}_c\text{-}X_cY_cZ_c$。摄像机坐标系 $\boldsymbol{O}_c\text{-}X_cY_cZ_c$ 与以空间任一点为原点建立的世界坐标系 $\boldsymbol{O}_w\text{-}X_wY_wZ_w$ 之间相差一个旋转矩阵 $\boldsymbol{R}$ 和平移向量 $\boldsymbol{T}$。令圆上一点 $\boldsymbol{X}$ 在世界坐标系 $\boldsymbol{O}_w\text{-}X_wY_wZ_w$ 中的齐次坐标为 $(x, y, z, 1)^{\mathrm{T}}$，在图像平面 $\boldsymbol{\pi}$ 上的投影 $\boldsymbol{x}$ 的齐次坐标为 $(u, v, 1)^{\mathrm{T}}$。圆上一点 $\boldsymbol{X}$ 和像点 $\boldsymbol{x}$ 之间的关系简要表示为

$$\mu \boldsymbol{x} = \boldsymbol{K}(\boldsymbol{r}_1, \boldsymbol{r}_2, \boldsymbol{T})\boldsymbol{X} = \boldsymbol{H}\boldsymbol{X} \tag{5.6.2}$$

其中，$\mu$ 为一个非零比例因子；$\boldsymbol{H}$ 是射影矩阵；$\boldsymbol{K}$ 是摄像机内参数矩阵；$\boldsymbol{R}$ 和 $\boldsymbol{T}$ 分别为坐标系 $\boldsymbol{O}_c\text{-}X_cY_cZ_c$ 与坐标系 $\boldsymbol{O}_w\text{-}X_wY_wZ_w$ 之间的旋转矩阵和平移向量。

在世界坐标系下，设圆的半径为 $r$，圆心坐标为 $(x_1, y_1)^{\mathrm{T}}$，则圆 $\boldsymbol{C}$ 表示为

$$\boldsymbol{X}^{\mathrm{T}}\boldsymbol{C}\boldsymbol{X} = 0 \tag{5.6.3}$$

其中

$$\boldsymbol{C}=\begin{pmatrix} 1 & & -x_1 \\ & 1 & -y_1 \\ -x_1 & -y_1 & x_1^2 + y_1^2 - r^2 \end{pmatrix} \tag{5.6.4}$$

在图像平面 $\boldsymbol{\pi}$ 中，圆的投影 $\boldsymbol{c}$ 为二次曲线，满足

$$\begin{cases} \boldsymbol{x}^{\mathrm{T}}\boldsymbol{c}\boldsymbol{x} = 0 \\ \alpha_c \boldsymbol{c} = \boldsymbol{H}^{-\mathrm{T}}\boldsymbol{C}\boldsymbol{H}^{-1} \end{cases} \tag{5.6.5}$$

其中，$\alpha_c$ 为一个非零比例因子。

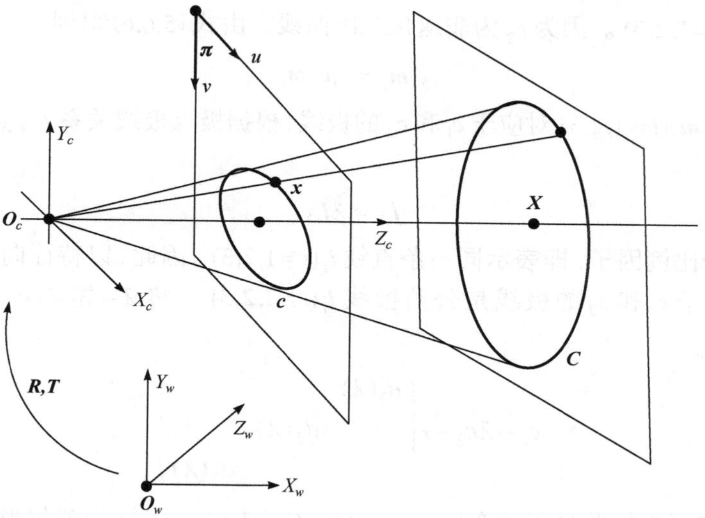


图 5.6.2　圆在针孔模型下的投影

1) 二次曲线的公共自极三角形

本节主要讨论任意两个二次曲线之间的公共自极三角形的存在性，如图 5.6.3 所示。

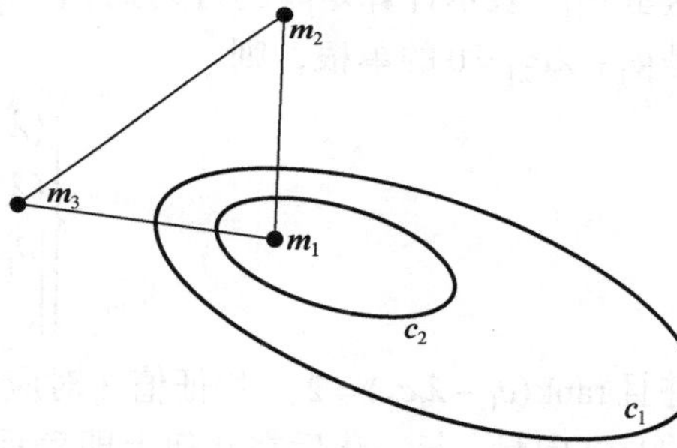


图 5.6.3　两个二次曲线之间的公共自极三角形

**命题 5.6.1**　已知 $\boldsymbol{c}_1$ 和 $\boldsymbol{c}_2$ 为任意的两个非退化的二次曲线，$\boldsymbol{m}_i\ (i=1,2,3)$ 为 $\boldsymbol{c}_2^{-1}\boldsymbol{c}_1$ 的特征值 $\lambda_i(i=1,2,3)$ 对应的特征向量，那么以 $\boldsymbol{m}_i$ 作为极点对应 $\boldsymbol{c}_1$ 和 $\boldsymbol{c}_2$ 公共的极线为 $\boldsymbol{l}_i(i=1,2,3)$。若 $\boldsymbol{c}_2^{-1}\boldsymbol{c}_1$ 的特征值 $\lambda_i(i=1,2,3)$ 互不相同，那么 $\boldsymbol{c}_1$ 和 $\boldsymbol{c}_2$ 有唯一的公共自极三角形；若 $\boldsymbol{c}_2^{-1}\boldsymbol{c}_1$ 存在相同的特征值，则 $\boldsymbol{c}_1$ 和 $\boldsymbol{c}_2$ 有无穷多个公共自极三角形或者没有公共自极三角形。

**证明**　设 $\boldsymbol{c}_1$ 和 $\boldsymbol{c}_2$ 是一组非退化二次曲线，假设 $\boldsymbol{c}_2^{-1}\boldsymbol{c}_1$ 的特征值 $\lambda_i(i=1,2,3)$ 对应的特征向量为 $\boldsymbol{m}_i(i=1,2,3)$，则

$$(\boldsymbol{c}_1-\lambda_i\boldsymbol{c}_2)\boldsymbol{m}_i=0\quad(i=1,2,3)\tag{5.6.6}$$

当 $i=1,2$ 时，有

$$\boldsymbol{m}_2^{\mathrm{T}}(\boldsymbol{c}_1-\lambda_i\boldsymbol{c}_2)\boldsymbol{m}_1=0\tag{5.6.7}$$

因此

$$\boldsymbol{m}_2^{\mathrm{T}}\boldsymbol{c}_i\boldsymbol{m}_1=0\tag{5.6.8}$$

其中，$\boldsymbol{m}_1$、$\boldsymbol{m}_2$ 关于 $\boldsymbol{c}_2^{-1}\boldsymbol{c}_1$ 互为共轭点。同理 $\boldsymbol{m}_2$、$\boldsymbol{m}_3$ 和 $\boldsymbol{m}_1$、$\boldsymbol{m}_3$ 关于 $\boldsymbol{c}_2^{-1}\boldsymbol{c}_1$ 互为共轭点，$\boldsymbol{m}_i(i=1,2,3)$ 也称为关于 $\boldsymbol{c}_1$ 和 $\boldsymbol{c}_2$ 的公共极点。由特征值与特征向量的关系，得到

$$\boldsymbol{c}_2^{-1}\boldsymbol{c}_1\boldsymbol{m}_i=\lambda_i\boldsymbol{m}_i\tag{5.6.9}$$

其中，$\lambda_i \neq 0 (i=1,2,3)$。因为 $\boldsymbol{c}_2$ 为非退化二次曲线，由式(5.6.6)得到

$$\boldsymbol{c}_1\boldsymbol{m}_i = \lambda_i \boldsymbol{c}_2 \boldsymbol{m}_i \tag{5.6.10}$$

设 $\boldsymbol{l}_{i1}$、$\boldsymbol{l}_{i2}$ 分别为 $\boldsymbol{m}_i (i=1,2,3)$ 对应于 $\boldsymbol{c}_1$ 和 $\boldsymbol{c}_2$ 的极线，根据极点极线关系 $\boldsymbol{l} = \boldsymbol{x}^{\mathrm{T}}\boldsymbol{c}$，式(5.6.10)可变为

$$\boldsymbol{l}_{i1} = \lambda \boldsymbol{l}_{i2} \tag{5.6.11}$$

$\boldsymbol{l}_{i1}$、$\boldsymbol{l}_{i2}$ 相差一个比例因子，即表示同一条直线 $\boldsymbol{l}_i (i=1,2,3)$。因此，以特征向量 $\boldsymbol{m}_i (i=1,2,3)$ 作为极点对应于 $\boldsymbol{c}_1$ 和 $\boldsymbol{c}_2$ 的极线是公共极线 $\boldsymbol{l}_i (i=1,2,3)$。将 $\lambda-$矩阵 $\boldsymbol{c}_1 - \lambda\boldsymbol{c}_2$ 变换为标准形：

$$\boldsymbol{c}_1 - \lambda\boldsymbol{c}_2 \to \begin{pmatrix} d_1(\lambda) & & \\ & d_2(\lambda) & \\ & & d_3(\lambda) \end{pmatrix} \tag{5.6.12}$$

其中，"→"表示对矩阵进行等变换；$d_1(\lambda) \mid d_2(\lambda); d_2(\lambda) \mid d_3(\lambda)$ 为若尔当块的标准形式，参数 $\lambda$ 为 $\boldsymbol{c}_2^{-1}\boldsymbol{c}_1$ 对应的一个特征值，并且 $|\boldsymbol{c}_1 - \lambda\boldsymbol{c}_2| = \alpha d_1(\lambda) d_2(\lambda) d_3(\lambda) \neq 0$（$\alpha$ 是常数因子），这里"$|\cdot|$"表示计算矩阵的行列式。若 $\boldsymbol{c}_2^{-1}\boldsymbol{c}_1$ 的特征值 $\lambda_i (i=1,2,3)$ 互不相同，即 $\lambda_i (i=1,2,3)$ 是 $|\boldsymbol{c}_1 - \lambda\boldsymbol{c}_2| = 0$ 的单根，则

$$\begin{cases} (\lambda - \lambda_i) \mid d_1(\lambda) \neq 0 \\ (\lambda - \lambda_i) \mid d_2(\lambda) \neq 0 \\ \begin{vmatrix} d_1(\lambda) & \\ & d_2(\lambda) \end{vmatrix} \neq 0 \end{cases} \tag{5.6.13}$$

并且 $\operatorname{rank}(\boldsymbol{c}_1 - \lambda_i\boldsymbol{c}_2) = 2$，特征值 $\lambda_i$ 对应的特征向量 $\boldsymbol{m}_i (i=1,2,3)$ 分别表示只有一个自由度的 $1\times 3$ 向量，归一化后在几何上即表示三个不同的固定点，因此以特征向量 $\boldsymbol{m}_i (i=1,2,3)$ 作为顶点构成唯一的公共自极三角形。

若 $\boldsymbol{c}_2^{-1}\boldsymbol{c}_1$ 具有相同特征值 $\lambda_1 = \lambda_2$，当 $\operatorname{rank}(\boldsymbol{c}_1 - \lambda_1\boldsymbol{c}_2) = 2$ 时，特征值 $\lambda_1, \lambda_2$ 的特征向量 $\boldsymbol{m}_1$、$\boldsymbol{m}_2$ 对应为同一个顶点，那么以 $\boldsymbol{m}_i (i=1,2,3)$ 作为顶点不能构成公共自极三角形；当 $\operatorname{rank}(\boldsymbol{c}_1 - \lambda_i\boldsymbol{c}_2) = 1\ (i=1,2)$ 时，特征值 $\lambda_1 = \lambda_2$ 对应的特征向量 $\boldsymbol{m}_1$、$\boldsymbol{m}_2$ 表示有两个自由度的 $1\times 3$ 向量，归一化后在几何上 $\boldsymbol{m}_1$、$\boldsymbol{m}_2$ 表示有无穷多组对应点，因此，存在无穷多组三个互异的顶点构成公共自极三角形。

**证毕**

当两个二次曲线 $\boldsymbol{c}_1$ 和 $\boldsymbol{c}_2$ 为两共面圆 $\boldsymbol{C}_1$ 和 $\boldsymbol{C}_2$ 的投影时，其位置情况有五类，分别为分离、相交、包含(异心)、同心、相切(内切和外切)，从代数的角度上对两共面圆进行分类，从而讨论共面圆的公共极点极线性质(图 5.6.4(a)～(e))。

**命题 5.6.2** 已知任意两个共面圆 $\boldsymbol{C}_1$ 和 $\boldsymbol{C}_2$，当 $\boldsymbol{C}_1$ 和 $\boldsymbol{C}_2$ 为分离、相交、包含时，$\boldsymbol{C}_2^{-1}\boldsymbol{C}_1$ 的特征值为 $\lambda_1' \neq \lambda_2' \neq \lambda_3'$；当 $\boldsymbol{C}_1$ 和 $\boldsymbol{C}_2$ 为同心时，$\boldsymbol{C}_2^{-1}\boldsymbol{C}_1$ 的特征值为 $\lambda_1' = \lambda_2' = 1$，$\lambda_3' = r_1^2 / r_2^2$；当 $\boldsymbol{C}_1$ 和 $\boldsymbol{C}_2$ 为相切的情况时，$\boldsymbol{C}_2^{-1}\boldsymbol{C}_1$ 的特征值为 $\lambda_1' = 1$，$\lambda_2' = \lambda_3' = -r_1 r_2 / r_2^2$。

**证明** 设两共面圆 $\boldsymbol{C}_i (i=1,2)$ 的系数矩阵分别为

$$\boldsymbol{C}_i = \begin{pmatrix} 1 & & -x_i \\ & 1 & -y_i \\ -x_i & -y_i & x_i^2 + y_i^2 - r_i^2 \end{pmatrix} \tag{5.6.14}$$

其中，$(x_1, y_1)^{\mathrm{T}}, (x_2, y_2)^{\mathrm{T}}$ 分别为两共面圆的圆心；$r_1, r_2$ 分别为 $\boldsymbol{C}_1$ 和 $\boldsymbol{C}_2$ 的半径；设两圆心的距离 $d = \sqrt{(x_1 - x_2)^2 + (y_1 - y_2)^2}$，那么得到 $\boldsymbol{C}_2^{-1}\boldsymbol{C}_1$ 的特征值为

$$\begin{cases} \lambda_1' = 1 \\ \lambda_2' = \dfrac{r_1^2 + r_2^2 - d^2 + (((r_1 + r_2)^2 - d^2)((r_1 - r_2)^2 - d^2))^{1/2}}{2r_2^2} \\ \lambda_3' = \dfrac{r_1^2 + r_2^2 - d^2 - (-((r_1 + r_2)^2 - d^2)((r_1 - r_2)^2 - d^2))^{1/2}}{2r_2^2} \end{cases} \tag{5.6.15}$$

当 $\boldsymbol{C}_1$ 和 $\boldsymbol{C}_2$ 为分离时，$r_1 + r_2 < d$；相交，$r_1 + r_2 > d$（外交）、$r_1 - r_2 < d$（内交）；包含，$r_1 - r_2 > d$。得到 $\boldsymbol{C}_2^{-1}\boldsymbol{C}_1$ 的特征值为 $\lambda_1' \neq \lambda_2' \neq \lambda_3'$。当 $\boldsymbol{C}_1$ 和 $\boldsymbol{C}_2$ 为同心的情况时，$d = 0$，$\boldsymbol{C}_2^{-1}\boldsymbol{C}_1$ 的特征值为 $\lambda_1' = \lambda_2' = 1$，$\lambda_3' = r_1^2/r_2^2$，$\mathrm{rank}(\boldsymbol{C}_1 - \lambda_i'\boldsymbol{C}_2) = 1\,(i = 1,2)$。当 $\boldsymbol{C}_1$ 和 $\boldsymbol{C}_2$ 为相切圆时，外切的 $r_1 + r_2$ 等于内切的 $r_1 - r_2$，$\boldsymbol{C}_2^{-1}\boldsymbol{C}_1$ 的特征值为 $\lambda_1' = 1$，$\lambda_2' = \lambda_3' = -r_1 r_2/r_2^2$，$\mathrm{rank}(\boldsymbol{C}_1 - \lambda_i'\boldsymbol{C}_2) = 1\,(i = 2,3)$。

**证毕**

根据命题 5.6.1 和命题 5.6.2，如下推论显然成立。

**推论 5.6.1**　如图 5.6.4(a)～(c)所示，当 $\boldsymbol{C}_1$ 和 $\boldsymbol{C}_2$ 为分离、相交(内交与外交)、包含(异心)时。$\boldsymbol{C}_2^{-1}\boldsymbol{C}_1$ 的特征值 $\lambda_1' \neq \lambda_2' \neq \lambda_3'$，那么 $\boldsymbol{C}_1$ 和 $\boldsymbol{C}_2$ 有唯一的公共自极三角形 $\triangle \boldsymbol{m}_1'\boldsymbol{m}_2'\boldsymbol{m}_3'$。其中 $\lambda_1'$、$\lambda_2'$、$\lambda_3'$ 对应的特征向量为 $\boldsymbol{m}_1'$、$\boldsymbol{m}_2'$、$\boldsymbol{m}_3'$。当特征值为 $\lambda_1' = 1$ 时，对应的特征向量 $\boldsymbol{m}_1' = ((y_1 - y_2), -(x_1 - x_2), 0)$ 作为无穷远直线 $\boldsymbol{L}_\infty$ 上的点，该极点关于对应 $\boldsymbol{C}_1$ 和 $\boldsymbol{C}_2$ 的极线经过两个共面圆的圆心 $\boldsymbol{O}_1$、$\boldsymbol{O}_2$。

**推论 5.6.2**　如图 5.6.4(d)所示，当 $\boldsymbol{C}_1$ 和 $\boldsymbol{C}_2$ 为同心时，$\boldsymbol{C}_2^{-1}\boldsymbol{C}_1$ 具有特征值 $\lambda_1' = \lambda_2'$，$\mathrm{rank}(\boldsymbol{C}_1 - \lambda_i'\boldsymbol{C}_2) = 1(i = 1,2)$，特征向量 $\boldsymbol{m}_1'$、$\boldsymbol{m}_2'$、$\boldsymbol{m}_3'$ 作为顶点可构成无穷多个公共自极三角形，特征值 $\lambda_1' = \lambda_2'$ 对应的一组特征向量 $\boldsymbol{m}_1' = (1,0,0)^{\mathrm{T}}$、$\boldsymbol{m}_2' = (0,1,0)^{\mathrm{T}}$ 作为极点位于无穷远直线 $\boldsymbol{L}_\infty$ 处，而特征值 $\lambda_3$ 对应的特征向量 $\boldsymbol{m}_3' = (x_1, y_1, 1)^{\mathrm{T}}$ 位于同心圆的圆心处。

**推论 5.6.3**　如图 5.6.4(e)所示，当 $\boldsymbol{C}_1$ 和 $\boldsymbol{C}_2$ 为相切时，$\boldsymbol{C}_2^{-1}\boldsymbol{C}_1$ 具有相同特征值 $\lambda_2' = \lambda_3'$，$\mathrm{rank}(\boldsymbol{C}_1 - \lambda_i'\boldsymbol{C}_2) = 1\,(i = 2,3)$ 时，特征向量 $\boldsymbol{m}_1'$、$\boldsymbol{m}_2'$、$\boldsymbol{m}_3'$ 作为一个顶点不能构成一个公共自极三角形，且特征值 $\lambda_1' = 1$ 对应的特征向量为 $\boldsymbol{m}_3' = (y_1 - y_2, x_2 - x_1, 0)^{\mathrm{T}}$ 位于无穷远直线 $\boldsymbol{L}_\infty$ 处，特征值 $\lambda_2' = \lambda_3'$ 对应的特征向量 $\boldsymbol{m}_1' = \boldsymbol{m}_2' = ((x_1 + x_2)/2, (y_1 + y_2)/2, 1)^{\mathrm{T}}$ 位于相切圆的切点 $\boldsymbol{m}_1'(\boldsymbol{m}_2')$ 处。

2)基于共面圆的公共极点极线性质的标定

(1)恢复消失线。

两共面圆 $\boldsymbol{C}_1$ 和 $\boldsymbol{C}_2$ 在图像平面上被投影成二次曲线 $\boldsymbol{c}_1$ 和 $\boldsymbol{c}_2$，$\boldsymbol{c}_2^{-1}\boldsymbol{c}_1$ 的特征值为 $\lambda_i(i = 1,2,3)$，对应的特征向量为 $\boldsymbol{m}_i(i = 1,2,3)$，即为三个固定点。

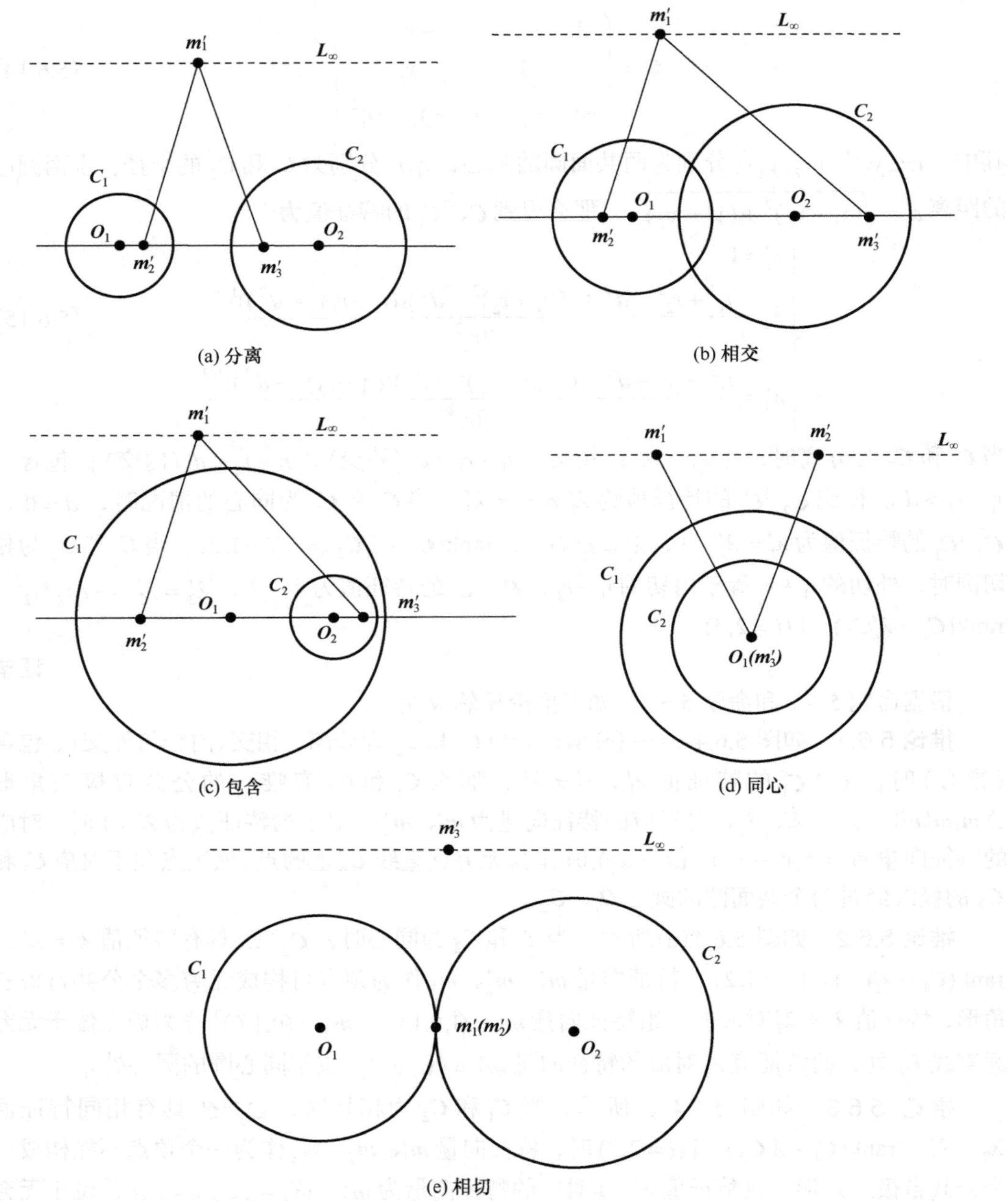


图 5.6.4　位置情况为分离、相交、包含、同心、相切的两个共面圆公共自极三角形与公共极点极线关系

**推论 5.6.4**　当二次曲线 $\boldsymbol{c}_1$ 和 $\boldsymbol{c}_2$ 为分离、相交、包含(异心)时，$\boldsymbol{c}_2^{-1}\boldsymbol{c}_1$ 的特征值为 $\lambda_1 \neq \lambda_2 \neq \lambda_3, \operatorname{rank}(\boldsymbol{c}_1 - \lambda_i \boldsymbol{c}_2) = 2 (i = 1,2,3)$，$\boldsymbol{c}_1$ 和 $\boldsymbol{c}_2$ 之间有唯一的公共自极三角形 $\triangle \boldsymbol{m}_1\boldsymbol{m}_2\boldsymbol{m}_3$，一个顶点位于消失线上，即消失点 $\boldsymbol{v}$；当 $\boldsymbol{c}_1$ 和 $\boldsymbol{c}_2$ 相切时，$\boldsymbol{c}_2^{-1}\boldsymbol{c}_1$ 的特征值为 $\lambda_1 = \lambda_2, \operatorname{rank}(\boldsymbol{c}_1 - \lambda_1 \boldsymbol{c}_2) = 2$，$\lambda_3$ 对应的特征向量 $\boldsymbol{m}_3$ 为消失点 $\boldsymbol{v}$，它们之间没有公共自极三

角形；当两个 $\boldsymbol{c}_1$ 和 $\boldsymbol{c}_2$ 为同心时，$\boldsymbol{c}_2^{-1}\boldsymbol{c}_1$ 的特征值为 $\lambda_1=\lambda_2, \mathrm{rank}(\boldsymbol{c}_1-\lambda_1\boldsymbol{c}_2)=1$，$\lambda_1=\lambda_2$ 对应的特征向量 $\boldsymbol{m}_1$、$\boldsymbol{m}_2$ 为消失点 $\boldsymbol{v}_1$、$\boldsymbol{v}_2$，存在无穷多个公共自极三角形。

**证明**　二次曲线 $\boldsymbol{c}_1$ 和 $\boldsymbol{c}_2$ 满足

$$\alpha_i \boldsymbol{c}_i = \boldsymbol{H}^{-\mathrm{T}} \boldsymbol{C}_i \boldsymbol{H}^{-1} \quad (i=1,2) \tag{5.6.16}$$

其中，$\alpha_i (i=1,2)$ 为非零比例因子。

设 $\boldsymbol{C}_2^{-1}\boldsymbol{C}_1$ 和 $\boldsymbol{c}_2^{-1}\boldsymbol{c}_1$ 的特征值分别为 $\lambda_i', \lambda_i (i=1,2,3)$，它们的特征值在射影变换下相差一个比例因子，满足

$$\lambda_i = \frac{\alpha_2}{\alpha_1}\lambda_i' \tag{5.6.17}$$

因此，当二次曲线 $\boldsymbol{c}_1$ 和 $\boldsymbol{c}_2$ 为分离、包含(异心)、相交时，$\boldsymbol{c}_2^{-1}\boldsymbol{c}_1$ 的特征值为 $\lambda_1 \neq \lambda_2 \neq \lambda_3, \mathrm{rank}(\boldsymbol{c}_1-\lambda_i\boldsymbol{c}_2)=2 (i=1,2,3)$，当 $\boldsymbol{c}_1$ 和 $\boldsymbol{c}_2$ 相切或同心时，$\boldsymbol{c}_2^{-1}\boldsymbol{c}_1$ 的特征值分别为 $\lambda_1=\lambda_2$，$\mathrm{rank}(\boldsymbol{c}_1-\lambda_1\boldsymbol{c}_2)=2$，$\lambda_1=\lambda_2, \mathrm{rank}(\boldsymbol{c}_1-\lambda_1\boldsymbol{c}_2)=1$。

空间任意一点 $\boldsymbol{X}$ 关于圆 $\boldsymbol{C}$ 的极线为 $\boldsymbol{L}=\boldsymbol{X}^{\mathrm{T}}\boldsymbol{C}$，任意一个圆 $\boldsymbol{C}$ 的极点 $\boldsymbol{x}$ 对应的极线为 $\boldsymbol{l}=\boldsymbol{x}^{\mathrm{T}}\boldsymbol{c}$。二次曲线 $\boldsymbol{c}$、点 $\boldsymbol{X}$ 的像 $\boldsymbol{x}$ 和直线 $\boldsymbol{L}$ 的像 $\boldsymbol{l}$ 在射影变换 $\boldsymbol{H}$ 下，有

$$\begin{cases} \boldsymbol{x}=\boldsymbol{H}\boldsymbol{X} \\ \boldsymbol{l}=\boldsymbol{L}\boldsymbol{H}^{-1} \\ \boldsymbol{c}=\boldsymbol{H}^{-\mathrm{T}}\boldsymbol{C}\boldsymbol{H}^{-1} \end{cases} \tag{5.6.18}$$

$$\boldsymbol{l}\boldsymbol{H}=\boldsymbol{x}^{\mathrm{T}}\boldsymbol{H}^{-\mathrm{T}}\boldsymbol{H}^{\mathrm{T}}\boldsymbol{c}\boldsymbol{H} \Rightarrow \boldsymbol{l}=\boldsymbol{x}^{\mathrm{T}}\boldsymbol{c} \tag{5.6.19}$$

因此,在射影变换中二次曲线的极点极线关系为不变量。共面圆 $\boldsymbol{C}_1$ 和 $\boldsymbol{C}_2$ 经过射影变换 $\boldsymbol{H}$ 得到二次曲线 $\boldsymbol{c}_1$ 和 $\boldsymbol{c}_2$，那么二次曲线之间的特征值 $\lambda_i (i=1,2,3)$ 对应的特征向量 $\boldsymbol{m}_i (i=1,2,3)$ 是公共极点，根据命题 5.6.2 二次曲线之间公共极点极线也成立。

如图 5.6.5(a)～(c) 所示，当二次曲线 $\boldsymbol{c}_1$ 和 $\boldsymbol{c}_2$ 为分离、包含(异心)、相交时，$\boldsymbol{c}_2^{-1}\boldsymbol{c}_1$ 的特征值为 $\lambda_1 \neq \lambda_2 \neq \lambda_3, \mathrm{rank}(\boldsymbol{c}_1-\lambda_i\boldsymbol{c}_2)=2(i=1,2,3)$，特征向量 $\boldsymbol{m}_i (i=1,2,3)$ 对应的公共极点构成一个公共自极三角形 $\triangle \boldsymbol{m}_1\boldsymbol{m}_2\boldsymbol{m}_3$，其中一个顶点位于消失线上，这个顶点的对边经过 $\boldsymbol{C}_1$ 和 $\boldsymbol{C}_2$ 的圆心投影，不在二次曲线内的特征向量为消失点 $\boldsymbol{v}$。

如图 5.6.5(d) 所示，当两个 $\boldsymbol{c}_1$ 和 $\boldsymbol{c}_2$ 为同心时，$\boldsymbol{c}_2^{-1}\boldsymbol{c}_1$ 的特征值为 $\lambda_1=\lambda_2, \mathrm{rank}(\boldsymbol{c}_1-\lambda_1\boldsymbol{c}_2)=1$，对应于两个不同的特征向量 $\boldsymbol{m}_1$、$\boldsymbol{m}_2$，特征向量 $\boldsymbol{m}_i (i=1,2,3)$ 对应的公共极点存在无穷多个公共自极三角形，其中一个顶点 $\boldsymbol{m}_3$ 是圆心的像，另外两个顶点 $\boldsymbol{m}_1$、$\boldsymbol{m}_2$ 在消失线上，即为消失点 $\boldsymbol{v}_1$、$\boldsymbol{v}_2$。

如图 5.6.5(e) 所示，当 $\boldsymbol{c}_1$ 和 $\boldsymbol{c}_2$ 为相切时，$\boldsymbol{c}_2^{-1}\boldsymbol{c}_1$ 的特征值为 $\lambda_1=\lambda_2, \mathrm{rank}(\boldsymbol{c}_1-\lambda_1\boldsymbol{c}_2)=2$，特征向量 $\boldsymbol{m}_i (i=1,2,3)$ 对应的公共极点不能构成公共自极三角形，两个顶点分别为切点 $\boldsymbol{m}_1=\boldsymbol{m}_2$ 和切线与消失线的交点 $\boldsymbol{m}_3$，$\lambda_3$ 对应的特征向量 $\boldsymbol{m}_3$ 为消失点 $\boldsymbol{v}$。

**证毕**

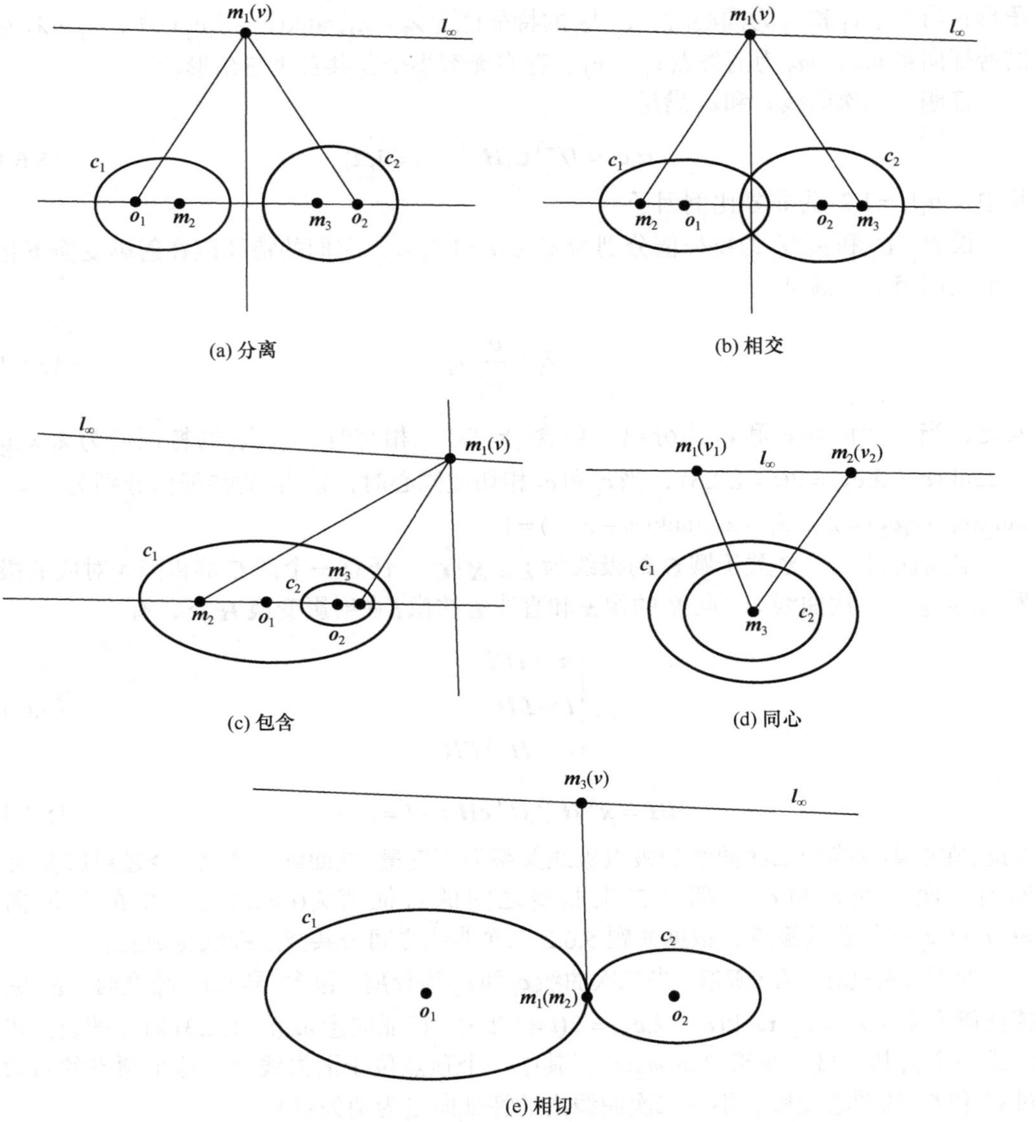


图 5.6.5　位置情况为分离、相交、包含、同心、相切的两个二次曲线公共自极三角形与公共极点极线关系

**推论 5.6.5**　在针孔摄像机模型下，已知三个共面圆 $\boldsymbol{C}_i(i=1,2,3)$ 在图像平面上被投影为 $\boldsymbol{c}_i(i=1,2,3)$，任意两组二次曲线对 $(\boldsymbol{c}_i,\boldsymbol{c}_{i+1})$ 与 $(\boldsymbol{c}_k,\boldsymbol{c}_{k+1})(i,k=1,2,3,i\neq k)$ 至少能够得到两个消失点 $\boldsymbol{v}_1$、$\boldsymbol{v}_2$，从而能得到二次曲线所在平面的消失线 $\boldsymbol{l}_\infty$。

设图像平面上三个共面圆 $\boldsymbol{C}_i(i=1,2,3)$ 的投影为二次曲线 $\boldsymbol{c}_i(i=1,2,3)$，任意两组共面圆对 $(\boldsymbol{C}_i,\boldsymbol{C}_{i+1})$ 与 $(\boldsymbol{C}_k,\boldsymbol{C}_{k+1})$ $(i,k=1,2,3,i\neq k)$ 投影得到两组二次曲线对 $(\boldsymbol{c}_i,\boldsymbol{c}_{i+1})$ 与 $(\boldsymbol{C}_k,\boldsymbol{C}_{k+1})$，由命题 5.6.1 可得两两二次曲线之间存在的公共的极点 $\boldsymbol{x}$ 和极线 $\boldsymbol{l}$，满足

$$\begin{cases} \boldsymbol{l} = \boldsymbol{x}^{\mathrm{T}} \boldsymbol{c}_i \\ \boldsymbol{l} = \alpha \boldsymbol{x}^{\mathrm{T}} \boldsymbol{c}_{i+1} \end{cases} \tag{5.6.20}$$

其中，$\alpha$ 为常数因子。由式(5.6.20)，有

$$(\boldsymbol{c}_{i+1}{}^{-1}\boldsymbol{c}_i - \alpha \boldsymbol{I})\boldsymbol{x} = \boldsymbol{0} \tag{5.6.21}$$

求得 $\boldsymbol{c}_{i+1}{}^{-1}\boldsymbol{c}_i$ 的特征值 $\lambda_{ij}(i,j=1,2,3)$，它表示第 $i$ 组二次曲线之间的第 $j$ 个特征值，对应的特征向量为 $\boldsymbol{m}_{ij}(i,j=1,2,3)$。

由推论 5.6.1 可知推论 5.6.5 显然成立，证明略。以下是三个二次曲线 $\boldsymbol{c}_1$、$\boldsymbol{c}_2$、$\boldsymbol{c}_3$ 的部分组合情况。

如图 5.6.6(a)所示，$\boldsymbol{c}_1$、$\boldsymbol{c}_2$ 是同心的情况，得到两个消失点 $\boldsymbol{v}_1$、$\boldsymbol{v}_2$，恢复消失线 $\boldsymbol{l}_\infty$：

$$\boldsymbol{l}_\infty = \boldsymbol{v}_i \times \boldsymbol{v}_k \tag{5.6.22}$$

如图 5.6.6(b)所示，二次曲线对 $(\boldsymbol{c}_1,\boldsymbol{c}_2)$、$(\boldsymbol{c}_2,\boldsymbol{c}_3)$ 分别为分离和相切，得到两个消失点 $\boldsymbol{v}_1$、$\boldsymbol{v}_2$，通过式(5.6.22)恢复消失线 $\boldsymbol{l}_\infty$。

如图 5.6.6(c)所示，当三个共面圆的圆心在一条直线上时，任意两对圆的一个公共极点是重合的，所以包含三个二次曲线 $\boldsymbol{c}_1$、$\boldsymbol{c}_2$、$\boldsymbol{c}_3$ 图像平面的消失点为同一个 $\boldsymbol{v}_1$，不能由式(5.6.22)得到消失线 $\boldsymbol{l}_\infty$。

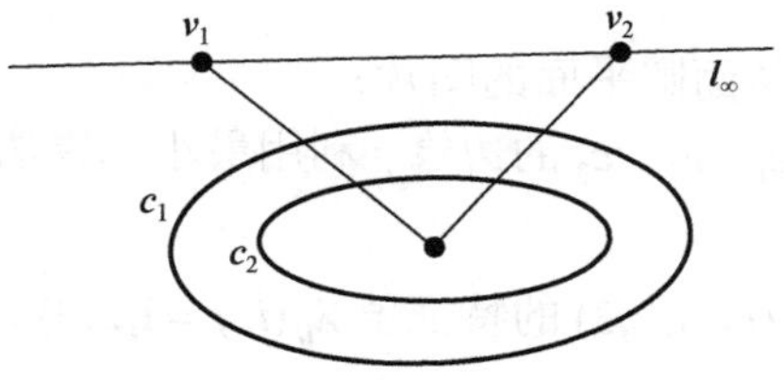


(a) 存在同心圆二次曲线

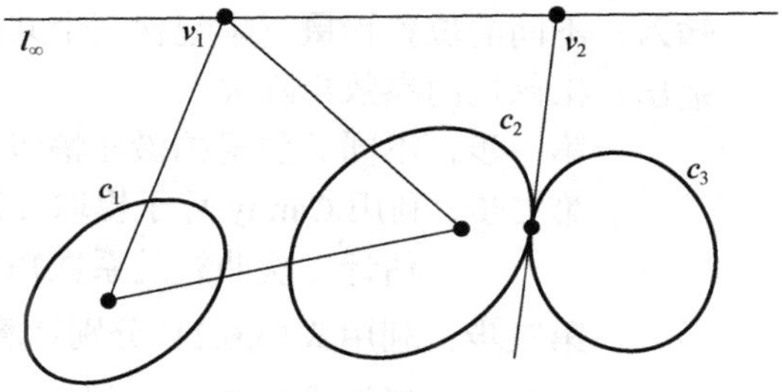


(b) 不存在同心圆二次曲线

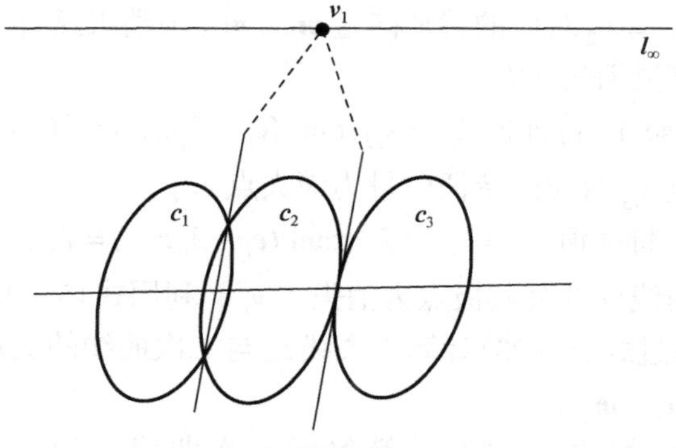


(c) 圆心共线

图 5.6.6　利用存在同心圆二次曲线、不存在同心圆二次曲线的公共自极三角形恢复消失线以及圆心共线的公共极点

(2) 估计摄像机的内参数。

由消失线 $\boldsymbol{l}_\infty$ 与二次曲线 $\boldsymbol{c}_i$ 相交于两个圆环点的像 $\boldsymbol{m}_I$、$\boldsymbol{m}_J$，联立消失线 $\boldsymbol{l}_\infty$ 和二次曲线 $\boldsymbol{c}_i(i \geqslant 2)$ 的方程：

$$\begin{cases} \boldsymbol{l}_\infty (x,y,1)^{\mathrm{T}} = 0 \\ (u,v,1)\boldsymbol{c}_i(u,v,1)^{\mathrm{T}} = 0 \end{cases} \tag{5.6.23}$$

其中，$(u,v,1)^{\mathrm{T}}$ 表示图像平面上点的齐次坐标。由于噪声的影响，应平均这个结果。由圆环点的像必在绝对二次曲线的像上，有

$$\begin{cases} \mathrm{Re}(\boldsymbol{m}_I{}^{\mathrm{T}} \boldsymbol{\omega} \boldsymbol{m}_I) = 0 \\ \mathrm{Im}(\boldsymbol{m}_I{}^{\mathrm{T}} \boldsymbol{\omega} \boldsymbol{m}_I) = 0 \end{cases} \tag{5.6.24}$$

一组圆环点的像对绝对二次曲线提供两个约束，至少需要三组圆环点的像才可以得到绝对二次曲线的像 $\boldsymbol{\omega}$，对 $\boldsymbol{\omega}$ 进行 Cholesky 分解再求逆，即可获得摄像机的五个内参数。

3. 标定算法

综上所述，算法步骤如下。

**算法 5.12** 利用三个共面圆的公共极点极线和公切线的性质标定摄像机内参数

**输入：** 不同的位置拍摄三幅包含三个共面圆平面的图片

**输出：** 摄像机内参数矩阵 $\boldsymbol{K}$

第一步，不同的位置拍摄三幅包含三个共面圆平面的图片；

第二步，利用 Canny 算子提取二次曲线 $\boldsymbol{c}_1$、$\boldsymbol{c}_2$、$\boldsymbol{c}_3$ 的边缘，利用最小二乘法估计二次曲线的系数矩阵；

第三步，利用式 (5.6.21) 分别计算 $\boldsymbol{c}_{i+1}{}^{-1}\boldsymbol{c}_i(i=1,2,3)$ 的特征值 $\lambda_{ij}(i,j=1,2,3)$，根据推论 5.6.4 可得

if 特征值 $\lambda_{i1}=\lambda_{i2}, \mathrm{rank}(\boldsymbol{c}_i - \lambda_{i1}\boldsymbol{c}_{i+1}) = 1(i=1,2,3)$，then 特征值 $\lambda_{i1}=\lambda_{i2}$ 对应的特征向量 $\boldsymbol{m}_{i1}$、$\boldsymbol{m}_{i2}$ 为消失点 $\boldsymbol{v}_1$、$\boldsymbol{v}_2$，利用式 (5.6.22) 恢复消失线 $\boldsymbol{l}_\infty$；

else if 特征值 $\lambda_{i1}=\lambda_{i2}, \mathrm{rank}(\boldsymbol{c}_i - \lambda_{ij}\boldsymbol{c}_{i+1}) = 2(i,j=1,2,3)$，then 特征值 $\lambda_{i3}$ 对应的特征向量为消失点 $\boldsymbol{v}_i$；

if 特征值 $\lambda_{i1} \neq \lambda_{i2} \neq \lambda_{i3}, \mathrm{rank}(\boldsymbol{c}_i - \lambda_{ij}\boldsymbol{c}_{i+1}) = 2(i,j=1,2,3)$，then 二次曲线外的公共极点为消失点 $\boldsymbol{v}_i$，利用式 (5.6.22) 恢复消失线 $\boldsymbol{l}_\infty$；

第四步，通过式 (5.6.23) 计算消失线 $\boldsymbol{l}_\infty$ 与二次曲线的交点，得到圆环点的像 $\boldsymbol{m}_I$、$\boldsymbol{m}_J$；

第五步，根据式 (5.6.24) 计算绝对二次曲线的像 $\boldsymbol{\omega}$，对求得的 $\boldsymbol{\omega}$ 进行 Cholesky 分解再求逆获得 $\boldsymbol{K}$。

## 5.7　利用三个共面圆的射影几何性质标定摄像机内参数

### 1. 模型建立

1) 圆在针孔摄像机下的投影模型

如图 5.7.1 所示，若以空间中任意一点 $\boldsymbol{O}_w$ 为原点建立世界坐标系 $\boldsymbol{O}_w\text{-}X_wY_wZ_w$，则经过一个旋转矩阵 $\boldsymbol{R}$ 和平移向量 $\boldsymbol{T}$，世界坐标系将变换为以摄像机光心 $\boldsymbol{O}_c$ 为原点的摄像机坐标系 $\boldsymbol{O}_c\text{-}X_cY_cZ_c$。

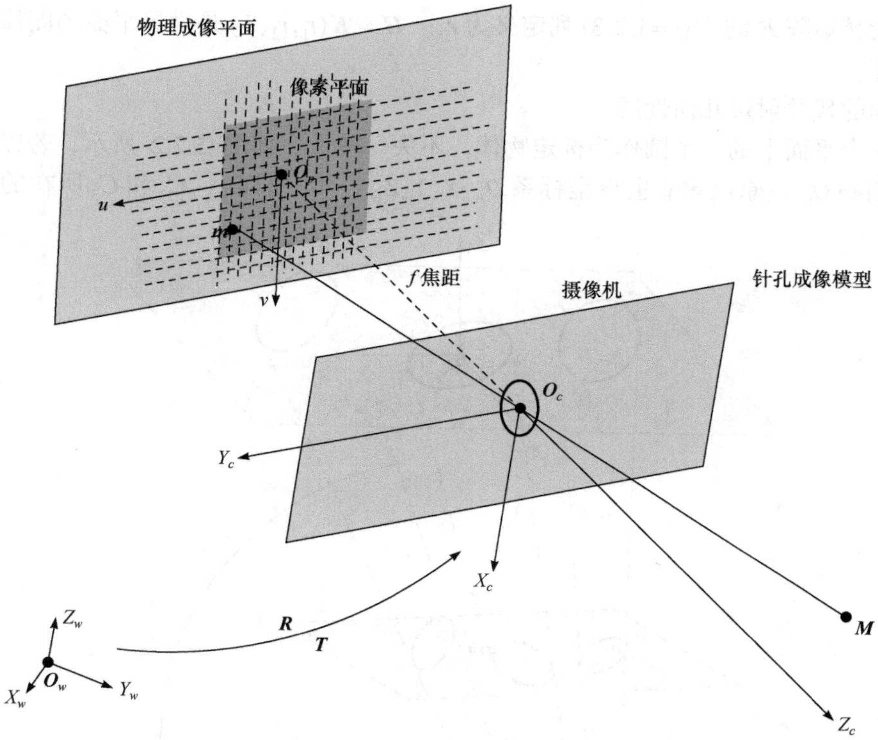


图 5.7.1　圆在针孔摄像机下的投影模型

在世界坐标系 $\boldsymbol{O}_w\text{-}X_wY_wZ_w$ 下，若给定空间点的齐次坐标 $\boldsymbol{M}=(X,Y,Z,1)^{\mathrm{T}}$ 和其在图像平面上的投影点的齐次坐标 $\boldsymbol{m}=(x,y,1)^{\mathrm{T}}$，则有式(5.7.1)成立：

$$\lambda_m \boldsymbol{m} = \boldsymbol{PM} \tag{5.7.1}$$

其中，$\lambda_m$ 是非零比例因子；投影矩阵 $\boldsymbol{P}$ 表示透视成像过程。通常来说，$3\times4$ 的投影矩阵 $\boldsymbol{P}$ 由内参数 $\boldsymbol{K}$ 和外参数 $\boldsymbol{R}$ 、$\boldsymbol{T}$ 组成，即有

$$\boldsymbol{P}=\boldsymbol{K}(\boldsymbol{R},\boldsymbol{T}) \tag{5.7.2}$$

其中，上三角矩阵 $\boldsymbol{K}=\begin{pmatrix} f_x & s & u_0 \\ 0 & f_y & v_0 \\ 0 & 0 & 1 \end{pmatrix}$ 为摄像机内参数矩阵。

特殊地，若空间点 $\boldsymbol{M}$ 在世界平面 $Z_w=0$ 上，其齐次坐标为 $\boldsymbol{M}=(X,Y,0,1)^{\mathrm{T}}$，则式 (5.7.1) 可化简为

$$\lambda_m \boldsymbol{m}=\boldsymbol{K}(\boldsymbol{r}_1,\boldsymbol{r}_2,\boldsymbol{T})\begin{pmatrix} X \\ Y \\ 1 \end{pmatrix} \tag{5.7.3}$$

其中，旋转矩阵 $\boldsymbol{R}$ 的 $i^{\mathrm{th}}(i=1,2,3)$ 列定义为 $\boldsymbol{r}_i$；$\boldsymbol{H}=\boldsymbol{K}(\boldsymbol{r}_1,\boldsymbol{r}_2,\boldsymbol{T})$ 是世界平面到图像平面的单应矩阵。

2) 圆的代数射影几何性质

以一个平面上的三个圆作为标定物体。不失一般性，如图 5.7.2 所示，若以其中一个圆的圆心 $\boldsymbol{O}_w$ 为原点建立世界坐标系 $\boldsymbol{O}_w\text{-}X_wY_wZ_w$，其中圆 $\boldsymbol{C}_1$、$\boldsymbol{C}_2$ 和 $\boldsymbol{C}_3$ 所在的支撑平

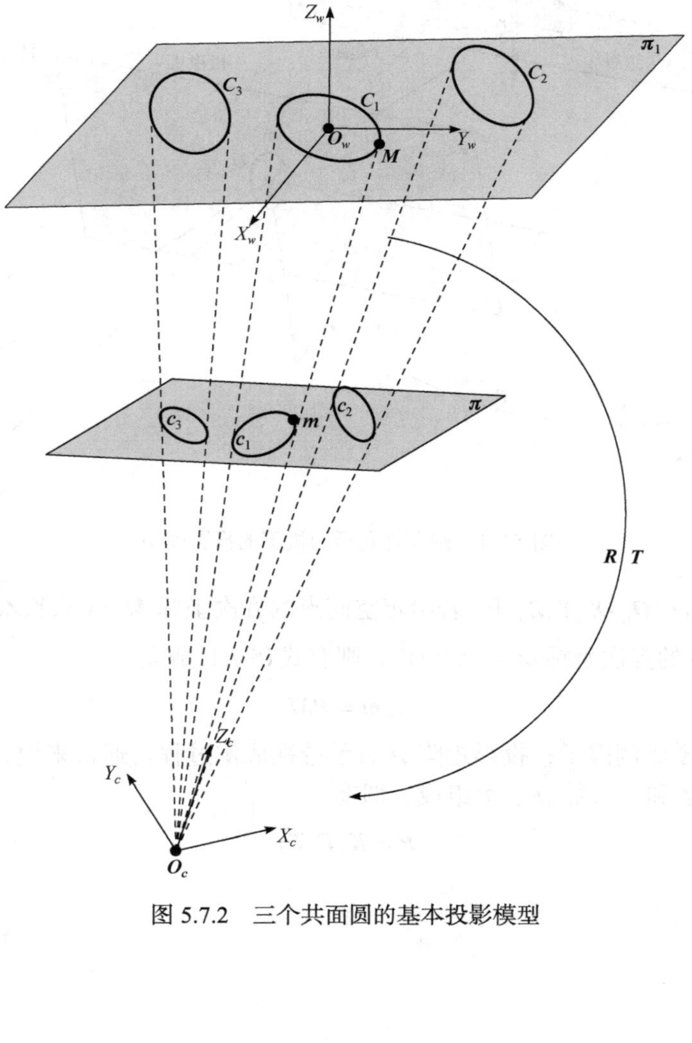


图 5.7.2　三个共面圆的基本投影模型

面是世界平面 $X_wO_wY_w$。以空间中任一点 $O_c$ 为原点建立摄像机坐标系 $O_c$-$X_cY_cZ_c$，其中摄像机坐标系相对于世界坐标系的旋转矩阵和平移向量分别为 $\boldsymbol{R}$ 和 $\boldsymbol{T}$。

给定圆 $\boldsymbol{C}_1$ 上的一点 $\boldsymbol{M}=(X,Y,1)^{\mathrm{T}}$，则有下面的式子成立：

$$\boldsymbol{M}^{\mathrm{T}}\boldsymbol{C}_1\boldsymbol{M}=0 \tag{5.7.4}$$

根据上述描述，从式(5.7.3)可知，$\boldsymbol{M}$ 的像点满足

$$\lambda_m\boldsymbol{m}=\boldsymbol{K}(\boldsymbol{r}_1,\boldsymbol{r}_2,\boldsymbol{T})\boldsymbol{M}=\boldsymbol{H}\boldsymbol{M} \tag{5.7.5}$$

如图 5.7.2 所示，圆 $\boldsymbol{C}_1$ 在图像平面 $\boldsymbol{\pi}$ 上的投影为 $\boldsymbol{c}_1$，根据射影变换的同素性，则图像点 $\boldsymbol{m}$ 在圆像 $\boldsymbol{c}_1$ 上，即有

$$\boldsymbol{m}^{\mathrm{T}}\boldsymbol{c}_1\boldsymbol{m}=0 \tag{5.7.6}$$

因为 $\boldsymbol{H}=\boldsymbol{K}(\boldsymbol{r}_1,\boldsymbol{r}_2,\boldsymbol{T})$ 是3阶可逆矩阵，联立式(5.7.4)～式(5.7.6)，可得到

$$\lambda_{c1}\boldsymbol{c}_1=\boldsymbol{H}^{-\mathrm{T}}\boldsymbol{C}_1\boldsymbol{H}^{-1} \tag{5.7.7}$$

其中，$\lambda_{c1}$ 是非零比例因子。同理，圆 $\boldsymbol{C}_2$、$\boldsymbol{C}_3$ 在图像平面 $\boldsymbol{\pi}$ 上的投影分别为 $\boldsymbol{c}_2$ 和 $\boldsymbol{c}_3$，则有下面的式子成立：

$$\lambda_{c2}\boldsymbol{c}_2=\boldsymbol{H}^{-\mathrm{T}}\boldsymbol{C}_2\boldsymbol{H}^{-1} \tag{5.7.8}$$

$$\lambda_{c3}\boldsymbol{c}_3=\boldsymbol{H}^{-\mathrm{T}}\boldsymbol{C}_3\boldsymbol{H}^{-1} \tag{5.7.9}$$

其中，$\lambda_{c2}$，$\lambda_{c3}$ 是非零比例因子。

为了方便，用 $\boldsymbol{C}_i(i=1,2,3)$ 和 $\boldsymbol{c}_i(i=1,2,3)$ 分别表示圆和圆像。

3) 确定对偶二次曲线 $\boldsymbol{c}_\infty^*$

**命题 5.7.1**　在针孔摄像机下，圆像的对偶 $\boldsymbol{c}^*$ 可以由圆环点的像的对偶二次曲线 $\boldsymbol{c}_\infty^*$ 和圆心的投影 $\boldsymbol{o}$ 代数表示。

**证明**　通常来说，在平面 $\boldsymbol{O}_w$-$X_wY_wZ_w$ 上的圆的方程用矩阵形式表示为

$$\boldsymbol{C}=\begin{pmatrix}1 & 0 & -x_0\\ 0 & 1 & -y_0\\ -x_0 & -y_0 & {x_0}^2+{y_0}^2-r^2\end{pmatrix} \tag{5.7.10}$$

其中，$(x_0,y_0,1)^{\mathrm{T}}$ 是圆心的齐次坐标；$r$ 是圆的半径，那么圆的对偶 $\boldsymbol{C}^*$ 为

$$\boldsymbol{C}^*\sim\boldsymbol{C}^{-1}=\frac{1}{r^2}\begin{pmatrix}r^2-x_0^2 & -x_0y_0 & -x_0\\ -x_0y_0 & r^2-y_0^2 & -y_0\\ -x_0 & -y_0 & -1\end{pmatrix} \tag{5.7.11}$$

根据射影变换的性质可知，即式(5.7.7)～式(5.7.9)，圆像的对偶为

$$
\begin{aligned}
\boldsymbol{c}^* &= \boldsymbol{H}\boldsymbol{C}^*\boldsymbol{H}^{\mathrm{T}} \\
&= \boldsymbol{H}\left(\frac{1}{r^2}\begin{pmatrix} r^2-x_0^2 & -x_0y_0 & -x_0 \\ -x_0y_0 & r^2-y_0^2 & -y_0 \\ -x_0 & -y_0 & -1 \end{pmatrix}\right)\boldsymbol{H}^{\mathrm{T}} \\
&= \boldsymbol{H}\left(\begin{pmatrix} 1 & 0 & 0 \\ 0 & 1 & 0 \\ 0 & 0 & 0 \end{pmatrix} - \frac{1}{r^2}\begin{pmatrix} x_0 \\ y_0 \\ 1 \end{pmatrix}(x_0, y_0, 1)\right)\boldsymbol{H}^{\mathrm{T}} \\
&= \boldsymbol{c}_\infty^* - \frac{1}{r^2}\boldsymbol{o}\boldsymbol{o}^{\mathrm{T}}
\end{aligned}
\tag{5.7.12}
$$

其中，$\boldsymbol{c}_\infty^* = \boldsymbol{H}\begin{pmatrix} 1 & 0 & 0 \\ 0 & 1 & 0 \\ 0 & 0 & 0 \end{pmatrix}\boldsymbol{H}^{\mathrm{T}} = \boldsymbol{H}\boldsymbol{C}_\infty^*\boldsymbol{H}^{\mathrm{T}}$；$\boldsymbol{o} = \boldsymbol{H}(x_0, y_0, 1)^{\mathrm{T}}$是圆心的投影。

**证毕**

若在图像平面$\boldsymbol{\pi}$上在存两个圆像$\boldsymbol{c}_1$和$\boldsymbol{c}_2$，则根据命题 5.7.1 可知，它们满足

$$
\begin{cases}
\lambda_1\boldsymbol{c}_1^{\ *} = \boldsymbol{c}_\infty^* - \dfrac{1}{r_1^{\ 2}}\boldsymbol{o}_1\boldsymbol{o}_1^{\ \mathrm{T}} \\
\lambda_2\boldsymbol{c}_2^{\ *} = \boldsymbol{c}_\infty^* - \dfrac{1}{r_2^{\ 2}}\boldsymbol{o}_2\boldsymbol{o}_2^{\ \mathrm{T}}
\end{cases}
\tag{5.7.13}
$$

其中$\lambda_1$、$\lambda_2$是非零比例因子。则在图像平面$\boldsymbol{\pi}$上，存在一条由点$\boldsymbol{o}_1$和点$\boldsymbol{o}_2$构成的直线$\boldsymbol{l}_{o1} = \boldsymbol{o}_1 \times \boldsymbol{o}_2$(图 5.7.3)，其中“×”表示叉积。若在式(5.7.13)两端同时乘以直线$\boldsymbol{l}_{o1} = \boldsymbol{o}_1 \times \boldsymbol{o}_2$，则有

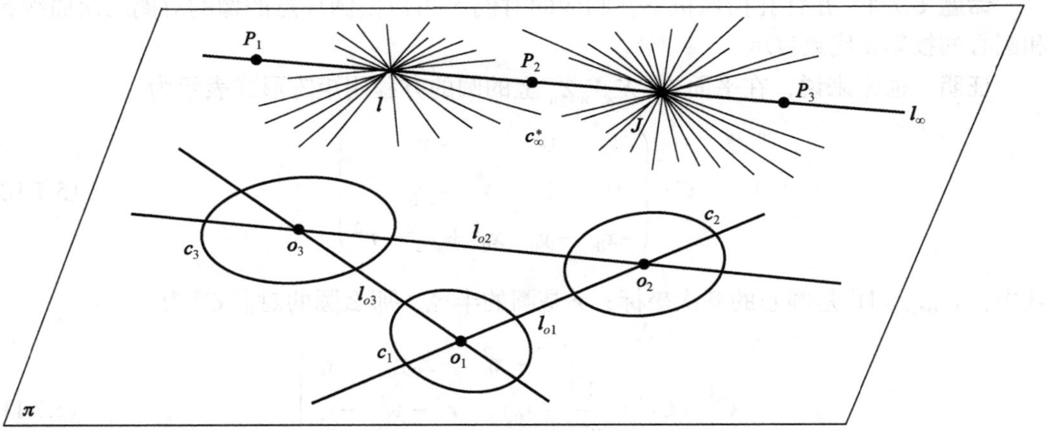


图 5.7.3　对偶二次曲线$\boldsymbol{c}_\infty^*$的恢复

$$
\begin{cases}
\lambda_1\boldsymbol{c}_1^{\ *}\boldsymbol{l}_{o1} = \boldsymbol{c}_\infty^*\boldsymbol{l}_{o1} \\
\lambda_2\boldsymbol{c}_2^{\ *}\boldsymbol{l}_{o1} = \boldsymbol{c}_\infty^*\boldsymbol{l}_{o1}
\end{cases}
\tag{5.7.14}
$$

通过化简式(5.7.14)，有

$$\left(\boldsymbol{c}_2\boldsymbol{c}_1^* - \frac{\lambda_2}{\lambda_1}\boldsymbol{I}_3\right)\boldsymbol{l}_{o1} = 0 \tag{5.7.15}$$

式(5.7.15)表明，直线 $\boldsymbol{l}_{o1}$ 是矩阵 $\boldsymbol{c}_2\boldsymbol{c}_1^*$ 的特征值 $\lambda_2/\lambda_1$ 所对应的特征向量，也是圆像 $\boldsymbol{c}_1$ 和 $\boldsymbol{c}_2$ 的公共自极三角形的一边。因为圆心的像 $\boldsymbol{o}_1$ 和 $\boldsymbol{o}_2$ 分别在圆像 $\boldsymbol{c}_1$、$\boldsymbol{c}_2$ 内，所以直线 $\boldsymbol{l}_{o1}$ 是唯一一条和 $\boldsymbol{c}_1$、$\boldsymbol{c}_2$ 都有两个交点的直线(图 5.7.3)，因此直线 $\boldsymbol{l}_{o1}$ 能够被矩阵 $\boldsymbol{c}_2\boldsymbol{c}_1^*$ 的特征向量唯一确定。

若直线 $\boldsymbol{l}_{o1}$ 关于圆像 $\boldsymbol{c}_1$、$\boldsymbol{c}_2$ 的公共极点为 $\boldsymbol{p}_1$，那么有下面的式子成立：

$$\lambda_1\boldsymbol{c}_1^*\boldsymbol{l}_{o1} = \boldsymbol{p}_1 = \lambda_2\boldsymbol{c}_2^*\boldsymbol{l}_{o1} \tag{5.7.16}$$

联立式(5.7.14)和式(5.7.16)，则有

$$\lambda_p\boldsymbol{p}_1 = \boldsymbol{c}_\infty^*\boldsymbol{l}_{o1} \tag{5.7.17}$$

其中，$\lambda_p$ 是非零比例因子。

从上面的讨论可知，直线 $\boldsymbol{l}_{o1}$ 和点 $\boldsymbol{p}_1$ 不仅是关于 $\boldsymbol{c}_1$ 和 $\boldsymbol{c}_2$ 的公共极点极线，还是关于对偶二次曲线 $\boldsymbol{c}_\infty^*$ 的极点极线。

同理，利用矩阵 $\boldsymbol{c}_3\boldsymbol{c}_1^*$ 和 $\boldsymbol{c}_3\boldsymbol{c}_2^*$，另外两组点线对 $\boldsymbol{l}_{o2}$、$\boldsymbol{p}_2$ 和 $\boldsymbol{l}_{o3}$、$\boldsymbol{p}_3$ 同样可以被获得(图 5.7.3)。因为一组点线关系只能提供两个约束，而对称矩阵 $\boldsymbol{c}_\infty^*$ 有 5 个自由度，所以三组极点极线即可确定对偶二次曲线 $\boldsymbol{c}_\infty^*$。

4) 内参数矩阵 $\boldsymbol{K}$ 的约束方程

在点变换 $\boldsymbol{m} = \boldsymbol{HM}$ 下，其中 $\boldsymbol{H} = \boldsymbol{K}(\boldsymbol{r}_1, \boldsymbol{r}_2, \boldsymbol{T})$ 是世界平面到图像平面的单应矩阵，将世界平面上一条二次曲线 $\boldsymbol{C}_\infty^*$ 变换为图像平面上的 $\boldsymbol{c}_\infty^* = \boldsymbol{HC}_\infty^*\boldsymbol{H}^{\mathrm{T}}$。实际上，在图像平面上利用 SVD 分解可以将 $\boldsymbol{c}_\infty^*$ 写成

$$\boldsymbol{c}_\infty^* = \boldsymbol{U}\begin{pmatrix}1 & 0 & 0\\ 0 & 1 & 0\\ 0 & 0 & 0\end{pmatrix}\boldsymbol{U}^{\mathrm{T}} \tag{5.7.18}$$

其中，单应矩阵 $\boldsymbol{H}$ 和 $\boldsymbol{U}$ 只相差一个尺度和平移变换。由式(5.7.3)可知，有下面的式子：

$$\boldsymbol{H} = (\boldsymbol{h}_1, \boldsymbol{h}_2, \boldsymbol{h}_3) = \boldsymbol{K}(\boldsymbol{r}_1, \boldsymbol{r}_2, \boldsymbol{T}) \tag{5.7.19}$$

利用旋转矩阵的性质，易得

$$\boldsymbol{h}_1^{\mathrm{T}}\boldsymbol{K}^{-\mathrm{T}}\boldsymbol{K}^{-1}\boldsymbol{h}_2 = 0 \tag{5.7.20}$$

$$\boldsymbol{h}_1^{\mathrm{T}}\boldsymbol{K}^{-\mathrm{T}}\boldsymbol{K}^{-1}\boldsymbol{h}_1 = \boldsymbol{h}_2^{\mathrm{T}}\boldsymbol{K}^{-\mathrm{T}}\boldsymbol{K}^{-1}\boldsymbol{h}_2 \tag{5.7.21}$$

其中，$\boldsymbol{K}^{-\mathrm{T}}\boldsymbol{K}^{-1} = \boldsymbol{\omega}$。

因此，一条二次曲线 $\boldsymbol{c}_\infty^*$ 将确定一个单应矩阵 $\boldsymbol{H}$，而一个单应矩阵 $\boldsymbol{H}$ 将提供两个关于内参数矩阵 $\boldsymbol{K}$ 的约束，由于内参数矩阵有五个自由度，所以摄像机在不同方向上至少要拍摄三组照片。

2. 算法步骤

基于以上分析，下面介绍一种利用三个共面圆的射影几何性质标定摄像机内参数的方法。

---

**算法 5.13** 基于三个共面圆的标定方法

**输入：** 在不同的位姿获取至少三幅分离圆像后，在每幅图像上提取二次曲线的像素坐标

**输出：** 摄像机内参数矩阵 $\boldsymbol{K}$

第一步，打印一张包含三个分离圆的平面模板，并把它贴到较硬的平面上，改变模板与摄像机的相对位置，至少拍摄三幅不同的图片，在每幅图片上提取二次曲线的像素坐标；

第二步，利用最小二乘法拟合圆像方程 $\boldsymbol{c}_{ni}(i=1,2,3)$；

第三步，根据式(5.7.15)，计算每个二次曲线对 $(\boldsymbol{c}_{n1},\boldsymbol{c}_{n2})$、$(\boldsymbol{c}_{n1},\boldsymbol{c}_{n3})$、$(\boldsymbol{c}_{n2},\boldsymbol{c}_{n3})$ 的广义特征向量 $\boldsymbol{l}_{noi}$；

第四步，利用式(5.7.17)获得平面 $\boldsymbol{\pi}_{n1}$ 上的对偶二次曲线 $\boldsymbol{c}_{n\infty}^*$；

第五步，由式(5.7.18)估计单应矩阵 $\boldsymbol{H}_n$；

第六步，由约束方程式(5.7.20)和式(5.7.21)确定绝对二次曲线的像 $\boldsymbol{\omega}$。

---

## 5.8 利用两个半径相同的分离圆的射影几何性质标定摄像机内参数

1. 模型建立

**定义 5.8.1** 半径相同且分离的圆简称为 SSR(Separate Same Radius)圆。

1) 两个 SSR 圆的代数表示和几何性质

如图 5.8.1 所示，给定两个分离的半径相同的圆 $\boldsymbol{C}_1$ 和 $\boldsymbol{C}_2$，考虑由它们的包络 $\boldsymbol{C}_1^*$ 和 $\boldsymbol{C}_2^*$ 扩张的圆的包络线性族，它们有以下表示：

$$\boldsymbol{C}^*(\lambda)=\boldsymbol{C}_1^*-\lambda\boldsymbol{C}_2^* \tag{5.8.1}$$

其中，$\lambda\in\mathbb{C}$；圆的包络 $\boldsymbol{C}_1^*$ 和 $\boldsymbol{C}_2^*$ 分别表示二次曲线 $\boldsymbol{C}_1$ 和 $\boldsymbol{C}_2$ 的对偶。

考虑两个对偶(或线)二次曲线族 $\boldsymbol{C}_1^*$ 和 $\boldsymbol{C}_2^*$，$\boldsymbol{C}_1^*-\lambda\boldsymbol{C}_2^*$ 表示经过 $\boldsymbol{C}_1^*$ 和 $\boldsymbol{C}_2^*$ 的所有公切线的一条线二次曲线。因此，对于二次曲线族 $\boldsymbol{C}^*(\lambda)$ 来说，它包括三个退化的二次曲线，对应于 $(\boldsymbol{C}_1^*,\boldsymbol{C}_2^*)$ 的广义特征向量。

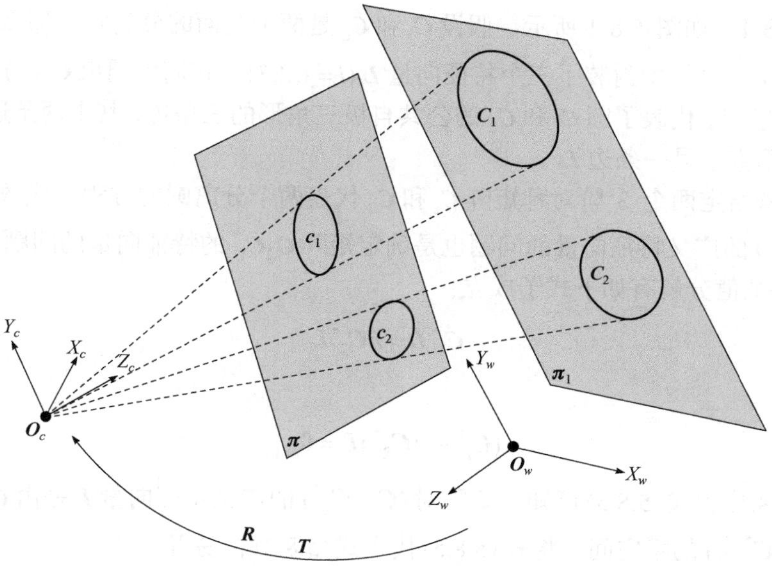


图 5.8.1　两个 SSR 圆的投影模型

如图 5.8.1 所示，所有的二次曲线族 $C^*(\lambda)$ 都经过对偶二次曲线 $C_1^*$ 和 $C_2^*$ 的四个公切线。其中三个退化的二次曲线族是点对：$(P_1,Q_1)$ , $(P_2,Q_2)$ , $(P_3,Q_3)$ (图 5.8.2)，它们满足

$$C_1^* - \lambda C_2^* = PQ^{\mathrm{T}} + QP^{\mathrm{T}} \tag{5.8.2}$$

其中，$\lambda$ 是 $(C_1^*, C_2^*)$ 的广义特征值，它可由下面的式子确定：

$$\left|C_1^* - \lambda C_2^*\right| = 0 \tag{5.8.3}$$

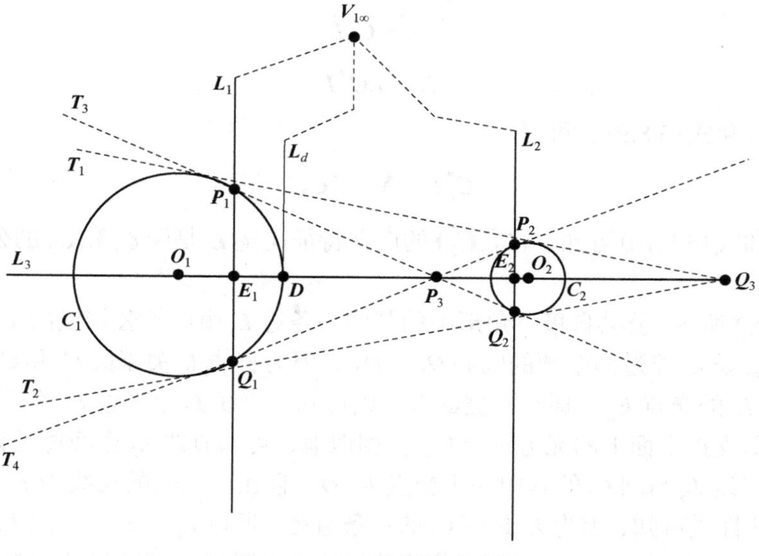


图 5.8.2　两个分离圆的性质

三条线 $L_i(i=1,2,3)$ 可以通过广义特征向量分解得到，其中两条线相互平行，且垂直于剩下的那条线

**命题 5.8.1** 如图 5.8.2 所示，假设 $\boldsymbol{C}_1$ 和 $\boldsymbol{C}_2$ 是两个共面的分离圆，那么它们的对偶二次曲线对 $(\boldsymbol{C}_1^*,\boldsymbol{C}_2^*)$ 中封装了三个特征向量 $\boldsymbol{L}_i(i=1,2,3)$，它们由圆束 $\boldsymbol{C}^*(\lambda)$ 的退化成员点对 $(\boldsymbol{P}_i,\boldsymbol{Q}_i)$ 组成，代表了圆 $\boldsymbol{C}_1$ 和 $\boldsymbol{C}_2$ 的公共自极三角形的三条边，其中两条边 $\boldsymbol{L}_1$ 和 $\boldsymbol{L}_2$ 是平行的，且垂直于另一条边 $\boldsymbol{L}_3$。

**证明** 若给定两个 3 阶对称矩阵 $\boldsymbol{C}_1$ 和 $\boldsymbol{C}_2$ 代表两个分离圆的方程。代数上，计算矩阵对 $(\boldsymbol{C}_1^*,\boldsymbol{C}_2^*)$ 的广义特征向量的问题也是确定矩阵 $\boldsymbol{C}_2\boldsymbol{C}_1^*$ 的特征向量的问题，从而 $\boldsymbol{C}_1$ 和 $\boldsymbol{C}_2$ 的广义特征值分解有如下式子成立：

$$\boldsymbol{C}_1^*\boldsymbol{L}=\lambda\boldsymbol{C}_2^*\boldsymbol{L} \tag{5.8.4}$$

或

$$(\boldsymbol{C}_1^*-\lambda\boldsymbol{C}_2^*)\boldsymbol{L}=\boldsymbol{0}_{3\times1} \tag{5.8.5}$$

那么由式(5.8.1)和式(5.8.5)可知，矩阵对 $(\boldsymbol{C}_1^*,\boldsymbol{C}_2^*)$ 的广义特征向量 $\boldsymbol{L}$ 是由 $\boldsymbol{C}_1$ 和 $\boldsymbol{C}_2$ 为基构成的圆束 $\boldsymbol{C}^*(\lambda)$ 的零空间。将式(5.8.5)代入式(5.8.2)，易得

$$(\boldsymbol{C}_1^*-\lambda\boldsymbol{C}_2^*)\boldsymbol{L}=\boldsymbol{P}\boldsymbol{Q}^{\mathrm{T}}\boldsymbol{L}+\boldsymbol{Q}\boldsymbol{P}^{\mathrm{T}}\boldsymbol{L}=\boldsymbol{0}_{3\times1} \tag{5.8.6}$$

因为 $(\boldsymbol{P}_i,\boldsymbol{Q}_i)$ 是圆束 $\boldsymbol{C}^*(\lambda)$ 中退化的点对组成，如图 5.8.2 所示，所以对应于广义特征值 $\lambda_i(i=1,2,3)$ 的广义特征向量 $\boldsymbol{L}_i$ 是由公切线的交点 $\boldsymbol{P}_i$ 和 $\boldsymbol{Q}_i$ 组成的：

$$\lambda_i\boldsymbol{L}_i=\boldsymbol{P}_i\times\boldsymbol{Q}_i \tag{5.8.7}$$

其中，$\lambda_i$ 是非零比例因子。

若 $\boldsymbol{C}_1$ 和 $\boldsymbol{C}_2$ 有公共自极三角形，那么公共自极三角形的顶点 $\boldsymbol{X}$ 和边 $\boldsymbol{L}$ 应该满足下面的关系：

$$\boldsymbol{X}=\boldsymbol{C}_1^*\boldsymbol{L} \tag{5.8.8}$$

$$\boldsymbol{X}=\lambda\boldsymbol{C}_2^*\boldsymbol{L} \tag{5.8.9}$$

联立式(5.8.8)和式(5.8.9)，可得

$$\boldsymbol{C}_1^*\boldsymbol{L}=\boldsymbol{X}=\lambda\boldsymbol{C}_2^*\boldsymbol{L} \tag{5.8.10}$$

由式(5.8.4)和式(5.8.10)可知，$(\boldsymbol{C}_1^*,\boldsymbol{C}_2^*)$ 的广义特征向量 $\boldsymbol{L}_i$ 是圆 $\boldsymbol{C}_1$ 和 $\boldsymbol{C}_2$ 的公共自极三角形的三条边。

如图 5.8.2 所示，公共自极三角形中的其中一条边 $\boldsymbol{L}_3$ 由内外公切线的交点 $\boldsymbol{P}_3$ 和 $\boldsymbol{Q}_3$ 组成。因此，直线 $\boldsymbol{L}_3$ 经过两个圆的圆心 $\boldsymbol{O}_1$ 和 $\boldsymbol{O}_2$。因为直线 $\boldsymbol{L}_1$ 关于圆 $\boldsymbol{C}_1$ 和 $\boldsymbol{C}_2$ 的公共极点是直线 $\boldsymbol{L}_2$ 和 $\boldsymbol{L}_3$ 的交点 $\boldsymbol{E}_2$，那么根据配极原则可知，直线 $\boldsymbol{L}_1$ 也经过 $\boldsymbol{L}_3$ 关于圆 $\boldsymbol{C}_1$ 和 $\boldsymbol{C}_2$ 的公共极点，即支撑平面上的无穷远点 $\boldsymbol{V}_{1\infty}$。相似地，可知直线 $\boldsymbol{L}_2$ 也经过无穷远点 $\boldsymbol{V}_{1\infty}$。

若假设直线 $\boldsymbol{L}_3$ 与圆 $\boldsymbol{C}_1$ 的其中一个交点为 $\boldsymbol{D}$，且在该点处的切线为 $\boldsymbol{L}_d$，如图 5.8.2 所示。由圆的性质可知，因为 $\boldsymbol{L}_3$ 是圆 $\boldsymbol{C}_1$ 的一条直径，所以 $\boldsymbol{L}_d\perp\boldsymbol{L}_3$。直线 $\boldsymbol{L}_d$ 也是点 $\boldsymbol{D}$ 关于圆 $\boldsymbol{C}_1$ 的极线，因此，$\boldsymbol{L}_d$ 也经过无穷远点 $\boldsymbol{V}_{1\infty}$。由射影空间的性质可知，$\boldsymbol{L}_d//\boldsymbol{L}_1$，$\boldsymbol{L}_d//\boldsymbol{L}_2$，则有 $\boldsymbol{L}_1\perp\boldsymbol{L}_3$，$\boldsymbol{L}_2\perp\boldsymbol{L}_3$。

**证毕**

2) 恢复圆环点的像和正交消失点

如图 5.8.3 所示，若在支撑平面 $\boldsymbol{\pi}_1$ 上存在两个 SSR 圆 $\boldsymbol{C}_1$ 和 $\boldsymbol{C}_2$，由命题 5.8.1 可知，利用广义特征值分解矩阵对 $(\boldsymbol{C}_1^*,\boldsymbol{C}_2^*)$，$\boldsymbol{C}_1$ 和 $\boldsymbol{C}_2$ 的公共自极三角形的三条边 $\boldsymbol{L}_i(i=1,2,3)$ 能够被获得，其中两条直线 $\boldsymbol{L}_1$ 和 $\boldsymbol{L}_2$ 是相互平行的，且垂直于剩下的边 $\boldsymbol{L}_3$。因此，直线 $\boldsymbol{L}_1$ 和 $\boldsymbol{L}_2$ 相交于无穷远点 $\boldsymbol{V}_{1\infty}$：

$$\lambda_{v1}\boldsymbol{V}_{1\infty}=\boldsymbol{L}_1\times\boldsymbol{L}_2 \tag{5.8.11}$$

其中，$\lambda_{v1}$ 是非零比例因子。

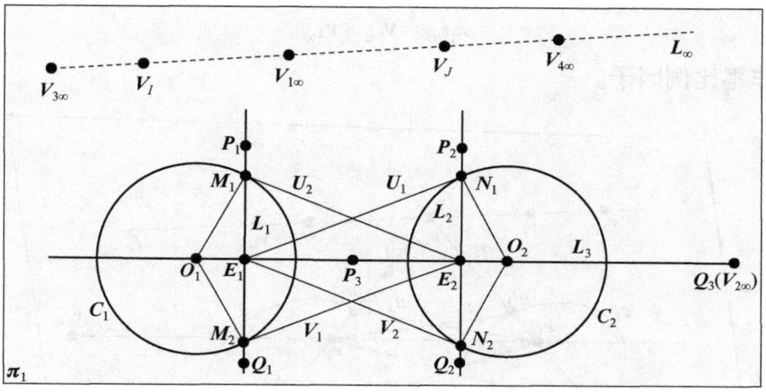


图 5.8.3　基于 SSR 圆模型的平行直线的恢复

由图 5.8.3 可知，直线 $\boldsymbol{L}_1$ 与圆 $\boldsymbol{C}_1$ 有实交点 $\boldsymbol{M}_1$ 和 $\boldsymbol{M}_2$，与圆 $\boldsymbol{C}_2$ 只有复交点。同理，直线 $\boldsymbol{L}_2$ 与圆 $\boldsymbol{C}_2$ 有实交点 $\boldsymbol{N}_1$ 和 $\boldsymbol{N}_2$，与圆 $\boldsymbol{C}_1$ 只有复交点。根据交点的定义可知，点 $\boldsymbol{M}_1$、$\boldsymbol{M}_2$、$\boldsymbol{N}_1$、$\boldsymbol{N}_2$ 可由下面的式子确定：

$$\begin{cases}\boldsymbol{L}_1^{\mathrm{T}}\boldsymbol{x}=0\\ \boldsymbol{x}^{\mathrm{T}}\boldsymbol{C}_1\boldsymbol{x}=0\end{cases} \tag{5.8.12}$$

$$\begin{cases}\boldsymbol{L}_2^{\mathrm{T}}\boldsymbol{x}=0\\ \boldsymbol{x}^{\mathrm{T}}\boldsymbol{C}_2\boldsymbol{x}=0\end{cases} \tag{5.8.13}$$

从两个 SSR 圆的几何性质中可以很容易地观察到性质：等腰三角形 $\boldsymbol{O}_1\boldsymbol{M}_1\boldsymbol{M}_2$ 全等于等腰三角形 $\boldsymbol{O}_2\boldsymbol{N}_1\boldsymbol{N}_2$。此外，不难证明由点 $\boldsymbol{E}_1$ 和 $\boldsymbol{N}_1$ 组成的直线 $\boldsymbol{U}_1$ 平行于由点 $\boldsymbol{E}_2$ 和 $\boldsymbol{M}_2$ 组成的直线 $\boldsymbol{V}_1$。同理，经过两点 $\boldsymbol{E}_2$ 和 $\boldsymbol{M}_1$ 的直线 $\boldsymbol{U}_2$ 与过两点 $\boldsymbol{E}_1$ 和 $\boldsymbol{N}_2$ 的直线 $\boldsymbol{V}_2$ 平行。

由透视投影的不变性可知，在射影变换 $\boldsymbol{C}_2\boldsymbol{C}_1^*$ 到 $\boldsymbol{H}^{\mathrm{T}}\boldsymbol{C}_2\boldsymbol{C}_1^*\boldsymbol{H}^{-\mathrm{T}}$ 下，$(\boldsymbol{C}_1^*,\boldsymbol{C}_1^*)$ 的广义特征值是不变的。如图 5.8.4 所示，在图像平面 $\boldsymbol{\pi}$ 上存在两条二次曲线 $\boldsymbol{c}_1$ 和 $\boldsymbol{c}_2$，代表两个 SSR 圆的像，那么 $\boldsymbol{c}_1$ 和 $\boldsymbol{c}_2$ 的广义特征向量对应于三条直线，分别为 $\boldsymbol{l}_1$、$\boldsymbol{l}_2$、$\boldsymbol{l}_3$。若直线 $\boldsymbol{l}_1$ 与二次曲线 $\boldsymbol{c}_1$ 相交于两点 $\boldsymbol{m}_1$ 和 $\boldsymbol{m}_2$，与直线 $\boldsymbol{l}_3$ 相交于 $\boldsymbol{e}_1$。同理，直线 $\boldsymbol{l}_2$ 与二次曲线 $\boldsymbol{c}_2$ 相交于两点 $\boldsymbol{n}_1$ 和 $\boldsymbol{n}_2$，与直线 $\boldsymbol{l}_3$ 相交于 $\boldsymbol{e}_2$。那么根据上述讨论可知，消失点 $\boldsymbol{v}_{1\infty}$ 可由直线 $\boldsymbol{l}_1$ 和 $\boldsymbol{l}_2$ 确定：

$$\lambda_{v1}\boldsymbol{v}_{1\infty}=\boldsymbol{l}_1\times\boldsymbol{l}_2 \tag{5.8.14}$$

通过连接点$\boldsymbol{e}_1$和$\boldsymbol{n}_1$构成直线$\boldsymbol{u}_1$，连接点$\boldsymbol{e}_2$和$\boldsymbol{m}_2$构成直线$\boldsymbol{v}_1$，那么直线$\boldsymbol{u}_1$和$\boldsymbol{v}_1$的消失点$\boldsymbol{v}_{4\infty}$可以被获得：

$$\lambda_{v4}\boldsymbol{v}_{4\infty}=\boldsymbol{u}_1\times\boldsymbol{v}_1 \tag{5.8.15}$$

其中，$\lambda_{v4}$是非零比例因子。同理，经过点$\boldsymbol{m}_1$和$\boldsymbol{e}_2$的直线$\boldsymbol{u}_2$与经过点$\boldsymbol{e}_1$和$\boldsymbol{n}_2$的直线$\boldsymbol{v}_2$相交于消失点$\boldsymbol{v}_{3\infty}$：

$$\lambda_{v3}\boldsymbol{v}_{3\infty}=\boldsymbol{u}_2\times\boldsymbol{v}_2 \tag{5.8.16}$$

其中，$\lambda_{v3}$是非零比例因子。最后消失线$\boldsymbol{l}_\infty$能够用$\boldsymbol{v}_{1\infty}$和$\boldsymbol{v}_{3\infty}$确定：

$$\lambda_1\boldsymbol{l}_\infty=\boldsymbol{v}_{1\infty}\times\boldsymbol{v}_{3\infty} \tag{5.8.17}$$

其中，$\lambda_1$是非零比例因子。

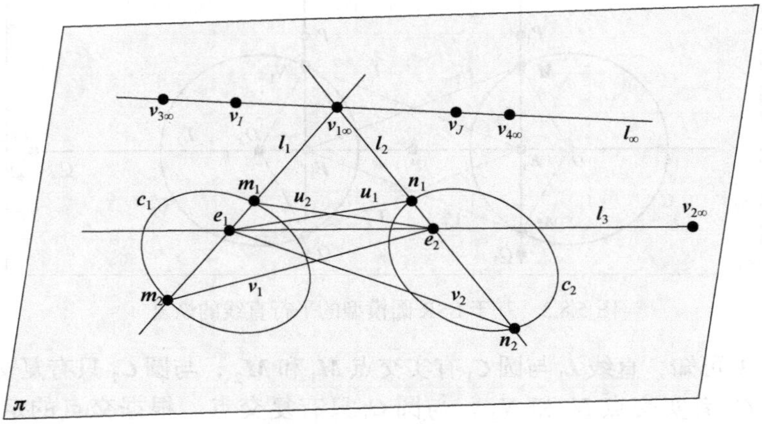


图 5.8.4　恢复消失线的示意图

综上所述，从两个 SSR 圆$\boldsymbol{c}_1$和$\boldsymbol{c}_2$的图像中，通过广义特征值分解能够获得消失线$\boldsymbol{l}_\infty$。

**命题 5.8.2**　若在图像平面$\boldsymbol{\pi}$上存在两个 SSR 圆像$\boldsymbol{c}_1$和$\boldsymbol{c}_2$，那么圆环点的像$\boldsymbol{I}$和$\boldsymbol{J}$可以被获得。

**证明**　由上述讨论可知，一旦识别出两个 SSR 圆的图像$\boldsymbol{c}_1$和$\boldsymbol{c}_2$，就可以得到消失线$\boldsymbol{l}_\infty$。因为消失线$\boldsymbol{l}_\infty$是平面$\boldsymbol{\pi}_1$上无穷远直线的投影，且该平面上任意一个圆都与无穷远直线交于圆环点，所以如图 5.8.4 所示，消失线$\boldsymbol{l}_\infty$与圆像$\boldsymbol{c}_1$相交于圆环点的像$\boldsymbol{I}$和$\boldsymbol{J}$。因此，可以得到以下两个方程：

$$\begin{cases}\boldsymbol{I}_1^{\mathrm{T}}\boldsymbol{c}_1\boldsymbol{I}_1=0\\ \boldsymbol{I}_1^{\mathrm{T}}\boldsymbol{l}_\infty=0\end{cases} \tag{5.8.18}$$

$$\begin{cases}\boldsymbol{J}_1^{\mathrm{T}}\boldsymbol{c}_1\boldsymbol{J}_1=0\\ \boldsymbol{J}_1^{\mathrm{T}}\boldsymbol{l}_\infty=0\end{cases} \tag{5.8.19}$$

同理，圆环点的像 $\boldsymbol{I}$ 和 $\boldsymbol{J}$ 也在圆像 $\boldsymbol{c}_2$ 上，因此，另外两个方程如下：

$$\begin{cases} \boldsymbol{I}_2^{\mathrm{T}} \boldsymbol{c}_2 \boldsymbol{I}_2 = 0 \\ \boldsymbol{I}_2^{\mathrm{T}} \boldsymbol{l}_\infty = 0 \end{cases} \tag{5.8.20}$$

$$\begin{cases} \boldsymbol{J}_2^{\mathrm{T}} \boldsymbol{c}_2 \boldsymbol{J}_2 = 0 \\ \boldsymbol{J}_2^{\mathrm{T}} \boldsymbol{l}_\infty = 0 \end{cases} \tag{5.8.21}$$

理论上，式(5.8.18)～式(5.8.21)有相同的解，但它们可能因噪声而不同。因此，为了得到准确的结果，将解的平均值作为圆环点的像 $\boldsymbol{I}$ 和 $\boldsymbol{J}$，即有

$$\begin{cases} \boldsymbol{I} = \dfrac{\boldsymbol{I}_1 + \boldsymbol{I}_2}{2} \\ \boldsymbol{J} = \dfrac{\boldsymbol{J}_1 + \boldsymbol{J}_2}{2} \end{cases} \tag{5.8.22}$$

**证毕**

如图 5.8.3 所示，因为直线 $\boldsymbol{L}_1$ 和 $\boldsymbol{L}_2$ 正交于直线 $\boldsymbol{L}_3$，那么在 $\boldsymbol{L}_1$ 和 $\boldsymbol{L}_2$ 上的无穷远点 $\boldsymbol{V}_{1\infty}$ 与在 $\boldsymbol{L}_3$ 上的无穷远点 $\boldsymbol{V}_{2\infty}$ 是一组正交无穷远点。根据射影不变性，两条线 $\boldsymbol{l}_1$ 和 $\boldsymbol{l}_2$ 相交于消失点 $\boldsymbol{v}_{1\infty}$，它可以由式(5.8.14)确定，而消失点 $\boldsymbol{v}_{2\infty}$ 可以通过相交消失线 $\boldsymbol{l}_\infty$ 和 $\boldsymbol{l}_3$ 来恢复：

$$\lambda_{v2} \boldsymbol{v}_{2\infty} = \boldsymbol{l}_\infty \times \boldsymbol{l}_3 \tag{5.8.23}$$

其中，$\lambda_{v2}$ 是非零比例因子。

3) 确定绝对二次曲线的像

在射影几何中，圆上的两个特殊点(即圆环点)发挥着至关重要的作用，因为在图像平面上圆环点的像 $\boldsymbol{I}$ 和 $\boldsymbol{J}$ 编码了欧氏结构，且通常用于推导关于绝对二次曲线的像的约束条件，即有

$$\boldsymbol{I}^{\mathrm{T}} \boldsymbol{\omega} \boldsymbol{I} = 0 \tag{5.8.24}$$

和

$$\boldsymbol{J}^{\mathrm{T}} \boldsymbol{\omega} \boldsymbol{J} = 0 \tag{5.8.25}$$

其中，$\boldsymbol{\omega}$ 是绝对二次曲线的像。$\boldsymbol{\omega}$ 是一个 3 阶对称矩阵，只有 5 个自由度。由于圆环点的像 $\boldsymbol{I}$ 和 $\boldsymbol{J}$ 是一组共轭复点，因此，一组圆环点的像 $\boldsymbol{I}$ 和 $\boldsymbol{J}$ 仅仅只能由它们的实部和虚部提供两个关于绝对二次曲线的像的约束，则至少需要三组圆环点的像才能估计 $\boldsymbol{\omega}$。

若在图像平面上给定一组正交方向上的消失点 $\boldsymbol{v}_i$ 和 $\tilde{\boldsymbol{v}}_i$，那么它们关于绝对二次曲线的像是共轭的，即有

$$\boldsymbol{v}_i^{\mathrm{T}} \boldsymbol{\omega} \tilde{\boldsymbol{v}}_i = 0 \tag{5.8.26}$$

因为 $\boldsymbol{\omega}$ 只有 5 个自由度，因此至少需要 5 组正交消失点才能完全估计 $\boldsymbol{\omega}$。但是通常来说，对于一个平面上的所有正交消失点，仅仅只有两组消失点是线性无关的，因此，至少需要三幅图像才能确定 $\boldsymbol{\omega}$。

2. 算法步骤

基于以上分析，下面介绍一种利用两个半径相同的分离圆的射影几何性质标定摄像机内参数的方法。

---

**算法 5.14**　基于两个 SSR 圆的标定方法

**输入：** 在不同的位姿至少拍摄三组两个 SSR 圆的图像后，提取每幅图像上二次曲线的像素坐标

**输出：** 摄像机内参数矩阵 $\boldsymbol{K}$

第一步，打印一张包含两个 SSR 圆的平面模板，并将它贴到较硬的平面上，改变摄像机与模板的相对位置，至少拍摄三幅不同的图片，提取每幅图像上二次曲线的像素坐标；

第二步，利用最小二乘法拟合 SSR 圆像方程；

第三步，根据式(5.8.5)，计算每幅图像上二次曲线对 $(\boldsymbol{c}_{n1},\boldsymbol{c}_{n2})$ 的广义特征向量 $\boldsymbol{l}_{ni}$；

第四步，利用式(5.8.17)获得平面 $\boldsymbol{\pi}_n$ 上的消失线 $\boldsymbol{l}_{n\infty}$；

第五步，根据式(5.8.18)～式(5.8.22)估计 $\boldsymbol{c}_{n1}$ 和 $\boldsymbol{c}_{n2}$ 上的圆环点的像 $\boldsymbol{I}_n$ 和 $\boldsymbol{J}_n$；

第六步，基于极点极线关系，计算两组正交消失点 $\boldsymbol{v}_{n1\infty}$ 和 $\boldsymbol{v}_{n2\infty}$；

第七步，由给定的约束方程式(5.8.24)～式(5.8.26)确定绝对二次曲线的像 $\boldsymbol{\omega}$；

第八步，通过对 $\boldsymbol{\omega}$ 进行 Cholesky 分解和取逆运算得到 $\boldsymbol{K}$。

---

# 第 6 章　平面模板的针孔摄像机标定方法与问题建模

## 6.1　利用三角形模板标定摄像机内参数

**问题：**如图 6.1.1 所示，在一个场景中有一个直角三角形，如教师所用的三角板、汽车的慢行标志、红领巾等，将针孔摄像机放在不同的位置捕获到模板的 3 幅图像，如何求该摄像机的内参数？

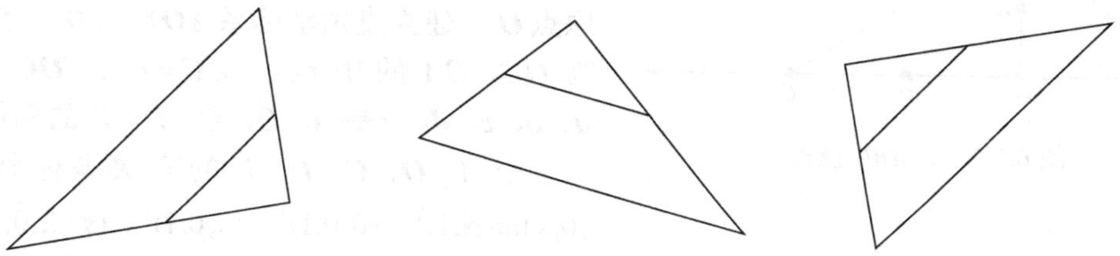

图 6.1.1　直角三角形模板在针孔摄像机下的真实图像

### 6.1.1　利用三角形模板与单应矩阵标定摄像机内参数

1. 摄像机模型

针孔摄像机的内参数矩阵为

$$\boldsymbol{K}=\begin{pmatrix} f_x & s & u_0 \\ 0 & f_y & v_0 \\ 0 & 0 & 1 \end{pmatrix} \tag{6.1.1}$$

其中，$(u_0,v_0,1)^{\mathrm{T}}$ 为主点的齐次坐标；$s$ 为倾斜因子；$f_x,f_y$ 是把摄像机的焦距换算成 $x$ 和 $y$ 方向的像素量纲。问题的数学描述为：已知场景中的一个三角形模板在针孔摄像机位于不同位置下的 3 幅图像，求摄像机的内参数矩阵 $\boldsymbol{K}$ 。

在针孔摄像机模型下，取三角形模板上特定的 5 个点，分别是三角形的两个顶点(三个顶点取两个)，某个边的垂足及垂线的中点，以及垂足所在的边中垂足到任一个顶点的中点。利用这些点的关系求出单应矩阵，最后用单应矩阵求得针孔摄像机内参数。方法如下：得出特定的 5 个点的像，利用这 5 个点求出三角形模板到图像平面上的单应矩阵，根据单应矩阵的两个向量与绝对二次曲线的像的约束关系，可以线性求解摄像机内参数。

2. 建立和求解模型

1) 针孔摄像机的投影模型

设空间中任意一点 $\boldsymbol{M}$ 的世界坐标为 $(X_w,Y_w,Z_w,1)^{\mathrm{T}}$ ，对应于图像平面上的像素点坐

标为 $\boldsymbol{m}=(u,v,1)^{\mathrm{T}}$，则摄像机成像过程为

$$\mu(u,v,1)^{\mathrm{T}}=\boldsymbol{K}(\boldsymbol{R},\boldsymbol{T})(X_w,Y_w,Z_w,1)^{\mathrm{T}} \tag{6.1.2}$$

其中，$\boldsymbol{K}=\begin{pmatrix} f_x & s & u_0 \\ 0 & f_y & v_0 \\ 0 & 0 & 1 \end{pmatrix}$ 为摄像机的内参数矩阵；$\boldsymbol{R}$ 是旋转矩阵；$\boldsymbol{T}$ 是平移向量；$\mu$ 为一个非零比例因子；$(\boldsymbol{R},\boldsymbol{T})$ 称为摄像机的外参数矩阵；$\boldsymbol{P}=\boldsymbol{K}(\boldsymbol{R},\boldsymbol{T})$ 称为投影矩阵。

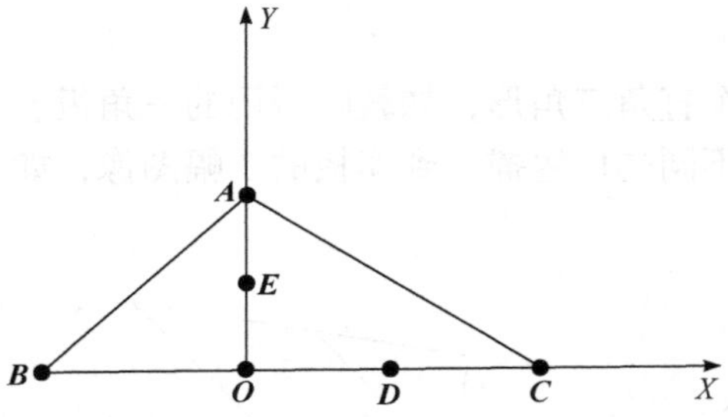

图 6.1.2 △*ABC* 模板

2) 单应矩阵的求解

△*ABC* 是模板平面 $\boldsymbol{\pi}$ 上的任意一个三角形，如图 6.1.2 所示：以三角形的垂足为坐标原点 $\boldsymbol{O}$，建立直角坐标系 *XOY*，$\boldsymbol{D}$、$\boldsymbol{E}$ 分别为 $\boldsymbol{OC}$、$\boldsymbol{OA}$ 的中点，$\angle \boldsymbol{C}=\alpha$，$\boldsymbol{OC}=s$ 且 $\boldsymbol{a}$、$\boldsymbol{o}$、$\boldsymbol{c}$、$\boldsymbol{d}$、$\boldsymbol{e}$ 是 $\boldsymbol{A}$、$\boldsymbol{O}$、$\boldsymbol{C}$、$\boldsymbol{D}$、$\boldsymbol{E}$ 的图像点。

令 $\boldsymbol{A}$、$\boldsymbol{O}$、$\boldsymbol{C}$、$\boldsymbol{D}$、$\boldsymbol{E}$ 的齐次坐标分别为 $(0,s\tan\alpha,1)^{\mathrm{T}}$、$(0,0,1)^{\mathrm{T}}$、$(s,0,1)^{\mathrm{T}}$、$(s/2,0,1)^{\mathrm{T}}$、$(0,s\tan\alpha/2,1)^{\mathrm{T}}$，其中，$\boldsymbol{A}$、$\boldsymbol{O}$、$\boldsymbol{C}$、$\boldsymbol{D}$、$\boldsymbol{E}$ 的射影深度分别为 $\lambda_A$、$\lambda_O$、$\lambda_C$、$\lambda_D$、$\lambda_E$。由欧氏坐标和图像齐次坐标的对应，得到

$$\lambda_E \boldsymbol{o}=\boldsymbol{K}(\boldsymbol{r}_1,\boldsymbol{r}_2,\boldsymbol{T})\begin{pmatrix} 0 \\ 0 \\ 1 \end{pmatrix} \tag{6.1.3}$$

$$\lambda_C \boldsymbol{c}=\boldsymbol{K}(\boldsymbol{r}_1,\boldsymbol{r}_2,\boldsymbol{T})\begin{pmatrix} s \\ 0 \\ 1 \end{pmatrix}=s\boldsymbol{K}\boldsymbol{r}_1+\boldsymbol{K}\boldsymbol{T} \tag{6.1.4}$$

$$\lambda_A \boldsymbol{a}=\boldsymbol{K}(\boldsymbol{r}_1,\boldsymbol{r}_2,\boldsymbol{T})\begin{pmatrix} 0 \\ s\tan\alpha \\ 1 \end{pmatrix}=s\tan\alpha \boldsymbol{K}\boldsymbol{r}_2+\boldsymbol{K}\boldsymbol{T} \tag{6.1.5}$$

$$\begin{cases} \boldsymbol{K}\boldsymbol{r}_1=\dfrac{1}{s}(\lambda_C \boldsymbol{c}-\lambda_E \boldsymbol{o}) \\ \boldsymbol{K}\boldsymbol{r}_2=\dfrac{1}{s\tan\alpha}(\lambda_A a-\lambda_E \boldsymbol{o}) \end{cases} \tag{6.1.6}$$

$$\boldsymbol{H}=\boldsymbol{K}(\boldsymbol{r}_1,\boldsymbol{r}_2,\boldsymbol{T}) \tag{6.1.7}$$

将式(6.1.6)代入式(6.1.7)，可以得到平面 $\boldsymbol{\pi}$ 的单应矩阵 $\boldsymbol{H}$ 为

$$\boldsymbol{H}=\left(\frac{1}{s}(\lambda_C \boldsymbol{c}-\lambda_E \boldsymbol{o}),\frac{1}{s\tan\alpha}(\lambda_A \boldsymbol{a}-\lambda_E \boldsymbol{o}),\lambda_E \boldsymbol{o}\right) \tag{6.1.8}$$

由于$\boldsymbol{O}$、$\boldsymbol{D}$、$\boldsymbol{C}$三点共线，所以有$\boldsymbol{D}=s_1\boldsymbol{O}+s_2\boldsymbol{C}$，将齐次坐标代入可求出

$$\begin{cases}\dfrac{s}{2}=s_2 s\\ 1=s_1+s_2\end{cases}\tag{6.1.9}$$

解得$s_1=s_2=1/2$，即得$\boldsymbol{D}=(1/2)\boldsymbol{O}+(1/2)\boldsymbol{C}$，则其像可满足

$$\lambda_D\boldsymbol{d}=\frac{1}{2}\lambda_E\boldsymbol{o}+\frac{1}{2}\lambda_C\boldsymbol{c}\tag{6.1.10}$$

对式(6.1.10)两边同时叉乘$\boldsymbol{d}$可得

$$\frac{1}{2}(\lambda_E\boldsymbol{o}+\lambda_C\boldsymbol{c})\times\boldsymbol{d}=0\tag{6.1.11}$$

$$\lambda_E(\boldsymbol{o}\times\boldsymbol{d})+\lambda_C(\boldsymbol{c}\times\boldsymbol{d})=0\tag{6.1.12}$$

$$\lambda_C=-\frac{(\boldsymbol{c}\times\boldsymbol{d})^{\mathrm{T}}(\boldsymbol{o}\times\boldsymbol{d})}{(\boldsymbol{c}\times\boldsymbol{d})^{\mathrm{T}}(\boldsymbol{c}\times\boldsymbol{d})}\lambda_E\tag{6.1.13}$$

同理，$\boldsymbol{O}$、$\boldsymbol{E}$、$\boldsymbol{A}$三点共线，可求出

$$\lambda_A=-\frac{(\boldsymbol{a}\times\boldsymbol{e})^{\mathrm{T}}(\boldsymbol{o}\times\boldsymbol{e})}{(\boldsymbol{a}\times\boldsymbol{e})^{\mathrm{T}}(\boldsymbol{a}\times\boldsymbol{e})}\lambda_E\tag{6.1.14}$$

令$\alpha_C=-\dfrac{(\boldsymbol{c}\times\boldsymbol{d})^{\mathrm{T}}(\boldsymbol{o}\times\boldsymbol{d})}{(\boldsymbol{c}\times\boldsymbol{d})^{\mathrm{T}}(\boldsymbol{c}\times\boldsymbol{d})}$，$\alpha_A=-\dfrac{(\boldsymbol{a}\times\boldsymbol{e})^{\mathrm{T}}(\boldsymbol{o}\times\boldsymbol{e})}{(\boldsymbol{a}\times\boldsymbol{e})^{\mathrm{T}}(\boldsymbol{a}\times\boldsymbol{e})}$，则单应矩阵$\boldsymbol{H}$可以表示为

$$\boldsymbol{H}=\frac{\lambda_E}{s}\left((\alpha_C\boldsymbol{c}-\boldsymbol{o}),\frac{1}{\tan\alpha}(\alpha_A\boldsymbol{a}-\boldsymbol{o}),s\boldsymbol{o}\right)\tag{6.1.15}$$

3) 求解单应矩阵对摄像机内参数的约束方程

令单应矩阵$\boldsymbol{H}=(\boldsymbol{h}_1,\boldsymbol{h}_2,\boldsymbol{h}_3)$，其中$\boldsymbol{h}_1$、$\boldsymbol{h}_2$、$\boldsymbol{h}_3$分别为单应矩阵$\boldsymbol{H}$的第 1、2、3 列，$\boldsymbol{H}=(\boldsymbol{h}_1,\boldsymbol{h}_2,\boldsymbol{h}_3)=\lambda\boldsymbol{K}(\boldsymbol{r}_1,\boldsymbol{r}_2,\boldsymbol{T})$，其中$\lambda$为任意非零比例因子。设$\boldsymbol{R}$为世界坐标系到摄像机坐标系的$3\times3$的旋转矩阵，$\boldsymbol{r}_1$、$\boldsymbol{r}_2$为旋转矩阵的前两列，$\boldsymbol{T}$为世界坐标系到摄像机坐标系的$3\times1$的平移向量。由于$\boldsymbol{R}$是一个正交矩阵，所以$\boldsymbol{r}_1$和$\boldsymbol{r}_2$相互正交。由于

$$\begin{cases}\boldsymbol{h}_1^{\mathrm{T}}\boldsymbol{\omega}\boldsymbol{h}_2=0\\ \boldsymbol{h}_1^{\mathrm{T}}\boldsymbol{\omega}\boldsymbol{h}_1=\boldsymbol{h}_2^{\mathrm{T}}\boldsymbol{\omega}\boldsymbol{h}_2\end{cases}\tag{6.1.16}$$

其中，$\boldsymbol{\omega}$为绝对二次曲线的像，又因为$\boldsymbol{H}=\dfrac{\lambda_E}{s}\left((\alpha_C\boldsymbol{c}-\boldsymbol{o}),\dfrac{1}{\tan\alpha}(\alpha_A\boldsymbol{a}-\boldsymbol{o}),s\boldsymbol{o}\right)$，所以有

$$\begin{cases}\boldsymbol{h}_1=\dfrac{\lambda_E}{s}(\alpha_C\boldsymbol{c}-\boldsymbol{o})\\ \boldsymbol{h}_2=\dfrac{\lambda_E}{s\tan\alpha}(\alpha_A\boldsymbol{a}-\boldsymbol{o})\\ \boldsymbol{h}_3=\dfrac{\lambda_E}{s}s\boldsymbol{o}\end{cases}\tag{6.1.17}$$

可以得到关于绝对二次曲线的像 $\boldsymbol{\omega}$ 的两个约束方程：

$$\begin{cases}(\alpha_C \boldsymbol{c}-\boldsymbol{o})^{\mathrm{T}}\boldsymbol{\omega}(\alpha_A \boldsymbol{a}-\boldsymbol{o})=0 \\ (\alpha_C \boldsymbol{c}-\boldsymbol{o})^{\mathrm{T}}\boldsymbol{\omega}(\alpha_C \boldsymbol{c}-\boldsymbol{o})=\left(\dfrac{1}{\tan\alpha}\right)^2(\alpha_A \boldsymbol{a}-\boldsymbol{o})^{\mathrm{T}}\boldsymbol{\omega}(\alpha_A \boldsymbol{a}-\boldsymbol{o})\end{cases} \tag{6.1.18}$$

4) 恢复摄像机内参数

在射影变换下，绝对二次曲线的像为二次曲线 $\boldsymbol{\omega}=\boldsymbol{K}^{-\mathrm{T}}\boldsymbol{K}^{-1}$。圆环点 $\boldsymbol{I}=(1,i,0,0)^{\mathrm{T}}$，$\boldsymbol{J}=(1,-i,0,0)^{\mathrm{T}}$ 是绝对二次曲线上的点，因此圆环点的图像点 $\boldsymbol{m}_I=\boldsymbol{v}_r+i\boldsymbol{v}_i$，$\boldsymbol{m}_J=\boldsymbol{v}_r-i\boldsymbol{v}_i$ 是绝对二次曲线的像 $\boldsymbol{\omega}=\boldsymbol{K}^{-\mathrm{T}}\boldsymbol{K}^{-1}$ 上的点，其中 $\boldsymbol{v}_r$、$\boldsymbol{v}_i$ 为实数。故可得到

$$\boldsymbol{m}_I^{\mathrm{T}}\boldsymbol{K}^{-\mathrm{T}}\boldsymbol{K}^{-1}\boldsymbol{m}_I=0,\ \boldsymbol{m}_J^{\mathrm{T}}\boldsymbol{K}^{-\mathrm{T}}\boldsymbol{K}^{-1}\boldsymbol{m}_J=0 \tag{6.1.19}$$

因为 $\boldsymbol{I},\boldsymbol{J}$ 是一对共轭点，则式(6.1.19)等价于

$$\mathrm{Re}(\boldsymbol{m}_I^{\mathrm{T}}\boldsymbol{\omega}\boldsymbol{m}_I)=0,\ \mathrm{Im}(\boldsymbol{m}_J^{\mathrm{T}}\boldsymbol{\omega}\boldsymbol{m}_J)=0 \tag{6.1.20}$$

由 $\boldsymbol{\omega}$ 的对称性可得

$$\begin{cases}\boldsymbol{v}_r^{\mathrm{T}}\boldsymbol{\omega}\boldsymbol{v}_i=0 \\ \boldsymbol{v}_r^{\mathrm{T}}\boldsymbol{\omega}\boldsymbol{v}_r-\boldsymbol{v}_i^{\mathrm{T}}\boldsymbol{\omega}\boldsymbol{v}_i=0\end{cases} \tag{6.1.21}$$

即可得到

$$(1,0,0)\boldsymbol{H}^{\mathrm{T}}\boldsymbol{\omega}\boldsymbol{H}\begin{pmatrix}1\\0\\0\end{pmatrix}-(0,1,0)\boldsymbol{H}^{\mathrm{T}}\boldsymbol{\omega}\boldsymbol{H}\begin{pmatrix}0\\1\\0\end{pmatrix}=0 \tag{6.1.22}$$

$$(1,0,0)\boldsymbol{H}^{\mathrm{T}}\boldsymbol{\omega}\boldsymbol{H}\begin{pmatrix}0\\1\\0\end{pmatrix}=0 \tag{6.1.23}$$

$$\begin{cases}(a_C \boldsymbol{c}-\boldsymbol{o})^{\mathrm{T}}\boldsymbol{\omega}(a_A \boldsymbol{a}-\boldsymbol{o})=0 \\ (a_C \boldsymbol{c}-\boldsymbol{o})^{\mathrm{T}}\boldsymbol{\omega}(a_C \boldsymbol{c}-\boldsymbol{o})-\left(\dfrac{1}{\tan\alpha}\right)^2(a_A \boldsymbol{a}-\boldsymbol{o})^{\mathrm{T}}\boldsymbol{\omega}(a_A \boldsymbol{a}-\boldsymbol{o})=0\end{cases} \tag{6.1.24}$$

一幅图像可以得到以上两个对 $\boldsymbol{\omega}$ 的约束方程，因此从三个不同方向拍摄模板的三幅图像，可以得到 $\boldsymbol{\omega}$ 的六个约束，则可以线性求解出绝对二次曲线的像 $\boldsymbol{\omega}$。再对 $\boldsymbol{\omega}$ 进行 Cholesky 分解后求逆，可恢复摄像机内参数矩阵 $\boldsymbol{K}$。

3. 算法步骤

基于以上分析，下面介绍利用三角形模板与单应矩阵的摄像机线性标定方法。

**算法 6.1**　基于单应矩阵 $\boldsymbol{H}$ 的摄像机标定方法

**输入：**不同摄像机位姿拍摄的三幅含有直角三角形的图像

**输出：** 摄像机内参数矩阵 $\boldsymbol{K}$

第一步，打印一张包含直角三角形的平面模板，并把它贴到硬的平面上；

第二步，将摄像机放在不同位置获取三幅标定模板的图像；

第三步，用 Canny 算子检测边缘点，得到模板的五个特定点，分别是三角形的两个顶点，某个边的垂足及垂线的中点，以及垂足所在的边中垂足到任一个顶点的中点；

第四步，由式(6.1.17)求出单应矩阵 $\boldsymbol{H}$；

第五步，利用式(6.1.24)求解绝对二次曲线的像 $\boldsymbol{\omega}$；

第六步，对 $\boldsymbol{\omega}$ 进行 Cholesky 分解后再求逆，得到 $\boldsymbol{K}$。

### 6.1.2 利用等边三角形模板标定摄像机内参数

1. 摄像机模型

空间中任一点 $\boldsymbol{P}$ 在世界坐标系中的齐次坐标为 $\boldsymbol{P}=(x_w,y_w,z_w,1)^{\mathrm{T}}$，该点在图像坐标系中的齐次坐标为 $\boldsymbol{p}=(u,v,1)^{\mathrm{T}}$，由坐标变换和透视投影知识可得

$$\mu\begin{pmatrix}u\\v\\1\end{pmatrix}=\begin{pmatrix}f_x & s & u_0\\0 & f_y & v_0\\0 & 0 & 1\end{pmatrix}(\boldsymbol{R},\boldsymbol{T})\begin{pmatrix}x_w\\y_w\\z_w\\1\end{pmatrix}=\boldsymbol{K}(\boldsymbol{R},\boldsymbol{T})\begin{pmatrix}x_w\\y_w\\z_w\\1\end{pmatrix} \tag{6.1.25}$$

其中，$\boldsymbol{K}$ 为摄像机内参数矩阵；$s$ 为畸变因子；$f_x,f_y$ 为在图像平面 $u$ 轴和 $v$ 轴方向上像点的物理坐标到图像像素坐标的比例系数；$(u_0,v_0)^{\mathrm{T}}$ 是光轴与图像平面交点的图像坐标；$\boldsymbol{R}$ 是一个 $3\times3$ 的单位正交的旋转矩阵；$\boldsymbol{T}$ 是一个平移向量。

2. 求解圆环点的像以及内参数

根据上面的分析以及数学描述，首先对等边三角形做三条垂线，其次根据三角形的三线合一以及调和共轭和调和射影求出图像平面上的消失点，最后根据拉盖尔定理以及求出的消失点坐标得出圆环点的像。

1) 求解消失点

如图 6.1.3 所示，等边三角形 $\boldsymbol{ABC}$ 中 $\boldsymbol{BC}$、$\boldsymbol{AC}$、$\boldsymbol{AB}$ 边上中点分别 $\boldsymbol{D}$、$\boldsymbol{E}$、$\boldsymbol{F}$，无穷远点分别为 $\boldsymbol{P}_{3\infty}$、$\boldsymbol{P}_{2\infty}$、$\boldsymbol{P}_{1\infty}$；设 $\boldsymbol{A}$、$\boldsymbol{B}$、$\boldsymbol{C}$、$\boldsymbol{D}$、$\boldsymbol{E}$、$\boldsymbol{F}$、$\boldsymbol{P}_{3\infty}$、$\boldsymbol{P}_{2\infty}$、$\boldsymbol{P}_{1\infty}$ 在图像平面上所对应的点分别为 $\boldsymbol{a}$、$\boldsymbol{b}$、$\boldsymbol{c}$、$\boldsymbol{d}$、$\boldsymbol{e}$、$\boldsymbol{f}$、$\boldsymbol{p}_1$、$\boldsymbol{p}_2$、$\boldsymbol{p}_3$，如图 6.1.4 所示，设它们的坐标分别为 $\boldsymbol{m}_a=(u_a,v_a)^{\mathrm{T}}$、$\boldsymbol{m}_b=(u_b,v_b)^{\mathrm{T}}$、$\boldsymbol{m}_c=(u_c,v_c)^{\mathrm{T}}$、$\boldsymbol{m}_d=(u_d,v_d)^{\mathrm{T}}$、$\boldsymbol{m}_e=(u_e,v_e)^{\mathrm{T}}$、$\boldsymbol{m}_f=(u_f,v_f)^{\mathrm{T}}$、$\boldsymbol{p}_1=(u_{p1},v_{p1})^{\mathrm{T}}$、$\boldsymbol{p}_2=(u_{p2},v_{p2})^{\mathrm{T}}$、$\boldsymbol{p}_3=(u_{p3},v_{p3})^{\mathrm{T}}$。

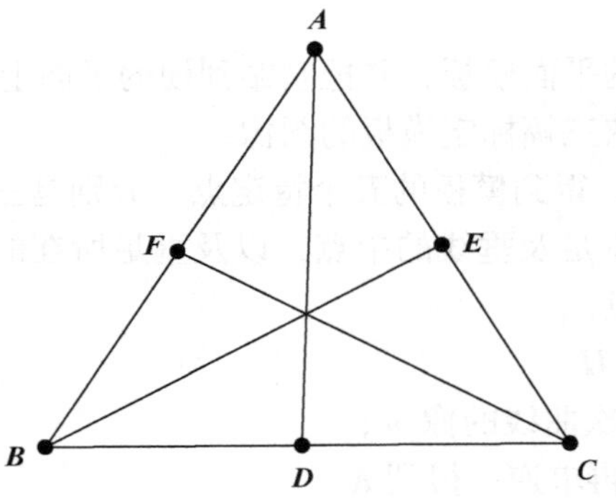


图 6.1.3　等边三角形模板

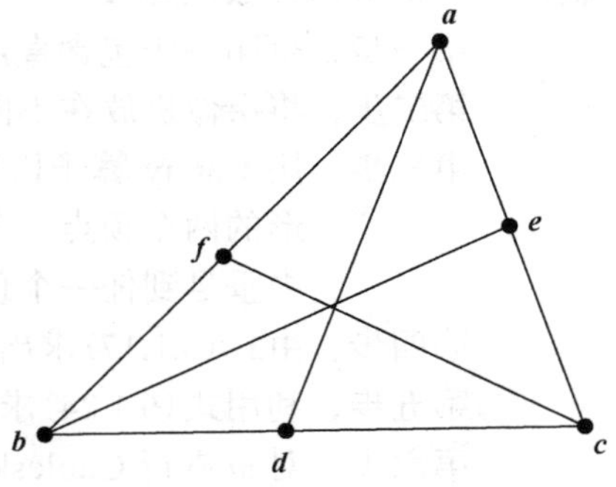


图 6.1.4　等边三角形模板的像

对于等边三角形 $\boldsymbol{ABC}$ 的一条边 $\boldsymbol{AB}$，$\boldsymbol{F}$ 是其中点，由射影几何中的调和共轭性质，可得式(6.1.26)的第一个等式。边 $\boldsymbol{AB}$ 与直线 $\boldsymbol{AP}_{1\infty}$ 共线，则可得式(6.1.26)的第二个等式。进而由等边三角形的三条边就能得到三个等式。

$$\begin{cases}\dfrac{\boldsymbol{m}_a\boldsymbol{m}_f}{\boldsymbol{m}_b\boldsymbol{m}_f}\cdot\dfrac{\boldsymbol{m}_b\boldsymbol{p}_1}{\boldsymbol{m}_a\boldsymbol{p}_1}=-1\\ \boldsymbol{m}_a\boldsymbol{m}_b\times\boldsymbol{m}_a\boldsymbol{p}_1=0\end{cases}\tag{6.1.26}$$

$$\begin{cases}\dfrac{\boldsymbol{m}_a\boldsymbol{m}_e}{\boldsymbol{m}_c\boldsymbol{m}_e}\cdot\dfrac{\boldsymbol{m}_c\boldsymbol{p}_2}{\boldsymbol{m}_a\boldsymbol{p}_2}=-1\\ \boldsymbol{m}_a\boldsymbol{m}_c\times\boldsymbol{m}_a\boldsymbol{p}_2=0\end{cases}\tag{6.1.27}$$

$$\begin{cases}\dfrac{\boldsymbol{m}_b\boldsymbol{m}_d}{\boldsymbol{m}_c\boldsymbol{m}_d}\cdot\dfrac{\boldsymbol{m}_c\boldsymbol{p}_3}{\boldsymbol{m}_b\boldsymbol{p}_3}=-1\\ \boldsymbol{m}_b\boldsymbol{m}_c\times\boldsymbol{m}_b\boldsymbol{p}_3=0\end{cases}\tag{6.1.28}$$

对于式(6.1.26)～式(6.1.28)的第一个等式，可以将横坐标代入得到消失点的横坐标，对于它们的第二个等式，用纵坐标代入得到消失点的纵坐标，进而得到三个消失点的坐标。

2）求解圆环点的像

设圆环点的像 $\boldsymbol{m}_I=(x_r+x_i i,y_r+y_i i)^{\mathrm{T}}$，$\boldsymbol{m}_J=(x_r-x_i i,y_r-y_i i)^{\mathrm{T}}$，其中，$x_r$、$x_i$、$y_r$ 和 $y_i$ 为实数。在三角形 $\boldsymbol{ABC}$ 所在平面上，以点 $\boldsymbol{A}$ 为顶点的两条非迷向直线为 $\boldsymbol{l}_{AB},\boldsymbol{l}_{AC}$，两条迷向直线为 $\boldsymbol{l}_i,\boldsymbol{l}_j$，根据 1.6.4 节的拉盖尔定理可以得到

$$\begin{cases}\dfrac{(x_r+x_i i)-u_{p1}}{(x_r+x_i i)-u_{p2}}\cdot\dfrac{(x_r-x_i i)-u_{p2}}{(x_r-x_i i)-u_{p1}}=\cos\dfrac{2\pi}{3}+i\sin\dfrac{2\pi}{3}\\ \dfrac{(y_r+y_i i)-v_{p1}}{(y_r+y_i i)-v_{p2}}\cdot\dfrac{(y_r-y_i i)-v_{p2}}{(y_r-y_i i)-v_{p1}}=\cos\dfrac{2\pi}{3}+i\sin\dfrac{2\pi}{3}\end{cases}\tag{6.1.29}$$

其中，等边三角形的夹角为 $\dfrac{\pi}{3}$，$\mathrm{e}^{2i\frac{\pi}{3}}=\mathrm{e}^{\frac{2\pi}{3}i}=\cos\frac{2\pi}{3}+i\sin\frac{2\pi}{3}$。在式(6.1.29)中，等式两边

实、虚部相等，通过化简可以得到以下两个方程：

$$\begin{cases}\sqrt{3}(x_r{}^2 + x_i{}^2) - \sqrt{3}(u_{p1} + u_{p2})x_r - (u_{p1} - u_{p2})x_i = -\sqrt{3}u_{p1}u_{p2} \\ \sqrt{3}(y_r{}^2 + y_i{}^2) - \sqrt{3}(v_{p1} + v_{p2})y_r - (v_{p1} - v_{p2})y_i = -\sqrt{3}v_{p1}v_{p2}\end{cases} \tag{6.1.30}$$

按照同上的方法，由等边三角形边 $\boldsymbol{BC}$ 、$\boldsymbol{AC}$ 可以得出另外两组式子：

$$\begin{cases}\sqrt{3}(x_r{}^2 + x_i{}^2) - \sqrt{3}(u_{p2} + u_{p3})x_r - (u_{p2} - u_{p3})x_i = -\sqrt{3}u_{p2}u_{p3} \\ \sqrt{3}(y_r{}^2 + y_i{}^2) - \sqrt{3}(v_{p2} + v_{p3})y_r - (v_{p2} - v_{p3})y_i = -\sqrt{3}v_{p2}v_{p3}\end{cases} \tag{6.1.31}$$

$$\begin{cases}\sqrt{3}(x_r{}^2 + x_i{}^2) - \sqrt{3}(u_{p3} + u_{p1})x_r - (u_{p3} - u_{p1})x_i = -\sqrt{3}u_{p3}u_{p1} \\ \sqrt{3}(y_r{}^2 + y_i{}^2) - \sqrt{3}(v_{p3} + v_{p1})y_r - (v_{p3} - v_{p1})y_i = -\sqrt{3}v_{p3}v_{p1}\end{cases} \tag{6.1.32}$$

联合式(6.1.30)～式(6.1.32)，可以求解出平面圆环点的(虚)像坐标。

3) 建立圆环点的像与摄像机内参数的约束

$\boldsymbol{\omega} = \boldsymbol{K}^{-\mathrm{T}}\boldsymbol{K}^{-1}$ 是绝对二次曲线的像，它可由对称矩阵的形式表示：

$$\boldsymbol{\omega} = \begin{pmatrix}\omega_{11} & \omega_{12} & \omega_{13} \\ \omega_{12} & \omega_{22} & \omega_{23} \\ \omega_{13} & \omega_{23} & \omega_{33}\end{pmatrix}$$

根据 2.4.2 节，可以知道一组圆环点可以得到两个方程式。$\boldsymbol{\omega}$ 有 5 个自由度，如果从图像中获得 3 组圆环点就可以得到 6 个方程，将这些方程联立就能解出 $\boldsymbol{\omega}$，因此至少需要三幅图像。对 $\boldsymbol{\omega}$ 进行 Cholesky 分解后再求逆，便能得到摄像机内参数矩阵 $\boldsymbol{K}$ 。

### 3. 算法步骤

基于以上分析，下面介绍一种利用等边三角形三条垂线标定摄像机的方法。

---

**算法 6.2**　基于等边三角形模板的摄像机标定方法

**输入：** 拍摄的三幅等边三角形的图像，以及等边三角形的三条垂线

**输出：** 摄像机内参数矩阵 $\boldsymbol{K}$

第一步，将摄像机放在不同位置获取三幅标定模板的图像；

第二步，对三幅图像中的等边三角形分别做中线以及假设等边三角形各个点的世界坐标；

第三步，利用摄像机模型得出等边三角形各个点的摄像机坐标并对坐标进行齐次化；

第四步，根据式(6.1.26)～式(6.1.28)求解消失点坐标；

第五步，根据式(6.1.30)～式(6.1.32)求解圆环点的像坐标；

第六步，根据圆环点的像 $\boldsymbol{m}_I$、$\boldsymbol{m}_J$ 得到绝对二次曲线的像的约束；

第七步，利用基础知识计算 $\boldsymbol{\omega}$，对其进行 Cholesky 分解后再求逆，得到 $\boldsymbol{K}$ 值。

---

6.2-视频

## 6.2　利用棋盘格标定摄像机内参数

**问题：**如图 6.2.1 所示，将一个棋盘格放置在场景中，如何使用针孔摄像机拍摄的图像来进行摄像机内参数标定？

### 1. 数学描述

针孔摄像机的内参数矩阵为

$$\boldsymbol{K}=\begin{pmatrix} f_x & s & u_0 \\ 0 & f_y & v_0 \\ 0 & 0 & 1 \end{pmatrix} \tag{6.2.1}$$

其中，$(u_0,v_0)^{\mathrm{T}}$是像素量纲表示的主点；$s$称为倾斜因子；$f_x,f_y$为把摄像机的焦距换算成$x$和$y$方向的像素量纲。标定模板为图 6.2.2 所示的棋盘格，问题的数学描述为：已知利用针孔摄像机拍摄的标定模板的像，利用至少三幅图像求解摄像机内参数矩阵$\boldsymbol{K}$。

图 6.2.1　摄像机拍摄的棋盘格图像

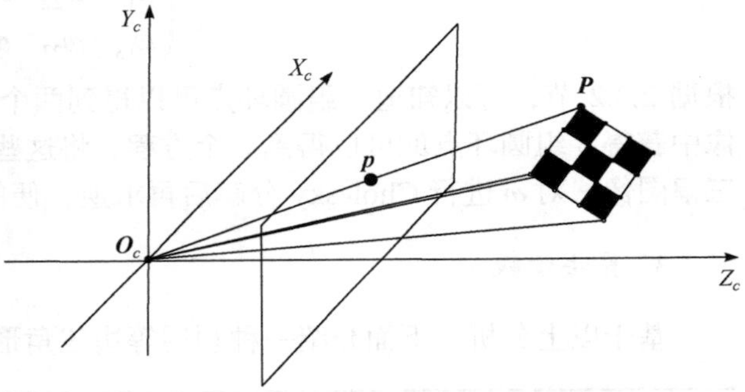


图 6.2.2　棋盘格投影模型图

### 2. 问题分析

在针孔摄像机模型下，摄像机拍摄模板得到的棋盘格的像包含众多角点的信息，通过提取图像点的像素坐标，可以求解单应矩阵，再通过分解单应矩阵，即可使用图像线性求解摄像机内参数。

### 3. 建立模型

1) 单应矩阵

棋盘格的世界坐标系和图像坐标系下的坐标映射关系为

$$\mu\begin{pmatrix} u \\ v \\ 1 \end{pmatrix}=\begin{pmatrix} f_x & s & u_0 \\ 0 & f_y & v_0 \\ 0 & 0 & 1 \end{pmatrix}(\boldsymbol{r}_1,\boldsymbol{r}_2,\boldsymbol{r}_3,\boldsymbol{T})\begin{pmatrix} x_w \\ y_w \\ z_w \\ 1 \end{pmatrix} \tag{6.2.2}$$

不失一般性，将世界坐标系设置在棋盘格平面上，即令棋盘格平面为 $Z_w = 0$ 的平面，则可得

$$\mu\begin{pmatrix}u\\v\\1\end{pmatrix}=\begin{pmatrix}f_x & s & u_0\\0 & f_y & v_0\\0 & 0 & 1\end{pmatrix}(\boldsymbol{r}_1,\boldsymbol{r}_2,\boldsymbol{T})\begin{pmatrix}x_w\\y_w\\1\end{pmatrix} \tag{6.2.3}$$

此处，引入一个概念：单应变换，可以简单地理解为用来描述物体在世界坐标系和图像坐标系之间的位置映射关系。对应的变换矩阵称为单应矩阵，在上述式子中，单应矩阵定义为

$$\boldsymbol{H}=\lambda\begin{pmatrix}f_x & s & u_0\\0 & f_y & v_0\\0 & 0 & 1\end{pmatrix}(\boldsymbol{r}_1,\boldsymbol{r}_2,\boldsymbol{T})=\lambda\boldsymbol{K}(\boldsymbol{r}_1,\boldsymbol{r}_2,\boldsymbol{T}) \tag{6.2.4}$$

其中，$\lambda$ 为非零比例因子；$\boldsymbol{K}$ 是内参数矩阵：

$$\boldsymbol{K}=\begin{pmatrix}f_x & s & u_0\\0 & f_y & v_0\\0 & 0 & 1\end{pmatrix} \tag{6.2.5}$$

2) 计算单应矩阵

假设图像中角点的图像坐标和世界坐标的齐次表示 $(x',y',1)^{\mathrm{T}}$ 和 $(x,y,1)^{\mathrm{T}}$，单应矩阵 $\boldsymbol{H}$ 定义为

$$\boldsymbol{H}=\begin{pmatrix}h_{11} & h_{12} & h_{13}\\h_{21} & h_{22} & h_{23}\\h_{31} & h_{32} & h_{33}\end{pmatrix} \tag{6.2.6}$$

则有

$$\begin{pmatrix}x'\\y'\\1\end{pmatrix}\sim\begin{pmatrix}h_{11} & h_{12} & h_{13}\\h_{21} & h_{22} & h_{23}\\h_{31} & h_{32} & h_{33}\end{pmatrix}\begin{pmatrix}x\\y\\1\end{pmatrix} \tag{6.2.7}$$

其中，“～”表示在相差一个比例因子的情况下相等，矩阵展开后有 3 个等式，将第 3 个等式代入前两个等式中可以得到

$$\begin{cases}x'=\dfrac{h_{11}x+h_{12}y+h_{13}}{h_{31}x+h_{32}y+h_{33}}\\[2ex] y'=\dfrac{h_{21}x+h_{22}y+h_{23}}{h_{31}x+h_{32}y+h_{33}}\end{cases} \tag{6.2.8}$$

即一个点对对应两个等式。因为这里使用的是齐次坐标，也就是说可以进行任意尺度的缩放，例如，把 $h_{ij}(i,j=1,2,3)$ 乘以任何一个非零常数 $k$ 并不改变等式结果，所以单应矩阵 $\boldsymbol{H}$ 一共有 8 个自由度。在 8 自由度下的单应矩阵 $\boldsymbol{H}$ 的计算有两种方法。

第一种方法：直接设置 $h_{33}=1$，那么式(6.2.8)就变为

$$\begin{cases} x' = \dfrac{h_{11}x + h_{12}y + h_{13}}{h_{31}x + h_{32}y + 1} \\ y' = \dfrac{h_{21}x + h_{22}y + h_{23}}{h_{31}x + h_{32}y + 1} \end{cases} \tag{6.2.9}$$

第二种方法：对 $\boldsymbol{H}$ 添加约束条件，将 $\boldsymbol{H}$ 矩阵的 F-范数设为 1，即 $\|\boldsymbol{H}\|=1$，如下：

$$\begin{cases} x' = \dfrac{h_{11}x + h_{12}y + h_{13}}{h_{31}x + h_{32}y + h_{33}} \\ y' = \dfrac{h_{21}x + h_{22}y + h_{23}}{h_{31}x + h_{32}y + h_{33}} \\ h_{11}^2 + h_{12}^2 + h_{13}^2 + h_{21}^2 + h_{22}^2 + h_{23}^2 + h_{31}^2 + h_{32}^2 + h_{33}^2 = 1 \end{cases} \tag{6.2.10}$$

以第二种方法(用第一种方法也类似)为例继续推导，将式(6.2.10)的前两式乘分母展开，得到

$$\begin{cases} (h_{31}x + h_{32}y + h_{33})x' = h_{11}x + h_{12}y + h_{13} \\ (h_{31}x + h_{32}y + h_{33})y' = h_{21}x + h_{22}y + h_{23} \end{cases} \tag{6.2.11}$$

整理，得到

$$\begin{cases} h_{11}x + h_{12}y + h_{13} - h_{31}xx' - h_{32}yx' - h_{33}x' = 0 \\ h_{21}x + h_{22}y + h_{23} - h_{31}xy' - h_{32}yy' - h_{33}y' = 0 \end{cases} \tag{6.2.12}$$

假设得到了对应的 $N$ 个点对，那么可以得到如下方程组：

$$\begin{pmatrix} x_1 & y_1 & 1 & 0 & 0 & 0 & -x_1x_1' & -y_1x_1' & -x_1' \\ 0 & 0 & 0 & x_1 & y_1 & 1 & -x_1y_1' & -y_1y_1' & -y_1' \\ \vdots & \vdots & \vdots & \vdots & \vdots & \vdots & \vdots & \vdots & \vdots \\ 0 & 0 & 0 & x_n & y_n & 1 & -x_ny_1' & -y_ny_n' & -y_n' \end{pmatrix} \begin{pmatrix} h_{11} \\ h_{12} \\ h_{13} \\ h_{21} \\ h_{22} \\ h_{23} \\ h_{31} \\ h_{32} \\ h_{33} \end{pmatrix} = \begin{pmatrix} 0 \\ 0 \\ 0 \\ 0 \\ 0 \\ 0 \\ 0 \\ \vdots \\ 0 \end{pmatrix} \tag{6.2.13}$$

简写为矩阵形式：

$$\overset{2N\times 9}{\boldsymbol{A}}\ \overset{9\times 1}{\boldsymbol{h}} = \overset{2N\times 1}{\boldsymbol{0}} \tag{6.2.14}$$

由于单应矩阵 $\boldsymbol{H}$ 包含了 $\|\boldsymbol{H}\|=1$ 约束，因此根据上面的线性方程组，八自由度的 $\boldsymbol{H}$ 至少需要 4 对对应的点才能计算。也就是说对于单张标定图片，必须至少提取出来 4 个特征点，实际使用的棋盘格远多于这个值，因此会有优化效果。

但是，以上只是理论推导，在真实的应用场景中，计算的点对中都会包含噪声，如

点的位置偏差几像素，甚至出现特征点错误匹配的情况，如果只使用 4 个点对来计算单应矩阵会出现很大的误差。因此，为了使计算更精确，一般会使用远大于 4 个点对来计算单应矩阵。另外，上述方程组采用直接线性解法通常很难得到最优解，所以实际使用中一般会用其他优化方法，如奇异值分解和 LM (Levenberg-Marquarat) 等算法进行求解。

3) 计算内参数

已知单应矩阵 $\boldsymbol{H}$ 是内参数矩阵和外参数矩阵的混合体，目标是分别获得内参数和外参数。先求内参数是更容易的，因为每幅图片的内参数都是固定的，而外参数是变化的。得到内参数后，图片的外参数也就随之解出了。

求解内参数的思路是利用旋转向量的约束关系，为了利用旋转向量的约束关系，先把单应矩阵 $\boldsymbol{H}$ 分块为 3 个列向量，即

$$\boldsymbol{H}=(\boldsymbol{h}_1,\boldsymbol{h}_2,\boldsymbol{h}_3) \tag{6.2.15}$$

则有

$$\boldsymbol{H}=(\boldsymbol{h}_1,\boldsymbol{h}_2,\boldsymbol{h}_3)=\lambda\boldsymbol{K}(\boldsymbol{r}_1,\boldsymbol{r}_2,\boldsymbol{T}) \tag{6.2.16}$$

按照元素对应关系可以得到

$$\begin{aligned}&\boldsymbol{h}_1=\lambda\boldsymbol{K}\boldsymbol{r}_1 \qquad \boldsymbol{r}_1=\gamma\boldsymbol{K}^{-1}\boldsymbol{h}_1\\&\boldsymbol{h}_2=\lambda\boldsymbol{K}\boldsymbol{r}_2 \text{ 或 } \boldsymbol{r}_2=\gamma\boldsymbol{K}^{-1}\boldsymbol{h}_2\ (\lambda=\gamma^{-1})\\&\boldsymbol{h}_3=\lambda\boldsymbol{K}\boldsymbol{T} \qquad \boldsymbol{T}=\gamma\boldsymbol{K}^{-1}\boldsymbol{h}_3\end{aligned} \tag{6.2.17}$$

由于旋转向量是相互正交的，利用正交性可知每个单应矩阵提供两个约束条件。

约束条件 1：旋转向量点乘为 0（两垂直平面上的旋转向量互相垂直），即

$$\boldsymbol{r}_1^{\mathrm{T}}\boldsymbol{r}_2=0 \tag{6.2.18}$$

约束条件 2：旋转向量模为 1。即

$$\|\boldsymbol{r}_1\|=\|\boldsymbol{r}_2\|=1 \tag{6.2.19}$$

记矩阵 $\boldsymbol{B}$ 为

$$\begin{aligned}\boldsymbol{B}&=\boldsymbol{K}^{-\mathrm{T}}\boldsymbol{K}^{-1}\\&=\begin{pmatrix}\dfrac{1}{f_x^2} & -\dfrac{s}{f_x^2f_y} & \dfrac{y_0s-x_0f_y}{f_x^2f_y}\\ -\dfrac{s}{f_x^2f_y} & \dfrac{s^2}{f_x^2f_y^2}+\dfrac{1}{f_y^2} & -s\dfrac{y_0s-x_0f_y}{f_x^2f_y^2}-\dfrac{y_0}{f_y^2}\\ \dfrac{y_0s-x_0f_y}{f_x^2f_y} & -s\dfrac{y_0s-x_0f_y}{f_x^2f_y^2}-\dfrac{y_0}{f_y^2} & \dfrac{y_0s-x_0f_y}{f_x^2f_y^2}+\dfrac{y_0^2}{f_y^2}+1\end{pmatrix}\\&=\begin{pmatrix}B_{11} & B_{12} & B_{13}\\ B_{21} & B_{22} & B_{23}\\ B_{31} & B_{32} & B_{33}\end{pmatrix}\end{aligned} \tag{6.2.20}$$

显然 $\boldsymbol{B}$ 为对称矩阵，独立的元素只有 5 个。把 $\boldsymbol{B}$ 分别代入式(6.2.18)和式(6.2.19)可以

得到

$$\begin{cases} \boldsymbol{h}_1^{\mathrm{T}} \boldsymbol{B} \boldsymbol{h}_2 = 0 \\ \boldsymbol{h}_1^{\mathrm{T}} \boldsymbol{B} \boldsymbol{h}_1 = \boldsymbol{h}_2^{\mathrm{T}} \boldsymbol{B} \boldsymbol{h}_2 \end{cases} \tag{6.2.21}$$

单应矩阵的第 $i$ 列列向量记为

$$\boldsymbol{h}_i = (h_{i1}, h_{i2}, h_{i3})^{\mathrm{T}} \tag{6.2.22}$$

将式(6.2.22)代入式(6.2.21)得到

$$\boldsymbol{h}_i^{\mathrm{T}} \boldsymbol{B} \boldsymbol{h}_j = \boldsymbol{v}_{ij}^{\mathrm{T}} \boldsymbol{B} \tag{6.2.23}$$

为了简化表达形式，令

$$\boldsymbol{v}_{ij} = \begin{pmatrix} h_{i1}h_{j1} \\ h_{i1}h_{j2} + h_{i2}h_{j1} \\ h_{i2}h_{j2} \\ h_{i3}h_{j1} + h_{i1}h_{j3} \\ h_{i3}h_{j2} + h_{i2}h_{j3} \\ h_{i3}h_{j3} \end{pmatrix}, \quad \boldsymbol{b} = \begin{pmatrix} B_{11} \\ B_{12} \\ B_{13} \\ B_{22} \\ B_{23} \\ B_{33} \end{pmatrix} \tag{6.2.24}$$

则有

$$\boldsymbol{h}_i^{\mathrm{T}} \boldsymbol{B} \boldsymbol{h}_j = \boldsymbol{v}_{ij}^{\mathrm{T}} \boldsymbol{b} \tag{6.2.25}$$

因此，两个约束可以转化为如下形式：

$$\begin{pmatrix} \boldsymbol{v}_{12}^{\mathrm{T}} \\ \boldsymbol{v}_{11}^{\mathrm{T}} - \boldsymbol{v}_{22}^{\mathrm{T}} \end{pmatrix} \boldsymbol{b} = \boldsymbol{0} \tag{6.2.26}$$

假设拍摄 $n$ 张不同位置的棋盘格照片，每张照片都可以得到一组式(6.2.25)。其中 $\boldsymbol{b}$ 中的 6 个元素是待求的未知数。因此至少需要三张照片才能解出 $\boldsymbol{b}$ 。解得 $\boldsymbol{b}$ 之后，内参数可以根据下面的公式计算：

$$\begin{cases} f_x = \sqrt{\dfrac{\lambda}{B_{11}}} \\ f_y = \sqrt{\dfrac{\lambda B_{11}}{B_{11}B_{22} - B_{12}^2}} \\ x_0 = \dfrac{s y_0}{f_y} - \dfrac{B_{13} f_x^2}{\lambda} \\ y_0 = \dfrac{B_{12}B_{13} - B_{11}B_{23}}{B_{11}B_{22} - B_{12}^2} \\ s = \dfrac{-B_{12} f_x^2 f_y}{\lambda} \\ \lambda = \dfrac{B_{33} - [B_{13}^2 + y_0(B_{12}B_{13} - B_{11}B_{23})]}{B_{11}} \end{cases} \tag{6.2.27}$$

4. 算法步骤

基于以上分析，下面介绍利用棋盘格模板标定摄像机内参数的方法。

---

**算法 6.3**　利用棋盘格模板标定摄像机内参数

**输入：** 棋盘格图像

**输出：** 摄像机内参数矩阵 $\boldsymbol{K}$

第一步，拍摄三幅以上的棋盘格图像；

第二步，提取模型中所需角点，若提取失败，需重新拍摄；

第三步，计算单应矩阵；

第四步，求解 $\boldsymbol{B}$ ；

第五步，计算 $\boldsymbol{K}$ 。

---

## 6.3　利用等离心率的二次曲线的投影性质标定摄像机内参数

**问题：** 以三条二次曲线作为标定物，其中有两条二次曲线满足一条主轴对齐，不断调整摄像机的拍摄角度，得到六幅图像，如图 6.3.1 所示。如何求该摄像机的内参数？

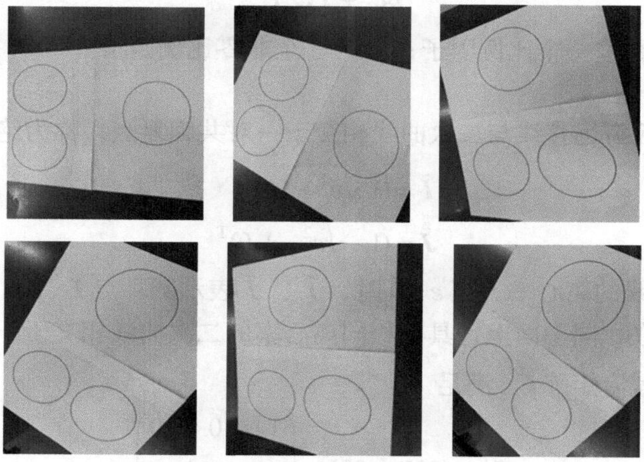

图 6.3.1　真实实验图像

1. 问题分析

在针孔摄像机下，非退化的二次曲线的像仍为一条非退化的二次曲线，通过代数分析二次曲线的像的方程表达式,可以得到有关二次曲线的中心的像与投影矩阵的表达式，通过进行代数变换消去二次曲线的中心的像，可以获得关于绝对点的对偶的像的极点极线关系，同时可以利用两条等大的二次曲线的像的广义特征向量求得消失点，故由三条二次曲线的像可以确定消失线。本节提出三种方法求解绝对点的像：方法一，基于极点极线关系求解绝对点的像；方法二，基于广义特征值及特征向量求解绝对点的像；方法三，基于帕斯卡定理求解绝对点的像，进而求解摄像机内参数。

2. 基本概念

1) 二次曲线的投影

假设空间点位于 $X_w O_w Y_w$ 平面上，则摄像机投影矩阵 $\boldsymbol{P}$ 表示为

$$\boldsymbol{P} = \boldsymbol{K}(\boldsymbol{r}_1, \boldsymbol{r}_2, \boldsymbol{T}) \tag{6.3.1}$$

其中，$\boldsymbol{r}_1$、$\boldsymbol{r}_2$ 为旋转矩阵 $\boldsymbol{R}$ 的前两列向量。设空间中的二次曲线 $\boldsymbol{C}$ 在针孔摄像机下的成像为二次曲线 $\boldsymbol{c}$，即有

$$\alpha \boldsymbol{c} = \boldsymbol{P}^{-\mathrm{T}} \boldsymbol{C} \boldsymbol{P}^{-1} \tag{6.3.2}$$

其中，$\alpha$ 为一个非零比例因子。

2) 对偶二次曲线

**定义 6.3.1**　将二次曲线中的点元素换成线元素，可以得到线元素的二次曲线，称为对偶二次曲线，记作 $\boldsymbol{C}^*$。当二次曲线 $\boldsymbol{C}$ 满秩时，对偶二次曲线可表示为

$$\boldsymbol{C}^* \sim \boldsymbol{C}^{-1} \tag{6.3.3}$$

则二次曲线的对偶 $\boldsymbol{C}^*$ 的像为

$$\beta \boldsymbol{c}^* = \boldsymbol{P} \boldsymbol{C}^* \boldsymbol{P}^{\mathrm{T}} \tag{6.3.4}$$

其中，“～”表示相差一个比例因子；$\beta$ 为一个非零比例因子。

3) 绝对点与对偶

**定义 6.3.2**　无穷远直线与二次曲线相交于一对共轭复点，称为绝对点，即

$$\begin{aligned} \tilde{\boldsymbol{I}} &= (1, \sqrt{e^2 - 1}, 0)^{\mathrm{T}} \\ \tilde{\boldsymbol{J}} &= (1, -\sqrt{e^2 - 1}, 0)^{\mathrm{T}} \end{aligned} \tag{6.3.5}$$

其中，$e$ 为二次曲线的离心率，当 $e = 0$ 时，$\tilde{\boldsymbol{I}}$、$\tilde{\boldsymbol{J}}$ 表示圆环点 $\boldsymbol{I}$、$\boldsymbol{J}$。

**定理 6.3.1**　在相同平面上，具有相同离心率的二次曲线相交于一对绝对点。

**定义 6.3.3**　若有矩阵 $\tilde{\boldsymbol{C}}_\infty^*$ 满足

$$\tilde{\boldsymbol{C}}_\infty^* = \tilde{\boldsymbol{I}} \tilde{\boldsymbol{J}}^{\mathrm{T}} + \tilde{\boldsymbol{J}} \tilde{\boldsymbol{I}}^{\mathrm{T}} = \begin{pmatrix} 1 & 0 & 0 \\ 0 & 1 - e^2 & 0 \\ 0 & 0 & 0 \end{pmatrix} \tag{6.3.6}$$

则称 $\tilde{\boldsymbol{C}}_\infty^*$ 为绝对点 $\tilde{\boldsymbol{I}}$、$\tilde{\boldsymbol{J}}$ 的对偶。

**命题 6.3.1**　设点 $\boldsymbol{v}_1$ 和 $\boldsymbol{v}_2$ 为一组正交消失点，由绝对二次曲线的像与正交消失点的约束关系有

$$\boldsymbol{v}_1^{\mathrm{T}} \boldsymbol{\omega} \boldsymbol{v}_2 = 0 \tag{6.3.7}$$

4) 帕斯卡定理

**定理 6.3.2**　一条非退化的二次曲线 $\boldsymbol{C}$ 的任意一个内接简单六点形的三对对边分别交于三个点，这三个交点一定位于同一直线上，称为帕斯卡线。

**引理 6.3.1**　若一条非退化二次曲线与另一条非退化二次曲线有五个不同的公共点，那么这两条二次曲线重合。

5）广义特征值

**定义 6.3.4**　设 $\boldsymbol{H}_1$ 为 $n$ 阶实对称矩阵，$\boldsymbol{H}_2$ 为 $n$ 阶实对称正定矩阵。求数 $\lambda$，使方程

$$\boldsymbol{H}_1\boldsymbol{x} = \lambda\boldsymbol{H}_2\boldsymbol{x} \tag{6.3.8}$$

有非零解 $\boldsymbol{x}$，$\boldsymbol{x}$ 为 $n$ 维列向量。其中，实数 $\lambda$ 为矩阵 $\boldsymbol{H}_1$ 相对于矩阵 $\boldsymbol{H}_2$ 的广义特征值，而与 $\lambda$ 相对应的非零解 $\boldsymbol{x}$ 称为属于 $\lambda$ 的广义特征向量。

3. 求解绝对点的像

利用二次曲线的投影性质标定针孔摄像机，分析三条二次曲线在针孔摄像机模型下的投影性质，推导出等离心率的三条二次曲线的像关于绝对点的对偶的像的极点极线关系。由三条二次曲线的像确定一条消失线，或利用帕斯卡定理求解绝对点的像。下面介绍三种算法求解绝对点的像，进而获得消失线和绝对点的对偶的像。

1）基于极点极线关系求解绝对点的像

如图 6.3.2 所示，空间二次曲线 $\boldsymbol{C}_1$ 位于平面 $\boldsymbol{\pi}: Z_w = 0$ 上，二次曲线的中心 $\boldsymbol{O}_1$ 与世界坐标系的原点 $\boldsymbol{O}_w$ 重合，故其系数矩阵为

$$\boldsymbol{C}_1 = \begin{pmatrix} a^2 & 0 & -a^2x_1 \\ 0 & b^2 & -b^2y_1 \\ -a^2x_1 & -b^2y_1 & a^2{x_1}^2 + b^2{y_1}^2 - 1 \end{pmatrix} \tag{6.3.9}$$

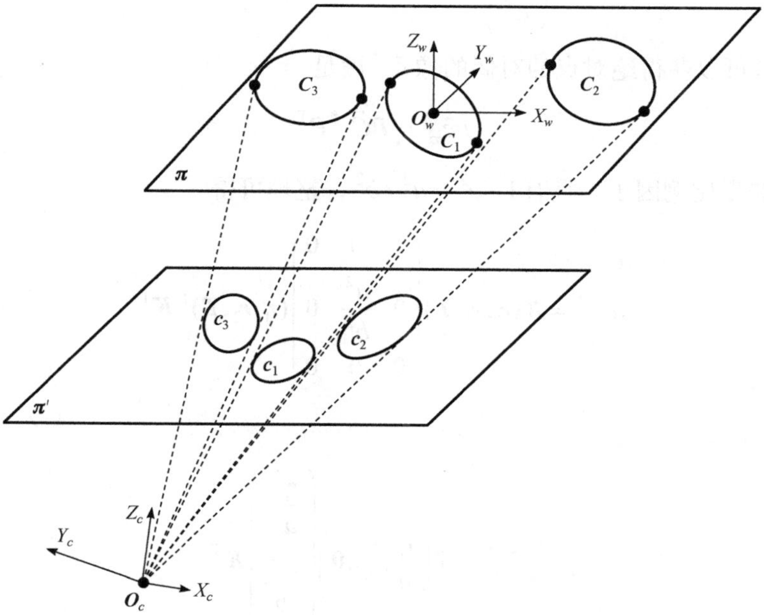


图 6.3.2　二次曲线的投影模型

其中，$(x_1,y_1,1)^{\mathrm{T}}$ 为二次曲线的中心 $\boldsymbol{O}_1$ 的齐次坐标；$1/a$、$1/b$ 分别为二次曲线的长轴长度与短轴长度。

则二次曲线的对偶 $\boldsymbol{C}_1^*$ 表示为

$$\boldsymbol{C}_1^* = \begin{pmatrix} -x_1^2+\dfrac{1}{a^2} & -x_1y_1 & -x_1 \\ -x_1y_1 & -y_1^2+\dfrac{1}{b^2} & -y_1 \\ -x_1 & -y_1 & -1 \end{pmatrix} \tag{6.3.10}$$

将式(6.3.1)、式(6.3.10)代入式(6.3.4)中可得二次曲线的对偶 $\boldsymbol{C}_1^*$ 的像 $\boldsymbol{c}_1^*$ 满足

$$\beta\boldsymbol{c}_1^* = \boldsymbol{K}(\boldsymbol{r}_1,\boldsymbol{r}_2,\boldsymbol{T})\begin{pmatrix} -x_1^2+\dfrac{1}{a^2} & -x_1y_1 & -x_1 \\ -x_1y_1 & -y_1^2+\dfrac{1}{b^2} & -y_1 \\ -x_1 & -y_1 & -1 \end{pmatrix}(\boldsymbol{r}_1,\boldsymbol{r}_2,\boldsymbol{T})^{\mathrm{T}}\boldsymbol{K}^{\mathrm{T}} \tag{6.3.11}$$

$$\beta\boldsymbol{c}_1^* = \boldsymbol{K}\left(\frac{\boldsymbol{r}_1}{a},\frac{\boldsymbol{r}_2}{b},\boldsymbol{0}\right)\begin{pmatrix} \dfrac{\boldsymbol{r}_1^{\mathrm{T}}}{a} \\ \dfrac{\boldsymbol{r}_2^{\mathrm{T}}}{b} \\ \boldsymbol{0}^{\mathrm{T}} \end{pmatrix}\boldsymbol{K}^{\mathrm{T}} - \boldsymbol{K}(\boldsymbol{r}_1,\boldsymbol{r}_2,\boldsymbol{T})\begin{pmatrix} x_1^2 & x_1y_1 & x_1 \\ x_1y_1 & y_1^2 & y_1 \\ x_1 & y_1 & 1 \end{pmatrix}\begin{pmatrix} \boldsymbol{r}_1^{\mathrm{T}} \\ \boldsymbol{r}_2^{\mathrm{T}} \\ \boldsymbol{T}^{\mathrm{T}} \end{pmatrix}\boldsymbol{K}^{\mathrm{T}} \tag{6.3.12}$$

而由式(6.3.4)可以获得绝对点的对偶的像 $\tilde{\boldsymbol{c}}_\infty^*$ 满足

$$\mu\tilde{\boldsymbol{c}}_\infty^* = \boldsymbol{P}\tilde{\boldsymbol{C}}_\infty^*\boldsymbol{P}^{\mathrm{T}} \tag{6.3.13}$$

其中，$\mu$ 为非零比例因子。且有 $1-e^2 = a^2/b^2$，整理可得

$$\mu\tilde{\boldsymbol{c}}_\infty^* = \boldsymbol{K}(\boldsymbol{r}_1,\boldsymbol{r}_2,\boldsymbol{T})\begin{pmatrix} 1 & 0 & 0 \\ 0 & \dfrac{a^2}{b^2} & 0 \\ 0 & 0 & 0 \end{pmatrix}(\boldsymbol{r}_1,\boldsymbol{r}_2,\boldsymbol{T})^{\mathrm{T}}\boldsymbol{K}^{\mathrm{T}} \tag{6.3.14}$$

即有

$$\frac{\mu}{a^2}\tilde{\boldsymbol{c}}_\infty^* = \boldsymbol{K}\left(\frac{\boldsymbol{r}_1}{a},\frac{\boldsymbol{r}_2}{b},\boldsymbol{0}\right)\begin{pmatrix} \dfrac{\boldsymbol{r}_1^{\mathrm{T}}}{a} \\ \dfrac{\boldsymbol{r}_2^{\mathrm{T}}}{b} \\ \boldsymbol{0}^{\mathrm{T}} \end{pmatrix}\boldsymbol{K}^{\mathrm{T}} \tag{6.3.15}$$

显然有二次曲线的中心 $\boldsymbol{O}_1$ 的像 $\boldsymbol{o}_1$ 为

$$\boldsymbol{o}_1 = \boldsymbol{K}(\boldsymbol{r}_1, \boldsymbol{r}_2, \boldsymbol{T})(x_1, y_1, 1)^{\mathrm{T}} \tag{6.3.16}$$

故式(6.3.12)可写成

$$\beta \boldsymbol{c}_1^* = \frac{\mu}{a^2}\tilde{\boldsymbol{c}}_\infty^* - \boldsymbol{o}_1\boldsymbol{o}_1^{\mathrm{T}} \tag{6.3.17}$$

整理可得

$$\tilde{\beta} \boldsymbol{c}_1^* = \tilde{\boldsymbol{c}}_\infty^* - \frac{a^2}{\mu}\boldsymbol{o}_1\boldsymbol{o}_1^{\mathrm{T}} \tag{6.3.18}$$

其中，$\tilde{\beta} = \beta a^2 / \mu$ 为一个非零比例因子。

通过以上代数推导，可以获得二次曲线的对偶的像与绝对点的对偶的像的代数约束关系，从而有以下命题成立。

**命题 6.3.2**　已知三条二次曲线 $\boldsymbol{C}_1$、$\boldsymbol{C}_2$、$\boldsymbol{C}_3$ 的对偶的像，可以获得绝对点的对偶的像 $\tilde{\boldsymbol{c}}_\infty^*$。

**证明**　设三条二次曲线的对偶的像为 $\boldsymbol{c}_1^*$、$\boldsymbol{c}_2^*$、$\boldsymbol{c}_3^*$，由式(6.3.18)可得

$$\beta_1 \boldsymbol{c}_1^* = \tilde{\boldsymbol{c}}_\infty^* - \frac{a^2}{\mu}\boldsymbol{o}_1\boldsymbol{o}_1^{\mathrm{T}} \tag{6.3.19}$$

$$\beta_2 \boldsymbol{c}_2^* = \tilde{\boldsymbol{c}}_\infty^* - \frac{a^2}{\mu}\boldsymbol{o}_2\boldsymbol{o}_2^{\mathrm{T}} \tag{6.3.20}$$

那么存在一条直线 $\boldsymbol{l}$ 满足

$$\boldsymbol{l} = \boldsymbol{o}_1 \wedge \boldsymbol{o}_2 \tag{6.3.21}$$

其中，“∧”表示两点进行连接；$\boldsymbol{o}_1$、$\boldsymbol{o}_2$ 分别为二次曲线 $\boldsymbol{C}_1$、$\boldsymbol{C}_2$ 的中心的像。该直线满足

$$\beta_1 \boldsymbol{c}_1^* \boldsymbol{l} = \tilde{\boldsymbol{c}}_\infty^* \boldsymbol{l} \tag{6.3.22}$$

$$\beta_2 \boldsymbol{c}_2^* \boldsymbol{l} = \tilde{\boldsymbol{c}}_\infty^* \boldsymbol{l} \tag{6.3.23}$$

令式(6.3.22)与式(6.3.23)相减可得

$$\left(\boldsymbol{c}_2 \boldsymbol{c}_1^* - \frac{\beta_2}{\beta_1}\boldsymbol{I}_3\right)\boldsymbol{l} = 0 \tag{6.3.24}$$

因此 $\boldsymbol{l}$ 是 $\boldsymbol{c}_2\boldsymbol{c}_1^*$ 的特征值 $\beta_2/\beta_1$ 对应的特征向量。又令

$$\beta_1 \boldsymbol{c}_1^* \boldsymbol{l} = \boldsymbol{v} \tag{6.3.25}$$

$$\beta_2 \boldsymbol{c}_2^* \boldsymbol{l} = \boldsymbol{v} \tag{6.3.26}$$

同理可得

$$\left(\boldsymbol{c}_2^{\ *}\boldsymbol{c}_1-\frac{\beta_1}{\beta_2}\boldsymbol{I}_3\right)\boldsymbol{v}=0 \tag{6.3.27}$$

则 $\boldsymbol{v}$ 是 $\boldsymbol{c}_2^{\ *}\boldsymbol{c}_1$ 的特征值 $\beta_1/\beta_2$ 对应的特征向量。又从式(6.3.22)、式(6.3.25)可知

$$\tilde{\boldsymbol{c}}_\infty^{\ *}\boldsymbol{l}=\boldsymbol{v} \tag{6.3.28}$$

即 $\boldsymbol{v}$ 是直线 $\boldsymbol{l}$ 关于绝对点的对偶的像 $\tilde{\boldsymbol{c}}_\infty^{\ *}$ 的极点。那么由三条二次曲线的对偶的像 $\boldsymbol{c}_1^{\ *}$、$\boldsymbol{c}_2^{\ *}$、$\boldsymbol{c}_3^{\ *}$ 可以确定 $\tilde{\boldsymbol{c}}_\infty^{\ *}$。

**证毕**

由命题 6.3.2 求解得到绝对点的对偶的像，通过式(6.3.6)分解 $\tilde{\boldsymbol{c}}_\infty^{\ *}$ 可以得到绝对点的像，那么由两个绝对点的像可以确定消失线。

2) 基于广义特征值及特征向量求解绝对点的像

**命题 6.3.3**　由两条等大的二次曲线 $\boldsymbol{C}_1$、$\boldsymbol{C}_2$ 的像 $\boldsymbol{c}_1$、$\boldsymbol{c}_2$ 可以确定消失点。

**证明**　由式(6.3.9)可以得到二次曲线 $\boldsymbol{C}_2$ 的系数矩阵：

$$\boldsymbol{C}_2=\begin{pmatrix} a^2 & 0 & -a^2x_2 \\ 0 & b^2 & -b^2y_2 \\ -a^2x_2 & -b^2y_2 & a^2x_2^{\ 2}+b^2y_2^{\ 2}-1 \end{pmatrix} \tag{6.3.29}$$

因为两条二次曲线的广义特征值分解满足

$$\boldsymbol{C}_1\boldsymbol{V}_1=\lambda\boldsymbol{C}_2\boldsymbol{V}_1 \tag{6.3.30}$$

整理可得

$$\boldsymbol{C}_2^{\ -1}\boldsymbol{C}_1\boldsymbol{V}_1=\lambda\boldsymbol{V}_1 \tag{6.3.31}$$

若其中一个特征向量记为 $\boldsymbol{V}_1$，对应的特征值为 $\lambda_1=1$，即

$$\boldsymbol{V}_1=\left(-\frac{b^2y_1-b^2y_2}{a^2x_1-a^2x_2},1,0\right)^{\mathrm{T}} \tag{6.3.32}$$

显然 $\boldsymbol{V}_1$ 是两条二次曲线所在平面的无穷远点。设 $\boldsymbol{c}_2^{\ -1}\boldsymbol{c}_1$ 表示 $\boldsymbol{C}_2^{\ -1}\boldsymbol{C}_1$ 的像，由式(6.3.2)可得

$$\boldsymbol{c}_2^{\ -1}\boldsymbol{c}_1=(\beta_2\boldsymbol{P}^{-\mathrm{T}}\boldsymbol{C}_2\boldsymbol{P}^{-1})^{-1}\beta_1\boldsymbol{P}^{-\mathrm{T}}\boldsymbol{C}_1\boldsymbol{P}^{-1} \tag{6.3.33}$$

即

$$\boldsymbol{c}_2^{\ -1}\boldsymbol{c}_1=\frac{\beta_1}{\beta_2}\boldsymbol{P}\boldsymbol{C}_2^{\ -1}\boldsymbol{C}_1\boldsymbol{P}^{-1} \tag{6.3.34}$$

故有 $\boldsymbol{c}_2^{\ -1}\boldsymbol{c}_1 \sim \boldsymbol{P}\boldsymbol{C}_2^{\ -1}\boldsymbol{C}_1\boldsymbol{P}^{-1}$。

由于相似矩阵具有相同的特征值，从式(6.3.34)可知 $\boldsymbol{c}_2^{\ -1}\boldsymbol{c}_1$ 与 $\boldsymbol{C}_2^{\ -1}\boldsymbol{C}_1$ 相应的特征值对应相差一个比例因子 $\beta_1/\beta_2$。所以 $\boldsymbol{c}_2^{\ -1}\boldsymbol{c}_1$ 的特征值为 $\beta_1/\beta_2$，对应的特征向量为消失点 $\boldsymbol{v}_1$。

**证毕**

获得三条二次曲线 $\boldsymbol{C}_1$、$\boldsymbol{C}_2$、$\boldsymbol{C}_3$ 的像 $\boldsymbol{c}_1$、$\boldsymbol{c}_2$、$\boldsymbol{c}_3$ 后，由命题 6.3.3 及射影不变性可以确定消失线 $\boldsymbol{l}_\infty$。由定义 6.3.2 可以得到

$$\begin{cases} \boldsymbol{l}_\infty^{\mathrm{T}}(u,v,1)^{\mathrm{T}} = 0 \\ (u,v,1)\boldsymbol{c}_1(u,v,1)^{\mathrm{T}} = 0 \end{cases} \tag{6.3.35}$$

其中，$(u, v, 1)$ 为绝对点的像，从而求解式(6.3.35)可以获得绝对点的像 $\boldsymbol{m}_{\tilde{I}}, \boldsymbol{m}_{\tilde{J}}$。

3) 基于帕斯卡定理求解绝对点的像

**命题 6.3.4**　如图 6.3.3(a)所示，二次曲线 $\boldsymbol{C}_1$ 上任意五个实点 $\boldsymbol{A}$、$\boldsymbol{B}$、$\boldsymbol{D}$、$\boldsymbol{G}$、$\boldsymbol{F}$ 与绝对点 $\tilde{\boldsymbol{I}}$ 组成简单六点形，它的三对对边的交点在一条直线上，满足帕斯卡定理。

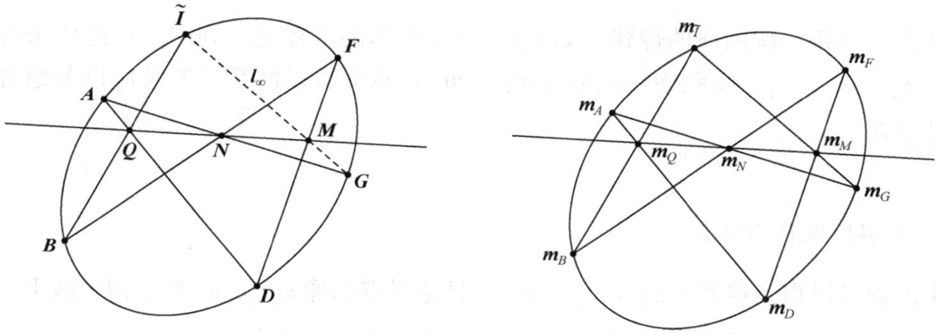


(a) 二次曲线 $C_1$ 上的帕斯卡线，即 $Q$、$M$、$N$ 三点共线

(b) 二次曲线 $C_1$ 的像 $c_1$ 上的帕斯卡线，即 $m_Q$、$m_M$、$m_N$ 三点共线

图 6.3.3　二次曲线及其像上的帕斯卡线

那么由命题 6.3.4 可得，在图像平面上二次曲线 $\boldsymbol{C}_1$ 的像 $\boldsymbol{c}_1$ 满足如下命题。

**命题 6.3.5**　在针孔摄像机下，二次曲线 $\boldsymbol{C}_1$ 的像 $\boldsymbol{c}_1$ 的内接六点形的六个点为 $\boldsymbol{m}_A$、$\boldsymbol{m}_B$、$\boldsymbol{m}_D$、$\boldsymbol{m}_G$、$\boldsymbol{m}_{\tilde{I}}$、$\boldsymbol{m}_F$，三对对边的交点是共线的，因此可求解绝对点的像 $\boldsymbol{m}_{\tilde{I}}$、$\boldsymbol{m}_{\tilde{J}}$，即可恢复消失线 $\boldsymbol{l}_\infty$。

**证明**　如图 6.3.3(b)所示，设二次曲线的像 $\boldsymbol{c}_1$ 上对应 $\boldsymbol{C}_1$ 的六个点分别为 $\boldsymbol{m}_A$、$\boldsymbol{m}_B$、$\boldsymbol{m}_D$、$\boldsymbol{m}_G$、$\boldsymbol{m}_{\tilde{I}}$、$\boldsymbol{m}_F$。令 $\boldsymbol{m}_A\boldsymbol{m}_G$、$\boldsymbol{m}_A\boldsymbol{m}_D$、$\boldsymbol{m}_B\boldsymbol{m}_{\tilde{I}}$、$\boldsymbol{m}_B\boldsymbol{m}_F$、$\boldsymbol{m}_G\boldsymbol{m}_{\tilde{I}}$、$\boldsymbol{m}_D\boldsymbol{m}_F$ 的直线方程为 $\boldsymbol{l}_j = 0\ (j=1,2,\cdots,6)$，绝对点的像 $\boldsymbol{m}_{\tilde{I}}$ 的齐次坐标是 $(x_1 + x_2 i, x_3 + x_4 i, 1)^{\mathrm{T}}$。由命题 6.3.4 和射影变换的几何不变性可知 $\boldsymbol{m}_A$、$\boldsymbol{m}_B$、$\boldsymbol{m}_D$、$\boldsymbol{m}_G$、$\boldsymbol{m}_F$、$\boldsymbol{m}_{\tilde{I}}$ 组成的简单六点形的三对对边的交点分别为 $\boldsymbol{Q}$、$\boldsymbol{M}$、$\boldsymbol{N}$ 的像点，记为 $\boldsymbol{m}_Q$、$\boldsymbol{m}_M$、$\boldsymbol{m}_N$，即有如下关系：

$$\boldsymbol{l}_1 \times \boldsymbol{l}_4 = \boldsymbol{m}_N \tag{6.3.36}$$

$$\boldsymbol{l}_5 \times \boldsymbol{l}_6 = \boldsymbol{m}_M \tag{6.3.37}$$

$$\boldsymbol{l}_2 \times \boldsymbol{l}_3 = \boldsymbol{m}_Q \tag{6.3.38}$$

其中，“×”表示两直线求交点，那么由命题 6.3.4 可得 $\boldsymbol{m}_Q$、$\boldsymbol{m}_M$、$\boldsymbol{m}_N$ 三点共线，则有

$$\det(\boldsymbol{m}_Q, \boldsymbol{m}_M, \boldsymbol{m}_N) = 0 \tag{6.3.39}$$

其中，“det(·)”表示取行列式。又有绝对点的像$\boldsymbol{m}_{\tilde{I}}$、$\boldsymbol{m}_{\tilde{J}}$一定在二次曲线的像$\boldsymbol{c}_1$上，因此有如下约束：

$$\boldsymbol{m}_{\tilde{I}}{}^{\mathrm{T}}\boldsymbol{c}_1\boldsymbol{m}_{\tilde{I}}=0\,,\quad \boldsymbol{m}_{\tilde{J}}{}^{\mathrm{T}}\boldsymbol{c}_1\boldsymbol{m}_{\tilde{J}}=0 \tag{6.3.40}$$

因为$\boldsymbol{m}_{\tilde{I}}$、$\boldsymbol{m}_{\tilde{J}}$是一对共轭复点，所以由式(6.3.39)与式(6.3.40)可得

$$\begin{cases}\mathrm{Re}(\det(\boldsymbol{m}_Q,\boldsymbol{m}_M,\boldsymbol{m}_N))=0\\ \mathrm{Im}(\det(\boldsymbol{m}_Q,\boldsymbol{m}_M,\boldsymbol{m}_N))=0\\ \mathrm{Re}(\boldsymbol{m}_{\tilde{I}}{}^{\mathrm{T}}\boldsymbol{c}_1\boldsymbol{m}_{\tilde{I}})=0\\ \mathrm{Im}(\boldsymbol{m}_{\tilde{I}}{}^{\mathrm{T}}\boldsymbol{c}_1\boldsymbol{m}_{\tilde{I}})=0\end{cases} \tag{6.3.41}$$

那么由三条二次曲线的像建立如式(6.3.41)所示的方程组，利用牛顿迭代法可以解得$x_1$、$x_2$、$x_3$、$x_4$，得到绝对点的像$\boldsymbol{m}_{\tilde{I}}$、$\boldsymbol{m}_{\tilde{J}}$，从而可以恢复消失线$\boldsymbol{l}_\infty$以及绝对点的对偶的像$\tilde{\boldsymbol{c}}_\infty{}^*$。

**证毕**

4. 求解摄像机内参数

由前面可以得到绝对点的像$\boldsymbol{m}_{\tilde{I}}$、$\boldsymbol{m}_{\tilde{J}}$，且绝对点的像$\boldsymbol{m}_{\tilde{I}}$、$\boldsymbol{m}_{\tilde{J}}$位于消失线上，故可恢复消失线$\boldsymbol{l}_\infty$。又由式(6.3.6)可以确定绝对点的对偶的像$\tilde{\boldsymbol{c}}_\infty{}^*$。

1) 离心率已知

**命题 6.3.6**　当离心率$e$已知且不为 0 时，由绝对点的对偶的像$\tilde{\boldsymbol{c}}_\infty{}^*$可以获得关于绝对二次曲线的像的两个约束。

**证明**　绝对点的对偶的像$\tilde{\boldsymbol{c}}_\infty{}^*$可以通过 SVD 分解为

$$\tilde{\boldsymbol{c}}_\infty{}^*=\boldsymbol{U}\begin{pmatrix}1&0&0\\0&1-e^2&0\\0&0&0\end{pmatrix}\boldsymbol{U}^{\mathrm{T}} \tag{6.3.42}$$

其中，$\boldsymbol{U}$为矫正单应矩阵，并且投影矩阵$\boldsymbol{P}$与矩阵$\boldsymbol{U}$相差一个平移变换和一个尺度因子。那么将图像进行一个平移矫正，使得坐标原点与二次曲线的中心的像$\boldsymbol{o}_1$重合，可以得到支撑平面与图像平面之间的投影矩阵$\boldsymbol{P}$，而

$$\boldsymbol{P}=(\boldsymbol{p}_1,\boldsymbol{p}_2,\boldsymbol{p}_3)=\boldsymbol{K}(\boldsymbol{r}_1,\boldsymbol{r}_2,1) \tag{6.3.43}$$

又$\boldsymbol{r}_1$与$\boldsymbol{r}_2$是正交的，故有下列式子成立：

$$\boldsymbol{p}_1{}^{\mathrm{T}}\boldsymbol{\omega}\boldsymbol{p}_2=\boldsymbol{0} \tag{6.3.44}$$

$$\boldsymbol{p}_1{}^{\mathrm{T}}\boldsymbol{\omega}\boldsymbol{p}_1=\boldsymbol{p}_2{}^{\mathrm{T}}\boldsymbol{\omega}\boldsymbol{p}_2 \tag{6.3.45}$$

从而得到绝对二次曲线的像$\boldsymbol{\omega}$。

**证毕**

**命题 6.3.7**　当二次曲线的离心率为 0 时，可以恢复绝对二次曲线的像$\boldsymbol{\omega}$。

**证明**　当离心率 $e=0$ 时，绝对点的像即为圆环点的像 $\boldsymbol{m}_I$、$\boldsymbol{m}_J$，故根据圆环点的像与绝对二次曲线的像的约束关系有

$$\begin{cases}\mathrm{Re}(\boldsymbol{m}_I{}^{\mathrm{T}}\boldsymbol{\omega}\boldsymbol{m}_I)=0\\ \mathrm{Im}(\boldsymbol{m}_I{}^{\mathrm{T}}\boldsymbol{\omega}\boldsymbol{m}_I)=0\end{cases} \tag{6.3.46}$$

由于 $\boldsymbol{\omega}$ 是 3 阶对称矩阵，具有五个自由度，因此至少需要三幅图得到三对圆环点的像才可以求解 $\boldsymbol{\omega}$。

**证毕**

2) 离心率未知

**命题 6.3.8**　当离心率 $e$ 未知时，若二次曲线 $\boldsymbol{C}_1$、$\boldsymbol{C}_2$ 的一条主轴对齐，则由像 $\boldsymbol{c}_1$、$\boldsymbol{c}_2$ 可以获得绝对二次曲线的像 $\boldsymbol{\omega}$。

**证明**　如图 6.3.4(a)所示，在空间中，设 $\boldsymbol{L}_\infty$ 为无穷远直线，$\boldsymbol{O}_1$、$\boldsymbol{O}_2$ 分别为二次曲线 $\boldsymbol{C}_1$、$\boldsymbol{C}_2$ 的中心。令直线 $\boldsymbol{O}_1\boldsymbol{O}_2$ 为二次曲线 $\boldsymbol{C}_1$、$\boldsymbol{C}_2$ 的一条对齐的主轴，则主轴 $\boldsymbol{O}_1\boldsymbol{O}_2$ 方向上的无穷远点 $\boldsymbol{V}_1$ 可以由无穷远直线与主轴的交点确定。由定义 1.6.4 可以得到 $\boldsymbol{V}_1$ 正交方向上的无穷远点 $\boldsymbol{V}_2$。

在图像平面上，如图 6.3.4(b)所示，由前面内容可以得到消失线 $\boldsymbol{l}_\infty$，根据二次曲线中心的像与消失线的极点极线关系有

$$\begin{cases}\boldsymbol{o}_1=\boldsymbol{c}_1{}^{-1}\boldsymbol{l}_\infty\\ \boldsymbol{o}_2=\boldsymbol{c}_2{}^{-1}\boldsymbol{l}_\infty\end{cases} \tag{6.3.47}$$

由两个二次曲线中心的像 $\boldsymbol{o}_1$、$\boldsymbol{o}_2$ 得到主轴的像，进而获得主轴方向上的消失点 $\boldsymbol{v}_1$：

$$\boldsymbol{v}_1=(\boldsymbol{o}_1\wedge\boldsymbol{o}_2)\times\boldsymbol{l}_\infty \tag{6.3.48}$$

根据定义 1.6.4，可以得到 $\boldsymbol{v}_1$ 关于二次曲线的像 $\boldsymbol{c}_1$ 的极线方向上的消失点 $\boldsymbol{v}_2$，满足

$$\boldsymbol{v}_2=(\boldsymbol{c}_1\boldsymbol{v}_1)\times\boldsymbol{l}_\infty \tag{6.3.49}$$

从而可以获得一组正交消失点 $\boldsymbol{v}_1$、$\boldsymbol{v}_2$，由命题 6.3.1 中正交消失点与绝对二次曲线的像的关系确定 $\boldsymbol{\omega}$。

**证毕**

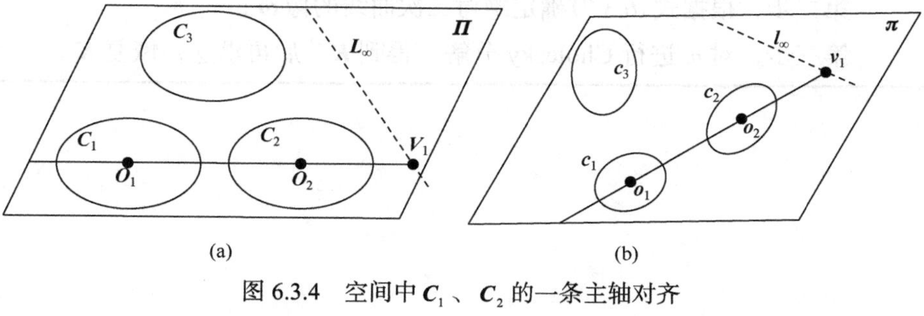


图 6.3.4　空间中 $\boldsymbol{C}_1$、$\boldsymbol{C}_2$ 的一条主轴对齐

因为 $\boldsymbol{\omega}=\boldsymbol{K}^{-\mathrm{T}}\boldsymbol{K}^{-1}$，所以对 $\boldsymbol{\omega}$ 进行 Cholesky 分解得到 $\boldsymbol{K}^{-1}$，进而求逆得到摄像机内参数矩阵 $\boldsymbol{K}$。

5. 算法步骤

根据命题 6.3.2 得到绝对点的对偶的像，由命题 6.3.3 得到消失点，由命题 6.3.5 可以直接得到绝对点的像。根据以上三个算法可以得到消失线与绝对点的对偶的像，故完整的针孔摄像机标定算法包含如下两部分。

---

**算法 6.4**　利用极点极线、广义特征值及特征向量和帕斯卡定理获取绝对点的对偶的像

**输入：** $n(n \geqslant 6)$ 幅包含三条等离心率的二次曲线的图像

**输出：** 消失线 $\boldsymbol{l}_{\infty}$ 和绝对点的对偶的像 $\tilde{\boldsymbol{c}}_{\infty}^{*}$

第一步，利用最小二乘法拟合二次曲线的像 $\boldsymbol{c}_i (i=1,2,3)$；

第二步，由命题 6.3.2 获得绝对点的对偶的像 $\tilde{\boldsymbol{c}}_{\infty}$；或者由命题 6.3.3 计算消失点 $\boldsymbol{o}_{\infty}$；或者由命题 6.3.5 得到绝对点的像 $\boldsymbol{m}_{\tilde{I}}$、$\boldsymbol{m}_{\tilde{J}}$；

第三步，由第二步的结果计算消失线 $\boldsymbol{l}_{\infty}$ 和绝对点的对偶的像 $\tilde{\boldsymbol{c}}_{\infty}^{*}$。

**算法 6.5**　基于算法 6.4 的摄像机标定算法

**输入：** 消失线 $\boldsymbol{l}_{\infty}$、绝对点的对偶的像和二次曲线的像

**输出：** 摄像机内参数矩阵 $\boldsymbol{K}$

(1) 离心率 $e$ 已知。

第一步，根据命题 6.3.6 获得投影矩阵 $\boldsymbol{P}$；

第二步，根据式(6.3.44)、式(6.3.45)得到绝对二次曲线的像 $\boldsymbol{\omega}$；特别地，当 $e=0$ 时，根据命题 6.3.7 得到绝对二次曲线的像 $\boldsymbol{\omega}$；

第三步，对 $\boldsymbol{\omega}$ 进行 Cholesky 分解，得到 $\boldsymbol{K}^{-1}$，求逆恢复摄像机内参数矩阵 $\boldsymbol{K}$。

(2) 离心率 $e$ 未知。

第一步，根据命题 6.3.8 中的式(6.3.48)和式(6.3.49)获得一组正交消失点 $\boldsymbol{v}_1$、$\boldsymbol{v}_2$；

第二步，根据式(6.3.7)确定绝对二次曲线的像 $\boldsymbol{\omega}$；

第三步，对 $\boldsymbol{\omega}$ 进行 Cholesky 分解，得到 $\boldsymbol{K}^{-1}$ 后再求逆，恢复 $\boldsymbol{K}$。

---

# 第 7 章　针孔摄像机标定方法与问题建模

## 7.1　利用立方体模板标定摄像机内参数

**问题**：将一个立方体放置在场景中(图 7.1.1)，如何使用针孔摄像机拍摄一幅图像来进行摄像机标定?

1. 数学描述

针孔摄像机的内参数矩阵为

$$\boldsymbol{K}=\begin{pmatrix} f_x & s & u_0 \\ 0 & f_y & v_0 \\ 0 & 0 & 1 \end{pmatrix} \tag{7.1.1}$$

其中，$(u_0,v_0)^{\mathrm{T}}$ 是像素量纲表示的主点；$s$ 称为倾斜因子；$f_x,f_y$ 为把摄像机的焦距换算成在图像平面 $x$ 轴和 $y$ 轴的像素量纲。标定模板为图 7.1.2 所示的立方体，问题的数学描述为：已知利用针孔摄像机拍摄的标定模板的像，利用一幅图像求解摄像机内参数矩阵 $\boldsymbol{K}$ 。

图 7.1.1　摄像机拍摄的立方体图像

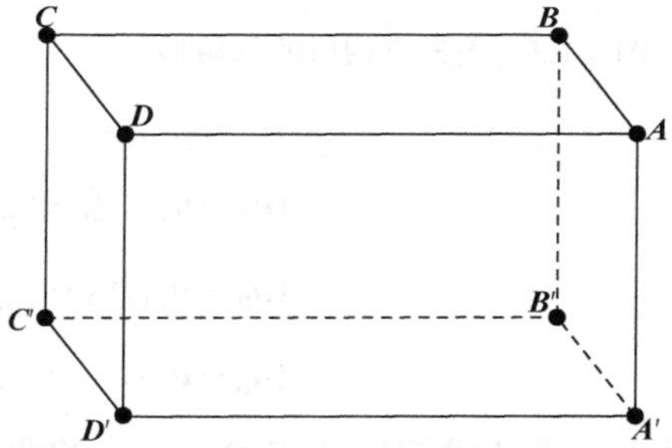


图 7.1.2　立方体标定物

2. 问题分析

在针孔摄像机模型下，摄像机拍摄模板得到的立方体的像包含三个平面上的信息，通过提取图像点的像素坐标，可以得到三个平面上六对相互垂直的直线，再利用三消失点构成的三角形的垂心拟合主点，即可使用一幅图像线性求解摄像机内参数。

3. 建立模型

1) 针孔成像模型

设空间中任意一点的世界坐标为 $\boldsymbol{M}=(X_w,Y_w,Z_w)^{\mathrm{T}}$ ，对应于图像平面上的像素点坐

标为 $\boldsymbol{m}=(u,v)^{\mathrm{T}}$，则针孔成像模型表示为

$$\mu \boldsymbol{m}=\boldsymbol{K}(\boldsymbol{R},\boldsymbol{T})\boldsymbol{M}$$

其中，$\boldsymbol{K}=\begin{pmatrix} f_x & s & u_0 \\ 0 & f_y & v_0 \\ 0 & 0 & 1 \end{pmatrix}$ $f_x$、$f_y$、$s$、$u_0$、$v_0$ 是摄像机的内参数；$\boldsymbol{R}$ 是旋转矩阵；$\boldsymbol{T}$ 是平移向量。

2) 计算主点

设 $\boldsymbol{V}_0$、$\boldsymbol{V}_1$、$\boldsymbol{V}_2$ 分别为直线 $\boldsymbol{A'D'}$、$\boldsymbol{AB}$、$\boldsymbol{AA'}$ 在无穷远平面上的消失点，其坐标分别记为 $(u_{p0},v_{p0})^{\mathrm{T}}$、$(u_{p1},v_{p1})^{\mathrm{T}}$、$(u_{p2},v_{p2})^{\mathrm{T}}$，先利用平行直线簇的交点来拟合直线 $\boldsymbol{A'D'}$ 的消失点 $\boldsymbol{V}_0$，同理拟合直线 $\boldsymbol{AB}$、$\boldsymbol{AA'}$ 的消失点 $\boldsymbol{V}_1$、$\boldsymbol{V}_2$。三条相互垂直的直线的消失点的连线不能交于同一点，而是形成一个三角形，在这里拟合主点，就是求解这个三角形的垂心。由三个相互正交方向的直线形成的消失点所构成的三角形的垂心为摄像机的主点 $\boldsymbol{O}(u_0,v_0)$。如图 7.1.3 所示，$\triangle \boldsymbol{V}_1\boldsymbol{V}_2\boldsymbol{V}_0$ 是消失点构成的三角形，则 $\triangle \boldsymbol{V}_1\boldsymbol{V}_2\boldsymbol{V}_0$ 的垂心就是摄像机的主点。

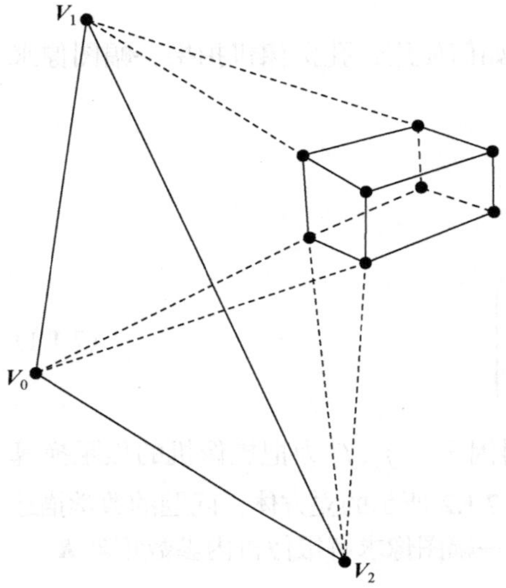

图 7.1.3　消失点构成的三角形

3) 计算其他内参数

由图 7.1.3，根据垂心的定义，有如下三个方程成立：

$$(u_0-u_{p0},v_0-v_{p0})(u_{p1}-u_{p2},v_{p1}-v_{p2})=0 \tag{7.1.2}$$

$$(u_0-u_{p1},v_0-v_{p1})(u_{p0}-u_{p2},v_{p0}-v_{p2})=0 \tag{7.1.3}$$

$$(u_0-u_{p2},v_0-v_{p2})(u_{p0}-u_{p1},v_{p0}-v_{p1})=0 \tag{7.1.4}$$

用最小二乘法求解出主点 $\boldsymbol{O}(u_0,v_0)$ 的两个参数 $u_0,v_0$。由于 $\boldsymbol{V}_0$、$\boldsymbol{V}_1$、$\boldsymbol{V}_2$ 是三个相互正交方向的直线形成的消失点，所以由消失点约束有

$$\boldsymbol{V}_1^{\mathrm{T}}\boldsymbol{B}\boldsymbol{V}_0=0 \tag{7.1.5}$$

$$\boldsymbol{V}_1^{\mathrm{T}}\boldsymbol{B}\boldsymbol{V}_2=0 \tag{7.1.6}$$

$$\boldsymbol{V}_0^{\mathrm{T}}\boldsymbol{B}\boldsymbol{V}_2=0 \tag{7.1.7}$$

其中

$$\boldsymbol{B}=\boldsymbol{K}^{-\mathrm{T}}\boldsymbol{K}^{-1}=\begin{pmatrix} B_{11} & B_{12} & B_{13} \\ B_{21} & B_{22} & B_{23} \\ B_{31} & B_{32} & B_{33} \end{pmatrix}$$

将式(7.1.5)～式(7.1.7)展开得

$$\begin{cases} u_{p0}u_{p1}B_{11}+(v_{p0}u_{p1}+u_{p0}v_{p1})B_{12}+(u_{p0}+u_{p1})B_{13} \\ \qquad +(v_{p0}v_{p1})B_{21}+(v_{p0}+v_{p1})B_{22}+B_{33}=0 \\ u_{p1}u_{p2}B_{11}+(v_{p1}u_{p2}+u_{p1}v_{p2})B_{12}+(u_{p1}+u_{p2})B_{13} \\ \qquad +(v_{p1}v_{p2})B_{21}+(v_{p1}+v_{p2})B_{22}+B_{33}=0 \\ u_{p0}u_{p2}B_{11}+(v_{p0}u_{p2}+u_{p0}v_{p2})B_{12}+(u_{p0}+u_{p2})B_{13} \\ \qquad +(v_{p0}v_{p02})B_{21}+(v_{p0}+v_{p02})B_{22}+B_{33}=0 \end{cases} \tag{7.1.8}$$

因此拍摄一幅图片可以得到以上三个约束，由于摄像机内参数矩阵是 5 参数的，其中 $u_0,v_0$ 已经通过计算垂心得到，将 $u_0,v_0$ 代入式(7.1.8)即可得其余三个参数，这样就解出了摄像机的全部内参数。

4. 算法步骤

基于以上分析，下面介绍利用立方体模板标定摄像机内参数的方法。

---

**算法 7.1**　利用立方体模板标定摄像机内参数

**输入：** 立方体图像

**输出：** 摄像机内参数矩阵 $\boldsymbol{K}$

第一步，拍摄立方体包含三个平面的图像；

第二步，提取模型中所需角点，若提取失败需重新拍摄；

第三步，计算消失点；

第四步，计算主点；

第五步，求解 $\boldsymbol{B}$ ；

第六步，求解其他内参数。

---

## 7.2　利用正三棱柱模板标定摄像机内参数

7.2-视频

**问题：** 将一个正三棱柱放置在场景中(图 7.2.1)，如何使用针孔摄像机拍摄一幅图像来进行内参数的标定？

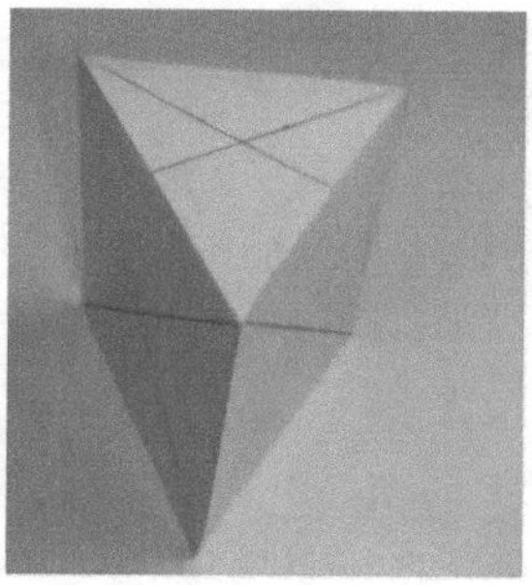

图 7.2.1　正三棱柱模板

1. 数学描述

针孔摄像机的内参数矩阵为

$$\boldsymbol{K}=\begin{pmatrix} f_x & s & u_0 \\ 0 & f_y & v_0 \\ 0 & 0 & 1 \end{pmatrix} \tag{7.2.1}$$

其中，$(u_0,v_0,1)^{\mathrm{T}}$ 是主点的齐次坐标；$s$ 为畸变因子；$f_x$ 和 $f_y$ 分

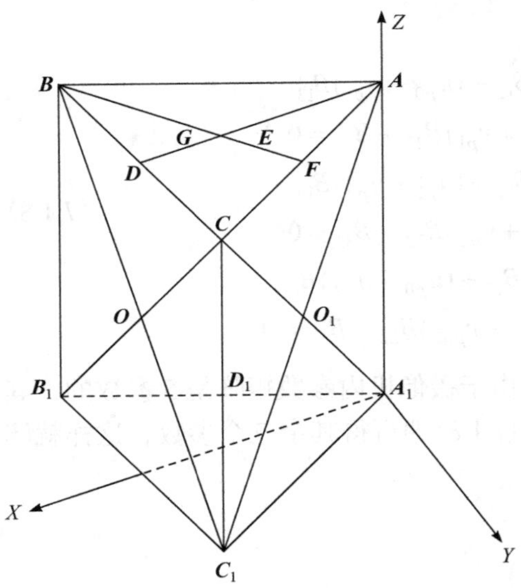


图 7.2.2　标定模板由正三角形和正方形组成

别为在图像平面 $x$ 轴和 $y$ 轴的尺度因子。设 $\boldsymbol{S}$ 为如图 7.2.2 所示的正三棱柱，$\boldsymbol{D}$、$\boldsymbol{E}$、$\boldsymbol{F}$、$\boldsymbol{G}$、$\boldsymbol{D}_1$ 分别为 $\boldsymbol{BC}$、$\boldsymbol{AD}$、$\boldsymbol{AC}$、$\boldsymbol{BF}$、$\boldsymbol{CC}_1$ 边的中点，$\boldsymbol{O}$、$\boldsymbol{O}_1$ 为侧面 $\boldsymbol{BCC}_1\boldsymbol{B}_1$ 和 $\boldsymbol{ACC}_1\boldsymbol{A}_1$ 的对角线的交点。问题的数学描述为：已知标定模板在针孔摄像机模型下的像 $\boldsymbol{S}'$，利用一幅图像求解摄像机的内参数矩阵 $\boldsymbol{K}$。

2. 问题分析

在针孔摄像机模型下，摄像机拍摄标定模板得到的像 $\boldsymbol{S}'$ 包含三个平面上的信息，通过提取像上点的坐标，可以得到三个平面上六对相互垂直的直线，再利用拉盖尔定理求得三个平面上的圆环点的像，即可使用一幅图像线性求解摄像机内参数。

3. 建立和求解模型

1) 针孔摄像机的投影模型

如图 7.2.3 所示，设点 $\boldsymbol{X}$ 为空间中任意一点，它的世界坐标为 $\boldsymbol{X}=(X_w,Y_w,Z_w,1)^{\mathrm{T}}$，对应于图像平面上的像素点坐标为 $\boldsymbol{x}=(u,v,1)^{\mathrm{T}}$，则摄像机成像过程可表示为

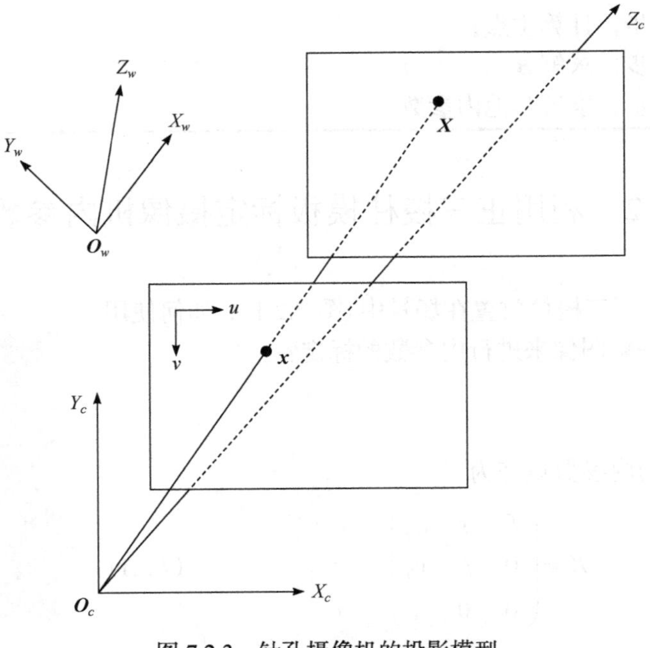


图 7.2.3　针孔摄像机的投影模型

$$\lambda(u,v,1)^{\mathrm{T}} = \boldsymbol{K}(\boldsymbol{R},\boldsymbol{T})(X_w,Y_w,Z_w,1)^{\mathrm{T}} = \boldsymbol{P}(X_w,Y_w,Z_w,1)^{\mathrm{T}} \tag{7.2.2}$$

其中，$\boldsymbol{K}=\begin{pmatrix} f_x & s & u_0 \\ 0 & f_y & v_0 \\ 0 & 0 & 1 \end{pmatrix}$称为摄像机的内参数矩阵；$\boldsymbol{R}$ 为旋转矩阵；$\boldsymbol{T}$ 为平移向量；$(\boldsymbol{R},\boldsymbol{T})$ 为摄像机的外参数矩阵；$\boldsymbol{P}$ 为投影矩阵。

2) 求解圆环点

设点 $\boldsymbol{A}$、$\boldsymbol{B}$、$\boldsymbol{C}$、$\boldsymbol{D}$、$\boldsymbol{E}$、$\boldsymbol{F}$、$\boldsymbol{G}$ 所对应的像点分别为 $\boldsymbol{a}$、$\boldsymbol{b}$、$\boldsymbol{c}$、$\boldsymbol{d}$、$\boldsymbol{e}$、$\boldsymbol{f}$、$\boldsymbol{g}$。$\boldsymbol{p}_1$、$\boldsymbol{p}_2$、$\boldsymbol{p}_3$、$\boldsymbol{p}_4$ 是在直线 $\boldsymbol{ad}$、$\boldsymbol{bc}$、$\boldsymbol{bf}$、$\boldsymbol{ac}$ 方向上的消失点。根据射影几何中的调和共轭理论，以及射影变换中相应顶点的对应性和交比不变性可以得到

$$\begin{cases} (\boldsymbol{AD},\boldsymbol{EP}_{1\infty}) = (\boldsymbol{ad},\boldsymbol{ep}_1) = -1 \\ (\boldsymbol{BC},\boldsymbol{DP}_{2\infty}) = (\boldsymbol{bc},\boldsymbol{dp}_2) = -1 \\ (\boldsymbol{BF},\boldsymbol{GP}_{3\infty}) = (\boldsymbol{bf},\boldsymbol{gp}_3) = -1 \\ (\boldsymbol{AC},\boldsymbol{FP}_{4\infty}) = (\boldsymbol{ac},\boldsymbol{fp}_4) = -1 \end{cases} \tag{7.2.3}$$

根据图像获得的点 $\boldsymbol{a}$、$\boldsymbol{b}$、$\boldsymbol{c}$、$\boldsymbol{d}$、$\boldsymbol{e}$、$\boldsymbol{f}$、$\boldsymbol{g}$ 的坐标及它们之间的交比关系，可以解出平面 $\boldsymbol{ABC}$ 上四个消失点的坐标。

同理，可以解出在面 $\boldsymbol{BCC_1B_1}$ 上 $\boldsymbol{bc}$、$\boldsymbol{cc_1}$、$\boldsymbol{bc_1}$、$\boldsymbol{b_1c}$ 方向和面 $\boldsymbol{ACC_1A_1}$ 上 $\boldsymbol{ac}$、$\boldsymbol{cc_1}$、$\boldsymbol{ac_1}$、$\boldsymbol{a_1c}$ 方向所对应的消失点 $\boldsymbol{p}_2$、$\boldsymbol{p}_5$、$\boldsymbol{p}_8$、$\boldsymbol{p}_9$ 与 $\boldsymbol{p}_4$、$\boldsymbol{p}_5$、$\boldsymbol{p}_6$、$\boldsymbol{p}_7$ 的坐标。

由拉盖尔定理的推论可知，平面上两条直线垂直的充要条件是这两条直线上的无穷远点与圆环点调和共轭。因此可由式(7.2.3)中的调和共轭关系解出的两对消失点确定圆环点的像的位置。

以等边三角形 $\boldsymbol{ABC}$ 为例，设该平面上的圆环点像的坐标为

$$\boldsymbol{m}_I = (x_1 + x_2 i, y_1 + y_2 i) \tag{7.2.4}$$

$$\boldsymbol{m}_J = (x_1 - x_2 i, y_1 - y_2 i) \tag{7.2.5}$$

由等边三角形的性质可得

$$\boldsymbol{AD} \perp \boldsymbol{BC},\ \boldsymbol{BF} \perp \boldsymbol{AC} \tag{7.2.6}$$

故 $\boldsymbol{p}_1$、$\boldsymbol{p}_2$、$\boldsymbol{p}_3$、$\boldsymbol{p}_4$ 分别与两个圆环点调和共轭，即

$$(\boldsymbol{p}_1\boldsymbol{p}_2,\boldsymbol{m}_I\boldsymbol{m}_J) = -1 \tag{7.2.7}$$

$$(\boldsymbol{p}_3\boldsymbol{p}_4,\boldsymbol{m}_I\boldsymbol{m}_J) = -1 \tag{7.2.8}$$

令 $\boldsymbol{p}_1 = (u_{p1},v_{p1},1)^{\mathrm{T}}$，$\boldsymbol{p}_2 = (u_{p2},v_{p2},1)^{\mathrm{T}}$，则由式(7.2.4)、式(7.2.5)、式(7.2.7)和式(7.2.8)可得

$$x_1 = \frac{u_{p1}u_{p2} - u_{p3}u_{p4}}{u_{p1} + u_{p2} - u_{p3} - u_{p4}} \tag{7.2.9}$$

$$y_1 = \frac{v_{p1}v_{p2} - v_{p3}v_{p4}}{v_{p1} + v_{p2} - v_{p3} - v_{p4}} \tag{7.2.10}$$

$$x_2 = \frac{\sqrt{(u_{p1}-u_{p3})(u_{p3}-u_{p2})(u_{p1}-u_{p4})(u_{p2}-u_{p4})}}{u_{p1}+u_{p2}-u_{p3}-u_{p4}} \tag{7.2.11}$$

$$y_2 = \frac{\sqrt{(v_{p1}-v_{p3})(v_{p3}-v_{p2})(v_{p1}-v_{p4})(v_{p2}-v_{p4})}}{v_{p1}+v_{p2}-v_{p3}-v_{p4}} \tag{7.2.12}$$

3) 求解内参数矩阵

根据前面的知识，可以知道圆环点位于绝对二次曲线 $\boldsymbol{\Omega}_\infty$ 上，而 $\boldsymbol{\Omega}_\infty$ 在图像平面上的矩阵形式为 $\boldsymbol{K}^{-\mathrm{T}}\boldsymbol{K}^{-1}$。由此可得

$$\boldsymbol{m}_{I1}{}^{\mathrm{T}}\boldsymbol{K}^{-\mathrm{T}}\boldsymbol{K}^{-1}\boldsymbol{m}_{I1}=0,\ \ \boldsymbol{m}_{J1}{}^{\mathrm{T}}\boldsymbol{K}^{-\mathrm{T}}\boldsymbol{K}^{-1}\boldsymbol{m}_{J1}=0 \tag{7.2.13}$$

$$\boldsymbol{m}_{I2}{}^{\mathrm{T}}\boldsymbol{K}^{-\mathrm{T}}\boldsymbol{K}^{-1}\boldsymbol{m}_{I2}=0,\ \ \boldsymbol{m}_{J2}{}^{\mathrm{T}}\boldsymbol{K}^{-\mathrm{T}}\boldsymbol{K}^{-1}\boldsymbol{m}_{J2}=0 \tag{7.2.14}$$

$$\boldsymbol{m}_{I3}{}^{\mathrm{T}}\boldsymbol{K}^{-\mathrm{T}}\boldsymbol{K}^{-1}\boldsymbol{m}_{I3}=0,\ \ \boldsymbol{m}_{J3}{}^{\mathrm{T}}\boldsymbol{K}^{-\mathrm{T}}\boldsymbol{K}^{-1}\boldsymbol{m}_{J3}=0 \tag{7.2.15}$$

其中，$\boldsymbol{m}_{Ii}$、$\boldsymbol{m}_{Ji}(i=1,2,3)$ 为三个平面上的圆环点的像。根据这三组方程所给定的六个约束，就可以还原摄像机内参数矩阵 $\boldsymbol{K}$。

4. 算法步骤

基于前面的分析，此处给出利用正三棱柱作为标定模板进行摄像机标定的方法。

---

**算法 7.2**　利用正三棱柱进行摄像机标定

**输入：** 包含正三棱柱三个平面的图像

**输出：** 摄像机内参数矩阵 $\boldsymbol{K}$

第一步，拍摄正三棱柱包含三个平面的图像；

第二步，用 OpenCV 中的 cvFindchessboardCorners () 函数提取模型中所需角点，若提取失败需重新拍摄；

第三步，根据调和共轭理论，求解所需直线的消失点；

第四步，利用拉盖尔定理和相互垂直的多对直线，求解三个平面上的圆环点；

第五步，根据圆环点的像 $\boldsymbol{m}_I$、$\boldsymbol{m}_J$ 对绝对二次曲线的像的约束求解 $\boldsymbol{\omega}$；

第六步，利用基础知识计算 $\boldsymbol{\omega}$，对其进行 Cholesky 分解后再求逆，得到 $\boldsymbol{K}$ 值。

---

## 7.3　利用正棱台模板标定摄像机内参数

**问题：** 将一个正棱台放置在场景中(图 7.3.1)，如何使用针孔摄像机拍摄的图像来进行内参数的标定？

1. 数学描述

针孔摄像机的内参数矩阵为

$$\boldsymbol{K}=\begin{pmatrix} f_x & s & u_0 \\ 0 & f_y & v_0 \\ 0 & 0 & 1 \end{pmatrix} \tag{7.3.1}$$

其中，$s$ 表示畸变因子；$f_x$、$f_y$ 表示图像平面在 $u$ 方向和 $v$ 方向上像点的物理坐标到图像像素坐标的比例系数；$(u_0,v_0)^{\mathrm{T}}$ 是光轴与图像平面交点的图像坐标，即主点坐标。

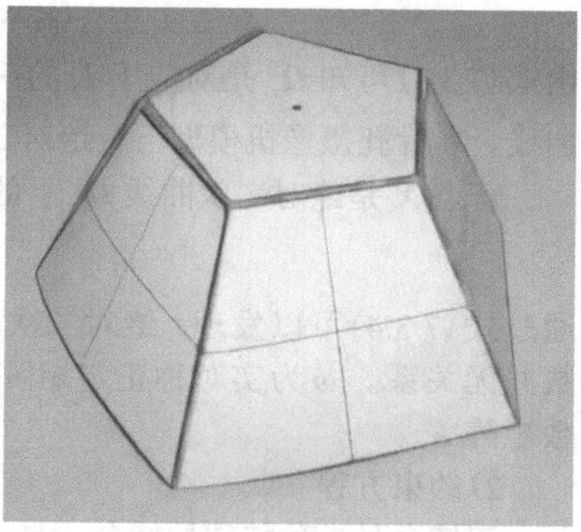

图 7.3.1　摄像机拍摄的正棱台图像

2. 问题分析

标定模板为图 7.3.2 所示的正棱台。在针孔摄像机模型下，摄像机拍摄模板得到的正棱台的像包含众多角点信息，通过提取图像点的像素坐标，可以得到绝对二次曲线的约束方程，通过求解这些方程就能求解出摄像机内参数。

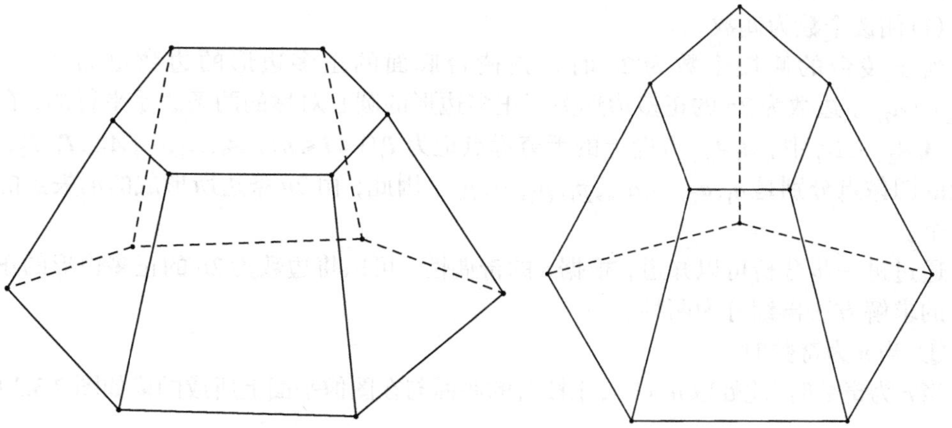

图 7.3.2　正棱台标定物

3. 建立模型

1) 绝对二次曲线

绝对二次曲线是定义在无穷远平面 $\boldsymbol{\pi}_\infty=[0,0,0,1]$ 上的一条(点)二次曲线，记为 $\boldsymbol{\Omega}_\infty$，其满足

$$\begin{cases} x_1^2+x_2^2+x_3^2=0 \\ x_4^2=0 \end{cases} \tag{7.3.2}$$

式(7.3.2)可以改写为

$$(x_1,x_2,x_3)\boldsymbol{I}_3(x_1,x_2,x_3)^{\mathrm{T}}=0 \tag{7.3.3}$$

由式(7.3.3)可知 $\boldsymbol{\Omega}_\infty$ 是对应于 $\boldsymbol{I}_3$ 的一条二次曲线，它是由平面上纯虚点组成的一条二次曲线。在针孔摄像机模型下，绝对二次曲线的像为 $\boldsymbol{\omega}=\boldsymbol{K}^{-\mathrm{T}}\boldsymbol{K}^{-1}$ ，它仍为一条二次曲线。

若点 $\boldsymbol{X}$ 是绝对二次曲线 $\boldsymbol{\Omega}_\infty$ 上的一点，点 $\boldsymbol{X}$ 的像记为 $\boldsymbol{x}$ ，则有

$$\boldsymbol{x}^{\mathrm{T}}\boldsymbol{K}^{-\mathrm{T}}\boldsymbol{K}^{-1}\boldsymbol{x}=0 \tag{7.3.4}$$

通过式(7.3.4)可以发现，绝对二次曲线的像仅与摄像机内参数有关，与摄像机的外参数并无关系。$\boldsymbol{\omega}$ 为实对称正定矩阵，通过 Cholesky 分解可以唯一确定摄像机的内参数矩阵 $\boldsymbol{K}$ 。

2)约束方程

正棱台是一种特殊的棱台，是由正棱锥截得的棱台。正棱台的两底面是两个相似正多边形，侧面是全等的等腰梯形，在本节中，根据正棱台侧棱个数的奇偶性将正棱台分为两种基本类型：第一种类型为侧棱个数为偶数 $2n$ ；第二种类型为侧棱个数为奇数 $2n+1$ ，后面将分别对这两种情况下的正棱台进行分析。

根据正棱台的性质可知，正棱台的两底面是正多边形。显然底面的正多边形的边数与正棱台侧棱的个数是相等的。下面分别对上述两种类型的正棱台展开讨论并给出两种不同类型的正棱台的底面上的正交消失点的求解方法。

(1)侧棱个数为偶数。

当正棱台的侧棱个数为 $2n$ 时，正棱台底面的正多边形的边数也为 $2n$ ，记为 $\boldsymbol{A}_1\boldsymbol{A}_2\cdots\boldsymbol{A}_{2n}$ 。边数为 $2n$ 的正多边形关于正多边形的圆心对称的两条边是平行的，在正多边形 $\boldsymbol{A}_1\boldsymbol{A}_2\cdots\boldsymbol{A}_{2n}$ 中，$\boldsymbol{A}_i\boldsymbol{A}_{i+1}$ 方向上的无穷远点记为 $\boldsymbol{P}_i(1\leqslant i\leqslant n)$ 。$\boldsymbol{A}_1,\boldsymbol{A}_2,\cdots,\boldsymbol{A}_{2n},\boldsymbol{P}_1,\boldsymbol{P}_2,\cdots,\boldsymbol{P}_n$ 对应的图像点分别是 $\boldsymbol{a}_1,\boldsymbol{a}_2,\cdots,\boldsymbol{a}_{2n},\boldsymbol{p}_1,\boldsymbol{p}_2,\cdots,\boldsymbol{p}_n$ 。因此，由 $2n$ 条边所形成的消失点的数目有 $n$ 个。

通过进一步分析可以知道，根据 $n$ 的奇偶性，可以将边数为 $2n$ 的正多边形的正交消失点的求解方法再细分为两种。

① 当 $n$ 为奇数时。

当 $n$ 为奇数时(此处取 $n=3$)，正棱台的底面与在图像平面上所成的像如图 7.3.3 所示。

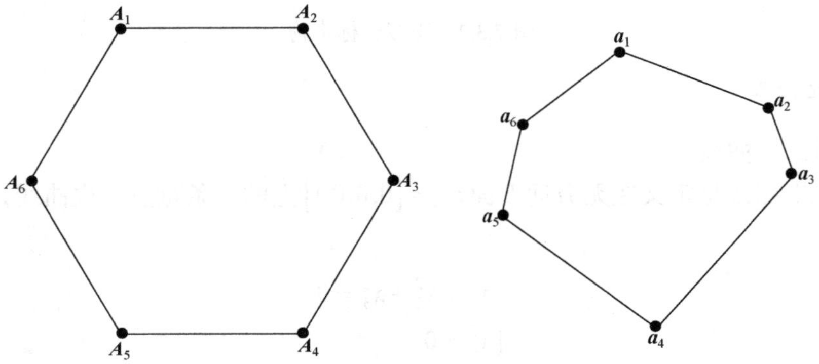


图 7.3.3　正六边形和对应图像

在正多边形 $A_1A_2\cdots A_{2n}$ 中，有

$$\begin{cases} A_iA_{i+1} // A_{i+n}A_{i+n+1}, A_iA_{i+n+1} // A_{i+1}A_{i+n} \\ A_iA_{i+1} \perp A_{i+1}A_{i+n} \end{cases} \tag{7.3.5}$$

其中，$1 \leqslant i \leqslant n-1$，当 $i=n$ 时：

$$\begin{cases} A_nA_{n+1} // A_{2n}A_1, A_nA_1 // A_{n+1}A_{2n} \\ A_nA_{n+1} \perp A_{n+1}A_{2n} \end{cases} \tag{7.3.6}$$

$A_iA_{i+1}$ 方向上的无穷远点记为 $P_i$，$A_{i+1}A_{i+n}$ 方向上的无穷远点记为 $P_i^*$。$P_i$、$P_i^*$ 对应的图像点分别是 $p_i$、$p_i^*$，其中 $1 \leqslant i \leqslant n$。故有

$$\begin{cases} P_i = A_iA_{i+1} \times A_{i+n}A_{i+n+1} \\ P_i^* = A_iA_{i+n+1} \times A_{i+1}A_{i+n} \end{cases} \quad (1 \leqslant i \leqslant n-1) \tag{7.3.7}$$

由式(7.3.7)可以得到

$$\begin{cases} p_i = a_ia_{i+1} \times a_{i+n}a_{i+n+1} \\ p_i^* = a_ia_{i+n+1} \times a_{i+1}a_{i+n} \end{cases} \quad (1 \leqslant i \leqslant n-1) \tag{7.3.8}$$

当 $i=n$ 时：

$$\begin{cases} P_n = A_nA_{n+1} \times A_{2n}A_1,\ P_n^* = A_nA_1 \times A_{n+1}A_{2n} \\ p_n = a_na_{n+1} \times a_{2n}a_1,\ p_n^* = a_na_1 \times a_{n+1}a_{2n} \end{cases} \tag{7.3.9}$$

由于 $A_iA_{i+1} \perp A_{i+1}A_{i+n} (1 \leqslant i \leqslant n-1), A_nA_{n+1} \perp A_{n+1}A_{2n}$，由正交方向上的消失点的性质可得

$$p_i^{\mathrm{T}} \omega p_i^* = 0 \quad (1 \leqslant i \leqslant n) \tag{7.3.10}$$

② 当 $n$ 为偶数时。

当 $n$ 为偶数时(此处取 $n=4$)，正棱台的底面与在图像平面上所成的像如图 7.3.4 所示。

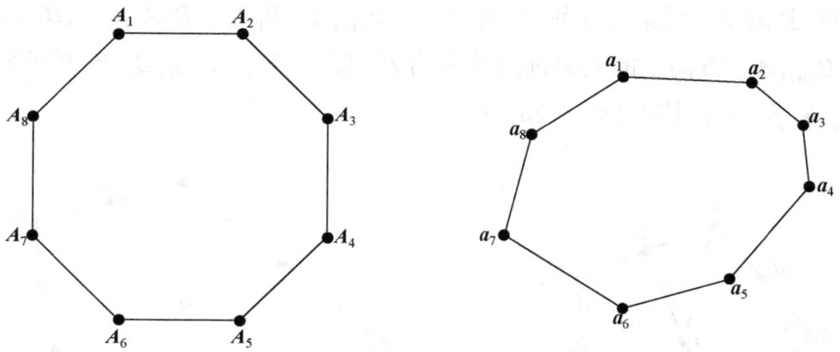


图 7.3.4　正八边形和对应图像

在正多边形 $A_1A_2\cdots A_{2n}$ 中，有

$$\begin{cases} \boldsymbol{A}_i\boldsymbol{A}_{i+1} // \boldsymbol{A}_{i+n}\boldsymbol{A}_{i+n+1}, \boldsymbol{A}_{i+\frac{n}{2}}\boldsymbol{A}_{i+\frac{n}{2}+1} // \boldsymbol{A}_{i+\frac{3n}{2}}\boldsymbol{A}_{i+\frac{3n}{2}+1} \\ \boldsymbol{A}_i\boldsymbol{A}_{i+1} \perp \boldsymbol{A}_{i+\frac{n}{2}}\boldsymbol{A}_{i+\frac{n}{2}+1} \end{cases} \tag{7.3.11}$$

其中，$1 \leqslant i \leqslant n/2-1$，当$i = n/2$时：

$$\begin{cases} \boldsymbol{A}_{\frac{n}{2}}\boldsymbol{A}_{\frac{n}{2}+1} // \boldsymbol{A}_{\frac{3n}{2}}\boldsymbol{A}_{\frac{3n}{2}+1}, \boldsymbol{A}_n\boldsymbol{A}_{n+1} // \boldsymbol{A}_{2n}\boldsymbol{A}_1 \\ \boldsymbol{A}_n\boldsymbol{A}_{n+1} \perp \boldsymbol{A}_{\frac{n}{2}}\boldsymbol{A}_{\frac{n}{2}+1} \end{cases} \tag{7.3.12}$$

$\boldsymbol{A}_i\boldsymbol{A}_{i+1}$方向上的无穷远点记为$\boldsymbol{P}_i$，其对应的图像点是$\boldsymbol{p}_i$，其中$1 \leqslant i \leqslant n$。

$$\begin{cases} \boldsymbol{P}_i = \boldsymbol{A}_i\boldsymbol{A}_{i+1} \times \boldsymbol{A}_{i+n}\boldsymbol{A}_{i+n+1} \quad (1 \leqslant i \leqslant n-1) \\ \boldsymbol{P}_n = \boldsymbol{A}_n\boldsymbol{A}_{n+1} \times \boldsymbol{A}_{2n}\boldsymbol{A}_1 \end{cases} \tag{7.3.13}$$

根据射影变换中相应点的对应，由式(7.3.13)可以得到

$$\begin{cases} \boldsymbol{p}_i = \boldsymbol{a}_i\boldsymbol{a}_{i+1} \times \boldsymbol{a}_{i+n}\boldsymbol{a}_{i+n+1} \quad (1 \leqslant i \leqslant n-1) \\ \boldsymbol{p}_n = \boldsymbol{a}_n\boldsymbol{a}_{n+1} \times \boldsymbol{a}_{2n}\boldsymbol{a}_1 \end{cases} \tag{7.3.14}$$

由于$\boldsymbol{A}_i\boldsymbol{A}_{i+1} \perp \boldsymbol{A}_{i+n/2}\boldsymbol{A}_{i+n/2+1} \ (1 \leqslant i \leqslant n/2-1)$，$\boldsymbol{A}_n\boldsymbol{A}_{n+1} \perp \boldsymbol{A}_{n/2}\boldsymbol{A}_{n/2+1}$，由正交方向上的消失点的性质可得

$$\boldsymbol{p}_i^{\mathrm{T}}\boldsymbol{\omega}\boldsymbol{p}_{i+\frac{n}{2}} = 0 \quad \left(1 \leqslant i \leqslant \frac{n}{2}\right) \tag{7.3.15}$$

(2)侧棱个数为奇数。

如图 7.3.5 所示，当正棱台的侧棱个数为$2n+1$(此处取$n=2$)时，正棱台底面的正多边形的边数也为$2n+1$，记为$\boldsymbol{A}_1\boldsymbol{A}_2\cdots\boldsymbol{A}_{2n+1}$。此时，正多边形的边和对角线之间不存在垂直的关系，为了实现摄像机的标定，作正多边形的内切圆，令内切圆的圆心为$\boldsymbol{O}$，记内切圆与正多边形的边$\boldsymbol{A}_1\boldsymbol{A}_2, \boldsymbol{A}_2\boldsymbol{A}_3, \cdots, \boldsymbol{A}_{2n+1}\boldsymbol{A}_1$的交点为$\boldsymbol{B}_1, \boldsymbol{B}_2, \cdots, \boldsymbol{B}_{2n+1}$；$\boldsymbol{A}_1\boldsymbol{A}_2, \boldsymbol{A}_2\boldsymbol{A}_3, \cdots, \boldsymbol{A}_{2n+1}\boldsymbol{A}_1$方向上的无穷远点分别为$\boldsymbol{P}_1, \boldsymbol{P}_2, \cdots, \boldsymbol{P}_{2n+1}$；$\boldsymbol{B}_1\boldsymbol{A}_{n+2}, \boldsymbol{B}_2\boldsymbol{A}_{n+3}, \cdots, \boldsymbol{B}_n\boldsymbol{A}_{2n+1}, \boldsymbol{B}_{n+1}\boldsymbol{A}_1, \boldsymbol{B}_{n+2}\boldsymbol{A}_2, \cdots, \boldsymbol{B}_{2n+1}\boldsymbol{A}_{n+1}$方向上的无穷远点分别为$\boldsymbol{P}_1^*, \boldsymbol{P}_2^*, \cdots, \boldsymbol{P}_{2n+1}^*$；$\boldsymbol{A}_i, \boldsymbol{B}_i, \boldsymbol{P}_i, \boldsymbol{P}_i^*$所对应的图像点分别为$\boldsymbol{a}_i, \boldsymbol{b}_i, \boldsymbol{p}_i, \boldsymbol{p}_i^*$，其中$1 \leqslant i \leqslant 2n+1$。

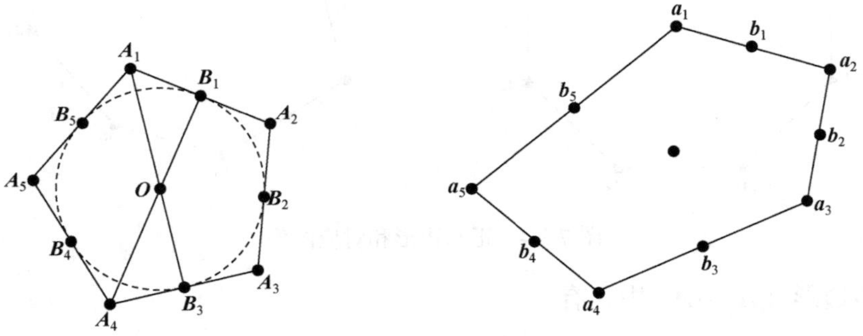


图 7.3.5　正五边形和对应图像

在正多边形 $A_1A_2\ldots A_{2n+1}$ 中，有

$$\begin{cases} A_iA_{i+1} \perp B_iA_{i+n+1} & (1 \leqslant i \leqslant n) \\ A_iA_{i+1} \perp B_iA_{i-n} & (n+1 \leqslant i \leqslant 2n) \\ A_{2n+1}A_1 \perp B_{2n+1}A_{n+1} \end{cases} \tag{7.3.16}$$

$A_1A_2, A_2A_3, \cdots, A_{2n+1}A_1$ 方向上的无穷远点分别为 $P_1, P_2, \cdots, P_{2n+1}$，其对应的图像点为 $p_1, p_2, \cdots, p_{2n+1}$。已知 $A_1A_2, A_2A_3, \cdots, A_{2n+1}A_1$ 上的中点分别为 $B_1, B_2, \cdots, B_{2n+1}$。由交比的性质可得

$$\begin{cases} (A_iA_{i+1}, B_iP_i) = -1 & (1 \leqslant i \leqslant 2n) \\ (A_{2n+1}A_1, B_{2n+1}P_{2n+1}) = -1 \end{cases} \tag{7.3.17}$$

根据射影变换中相应点的对应，由式(7.3.17)得

$$\begin{cases} (a_ia_{i+1}, b_ip_i) = -1 & (1 \leqslant i \leqslant 2n) \\ (a_{2n+1}a_1, b_{2n+1}p_{2n+1}) = -1 \end{cases} \tag{7.3.18}$$

$B_1A_{n+2}, B_2A_{n+3}, \cdots, B_nA_{2n+1}, B_{n+1}A_1, B_{n+2}A_2, \cdots, B_{2n+1}A_{n+1}$ 方向上的无穷远点分别为 $P_1^*, P_2^*, \cdots, P_{2n+1}^*$，其对应的图像点为 $p_1^*, p_2^*, \cdots, p_{2n+1}^*$。由交比的性质可得

$$\begin{cases} (B_iA_{i+n+1}, OP_i^*) = \lambda & (1 \leqslant i \leqslant n) \\ (B_iA_{i-n}, OP_i^*) = \lambda & (n+1 \leqslant i \leqslant 2n+1) \end{cases} \tag{7.3.19}$$

其中，$\lambda = -\cos(\pi/(2n+1))$。根据射影变换中相应点的对应，可以得到

$$\begin{cases} (b_ia_{i+n+1}, op_i^*) = \lambda & (1 \leqslant i \leqslant n) \\ (b_ia_{i-n}, op_i^*) = \lambda & (n+1 \leqslant i \leqslant 2n+1) \end{cases} \tag{7.3.20}$$

由前面得到的垂直关系，由正交方向上的消失点的性质可得

$$p_i^{\mathrm{T}} \omega p_i^* = 0 \quad (1 \leqslant i \leqslant 2n+1) \tag{7.3.21}$$

以上部分描述了如何通过正棱台的两底面来求解其对摄像机内参数的约束，接下来的部分将研究正棱台侧面对摄像机内参数的约束。

(3) 正棱台侧面对摄像机内参数的约束。

通过正棱台的性质知道，正棱台的所有侧面为相同的等腰梯形，参看图 7.3.6，取其中一面记为 $ABCD$。在等腰梯形 $ABCD$ 中，边 $AB$ 与边 $CD$ 为平行的两边，$AB$、$CD$ 的中点记为 $M$、$N$，$MN$ 的中点记为 $O$。

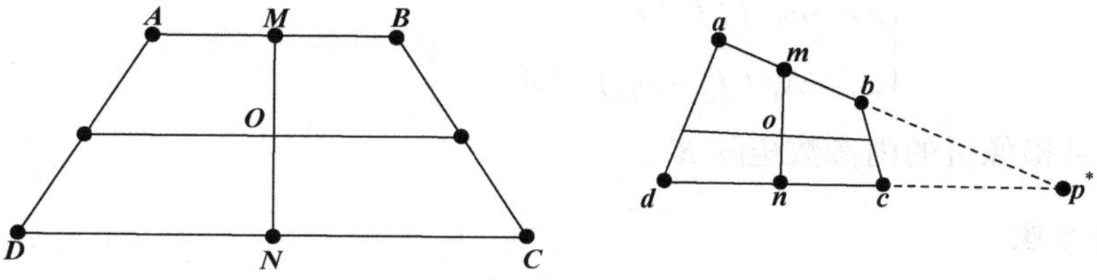


图 7.3.6　等腰梯形 *ABCD* 和对应图像

$\boldsymbol{AB}$ 方向上的无穷远点为 $\boldsymbol{P}$ ，$\boldsymbol{MN}$ 方向上的无穷远点为 $\boldsymbol{P}^*$ ，$\boldsymbol{A}$、$\boldsymbol{B}$、$\boldsymbol{C}$、$\boldsymbol{D}$、$\boldsymbol{M}$、$\boldsymbol{N}$、$\boldsymbol{O}$、$\boldsymbol{P}$、$\boldsymbol{P}^*$对应的图像点分别是 $\boldsymbol{a}$、$\boldsymbol{b}$、$\boldsymbol{c}$、$\boldsymbol{d}$、$\boldsymbol{m}$、$\boldsymbol{n}$、$\boldsymbol{o}$、$\boldsymbol{p}$、$\boldsymbol{p}^*$ 。

$$\boldsymbol{P} = \boldsymbol{AB} \times \boldsymbol{CD}, \quad (\boldsymbol{MN}, \boldsymbol{OP}^*) = -1 \tag{7.3.22}$$

根据射影变换中相应点的对应和交比的不变性，由式(7.3.22)可以得到

$$\boldsymbol{p} = \boldsymbol{ab} \times \boldsymbol{cd}, \quad (\boldsymbol{mn}, \boldsymbol{op}^*) = (\boldsymbol{MN}, \boldsymbol{OP}^*) = -1 \tag{7.3.23}$$

由等腰梯形的性质可知 $\boldsymbol{MN} \perp \boldsymbol{AB}$ ，由正交方向上的消失点的性质可得

$$\boldsymbol{p}^{\mathrm{T}} \boldsymbol{\omega} \boldsymbol{p}^* = 0 \tag{7.3.24}$$

经过以上部分的分析后总结如下。

(1) 当正棱台的侧棱数为 $2n$ 且 $n$ 为奇数时，它的底面能够提供 $n$ 个关于绝对二次曲线的像的约束方程。

(2) 当正棱台的侧棱数为 $2n$ 且 $n$ 为偶数时，它的底面能够提供 $n/2$ 个关于绝对二次曲线的像的约束方程。

(3) 当正棱台的侧棱数为 $2n+1$ 时，它的底面可以提供 $2n+1$ 个关于绝对二次曲线的像的约束方程。

(4) 正棱台的每个侧面可以提供一个关于绝对二次曲线的像的约束方程。

通过以上总结，便可以进行摄像机内参数的求解，该步骤将在以下部分进行介绍。

3) 求解内参数

一般情况下，对于任意类型的正棱台，正棱台标定物的一幅图像中至少包含上底面和两个侧面的图像，所以给定 2 幅(或 2 幅以上)图像，至少可以得到关于 $\boldsymbol{\omega}$ 的 6 个线性约束方程，由于 $\boldsymbol{\omega}$ 含有 5 个独立的参数，所以将这些方程联立起来就可以解出 $\boldsymbol{\omega}$ 。记

$$\boldsymbol{\omega} = \begin{pmatrix} \omega_{11} & \omega_{12} & \omega_{13} \\ \omega_{21} & \omega_{22} & \omega_{23} \\ \omega_{31} & \omega_{32} & \omega_{33} \end{pmatrix} \tag{7.3.25}$$

则可以利用式(7.3.26)逐个计算出各内参数：

$$\begin{cases} v_0 = (\omega_{12}\omega_{13} - \omega_{11}\omega_{23}) / (\omega_{11}\omega_{22} - \omega_{12}\omega_{12}) \\ \lambda = \omega_{33} - [\omega_{13}\omega_{13} + v_0(\omega_{12}\omega_{13} - \omega_{11}\omega_{23})] / \omega_{11} \\ f_x = \sqrt{\lambda / \omega_{11}} \\ f_y = \sqrt{\lambda\omega_{11} / (\omega_{11}\omega_{22} - \omega_{12}\omega_{12})} \\ s = -\omega_{12} f_x^2 f_y / \lambda \\ u_0 = s v_0 / f_x - \omega_{13} f_x^2 / \lambda \end{cases} \tag{7.3.26}$$

进而可以得到摄像机的内参数矩阵 $\boldsymbol{K}$ 。

4. 算法步骤

基于以上分析，下面介绍利用正棱台的摄像机线性标定方法。

**算法 7.3**　利用正棱台对摄像机进行线性标定

**输入：** 3 幅不同角度下的正棱台的图像

**输出：** 摄像机内参数矩阵 $\boldsymbol{K}$

第一步，从三个不同位置角度拍摄正棱台获取 3 幅图像；

第二步，检测边缘点，用最小二乘法拟合图像平面上的投影曲线；

第三步，通过正棱台的相关性质找出一组正交方向上的消失点；

第四步，由消失点恢复绝对二次曲线的像 $\boldsymbol{\omega}$；

第五步，根据式(7.3.21)求解出 $\boldsymbol{K}$ 。

## 7.4　利用球的模板标定摄像机内参数

7.4-视频

**问题：** 将球放置在场景中(图 7.4.1)，如何使用针孔摄像机拍摄的图像来进行内参数的标定？

图 7.4.1　摄像机拍摄的球图像

### 7.4.1　利用球像标定摄像机内参数

1. 摄像机模型

在针孔摄像机模型下，世界坐标系 $\boldsymbol{O}_w$-$X_wY_wZ_w$ 中的点 $\boldsymbol{M}=(x_w,y_w,z_w,1)^{\mathrm{T}}$ 和对应的图像坐标系上的像素点 $\boldsymbol{m}=(u,v,1)^{\mathrm{T}}$ 之间的射影几何关系可以表示为

$$\mu\boldsymbol{m}=\boldsymbol{K}(\boldsymbol{R},\boldsymbol{T})\boldsymbol{M} \tag{7.4.1}$$

其中，上三角矩阵

$$\boldsymbol{K}=\begin{pmatrix} f_x & s & u_0 \\ 0 & f_y & v_0 \\ 0 & 0 & 1 \end{pmatrix} \tag{7.4.2}$$

为摄像机的内参数矩阵，$(u_0,v_0)^{\mathrm{T}}$ 为摄像机主点的非齐次坐标，$f_x$ 和 $f_y$ 分别为图像平面 $u$ 轴和 $v$ 轴上的尺度因子，$s$ 为畸变因子；$\mu$ 为一个非零比例因子；$\boldsymbol{R}$ 和 $\boldsymbol{T}$ 分别对应世界坐标系转换到摄像机坐标系 $\boldsymbol{O}_c\text{-}X_cY_cZ_c$ 过程中的 3 阶旋转矩阵和三维平移向量。

2. 球的成像

在针孔摄像机模型下，图 7.4.2 为球的成像过程。为方便讨论，将世界坐标系 $\boldsymbol{O}_w\text{-}X_wY_wZ_w$ 的原点 $\boldsymbol{O}_w$ 取在摄像机坐标系 $\boldsymbol{O}_c\text{-}X_cY_cZ_c$ 的原点，即光心处，并将球心取在 $Z_w$ 上。

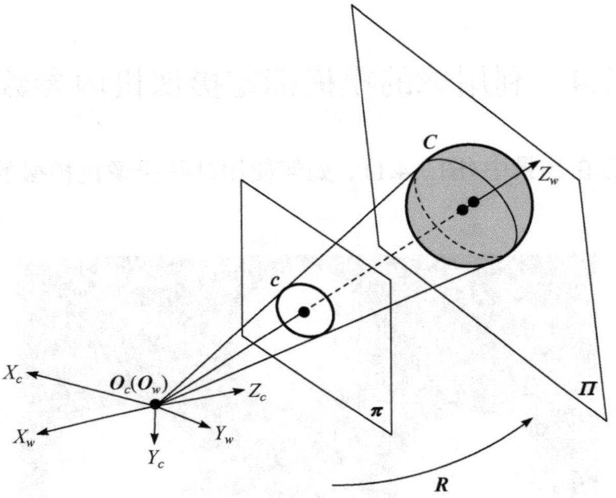


图 7.4.2　球在针孔摄像机下的成像过程

对球进行拍摄实际上是对支撑平面 $\boldsymbol{\Pi}$ 上的球的轮廓，即圆 $\boldsymbol{C}$ 进行拍摄。$Z_w$ 垂直于平面 $\boldsymbol{\Pi}$；$Z_c$ 为摄像机光轴，其垂直于图像平面 $\boldsymbol{\pi}$。$\boldsymbol{C}$ 在图像平面 $\boldsymbol{\pi}$ 上的投影也是球在 $\boldsymbol{\pi}$ 上的投影，为 $\boldsymbol{c}$。球的轮廓圆 $\boldsymbol{C}$ 与摄像机的拍摄光线形成的视锥为正圆锥 $\boldsymbol{M}$，其可以表示为

$$\boldsymbol{M}=\begin{pmatrix}1&0&0&0\\0&1&0&0\\0&0&-(r/h)^2&0\\0&0&0&0\end{pmatrix} \tag{7.4.3}$$

其中，$h$ 为 $\boldsymbol{O}_w$ 到平面 $\boldsymbol{\Pi}$ 的距离；$r$ 为轮廓圆 $\boldsymbol{C}$ 的半径。正圆锥 $\boldsymbol{M}$ 上的一点 $\boldsymbol{P}=(X,Y,Z,1)^{\mathrm{T}}$ 满足

$$\boldsymbol{P}^{\mathrm{T}}\boldsymbol{M}\boldsymbol{P}=0 \tag{7.4.4}$$

用非齐次坐标描述则有

$$\overline{\boldsymbol{P}}^{\mathrm{T}}\overline{\boldsymbol{M}}\,\overline{\boldsymbol{P}}=0 \tag{7.4.5}$$

其中，$\bar{\boldsymbol{P}}=(X,Y,Z)^{\mathrm{T}}$ 是空间点 $\boldsymbol{P}$ 的非齐次坐标，且有

$$\bar{\boldsymbol{M}}=\begin{pmatrix}1 & 0 & 0\\ 0 & 1 & 0\\ 0 & 0 & -(r/h)^2\end{pmatrix} \tag{7.4.6}$$

当正圆锥的顶点位于摄像机的光心时，在摄像机坐标系和世界坐标系之间只存在旋转，即平移向量 $\boldsymbol{T}=(0,0,0)^{\mathrm{T}}$。平面 $\boldsymbol{\Pi}:Z_w=h$ 上的点 $\boldsymbol{P}$ 投影到图像平面 $\boldsymbol{\pi}$ 上，则有

$$\mu\boldsymbol{p}=\boldsymbol{K}(\boldsymbol{R},\mathbf{T})\begin{pmatrix}X\\ Y\\ h\\ 1\end{pmatrix}=\boldsymbol{KR}\begin{pmatrix}1 & 0 & 0\\ 0 & 1 & 0\\ 0 & 0 & h\end{pmatrix}\begin{pmatrix}X\\ Y\\ 1\end{pmatrix} \tag{7.4.7}$$

其中，$\boldsymbol{H}=\boldsymbol{KR}\begin{pmatrix}1 & 0 & 0\\ 0 & 1 & 0\\ 0 & 0 & h\end{pmatrix}$ 为平面 $\boldsymbol{\Pi}$ 到图像平面 $\boldsymbol{\pi}$ 的单应矩阵。对一个非零比例因子 $\lambda$，在 $\boldsymbol{H}$ 下有图像平面 $\boldsymbol{\pi}$ 上的 $\boldsymbol{c}$ 满足

$$\begin{aligned}\lambda\boldsymbol{c}&=\boldsymbol{K}^{-\mathrm{T}}\boldsymbol{R}^{-\mathrm{T}}\mathrm{diag}\{1,1,-(r/h)^2\}\boldsymbol{R}^{-1}\boldsymbol{K}^{-1}\\ &=\boldsymbol{K}^{-\mathrm{T}}\boldsymbol{R}^{-\mathrm{T}}(I+\mathrm{diag}\{0,0,-(r/h)^2-1\})\boldsymbol{R}^{-1}\boldsymbol{K}^{-1}\\ &=\boldsymbol{K}^{-\mathrm{T}}\boldsymbol{K}^{-1}-((r/h)^2+1)\boldsymbol{K}^{-\mathrm{T}}\boldsymbol{r}_3\boldsymbol{r}_3{}^{\mathrm{T}}\boldsymbol{K}^{-1}\end{aligned} \tag{7.4.8}$$

即平面 $\boldsymbol{\Pi}$ 上的 $\boldsymbol{C}$ 在图像平面 $\boldsymbol{\pi}$ 上的投影满足

$$\lambda\boldsymbol{c}=\boldsymbol{K}^{-\mathrm{T}}\boldsymbol{K}^{-1}-\boldsymbol{l}\boldsymbol{l}^{\mathrm{T}} \tag{7.4.9}$$

其中，$\boldsymbol{l}=\sqrt{1+\alpha^2}\boldsymbol{K}^{-1}\boldsymbol{r}_3$，$\alpha=r/h$，且 $\boldsymbol{l}$ 为平面 $\boldsymbol{\Pi}$ 上的无穷远直线的像；$\boldsymbol{r}_3$ 是 $\boldsymbol{R}$ 的第三列。

式(7.4.9)有对应的对偶形式，$\boldsymbol{c}$ 的对偶为 $\boldsymbol{c}^*=\boldsymbol{c}^{-1}$，则

$$\lambda'\boldsymbol{c}^*=\boldsymbol{KK}^{\mathrm{T}}-\boldsymbol{oo}^{\mathrm{T}} \tag{7.4.10}$$

其中，$\boldsymbol{o}=\sqrt{1+(1/\alpha^2)}\boldsymbol{Kr}_3$，且 $\boldsymbol{o}$ 是球心的像。$\boldsymbol{o}$ 与 $\boldsymbol{l}$ 是关于 $\boldsymbol{c}$ 的极点极线。

因此，对每幅球像 $\boldsymbol{c}_i(i=1,2,3)$ 存在比例因子 $\beta_i,\beta_i'(i=1,2,3)$ 满足

$$\beta_i\boldsymbol{c}_i=\boldsymbol{\omega}-\boldsymbol{l}_i\boldsymbol{l}_i^{\mathrm{T}} \tag{7.4.11}$$

$$\beta_i'\boldsymbol{c}_i^*=\boldsymbol{\omega}^*-\boldsymbol{o}_i\boldsymbol{o}_i^{\mathrm{T}} \tag{7.4.12}$$

### 3. 相关性质

基于以上推导，此处对三个球像进行讨论，可恢复一些图像上的元素，如球心的像及圆环点的像。

1)求球心的像

设 $\boldsymbol{c}_1$、$\boldsymbol{c}_2$ 为球像，在式(7.4.12)两边同乘 $\boldsymbol{l}_{12}=\boldsymbol{o}_1\times\boldsymbol{o}_2$，其为过两个球心的像的直线，

则有

$$\beta_1' \boldsymbol{c}_1^* \boldsymbol{l}_{12} = \boldsymbol{\omega}^* \boldsymbol{l}_{12} \tag{7.4.13}$$

$$\beta_2' \boldsymbol{c}_2^* \boldsymbol{l}_{12} = \boldsymbol{\omega}^* \boldsymbol{l}_{12} \tag{7.4.14}$$

联立式(7.4.13)和式(7.4.14)，得

$$\beta_1' \boldsymbol{c}_1^* \boldsymbol{l}_{12} - \beta_2' \boldsymbol{c}_2^* \boldsymbol{l}_{12} = \boldsymbol{\omega}^* \boldsymbol{l}_{12} - \boldsymbol{\omega}^* \boldsymbol{l}_{12} = 0 \tag{7.4.15}$$

$$(\boldsymbol{c}_2^* \boldsymbol{c}_1 - \beta_2' / \beta_1' \boldsymbol{I}_3) \boldsymbol{l}_{12} = 0 \tag{7.4.16}$$

式(7.4.16)表示，$\boldsymbol{l}_{12}$ 是 $\boldsymbol{c}_2^* \boldsymbol{c}_1$ 对应特征值 $\beta_2' / \beta_1'$ 的一个特征向量。

如图 7.4.3 所示，现在已知三个球的图像 $\boldsymbol{c}_1$、$\boldsymbol{c}_2$、$\boldsymbol{c}_3$，$\boldsymbol{l}_{12}$ 是通过 $\boldsymbol{c}_1$、$\boldsymbol{c}_2$ 两个球心像的直线，$\boldsymbol{l}_{23}$ 是通过 $\boldsymbol{c}_2$、$\boldsymbol{c}_3$ 两个球心像的直线，$\boldsymbol{l}_{13}$ 是通过 $\boldsymbol{c}_1$、$\boldsymbol{c}_3$ 两个球心像的直线。球心的像 $\boldsymbol{o}_1$、$\boldsymbol{o}_2$、$\boldsymbol{o}_3$ 满足

$$\boldsymbol{o}_1 = \boldsymbol{l}_{12} \times \boldsymbol{l}_{13},\ \ \boldsymbol{o}_2 = \boldsymbol{l}_{12} \times \boldsymbol{l}_{23},\ \ \boldsymbol{o}_3 = \boldsymbol{l}_{13} \times \boldsymbol{l}_{23} \tag{7.4.17}$$

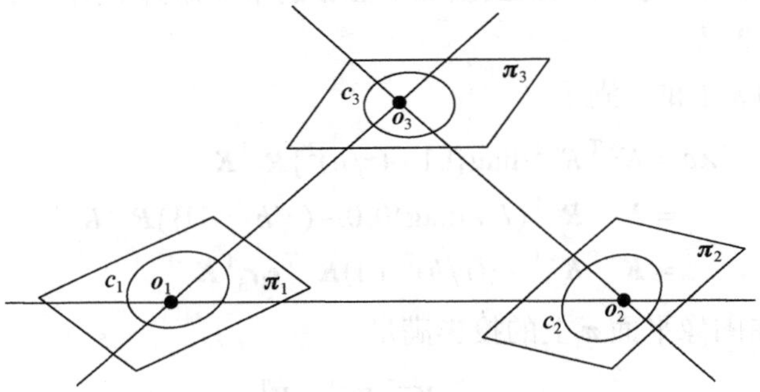


图 7.4.3　三个球心的像连线

2) 恢复圆环点的像

圆与无穷远直线交于两个圆环点，则圆像与消失线交于圆环点的像。已知三个球的图像 $\boldsymbol{c}_i (i=1,2,3)$ 及对应球心的像 $\boldsymbol{o}_i (i=1,2,3)$，球心的像 $\boldsymbol{o}_i$ 关于 $\boldsymbol{c}_i$ 的极线 $\boldsymbol{l}_i (i=1,2,3)$ 满足

$$\boldsymbol{l}_i = \boldsymbol{c}_i \boldsymbol{o}_i \quad (i=1,2,3) \tag{7.4.18}$$

因 $\boldsymbol{l}_i$ 与对应球像 $\boldsymbol{c}_i$ 的交点就是圆环点的像 $\boldsymbol{m}_I$、$\boldsymbol{m}_J$，即

$$\begin{cases} \boldsymbol{l}_i^{\mathrm{T}} \boldsymbol{x} = 0 \\ \boldsymbol{x}^{\mathrm{T}} \boldsymbol{c}_i \boldsymbol{x} = 0 \end{cases} \tag{7.4.19}$$

则可获得圆环点的像 $\boldsymbol{m}_I$、$\boldsymbol{m}_J$。

3) 恢复内参数矩阵

由于圆环点的像 $\boldsymbol{m}_I$、$\boldsymbol{m}_J$ 在绝对二次曲线的像 $\boldsymbol{\omega}$ 上，即

$$\begin{cases} \boldsymbol{m}_I^{\mathrm{T}} \boldsymbol{\omega} \boldsymbol{m}_I = 0 \\ \boldsymbol{m}_J^{\mathrm{T}} \boldsymbol{\omega} \boldsymbol{m}_J = 0 \end{cases} \tag{7.4.20}$$

将式(7.4.20)化为实线性约束方程：

$$\begin{cases}\mathrm{Re}(\boldsymbol{m}_I{}^{\mathrm{T}}\boldsymbol{\omega}\boldsymbol{m}_I)=0\\ \mathrm{Im}(\boldsymbol{m}_I{}^{\mathrm{T}}\boldsymbol{\omega}\boldsymbol{m}_I)=0\end{cases} \tag{7.4.21}$$

其中，Re 和 Im 表示复数的实部和虚部。设 $\boldsymbol{m}_I=(m_{I1},m_{I2},1)^{\mathrm{T}}$，且

$$\boldsymbol{\omega}=\boldsymbol{K}^{-\mathrm{T}}\boldsymbol{K}^{-1}=\begin{pmatrix}c_1 & c_2 & c_3\\ c_2 & c_4 & c_5\\ c_3 & c_5 & c_6\end{pmatrix} \tag{7.4.22}$$

则式(7.4.21)可化为

$$\begin{pmatrix}\mathrm{Re}(\boldsymbol{A})\\ \mathrm{Im}(\boldsymbol{A})\end{pmatrix}\boldsymbol{c}_{6\times1}=\boldsymbol{0} \tag{7.4.23}$$

其中，$\boldsymbol{A}_{1\times6}=(m_{I1}^2,2m_{I1}m_{I2},m_{I2}^2,2m_{I1},2m_{I2},1)$；$\boldsymbol{c}_{6\times1}=(c_1,c_2,c_3,c_4,c_5,c_6)^{\mathrm{T}}$。每个图像获得对应的圆环点的像后，建立 $N$ 组式(7.4.23)所示的方程，联立得

$$\boldsymbol{A}_{2N\times6}\boldsymbol{c}_{6\times1}=\boldsymbol{0} \tag{7.4.24}$$

矩阵奇异值分解的右酉矩阵的最后一列为该齐次方程组的一个最小二乘解，则至少三对圆环点的像即可线性确定 $\boldsymbol{\omega}$。再对 $\boldsymbol{\omega}$ 进行 Cholesky 分解后再求逆，就可以得到摄像机内参数矩阵 $\boldsymbol{K}$。

4. 算法步骤

基于以上分析，下面介绍基于球的双接触性质的摄像机线性标定方法。

---

**算法 7.4**　基于球的双接触性质的摄像机线性标定方法

**输入：** 三个分离的球像

**输出：** 摄像机内参数矩阵 $\boldsymbol{K}$

第一步，拟合球像，获得球像方程 $\boldsymbol{c}_i=0(i=1,2,3)$；

第二步，由式(7.4.16)恢复三个球心的像，再两两连接得到三条消失线；

第三步，计算球像与对应消失线的交点，得到三对圆环点的像；

第四步，由圆环点的像确定 $\boldsymbol{\omega}$，进行 Cholesky 分解再求逆，得到 $\boldsymbol{K}$ 值。

---

### 7.4.2　利用球像的射影几何性质标定摄像机内参数

1. 建立模型

首先通过建立投影模型分析球像的射影几何性质，然后利用正圆锥的射影不变形性获得正交消失点、圆环点的像或平面单应矩阵，最后线性地确定摄像机的内参数。

1) 球在针孔摄像机下的投影模型

如图 7.4.4 所示，若以空间中任意一点 $\boldsymbol{O}_w$ 为原点建立世界坐标系 $\boldsymbol{O}_w\text{-}X_wY_wZ_w$，则经过一个旋转矩阵 $\boldsymbol{R}$ 和平移向量 $\boldsymbol{T}$，世界坐标系将变换为以摄像机光心 $\boldsymbol{O}_c$ 为原点的摄像机坐标系 $\boldsymbol{O}_c\text{-}X_cY_cZ_c$。

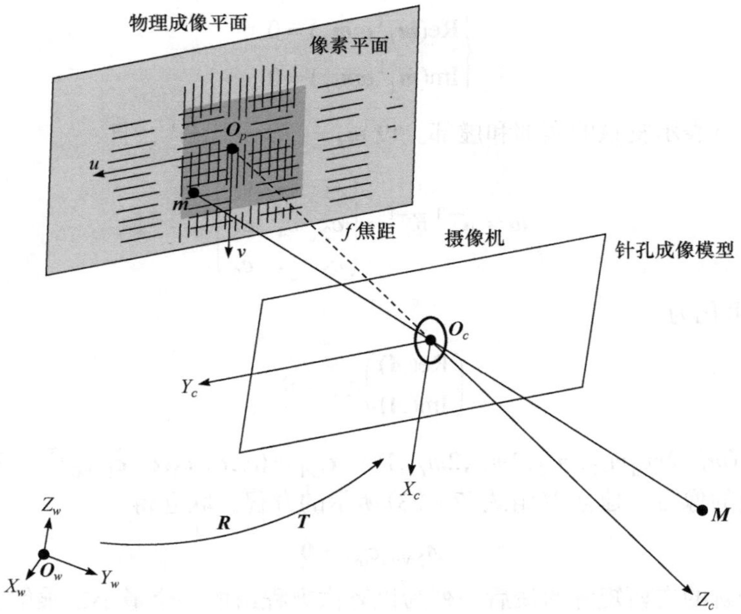


图 7.4.4 球在针孔摄像机下的投影模型

在世界坐标系 $\boldsymbol{O}_w$-$X_wY_wZ_w$ 下，若给定空间点的齐次坐标 $\boldsymbol{M}=(X,Y,Z,1)^{\mathrm{T}}$ 和其在图像平面上的投影点的齐次坐标 $\boldsymbol{m}=(x,y,1)^{\mathrm{T}}$，则有式(7.4.25)成立：

$$\lambda_m\boldsymbol{m}=\boldsymbol{PM} \tag{7.4.25}$$

其中，$\lambda_m$ 是非零比例因子；投影矩阵 $\boldsymbol{P}$ 表示透视成像过程。通常来说，$3\times4$ 的矩阵 $\boldsymbol{P}$ 由内参数 $\boldsymbol{K}$ 和外参数 $\boldsymbol{R}$ 、$\boldsymbol{T}$ 组成，即有

$$\boldsymbol{P}=\boldsymbol{K}(\boldsymbol{R},\boldsymbol{T}) \tag{7.4.26}$$

其中，上三角矩阵 $\boldsymbol{K}=\begin{pmatrix} f_x & s & u_0 \\ 0 & f_y & v_0 \\ 0 & 0 & 1 \end{pmatrix}$ 为摄像机的内参数矩阵。

特殊地，若空间点 $\boldsymbol{M}$ 在世界平面 $Z_w=0$ 上，其齐次坐标为 $\boldsymbol{M}=(X,Y,0,1)^{\mathrm{T}}$，则式(7.4.25)可化简为

$$\lambda_m\boldsymbol{m}=\boldsymbol{K}(\boldsymbol{r}_1,\boldsymbol{r}_2,\boldsymbol{T})\begin{pmatrix} X \\ Y \\ 1 \end{pmatrix} \tag{7.4.27}$$

其中，旋转矩阵 $\boldsymbol{R}$ 的 $i^{\mathrm{th}}\,(i=1,2,3)$ 列定义为 $\boldsymbol{r}_i$；$\boldsymbol{H}=\boldsymbol{K}(\boldsymbol{r}_1,\boldsymbol{r}_2,\boldsymbol{T})$ 是世界平面到图像平面的单应矩阵。

2) 正圆锥的方程

以空间中的三个球为标定物体，球的投影过程同构于球面轮廓的成像过程，而球面

轮廓从不同的方向观察都是一个圆。如图 7.4.5 所示，若以空间中任意一点 $\boldsymbol{O}_w$ 为原点建立世界坐标系 $\boldsymbol{O}_w\text{-}X_wY_wZ_w$，其中 $Z_w$ 经过其中一个球 $\boldsymbol{S}_1$ 的中心 $\boldsymbol{O}_1$，那么三个球 $\boldsymbol{S}_1$、$\boldsymbol{S}_2$、$\boldsymbol{S}_3$ 的轮廓圆 $\boldsymbol{C}_1$、$\boldsymbol{C}_2$、$\boldsymbol{C}_3$ 与点 $\boldsymbol{O}_w$ 形成三个正圆锥 $\boldsymbol{Q}_1$、$\boldsymbol{Q}_2$、$\boldsymbol{Q}_3$。若假设在世界坐标系下三个球的球心的齐次坐标分别是 $\boldsymbol{O}_1=(0,0,d_1,1)^{\mathrm{T}}$、$\boldsymbol{O}_2=(n_x,n_y,n_z,1)^{\mathrm{T}}$、$\boldsymbol{O}_3=(m_x,m_y,m_z,1)^{\mathrm{T}}$，由于 $\boldsymbol{Q}_1$、$\boldsymbol{Q}_2$、$\boldsymbol{Q}_3$ 是正圆锥，则三个轮廓圆 $\boldsymbol{C}_1$、$\boldsymbol{C}_2$、$\boldsymbol{C}_3$ 的支撑平面 $\boldsymbol{\pi}_1$、$\boldsymbol{\pi}_2$、$\boldsymbol{\pi}_3$ 的方程为

$$Z-|d_1|=0 \tag{7.4.28}$$

$$\frac{n_x}{|d_2|}X+\frac{n_y}{|d_2|}Y+\frac{n_z}{|d_2|}Z-d_2=0 \tag{7.4.29}$$

$$\frac{m_x}{|d_3|}X+\frac{m_y}{|d_3|}Y+\frac{m_z}{|d_3|}Z-d_3=0 \tag{7.4.30}$$

其中，$|d_1|$、$|d_2|=\sqrt{{n_x}^2+{n_y}^2+{n_z}^2}$、$|d_3|=\sqrt{{m_x}^2+{m_y}^2+{m_z}^2}$ 分别表示世界坐标系原点 $\boldsymbol{O}_w$ 到平面 $\boldsymbol{\pi}_1$、$\boldsymbol{\pi}_2$、$\boldsymbol{\pi}_3$ 的距离。

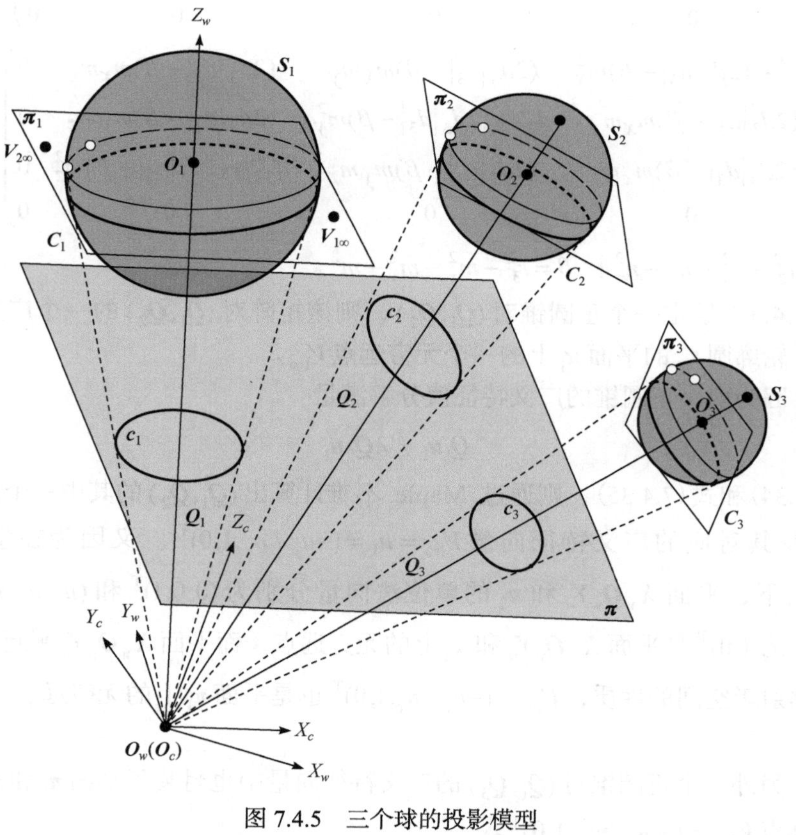

图 7.4.5　三个球的投影模型

假设三个球 $\boldsymbol{S}_1$、$\boldsymbol{S}_2$、$\boldsymbol{S}_3$ 的半径分别是 $r_1$、$r_2$、$r_3$，则三个球的方程可以写成

$$X^2+Y^2+(Z-d_1)^2=r_1^2 \tag{7.4.31}$$

$$(X-n_x)^2+(Y-n_y)^2+(Z-n_z)^2=r_2^2 \tag{7.4.32}$$

$$(X-m_x)^2+(Y-m_y)^2+(Z-m_z)^2=r_3^2 \tag{7.4.33}$$

因为轮廓圆 $\boldsymbol{C}_1$、$\boldsymbol{C}_2$、$\boldsymbol{C}_3$ 分别是三个球 $\boldsymbol{S}_1$、$\boldsymbol{S}_2$、$\boldsymbol{S}_3$ 与平面 $\boldsymbol{\pi}_1$、$\boldsymbol{\pi}_2$、$\boldsymbol{\pi}_3$ 相截的截口圆，从式(7.4.28)～式(7.4.33)中消去 $X$、$Y$、$Z$，三个正圆锥 $\boldsymbol{Q}_1$、$\boldsymbol{Q}_2$、$\boldsymbol{Q}_3$ 在世界坐标系 $\boldsymbol{O}_w\text{-}X_wY_wZ_w$ 下可以分别表示为

$$\boldsymbol{Q}_1=\begin{pmatrix}1&0&0&0\\0&1&0&0\\0&0&-(r_1/d_1)^2&0\\0&0&0&0\end{pmatrix} \tag{7.4.34}$$

$$\boldsymbol{Q}_2=\begin{pmatrix}{d_2}^4+(2d_2|d_2|-\alpha)n_x^2&(2d_2|d_2|-\alpha)n_xn_y&(2d_2|d_2|-\alpha)n_xn_z&0\\(2d_2|d_2|-\alpha)n_xn_y&{d_2}^4+(2d_2|d_2|-\alpha)n_y^2&(2d_2|d_2|-\alpha)n_yn_z&0\\(2d_2|d_2|-\alpha)n_xn_z&(2d_2|d_2|-\alpha)n_yn_z&{d_2}^4+(2d_2|d_2|-\alpha)n_z^2&0\\0&0&0&0\end{pmatrix} \tag{7.4.35}$$

$$\boldsymbol{Q}_3=\begin{pmatrix}{d_3}^4+(2d_3|d_3|-\beta)m_x^2&(2d_3|d_3|-\beta)m_xm_y&(2d_3|d_3|-\beta)m_xm_z&0\\(2d_3|d_3|-\beta)m_xm_y&{d_3}^4+(2d_3|d_3|-\beta)m_y^2&(2d_3|d_3|-\beta)m_ym_z&0\\(2d_3|d_3|-\beta)m_xm_z&(2d_3|d_3|-\beta)m_ym_z&{d_3}^4+(2d_3|d_3|-\beta)m_z^2&0\\0&0&0&0\end{pmatrix} \tag{7.4.36}$$

其中，$\alpha=r_2^2-n_x^2-n_y^2-n_z^2$；$\beta=r_3^2-m_x^2-m_y^2-m_z^2$。

**命题 7.4.1** 给定一个正圆锥对 $(\boldsymbol{Q}_1,\boldsymbol{Q}_2)$，则该矩阵对 $(\boldsymbol{Q}_1,\boldsymbol{Q}_2)$ 的一个广义特征向量对应于包含轮廓圆 $\boldsymbol{C}_1$ 的平面 $\boldsymbol{\pi}_1$ 上的一个无穷远点 $\boldsymbol{V}_{1\infty}$。

**证明** 因为两个正圆锥的广义特征值分解满足

$$\boldsymbol{Q}_1\boldsymbol{u}_1=\lambda\boldsymbol{Q}_2\boldsymbol{u}_1 \tag{7.4.37}$$

联立式(7.4.34)和式(7.4.35)，则通过 Maple 不难计算出 $(\boldsymbol{Q}_1,\boldsymbol{Q}_2)$ 的其中一个广义特征值 $\lambda_1=1/{d_2}^4$ 及其对应的广义特征向量 $\boldsymbol{V}_{1\infty}=\boldsymbol{u}_1=(-n_y/n_x,1,0)^{\mathrm{T}}$。又因为在世界坐标系 $\boldsymbol{O}_w\text{-}X_wY_wZ_w$ 下，平面 $X_w\boldsymbol{O}_wY_w$ 和 $\boldsymbol{\pi}_2$ 的单位法向量分别为 $(0,0,1)^{\mathrm{T}}$ 和 $(n_x,n_y,n_z)^{\mathrm{T}}$，则点 $\boldsymbol{V}_{1\infty}=(-n_y/n_x,1,0)^{\mathrm{T}}$ 是平面 $X_w\boldsymbol{O}_wY_w$ 和 $\boldsymbol{\pi}_2$ 上的无穷远点。而平面 $X_w\boldsymbol{O}_wY_w$ 平行于平面 $\boldsymbol{\pi}_1$，因此，根据射影空间的性质，$\boldsymbol{V}_{1\infty}=(-n_y/n_x,1,0)^{\mathrm{T}}$ 也是平面 $\boldsymbol{\pi}_1$ 上的无穷远点。

**证毕**

同理，另外一个正圆锥对 $(\boldsymbol{Q}_1,\boldsymbol{Q}_3)$ 的广义特征向量中也封装了平面 $\boldsymbol{\pi}_1$ 和 $\boldsymbol{\pi}_3$ 上的另外一个无穷远点 $\boldsymbol{V}_{2\infty}=(-m_y/m_x,1,0)^{\mathrm{T}}$。

3) 一个正圆锥对的代数射影性质

给定一个点 $\boldsymbol{M}=(X,Y,Z,1)^{\mathrm{T}}$ 在正圆锥 $\boldsymbol{Q}_1$ 上，则有式(7.4.38)成立：

$$\boldsymbol{M}^{\mathrm{T}}\boldsymbol{Q}_1\boldsymbol{M}=0 \tag{7.4.38}$$

若用点 $\boldsymbol{M}$ 的非齐次坐标 $\bar{\boldsymbol{M}}=(X,Y,Z)^{\mathrm{T}}$ 可以表示为

$$\bar{\boldsymbol{M}}^{\mathrm{T}}\bar{\boldsymbol{Q}}_1\bar{\boldsymbol{M}}=0 \tag{7.4.39}$$

其中，$\bar{\boldsymbol{Q}}_1=\begin{pmatrix}1&0&0\\0&1&0\\0&0&-(r_1/d_1)^2\end{pmatrix}$。同理，可以得到正圆锥 $\boldsymbol{Q}_2$ 和 $\boldsymbol{Q}_3$ 的非齐次坐标分别为

$$\boldsymbol{Q}_2=\begin{pmatrix}d_2^4+(2d_2|d_2|-\alpha)n_x^2 & (2d_2|d_2|-\alpha)n_xn_y & (2d_2|d_2|-\alpha)n_xn_z\\(2d_2|d_2|-\alpha)n_xn_y & d_2^4+(2d_2|d_2|-\alpha)n_y^2 & (2d_2|d_2|-\alpha)n_yn_z\\(2d_2|d_2|-\alpha)n_xn_z & (2d_2|d_2|-\alpha)n_yn_z & d_2^4+(2d_2|d_2|-\alpha)n_z^2\end{pmatrix} \tag{7.4.40}$$

$$\boldsymbol{Q}_3=\begin{pmatrix}d_3^4+(2d_3|d_3|-\beta)m_x^2 & (2d_3|d_3|-\beta)m_xm_y & (2d_3|d_3|-\beta)m_xm_z\\(2d_3|d_3|-\beta)m_xm_y & d_3^4+(2d_3|d_3|-\beta)m_y^2 & (2d_3|d_3|-\beta)m_ym_z\\(2d_3|d_3|-\beta)m_xm_z & (2d_3|d_3|-\beta)m_ym_z & {d_3}^4+(2d_3|d_3|-\beta)m_z^2\end{pmatrix} \tag{7.4.41}$$

从图 7.4.5 可以看出，若以三个正圆锥 $\boldsymbol{Q}_1$、$\boldsymbol{Q}_2$、$\boldsymbol{Q}_3$ 的顶点作为原点建立摄像机坐标系 $\boldsymbol{O}_c\text{-}X_cY_cZ_c$，因此，摄像机坐标系和世界坐标系之间仅仅只有旋转变换，即 $\boldsymbol{T}=(0,0,0)^{\mathrm{T}}$，根据式(7.4.25)、式(7.4.26)，那么 $\bar{\boldsymbol{M}}$ 的像点满足

$$\lambda_m\bar{\boldsymbol{m}}=\boldsymbol{KR}\bar{\boldsymbol{M}} \tag{7.4.42}$$

若球 $\boldsymbol{S}_1$ 在垂直于 $Z_c$ 轴的图像平面 $\boldsymbol{\pi}$ 上的投影为 $\boldsymbol{c}_1$，根据射影变换的同素性，则图像点 $\boldsymbol{m}$ 在球像 $\boldsymbol{c}_1$ 上，即有

$$\boldsymbol{m}^{\mathrm{T}}\boldsymbol{c}_1\boldsymbol{m}=0 \tag{7.4.43}$$

因为 $\boldsymbol{KR}$ 是3阶可逆矩阵，则联立式(7.4.39)、式(7.4.42)和式(7.4.43)，可得

$$\lambda_{c1}\boldsymbol{c}_1=\boldsymbol{K}^{-\mathrm{T}}\boldsymbol{R}^{-\mathrm{T}}\bar{\boldsymbol{Q}}_1\boldsymbol{R}^{-1}\boldsymbol{K}^{-1} \tag{7.4.44}$$

其中，$\lambda_{c1}$ 是非零比例因子。同理，若空间中球 $\boldsymbol{S}_2$ 和 $\boldsymbol{S}_3$ 的在图像平面 $\boldsymbol{\pi}$ 上的投影分别为 $\boldsymbol{c}_2$ 和 $\boldsymbol{c}_3$，则以下式子成立：

$$\lambda_{c2}\boldsymbol{c}_2=\boldsymbol{K}^{-\mathrm{T}}\boldsymbol{R}^{-\mathrm{T}}\bar{\boldsymbol{Q}}_2\boldsymbol{R}^{-1}\boldsymbol{K}^{-1} \tag{7.4.45}$$

$$\lambda_{c3}\boldsymbol{c}_3=\boldsymbol{K}^{-\mathrm{T}}\boldsymbol{R}^{-\mathrm{T}}\bar{\boldsymbol{Q}}_3\boldsymbol{R}^{-1}\boldsymbol{K}^{-1} \tag{7.4.46}$$

其中，$\lambda_{c2},\lambda_{c3}$ 是非零比例因子。

**命题 7.4.2**　如图 7.4.5 所示，若给定三幅球像 $\boldsymbol{c}_1$、$\boldsymbol{c}_2$、$\boldsymbol{c}_3$，等价地，$\boldsymbol{c}_1$、$\boldsymbol{c}_2$、$\boldsymbol{c}_3$ 也

是正圆锥 $\boldsymbol{Q}_1$、$\boldsymbol{Q}_2$、$\boldsymbol{Q}_3$ 在图像平面 $\boldsymbol{\pi}$ 上的投影，那么两个二次曲线对 $(\boldsymbol{c}_1, \boldsymbol{c}_2)$ 和 $(\boldsymbol{c}_1, \boldsymbol{c}_3)$ 的其中一个广义特征向量分别对应于消失点 $\boldsymbol{v}_{1\infty}$ 和 $\boldsymbol{v}_{2\infty}$，且消失点 $\boldsymbol{v}_{1\infty}$ 和 $\boldsymbol{v}_{2\infty}$ 是支撑平面 $\boldsymbol{\pi}_1$ 上的无穷远点 $\boldsymbol{V}_{1\infty}$ 和 $\boldsymbol{V}_{2\infty}$ 的像。

**证明** 首先考虑矩阵对 $(\boldsymbol{c}_1, \boldsymbol{c}_2)$，代数上，因为矩阵对 $(\boldsymbol{c}_1, \boldsymbol{c}_2)$ 的广义特征向量等价于矩阵 $\boldsymbol{c}_2^{-1}\boldsymbol{c}_1$ 的特征向量，从式(7.7.44)和式(7.7.45)可知，下面的等式满足：

$$\begin{aligned}\boldsymbol{c}_2^{-1}\boldsymbol{c}_1 &= \frac{\lambda_{c1}}{\lambda_{c2}}\boldsymbol{K}\boldsymbol{R}\bar{\boldsymbol{Q}}_2^{-1}\boldsymbol{R}^{\mathrm{T}}\boldsymbol{K}^{\mathrm{T}}\boldsymbol{K}^{-\mathrm{T}}\boldsymbol{R}^{-\mathrm{T}}\bar{\boldsymbol{Q}}_1\boldsymbol{R}^{-1}\boldsymbol{K}^{-1} \\ &= \frac{\lambda_{c1}}{\lambda_{c2}}\boldsymbol{K}\boldsymbol{R}\bar{\boldsymbol{Q}}_2^{-1}\bar{\boldsymbol{Q}}_1\boldsymbol{R}^{-1}\boldsymbol{K}^{-1} \sim \boldsymbol{K}\boldsymbol{R}\bar{\boldsymbol{Q}}_2^{-1}\bar{\boldsymbol{Q}}_1\boldsymbol{R}^{-1}\boldsymbol{K}^{-1}\end{aligned} \tag{7.4.47}$$

其中，“～”表示相差一个非零比例因子。

因为对于矩阵 $\bar{\boldsymbol{Q}}_2^{-1}\bar{\boldsymbol{Q}}_1$，若存在一个 $\bar{\boldsymbol{Q}}_2^{-1}\bar{\boldsymbol{Q}}_1$ 到 $\boldsymbol{H}\bar{\boldsymbol{Q}}_2^{-1}\bar{\boldsymbol{Q}}_1\boldsymbol{H}^{-1}$ 的映射，则矩阵 $\bar{\boldsymbol{Q}}_2^{-1}\bar{\boldsymbol{Q}}_1$ 的特征值是不变的。而根据式(7.4.47)可知，二次曲线对 $(\boldsymbol{c}_1, \boldsymbol{c}_2)$ 和正圆锥对 $(\boldsymbol{Q}_1, \boldsymbol{Q}_2)$ 由一个非奇异的单应矩阵 $\boldsymbol{H} = \boldsymbol{K}\boldsymbol{R}$ 所关联，即 $\boldsymbol{c}_2^{-1}\boldsymbol{c}_1 \sim \boldsymbol{H}\bar{\boldsymbol{Q}}_2^{-1}\bar{\boldsymbol{Q}}_1\boldsymbol{H}^{-1}$。

根据上述讨论，一个有趣的性质被发现：两个正圆锥 $\boldsymbol{Q}_1$ 和 $\boldsymbol{Q}_2$ 的广义特征分解是射影不变量。

从命题 7.4.1 可知，正圆锥对 $(\boldsymbol{Q}_1, \boldsymbol{Q}_2)$ 的其中一个广义特征向量对应于包括轮廓圆 $\boldsymbol{C}_1$ 的支撑平面 $\boldsymbol{\pi}_1$ 上的无穷远点 $\boldsymbol{V}_{1\infty}$，也就是说对于矩阵 $\bar{\boldsymbol{Q}}_2^{-1}\bar{\boldsymbol{Q}}_1$，其特征向量中封装了一个无穷远点 $\boldsymbol{V}_{1\infty}$，则矩阵 $\boldsymbol{c}_2^{-1}\boldsymbol{c}_1$ 的其中一个特征向量对应于无穷远点 $\boldsymbol{V}_{1\infty}$ 的像点 $\boldsymbol{v}_{1\infty}$。因为 $\boldsymbol{V}_{1\infty}$ 是平面 $\boldsymbol{\pi}_1$ 上的无穷远点，所以其像点 $\boldsymbol{v}_{1\infty}$ 就是平面 $\boldsymbol{\pi}_1$ 上消失点。

**证毕**

同理，对于二次曲线对 $(\boldsymbol{c}_1, \boldsymbol{c}_3)$，其广义特征向量对应于平面 $\boldsymbol{\pi}_1$ 上的另外一个消失点 $\boldsymbol{v}_{2\infty}$。

4) 确定圆环点的像和正交消失点

**命题 7.4.3** 给定 3 个 3 阶对称矩阵 $\boldsymbol{c}_1$、$\boldsymbol{c}_2$、$\boldsymbol{c}_3$ 代表 3 幅球像方程，则其中一幅球像 $\boldsymbol{c}_1$ 上的圆环点的像 $\boldsymbol{I}$ 和 $\boldsymbol{J}$ 能够被确认。

**证明** 若给定 3 幅球像 $\boldsymbol{c}_1$、$\boldsymbol{c}_2$、$\boldsymbol{c}_3$，根据命题 7.4.2 可知，二次曲线对 $(\boldsymbol{c}_1, \boldsymbol{c}_2)$ 和 $(\boldsymbol{c}_1, \boldsymbol{c}_3)$ 的广义特征向量中包含了平面上 $\boldsymbol{\pi}_1$ 的消失点 $\boldsymbol{v}_{1\infty}$ 和 $\boldsymbol{v}_{2\infty}$。由于 $\boldsymbol{c}_1$、$\boldsymbol{c}_2$、$\boldsymbol{c}_3$ 都是 3 阶对称矩阵，且 $\mathrm{rank}(\boldsymbol{c}_2^{-1}\boldsymbol{c}_1) = \mathrm{rank}(\boldsymbol{c}_3^{-1}\boldsymbol{c}_1) = 3$，因此，假设矩阵对 $(\boldsymbol{c}_1, \boldsymbol{c}_2)$ 和 $(\boldsymbol{c}_1, \boldsymbol{c}_3)$ 的广义特征值分别为 $\boldsymbol{\eta} = (\eta_1, \eta_2, \eta_3)^{\mathrm{T}}$ 和 $\boldsymbol{\mu} = (\mu_1, \mu_2, \mu_3)^{\mathrm{T}}$，其中 $\eta_1$ 和 $\mu_1$ 对应的广义特征向量分别为消失点 $\boldsymbol{v}_{1\infty}$ 和 $\boldsymbol{v}_{2\infty}$。

这里开始讨论如何对二次曲线对 $(\boldsymbol{c}_1, \boldsymbol{c}_2)$ 和 $(\boldsymbol{c}_1, \boldsymbol{c}_3)$ 的广义特征值 $\boldsymbol{\eta}$ 和 $\boldsymbol{\mu}$ 进行排序，从而进一步确定对应于消失点 $\boldsymbol{v}_{1\infty}$ 和 $\boldsymbol{v}_{2\infty}$ 的特征值 $\eta_1$ 和 $\mu_1$。代数上，计算矩阵对 $(\boldsymbol{c}_1, \boldsymbol{c}_2)$ 和 $(\boldsymbol{c}_1, \boldsymbol{c}_3)$ 的广义特征值的问题实质上也是确定二次曲线族 $\boldsymbol{c}(\boldsymbol{\eta}) = \boldsymbol{c}_1 - \boldsymbol{\eta}\boldsymbol{c}_2$ 和 $\boldsymbol{c}(\boldsymbol{\mu}) = \boldsymbol{c}_1 - \boldsymbol{\mu}\boldsymbol{c}_3$ 中退化成员的问题，即解决 $\det(\boldsymbol{c}(\boldsymbol{\eta})) = 0$ 和 $\det(\boldsymbol{c}(\boldsymbol{\mu})) = 0$。而对于矩阵对 $(\boldsymbol{c}_1, \boldsymbol{c}_2)$ 和 $(\boldsymbol{c}_1, \boldsymbol{c}_3)$ 的广义特征向量 $\boldsymbol{w}_k, \boldsymbol{z}_k \in \mathbb{C}$（$k = 1,2,3$），有下式成立：

$$c_1 w_k = \eta c_2 w_k\ ,\quad c_1 z_k = \mu c_3 z_k \tag{7.4.48}$$

或

$$(c_1 - \eta c_2) w_k = \begin{pmatrix} 0 \\ 0 \\ 0 \end{pmatrix},\ (c_1 - \mu c_3) z_k = \begin{pmatrix} 0 \\ 0 \\ 0 \end{pmatrix} \tag{7.4.49}$$

或

$$w_k^{\mathrm{T}} c(\eta) w_k = 0\ ,\quad z_k^{\mathrm{T}} c(\mu) z_k = 0 \tag{7.4.50}$$

因此，$w_k$、$z_k$ 也表示组成二次曲线族 $c(\eta)$ 和 $c(\mu)$ 中退化成员的直线。

根据上述讨论，$(c_1, c_2)$ 和 $(c_1, c_3)$ 不同的广义特征值对应于不同的二次曲线族 $c(\eta)$ 和 $c(\mu)$ 中的退化二次曲线。而一个有趣的事实被发现：对应于消失点 $v_{1\infty}$ 和 $v_{2\infty}$ 的广义特征值 $\eta_1$ 和 $\mu_1$，其对应的退化二次曲线仅仅只由两条实直线组成。而退化二次曲线的直线对的类型通常由奇异矩阵的绝对符号所确定，即若绝对符号小于等于 1，其对应的退化二次曲线是由实直线组成的，则对应的特征值是消失点 $v_{1\infty}$ 和 $v_{2\infty}$ 所对应的广义特征值 $\eta_1$ 和 $\mu_1$。

对于矩阵对 $(c_1, c_2)$ 和 $(c_1, c_3)$，因为绝对符号在同余变换下是不变量的，则利用绝对符号，可以确定平面 $\pi_1$ 上的两个消失点 $v_{1\infty}$ 和 $v_{2\infty}$。如图 7.4.6 所示，则消失线 $l_\infty$ 可由消失点 $v_{1\infty}$ 和 $v_{2\infty}$ 所确定：

$$\lambda_l l_\infty = v_{1\infty} \times v_{2\infty} \tag{7.4.51}$$

其中，$\lambda_l$ 是非零比例因子；“×”表示叉积。因为消失线 $l_\infty$ 是平面 $\pi_1$ 上无穷远直线的投影，而平面 $\pi_1$ 与圆锥 $Q_1$ 相截于轮廓圆 $C_1$，则 $l_\infty$ 与球像 $c_1$ 相交于 $c_1$ 上的圆环点的像 $I$ 和 $J$，可得

$$\begin{cases} I^{\mathrm{T}} c_1 I = 0 \\ I^{\mathrm{T}} l_\infty = 0 \end{cases} \tag{7.4.52}$$

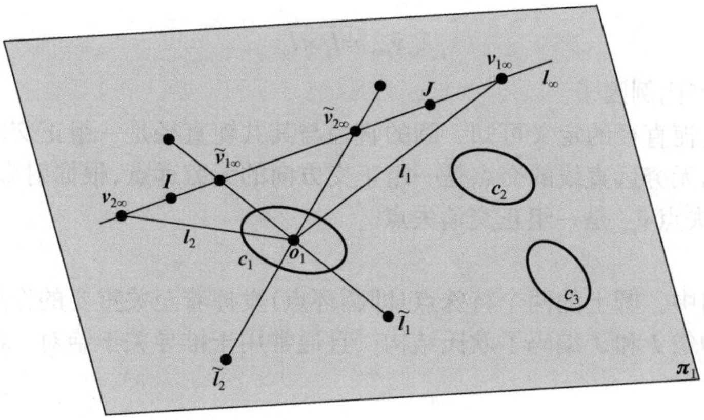


图 7.4.6　消失线及正交消失点的获取

$$\begin{cases} J^{\mathrm{T}} c_1 J = 0 \\ J^t l_\infty = 0 \end{cases} \tag{7.4.53}$$

**证毕**

**命题 7.4.4**　假设$c_1$、$c_2$、$c_3$为三幅球像方程，它们也是轮廓圆$C_1$、$C_2$、$C_3$在图像平面$\pi$上的投影，则轮廓圆$C_1$的支撑平面$\pi_1$上的两组正交消失点$(v_{1\infty},\tilde{v}_{1\infty})$和$(v_{2\infty},\tilde{v}_{2\infty})$能够被确定。

**证明**　若给定三条二次曲线$c_1$、$c_2$、$c_3$代表三幅球像方程，从命题 7.4.2 可知，能够从二次曲线对$(c_1,c_2)$和$(c_1,c_3)$得到轮廓圆$C_1$的支撑平面$\pi_1$上的消失点$v_{1\infty}$和$v_{2\infty}$，从而进一步确定消失线$l_\infty$。因为轮廓圆$C_1$的圆心的像$o_1$和消失线$l_\infty$是关于球像$c_1$的极点极线关系，即有

$$\lambda_o l_\infty = c_1 \cdot o_1 \tag{7.4.54}$$

或

$$o_1 = c_1^* \cdot l_\infty \tag{7.4.55}$$

其中，$\lambda_o$是非零比例因子；"·"表示点积；球像的包络$c_1^*$是二次曲线$c_1$的对偶，当$c_1$是可逆矩阵时，$c_1^* \sim c_1^{-1}$。

如图 7.4.6 所示，经过圆心的像$o_1$和消失点$v_{i\infty}(i=1,2)$的直线是轮廓圆$C_1$的直径的像$l_i$：

$$\lambda_{li} l_i = o_1 \times v_{i\infty} \tag{7.4.56}$$

其中，$\lambda_{li}$是非零比例因子。

消失点$v_{i\infty}$关于球像$c_1$的极线是$l_i$的共轭直径的像$\tilde{l}_i$，且满足

$$\lambda_{\tilde{l}i} \tilde{l}_i = c_1 \cdot v_{i\infty} \tag{7.4.57}$$

其中，$\lambda_{\tilde{l}i}$是非零比例因子。若假设共轭直径的像$\tilde{l}_i$与消失线$l_\infty$的交点为$\tilde{v}_{i\infty}$，那么有下面的式子成立：

$$\lambda_{vi} \tilde{v}_{i\infty} = \tilde{l}_i \times l_\infty \tag{7.4.58}$$

其中，$\lambda_{vi}$是非零比例因子。

由直径与共轭直径的定义可知，圆的直径与其共轭直径是一组正交的直线，因此它们与该平面上的无穷远直线的交点是一组正交方向的无穷远点，根据射影空间的不变性，消失点$v_{i\infty}$和消失点$\tilde{v}_{i\infty}$是一组正交消失点。

**证毕**

在射影几何中，圆上的两个特殊点(即圆环点)发挥着至关重要的作用，因为在图像平面上圆环点的像$I$和$J$编码了欧氏结构，且通常用于推导关于绝对二次曲线的像的约束条件，即有

$$I^{\mathrm{T}} \omega I = 0 \tag{7.4.59}$$

和

$$\boldsymbol{J}^{\mathrm{T}}\boldsymbol{\omega}\boldsymbol{J}=0 \tag{7.4.60}$$

其中，$\boldsymbol{\omega}$ 是绝对二次曲线的像。

$\boldsymbol{\omega}$ 是一个 3 阶对称矩阵，只有 5 个自由度。由于圆环点的像 $\boldsymbol{I}$ 和 $\boldsymbol{J}$ 是一组共轭复点，因此，一组圆环点的像 $\boldsymbol{I}$ 和 $\boldsymbol{J}$ 仅仅只能由它们的实部和虚部提供两个关于绝对二次曲线的像的约束，则至少需要三组圆环点的像才能估计 $\boldsymbol{\omega}$ 。

若在图像平面上给定一组正交方向上的消失点 $\boldsymbol{v}_i$ 和 $\tilde{\boldsymbol{v}}_i$ ，那么它们关于绝对二次曲线的像是共轭的，即有

$$\boldsymbol{v}_i^{\mathrm{T}}\boldsymbol{\omega}\tilde{\boldsymbol{v}}_i=0 \tag{7.4.61}$$

因为 $\boldsymbol{\omega}$ 只有 5 个自由度，因此至少需要 5 组正交消失点才能完全估计 $\boldsymbol{\omega}$ 。但是通常来说，对于一个平面上的所有正交消失点，仅仅只有两组消失点是线性无关的，因此至少需要 3 幅球像才能确定 $\boldsymbol{\omega}$ 。

2. 算法步骤

基于以上分析，下面介绍一种利用球像的射影几何性质标定摄像机内参数的方法。

---

**算法 7.5**　基于 3 个球的标定方法

**输入：** 3 个分离的球像

**输出：** 摄像机内参数矩阵 $\boldsymbol{K}$

第一步，将 3 个球摆放在特定位置，从不同的方向拍摄 $n$ 幅图片(至少含 3 个球像的 3 幅)，提取每幅图片上球像的像素坐标；

第二步，利用最小二乘法拟合球像方程 $\boldsymbol{c}_{ni}(i=1,2,3)$ ；

第三步，利用公共自极三角形的定义获得平面 $\boldsymbol{\pi}_{n1}$ 上的消失线 $\boldsymbol{l}_{n\infty}$ ；

第四步，由式(7.4.52)和式(7.4.53)估计 $\boldsymbol{c}_{n1}$ 上的圆环点的像 $\boldsymbol{I}_n$ 和 $\boldsymbol{J}_n$ ；

第五步，根据式(7.4.57)和式(7.4.58)计算两组正交消失点 $\boldsymbol{v}_{ni\infty}$ 和 $\tilde{\boldsymbol{v}}_{ni\infty}$ ；

第六步，由给定的约束方程式(7.4.59)～式(7.4.61)确定绝对二次曲线的像 $\boldsymbol{\omega}$ ；

第七步，通过对 $\boldsymbol{\omega}$ 进行 Cholesky 分解和取逆运算得到 $\boldsymbol{K}$ 值。

---

## 7.5　利用三维控制点标定摄像机内参数

**问题：** 图像的非线性畸变是摄像机标定中不可避免的问题，也是产生误差的重要原因之一，应如何建立模型，以尽可能减少畸变对摄像机标定造成的误差？

1. 数学描述

针孔摄像机的内参数矩阵为

$$
\boldsymbol{K}=\begin{pmatrix} f_x & s & u_0 \\ 0 & f_y & v_0 \\ 0 & 0 & 1 \end{pmatrix} \tag{7.5.1}
$$

其中，$(u_0,v_0,1)^{\mathrm{T}}$ 为主点的齐次坐标；$s$ 为畸变因子；$f_x$ 和 $f_y$ 分别为图像平面 $x$ 轴和 $y$ 轴的尺度因子。以棋盘格作为标定模板拍摄多幅图像，问题要求求解摄像机内参数矩阵 $\boldsymbol{K}$，并尽量消除畸变造成的误差。

2. 问题分析

在针孔摄像机模型下，首先利用点对应线性求解内参数矩阵；然后在模型中加入非线性畸变，利用最小二乘法求解畸变系数；最后固定畸变系数，对线性模型得到的参数进一步优化，就可以得到更精确的摄像机内参数矩阵。

3. 建立和求解模型

1) 针孔模型下的摄像机标定

设点 $\boldsymbol{X}$ 为空间中任意一点，它的世界坐标为 $\boldsymbol{X}=(X_w,Y_w,Z_w,1)^{\mathrm{T}}$，对应于图像平面上的像素点坐标为 $\boldsymbol{x}=(u,v,1)^{\mathrm{T}}$，则摄像机成像过程可表示为

$$
\lambda\begin{pmatrix} u \\ v \\ 1 \end{pmatrix}=\begin{pmatrix} f_x & s & u_0 & 0 \\ 0 & f_y & v_0 & 0 \\ 0 & 0 & 1 & 0 \end{pmatrix}\begin{pmatrix} \boldsymbol{R} & \boldsymbol{T} \\ 0 & 1 \end{pmatrix}\begin{pmatrix} X_w \\ Y_w \\ Z_w \\ 1 \end{pmatrix}=\boldsymbol{M}_1\boldsymbol{M}_2\begin{pmatrix} X_w \\ Y_w \\ Z_w \\ 1 \end{pmatrix}=\boldsymbol{M}\begin{pmatrix} X_w \\ Y_w \\ Z_w \\ 1 \end{pmatrix} \tag{7.5.2}
$$

其中，$\boldsymbol{M}$ 为 $3\times 4$ 的矩阵，记为 $\boldsymbol{M}=\begin{pmatrix} m_{11} & m_{12} & m_{13} & m_{14} \\ m_{21} & m_{22} & m_{23} & m_{24} \\ m_{31} & m_{32} & m_{33} & m_{34} \end{pmatrix}$，$m_{jk}$ 为投影矩阵 $\boldsymbol{M}$ 的 $j$ 行第 $k$ 列元素，如果标定块上有 $n$ 个已知点，并已知它们的世界坐标 $(X_{wi},Y_{wi},Z_{wi},1)$ 与图像像素坐标 $(u_i,v_i,1)$（$i=1,2,\cdots,n$），那么式(7.5.2)可以写为

$$
\lambda_i\begin{pmatrix} u_i \\ v_i \\ 1 \end{pmatrix}=\begin{pmatrix} m_{11} & m_{12} & m_{13} & m_{14} \\ m_{21} & m_{22} & m_{23} & m_{24} \\ m_{31} & m_{32} & m_{33} & m_{34} \end{pmatrix}\begin{pmatrix} X_{wi} \\ Y_{wi} \\ Z_{wi} \\ 1 \end{pmatrix} \tag{7.5.3}
$$

由式(7.5.3)得

$$
\begin{cases} \lambda_i u_i = m_{11}X_{wi}+m_{12}Y_{wi}+m_{13}Z_{wi}+m_{14} \\ \lambda_i v_i = m_{21}X_{wi}+m_{22}Y_{wi}+m_{23}Z_{wi}+m_{24} \\ \lambda_i = m_{31}X_{wi}+m_{32}Y_{wi}+m_{33}Z_{wi}+m_{34} \end{cases} \tag{7.5.4}
$$

将方程组(7.5.4)中第一式、第二式分别除以第三式消去 $\lambda_i$ 后，得到如下线性方程组：

$$\begin{cases} X_{w1}m_{11}+Y_{w1}m_{12}+Z_{w1}m_{13}+m_{14}-u_1X_{w1}m_{31}-u_1Y_{w1}m_{32}-u_1Z_{w1}m_{33}=u_1m_{34} \\ X_{w1}m_{21}+Y_{w1}m_{22}+Z_{w1}m_{23}+m_{24}-v_1X_{w1}m_{31}-v_1Y_{w1}m_{32}-v_1Z_{w1}m_{33}=v_1m_{34} \\ \quad\vdots \\ X_{wi}m_{11}+Y_{wi}m_{12}+Z_{wi}m_{13}+m_{14}-u_iX_{wi}m_{31}-u_iY_{wi}m_{32}-u_iZ_{wi}m_{33}=u_im_{34} \\ X_{wi}m_{21}+Y_{wi}m_{22}+Z_{wi}m_{23}+m_{24}-v_iX_{wi}m_{31}-v_iY_{wi}m_{32}-v_iZ_{wi}m_{33}=v_im_{34} \end{cases} \tag{7.5.5}$$

方程组(7.5.5)可简写成：$\boldsymbol{Am}=\boldsymbol{U}$。

由于投影矩阵 $\boldsymbol{M}$ 乘以任意不为 0 的常数不会影响到世界坐标与图像坐标的关系，因此可以令 $m_{34}=1$，方程组需求解的未知变量还有 11 个。这样由空间中 6 个以上的已知点便可得到 12 个以上的线性方程，从而可以用最小二乘法解此超定方程组，求得投影矩阵 $\boldsymbol{M}$ 的解：

$$\boldsymbol{m}=(\boldsymbol{A}^{\mathrm{T}}\boldsymbol{A})^{-1}\boldsymbol{A}^{\mathrm{T}}\boldsymbol{U} \tag{7.5.6}$$

求出投影矩阵 $\boldsymbol{M}$ 后，通过对其进行分解，可以求出摄像机的全部内外参数。理想情况下摄像机标定的计算过程都是求解线性方程，求解速度快，但是没有考虑到畸变的影响，不能准确描述成像几何关系，得到的参数值不准确。不过可以作为下一步畸变系数标定的初始值。

2) 求解畸变系数

图像的非线性畸变是指图像平面上的实际图像点在几何位置上偏离理论图像点的位置坐标而产生的误差，是由成像系统不能使图像与实际景物在全视场范围内严格满足针孔成像模型而使中心投射线发生弯曲造成的。一般可以把这种畸变误差分解为径向畸变误差和切向畸变误差两种，产生这种畸变的原因主要是镜头中透镜的曲面误差，如图 7.5.1 所示。图像点负向的径向位移就是桶形畸变，它将造成居于外侧的边缘点更加拥挤或成像比例减小；而正向的径向位移称为枕形畸变，它会造成居于外侧的边缘点相对扩散和成像比例增加。严格来讲，这种类型的畸变是对称于光轴的。切向畸变是指由于透镜复合镜头中的光学镜片组合装配时各镜片的节点不严格在一条直线上所产生的像点差异。

在求得各内外参数值后，可根据空间中点和像点之间的关系计算出归一化图像坐标 $(x_i,y_i)^{\mathrm{T}}(i=1,2,\cdots,n)$ 以及畸变后的图像坐标 $(x_{di},y_{di})^{\mathrm{T}}$，再由

$$r_i^2=x_i^2+y_i^2 \tag{7.5.7}$$

$$\begin{cases} x_d=x_i(1+k_1r_i^2+k_2r_i^4)+2p_1x_iy_i+p_2(r_i^2+2x_i^2) \\ y_d=y_i(1+k_1r_i^2+k_2r_i^4)+p_1(r_i^2+2y_i^2)+2p_2x_iy_i \end{cases} \tag{7.5.8}$$

可以得到 $2n$ 个关于畸变参数 $k_1$、$k_2$、$p_1$、$p_2$ 的方程，写成矩阵形式为

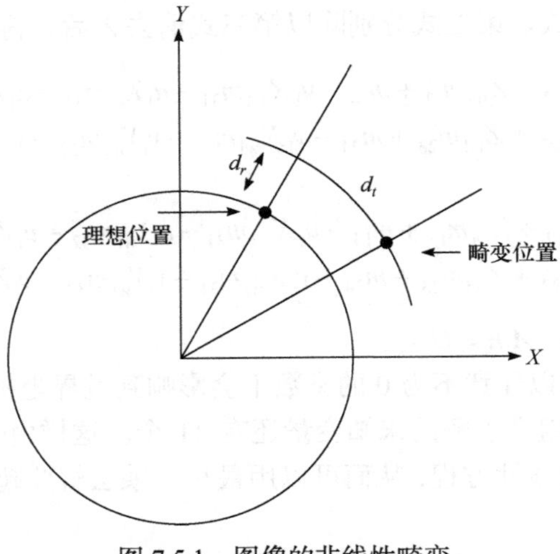


图 7.5.1　图像的非线性畸变

$d_r$ 为径向畸变，$d_t$ 为切向畸变

$$\begin{pmatrix} x_1 r_1^{\ 2} & x_1 r_1^{\ 4} & 2x_1 y_1 & r_1^{\ 2} + 2x_1^{\ 2} \\ y_1 r_1^{\ 2} & y_1 r_1^{\ 4} & r_1^{\ 2} + 2y_1^{\ 2} & 2x_1 y_1 \\ \vdots & \vdots & \vdots & \vdots \\ x_n r_n^{\ 2} & x_n r_n^{\ 4} & 2x_n y_n & r_n^{\ 2} + 2x_n^{\ 2} \\ y_n r_n^{\ 2} & y_n r_n^{\ 4} & r_n^{\ 2} + 2y_n^{\ 2} & 2x_n y_n \end{pmatrix} \begin{pmatrix} k_1 \\ k_2 \\ p_1 \\ p_2 \end{pmatrix} = \begin{pmatrix} x_{d1} - x_1 \\ y_{d1} - y_1 \\ \vdots \\ x_{dn} - x_n \\ y_{dn} - y_n \end{pmatrix} \tag{7.5.9}$$

式(7.5.9)可简写为 $\boldsymbol{Dk}=\boldsymbol{d}$，可用最小二乘法求出其解为

$$\boldsymbol{k} = (\boldsymbol{D}^{\mathrm{T}}\boldsymbol{D})^{-1}\boldsymbol{D}^{\mathrm{T}}\boldsymbol{d} \tag{7.5.10}$$

3)线性优化

对得到的摄像机参数进行线性优化。固定外参数及畸变系数，得到 $(x_d, y_d)^{\mathrm{T}}$ 。对

$$\begin{cases} u = f_x x_d + u_0 \\ v = f_y y_d + v_0 \end{cases} \tag{7.5.11}$$

应用最小二乘法便可以得到内参数 $f_x$、$f_y$、$u_0$、$v_0$ 更精确的值。

4. 算法步骤

基于前面的分析，此处给出使用三维控制点进行摄像机标定的方法。

---

**算法 7.6**　利用三维控制点进行摄像机标定的方法

**输入：** 拍摄多个包含角点的图像

**输出：** 减小畸变误差后的摄像机矩阵

第一步，移动摄像机或模板，在不同的方位拍摄多幅图像；

第二步，传入图像，用 OpenCV 中的 cvFindchessboardCorners() 函数提取角点，如果返回值是 1，表示提取角点成功，若为 0，表示失败，该幅图要抛弃，继续拍摄；

第三步，用 cvCreateMat() 为摄像机内外部参数、角点的世界坐标及图像坐标分配内存存储空间；

第四步，不考虑畸变，在线性模型下进行标定得到摄像机各内外参数的初始值并输出；

第五步，得到摄像机内外参数后，根据模型中的方法求解畸变系数 $k_1$、$k_2$、$p_1$、$p_2$ 并输出；

第六步，利用最小二乘法进行线性优化，得到更精确的内参数。

## 7.6　基于未标定摄像机 P4P 问题标定摄像机内外参数

**问题**：已知 $N$ 个点的世界坐标与图像坐标，如何对摄像机内外参数进行求解？

1. 数学描述

针孔摄像机的内参数矩阵为

$$K=\begin{pmatrix} f_x & s & u_0 \\ 0 & f_y & v_0 \\ 0 & 0 & 1 \end{pmatrix} \tag{7.6.1}$$

其中，$s$ 表示畸变因子；$f_x$、$f_y$ 表示图像在 $u$ 轴和 $v$ 轴方向上像点的物理坐标到图像像素坐标的比例系数；$(u_0,v_0)^{\mathrm{T}}$ 是光轴与图像平面交点的图像坐标，即主点坐标。

2. 问题分析

在针孔摄像机模型下，摄像机拍摄模板得到的正棱台的像包含众多角点信息，通过空间点的世界坐标与图像坐标建立对摄像机单应矩阵的约束，达到求解摄像机内外参数的目的。

3. 建立模型

1) 单应矩阵

给定空间点 $\boldsymbol{X}$，空间点 $\boldsymbol{X}$ 在世界坐标系下的坐标记为 $\boldsymbol{X}=(x,y,z)^{\mathrm{T}}$，空间点 $\boldsymbol{X}$ 在摄像机坐标系下的坐标记为 $\boldsymbol{Y}$，则有

$$\boldsymbol{Y}=\boldsymbol{R}\boldsymbol{X}+\boldsymbol{T}=(\boldsymbol{r}_1,\boldsymbol{r}_2,\boldsymbol{r}_3)\boldsymbol{X}+\boldsymbol{T} \tag{7.6.2}$$

其中，$\boldsymbol{R}$ 为旋转矩阵；$\boldsymbol{T}$ 为平移向量；$\boldsymbol{r}_1$、$\boldsymbol{r}_2$、$\boldsymbol{r}_3$ 为矩阵 $\boldsymbol{R}$ 的三个列向量。包含在 $\boldsymbol{R}$ 和 $\boldsymbol{T}$ 中的参数与摄像机在世界坐标系中的方位和位置有关。

空间点 $\boldsymbol{X}$ 的图像点记为 $\boldsymbol{x}=(u,v)^{\mathrm{T}}$，图像点坐标和摄像机坐标系下的空间点坐标之间的关系可以由式(7.6.3)表示：

$$\lambda(u,v,1)^{\mathrm{T}} = \boldsymbol{KY} \tag{7.6.3}$$

其中，$\boldsymbol{K}$ 为摄像机的内参数矩阵；$\lambda$ 为一个非零比例因子。将式(7.6.2)与式(7.6.3)合并有

$$\lambda\begin{pmatrix} u \\ v \\ 1 \end{pmatrix} = \boldsymbol{K}(\boldsymbol{r}_1,\boldsymbol{r}_2,\boldsymbol{r}_3,\boldsymbol{T})\begin{pmatrix} x \\ y \\ z \\ 1 \end{pmatrix} \tag{7.6.4}$$

记 $\tilde{\boldsymbol{X}} = (x,y,z,1)^{\mathrm{T}}$，$\tilde{\boldsymbol{x}} = (u,v,1)^{\mathrm{T}}$，$\boldsymbol{M} = \boldsymbol{K}(\boldsymbol{r}_1,\boldsymbol{r}_2,\boldsymbol{r}_3,\boldsymbol{T})$ 为摄像机的投影矩阵，则有

$$\lambda\tilde{\boldsymbol{x}} = \boldsymbol{M}\tilde{\boldsymbol{X}} \tag{7.6.5}$$

2) 求解单应矩阵

任取 4 个空间点 $\boldsymbol{X}_i = (x_i,y_i,z_i)^{\mathrm{T}} (i=1,2,3,4)$，$\boldsymbol{x}_i = (u_i,v_i)^{\mathrm{T}} (i=1,2,3,4)$ 是空间点对应的图像点，其齐次坐标分别记为 $\tilde{\boldsymbol{X}}_i = (x_i,y_i,z_i,1)^{\mathrm{T}}$，$\tilde{\boldsymbol{x}}_i = (u_i,v_i,1)^{\mathrm{T}}$，由式(7.6.4)可以得到

$$\lambda_i\tilde{\boldsymbol{x}}_i = \boldsymbol{M}\tilde{\boldsymbol{X}}_i \quad (i=1,2,3,4) \tag{7.6.6}$$

记摄像机投影矩阵为

$$\boldsymbol{M} = \begin{pmatrix} m_1 & m_2 & m_3 & m_{10} \\ m_4 & m_5 & m_6 & m_{11} \\ m_7 & m_8 & m_9 & m_{12} \end{pmatrix}$$

由式(7.6.6)可知，每个空间点可以提供 2 个关于 $m_i (i=1,2,\cdots,12)$ 的约束，因此 4 个空间点可以提供 8 个关于 $m_i (i=1,2,\cdots,12)$ 的齐次线性方程。当 4 个空间点不共面时，$\boldsymbol{M}$ 有 12 个参数因子，故 $\boldsymbol{M}$ 不能确定。当 4 个空间点共面时，将空间点所在平面定义为世界坐标系的 $X_w\boldsymbol{O}_wY_w$ 平面，空间点在世界坐标系下的坐标可以改写为 $\boldsymbol{X}_i = (x_i,y_i,0,1)^{\mathrm{T}}$，则式(7.6.6)可以改写为

$$\lambda_i\begin{pmatrix} u_i \\ v_i \\ 1 \end{pmatrix} = K(r_1,r_2,r_3,T)\begin{pmatrix} x_i \\ y_i \\ 0 \\ 1 \end{pmatrix} = K(r_1,r_2,T)\begin{pmatrix} x_i \\ y_i \\ 1 \end{pmatrix}, \quad i=1,2,3,4 \tag{7.6.7}$$

其中，$\boldsymbol{H} = \begin{pmatrix} m_1 & m_2 & m_{10} \\ m_4 & m_5 & m_{11} \\ m_7 & m_8 & m_{12} \end{pmatrix} = \boldsymbol{K}(\boldsymbol{r}_1,\boldsymbol{r}_2,\boldsymbol{T})$，$\boldsymbol{r}_1$、$\boldsymbol{r}_2$、$\boldsymbol{r}_3$ 为旋转矩阵 $\boldsymbol{R}$ 的 3 个列向量，且 $\boldsymbol{r}_3 = \boldsymbol{r}_1 \times \boldsymbol{r}_2$。4 个空间点可以提供 8 个关于 $\boldsymbol{H}$ 的齐次线性方程，由于 $\boldsymbol{H}$ 存在 9 个参数因子，故在相差一个常数因子的意义下 $\boldsymbol{H}$ 矩阵可以唯一确定。

3) 求解内参数

为求解摄像机的内外参数，首先假定主点位于图像中心，令倾斜因子为 0，利用线性最小二乘法求解 $f_x$、$f_y$，然后利用求出的 $f_x$、$f_y$，求解主点坐标，最后利用单应矩

阵与旋转矩阵的性质求解摄像机的外参数。为了求解方便，对摄像机内参数矩阵进行简单分解，令

$$\boldsymbol{K}=\begin{pmatrix} f_x & 0 & u_0 \\ 0 & f_y & v_0 \\ 0 & 0 & 1 \end{pmatrix}=\begin{pmatrix} 1 & 0 & u_0 \\ 0 & 1 & v_0 \\ 0 & 0 & 1 \end{pmatrix}\begin{pmatrix} f_x & 0 & 0 \\ 0 & f_y & 0 \\ 0 & 0 & 1 \end{pmatrix} \tag{7.6.8}$$

记

$$\boldsymbol{K}_1=\begin{pmatrix} 1 & 0 & u_0 \\ 0 & 1 & v_0 \\ 0 & 0 & 1 \end{pmatrix},\quad \boldsymbol{K}_2=\begin{pmatrix} f_x & 0 & 0 \\ 0 & f_y & 0 \\ 0 & 0 & 1 \end{pmatrix} \tag{7.6.9}$$

其中，$\boldsymbol{K}_1$、$\boldsymbol{K}_2$ 均为可逆矩阵。

为求解 $f_x$、$f_y$，假定图像的主点位于图像中心，若摄像机的分辨率为 $c_1\times c_2$，则主点坐标 $(u_0,v_0)^{\mathrm{T}}=(c_1/2,c_2/2)^{\mathrm{T}}$，即可得到矩阵 $\boldsymbol{K}_1$。已知 $\boldsymbol{H}=\boldsymbol{K}(\boldsymbol{r}_1,\boldsymbol{r}_2,\boldsymbol{T})=\boldsymbol{K}_1\boldsymbol{K}_2(\boldsymbol{r}_1,\boldsymbol{r}_2,\boldsymbol{T})$，式子两边同时左乘 $\boldsymbol{K}_1^{-1}$，可以得到

$$\boldsymbol{K}_1^{-1}\boldsymbol{H}=\boldsymbol{K}_2(\boldsymbol{r}_1,\boldsymbol{r}_2,\boldsymbol{T}) \tag{7.6.10}$$

记 $\boldsymbol{L}=\boldsymbol{K}_1^{-1}\boldsymbol{H}$，则

$$\boldsymbol{L}=\boldsymbol{K}_2(\boldsymbol{r}_1,\boldsymbol{r}_2,\boldsymbol{T}) \tag{7.6.11}$$

上式两边同时左乘 $\boldsymbol{K}_2^{-1}$ 得

$$\boldsymbol{r}_1=\boldsymbol{K}_2^{-1}\boldsymbol{l}_1,\quad \boldsymbol{r}_2=\boldsymbol{K}_2^{-1}\boldsymbol{l}_2 \tag{7.6.12}$$

其中，$\boldsymbol{l}_1$、$\boldsymbol{l}_2$ 分别为矩阵 $\boldsymbol{L}$ 的前两列向量。由于旋转矩阵 $\boldsymbol{R}$ 是单位正交矩阵，所以 $\boldsymbol{r}_1^{\mathrm{T}}\boldsymbol{r}_2=0$，$|\boldsymbol{r}_1|=|\boldsymbol{r}_2|=1$，可以得到两个约束方程：

$$\begin{cases} \boldsymbol{l}_1^{\mathrm{T}}\boldsymbol{K}_2^{-\mathrm{T}}\boldsymbol{K}_2^{-1}\boldsymbol{l}_2=0 \\ \boldsymbol{l}_1^{\mathrm{T}}\boldsymbol{K}_2^{-\mathrm{T}}\boldsymbol{K}_2^{-1}\boldsymbol{l}_1=\boldsymbol{l}_2^{\mathrm{T}}\boldsymbol{K}_2^{-\mathrm{T}}\boldsymbol{K}_2^{-1}\boldsymbol{l}_2 \end{cases} \tag{7.6.13}$$

将式(7.6.13)展开可得

$$\begin{cases} \dfrac{l_{11}l_{12}}{f_n^2}+\dfrac{l_{21}l_{22}}{f_y^2}+l_{31}l_{32}=0 \\ \dfrac{l_{11}^2}{f_n^2}+\dfrac{l_{21}^2}{f_y^2}+l_{31}^2=\dfrac{l_{12}^2}{f_n^2}+\dfrac{l_{22}^2}{f_y^2}+l_{32}^2 \end{cases} \tag{7.6.14}$$

其中，$\boldsymbol{l}_1=(l_{11},l_{21},l_{31})^{\mathrm{T}}$；$\boldsymbol{l}_2=(l_{12},l_{22},l_{32})^{\mathrm{T}}$。将式(7.6.14)进行整理可得

$$\begin{pmatrix} l_{11}l_{12} & l_{21}l_{22} \\ l_{11}^2-l_{12}^2 & l_{21}^2-l_{22}^2 \end{pmatrix}\begin{pmatrix} 1/f_x^2 \\ 1/f_y^2 \end{pmatrix}=\begin{pmatrix} -l_{31}l_{32} \\ -(l_{31}^2-l_{32}^2) \end{pmatrix} \tag{7.6.15}$$

由式(7.6.15)可以看出，每幅图像可以提供两个关于 $f_x^2$、$f_y^2$ 的约束方程。已知 $f_x>0$、

$f_y > 0$，因此，可以计算出尺度因子 $f_x$、$f_y$。

前面已经求出尺度因子 $f_x$、$f_y$，将 $f_x$、$f_y$ 作为已知因子，由于旋转矩阵 $\boldsymbol{R}$ 是单位正交矩阵，同理可以得到两个约束方程：

$$\begin{cases}\boldsymbol{m}_1^{\mathrm{T}}\boldsymbol{K}^{-\mathrm{T}}\boldsymbol{K}^{-1}\boldsymbol{m}_2 = 0 \\ \boldsymbol{m}_1^{\mathrm{T}}\boldsymbol{K}^{-\mathrm{T}}\boldsymbol{K}^{-1}\boldsymbol{m}_1 = \boldsymbol{m}_2^{\mathrm{T}}\boldsymbol{K}^{-\mathrm{T}}\boldsymbol{K}^{-1}\boldsymbol{m}_2\end{cases} \tag{7.6.16}$$

其中，$\boldsymbol{m}_1 = \begin{pmatrix} m_1 \\ m_4 \\ m_7 \end{pmatrix}$，$\boldsymbol{m}_2 = \begin{pmatrix} m_2 \\ m_5 \\ m_8 \end{pmatrix}$ 分别表示为矩阵 $\boldsymbol{H}$ 的前两列向量。将式(7.6.16)展开并整理，可得

$$\begin{pmatrix} \dfrac{m_7 m_2 + m_1 m_8}{f_x^2} & \dfrac{m_7 m_5 + m_4 m_8}{f_y^2} & -m_7 m_8 \\ \dfrac{2(m_7 m_1 - m_8 m_2)}{f_x^2} & \dfrac{2(m_4 m_7 - m_5 m_8)}{f_y^2} & -(m_7^2 - m_8^2) \end{pmatrix} \begin{pmatrix} u_0 \\ v_0 \\ \dfrac{u_0^2}{f_x^2} + \dfrac{v_0^2}{f_y^2} \end{pmatrix} = \begin{pmatrix} \dfrac{m_1 m_2}{f_x^2} + \dfrac{m_4 m_5}{f_y^2} + m_7 m_8 \\ \dfrac{m_1^2 - m_2^2}{f_x^2} + \dfrac{m_4^2 - m_5^2}{f_y^2} + m_7^2 - m_8^2 \end{pmatrix} \tag{7.6.17}$$

综上所述，对于每幅图像，式(7.6.17)可以提供两个关于 $u_0$、$v_0$ 的约束方程。因此，可以对 $u_0$、$v_0$ 进行求解。

4)求解外参数

利用PNP问题存在唯一解的情况，可以求解摄像机的外参数。摄像机内参数矩阵 $\boldsymbol{K}$ 已知，给定共面的4个空间点 $\boldsymbol{X}_i = (x_i, y_i, z_i)^{\mathrm{T}}$ 和对应的图像点 $\boldsymbol{x}_i = (u_i, v_i)^{\mathrm{T}}$，并且空间点在世界坐标系中的坐标和图像点的坐标已知。不失一般性，将空间点所在平面定义为世界坐标系的 $X_w\boldsymbol{O}_wY_w$ 平面，空间点在世界坐标系下的坐标可以改写为 $\boldsymbol{X}_i = (x_i, y_i, 0)^{\mathrm{T}}$，其中 $i = 1,2,3,4$。

由式(7.6.4)可以得到

$$\lambda_i \begin{pmatrix} u_i \\ v_i \\ 1 \end{pmatrix} = \boldsymbol{K}(\boldsymbol{r}_1, \boldsymbol{r}_2, \boldsymbol{T}) \begin{pmatrix} x_i \\ y_i \\ 1 \end{pmatrix} \quad (i = 1,2,3,4) \tag{7.6.18}$$

其中，$\boldsymbol{K}$，$(x_i, y_i)^{\mathrm{T}}$，$(u_i, v_i)^{\mathrm{T}}$ 是已知量。由于 $\boldsymbol{r}_3 = \boldsymbol{r}_1 \times \boldsymbol{r}_2$，所以求解摄像机外参数的问题可以转化为求解 $\boldsymbol{r}_1$、$\boldsymbol{r}_2$、$\boldsymbol{T}$。令

$$\boldsymbol{H}' = \begin{pmatrix} h_{11} & h_{12} & h_{13} \\ h_{21} & h_{22} & h_{23} \\ h_{31} & h_{32} & h_{33} \end{pmatrix} = \boldsymbol{K}(\boldsymbol{r}_1, \boldsymbol{r}_2, \boldsymbol{T}) \tag{7.6.19}$$

则式(7.6.18)可以改写为

$$\lambda_i \begin{pmatrix} u_i \\ v_i \\ 1 \end{pmatrix} = \boldsymbol{H}' \begin{pmatrix} x_i \\ y_i \\ 1 \end{pmatrix} = \begin{pmatrix} h_{11} & h_{12} & h_{13} \\ h_{21} & h_{22} & h_{23} \\ h_{31} & h_{32} & h_{33} \end{pmatrix} \begin{pmatrix} x_i \\ y_i \\ 1 \end{pmatrix} \quad (i=1,2,3,4) \tag{7.6.20}$$

由式(7.6.20)可知每个空间点可以提供 2 个关于 $h_{ij}(i,j=1,2,3)$ 的约束，因此 4 个空间点可以提供 8 个关于 $h_{ij}(i,j=1,2,3)$ 的齐次线性方程，则在相差一个常数因子的意义下 $\boldsymbol{H}'$ 可被唯一确定。

摄像机投影矩阵 $\boldsymbol{H}'$ 与 $\boldsymbol{r}_1,\boldsymbol{r}_2,\boldsymbol{T}$ 之间存在如下关系：

$$\lambda \boldsymbol{H}' = \boldsymbol{K}(\boldsymbol{r}_1,\boldsymbol{r}_2,\boldsymbol{T}) \tag{7.6.21}$$

或

$$(\boldsymbol{r}_1,\boldsymbol{r}_2,\boldsymbol{T}) = \lambda \boldsymbol{K}^{-1}\boldsymbol{H}' \tag{7.6.22}$$

其中，$\lambda$ 为非零常数因子。

由于旋转矩阵 $\boldsymbol{R}$ 为单位正交矩阵，则有 $|\boldsymbol{r}_1|=|\boldsymbol{r}_2|=1$，$\boldsymbol{r}_3=\boldsymbol{r}_1\times\boldsymbol{r}_2$。利用 $|\boldsymbol{r}_1|=|\boldsymbol{r}_2|=1$，由式(7.6.22)可以求解出常数因子 $\lambda$，进而向量 $\boldsymbol{r}_1$、$\boldsymbol{r}_2$、$\boldsymbol{T}$ 可以唯一求出。且 $\boldsymbol{r}_3=\boldsymbol{r}_1\times\boldsymbol{r}_2$，故可以求解出 $\boldsymbol{R}$、$\boldsymbol{T}$。

4. 算法步骤

基于以上分析，下面介绍基于未标定摄像机 P4P 问题的摄像机线性标定方法。

**算法 7.7**　基于未标定摄像机 P4P 问题标定摄像机内外参数

**输入：** 一幅标定模板的图像

**输出：** 摄像机内参数矩阵 $\boldsymbol{K}$

第一步，对标定模板拍摄一幅图像；

第二步，提取模型中所需角点，并由“建立模型”部分 2)恢复单应矩阵；

第三步，由“建立模型”部分 3)求解摄像机内参数；

第四步，由“建立模型”部分 4)求解摄像机外参数。

# 第 8 章　中心折反射摄像机标定方法与问题建模

## 8.1　利用直线标定抛物折反射摄像机内参数

**问题**：在一个场景中有三条直线，用一台抛物折反射摄像机捕获到它的一幅图像，如图 8.1.1 所示，如何求该摄像机的内参数?

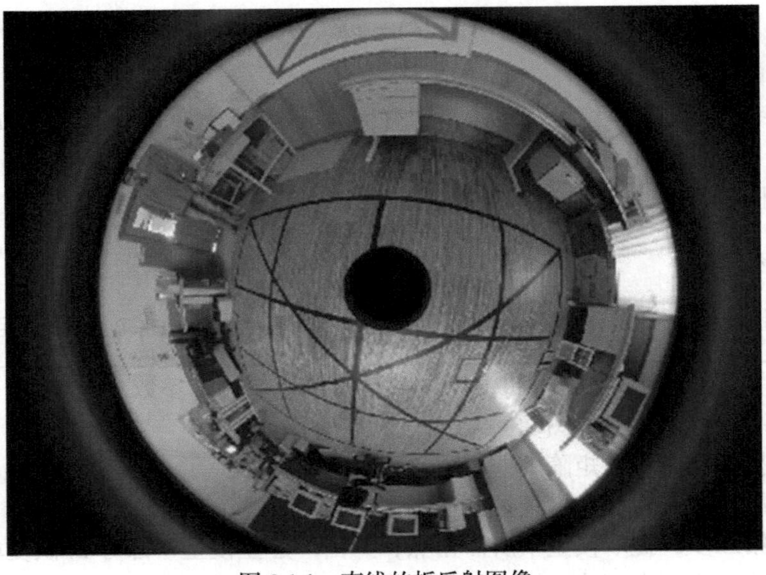

图 8.1.1　直线的折反射图像

1. 数学描述

设$\boldsymbol{l}_1$、$\boldsymbol{l}_2$、$\boldsymbol{l}_3$为空间中的三条直线，为满足问题研究的需要，做如下三个假设：①$\boldsymbol{l}_1$、$\boldsymbol{l}_2$、$\boldsymbol{l}_3$不平行；②$\boldsymbol{l}_1$、$\boldsymbol{l}_2$、$\boldsymbol{l}_3$不交于同一点；③$\boldsymbol{l}_1$、$\boldsymbol{l}_2$、$\boldsymbol{l}_3$均与摄像机的光轴不共面。再设抛物折反射摄像机的内参数矩阵为

$$\boldsymbol{K}=\begin{pmatrix} rf_e & s & u_0 \\ 0 & f_e & v_0 \\ 0 & 0 & 1 \end{pmatrix}$$

其中，$(u_0,v_0,1)^{\mathrm{T}}$为主点的齐次坐标；$r$为纵横比；$s$为倾斜因子；$f_e$为有效焦距。记二次曲线$\boldsymbol{c}_1$、$\boldsymbol{c}_2$、$\boldsymbol{c}_3$为直线$\boldsymbol{l}_1$、$\boldsymbol{l}_2$、$\boldsymbol{l}_3$对应的图像，由于$\boldsymbol{l}_1$、$\boldsymbol{l}_2$、$\boldsymbol{l}_3$均与摄像机的光轴不共面，即$\boldsymbol{c}_1$、$\boldsymbol{c}_2$、$\boldsymbol{c}_3$均为非退化二次曲线。问题的数学描述为：已知场景中的三条直线$\boldsymbol{l}_1$、$\boldsymbol{l}_2$、$\boldsymbol{l}_3$在抛物折反射摄像机下的图像分别为二次曲线$\boldsymbol{c}_1$、$\boldsymbol{c}_2$、$\boldsymbol{c}_3$，求该摄像机的内参数矩阵$\boldsymbol{K}$，

其中$l_1$、$l_2$、$l_3$满足上述三个假设，$c_1$、$c_2$、$c_3$均为非退化二次曲线。

2. 问题分析

中心折反射摄像机的投影模型可抽象为单位视球模型。在单位视球模型下，三条直线的成像通过两步实现：第一步将三条直线投影到单位视球上的三个大圆；第二步将单位视球上的三个大圆透视投影到成像平面上的三条二次曲线。在第一步投影过程中，单位视球上的三个大圆两两相交，形成三组交点，其中每组交点为大圆直径的两个端点。这里有三种方法可求得抛物折反射摄像机的内参数。

**方法一：** 由于大圆的三条直径相交于单位视球的球心，而球心的投影为摄像机的主点，根据射影变换的结合性可确定摄像机的主点坐标。此外，通过大圆的三条直径可构造三个矩形，形成三组正交方向，确定三组正交消失点，提供摄像机内参数的三个约束条件，从而确定主点之外的三个内参数。

**方法二：** 对于每个大圆，通过交点可确定两条直径。根据平面解析几何知识，过圆的直径的两个端点的切线平行且与该直径垂直，于是每条直径与其端点处的切线提供空间中的一组正交方向，那么每个大圆的两条直径提供两组正交方向，从而通过三个大圆中直径与端点处的切线可提供空间中的六组正交方向，其中切线方向的无穷远点为两切线的交点，直径的两端点与球心及该方向上的无穷远点调和共轭，而球心为三条直径的交点。根据射影变换的结合性、交比不变性及切点与切线的对应性，通过这六组正交方向确定六组正交消失点，提供摄像机内参数的六个约束条件，从而确定摄像机的五个内参数。

**方法三：** 每条直线投影到单位视球上形成大圆，每个大圆的圆心关于圆的极线为该圆所在平面的无穷远直线，无穷远直线与圆的交点即为该圆所在平面的一对圆环点。这样，通过三条直线得到的三个投影大圆可提供三对圆环点。根据射影变换的结合性，可确定球心的像。然后，根据射影变换极点与极线的对应性，可获得每个大圆所在平面的消失线。最后，根据射影变换保持结合性，通过每条消失线与对应大圆的像的交点即可确定对应大圆所在平面圆环点的像，这里可确定三对圆环点的像，提供摄像机内参数的六个约束条件，从而确定摄像机的五个内参数。

3. 建立模型

根据上面的分析，首先建立直线在单位视球下的投影模型，其次针对不同方法建立相应的求解摄像机内参数的模型。

1) 直线在单位视球模型下的投影

如图 8.1.2 所示，取世界坐标系与视球坐标系重合，表示为$\boldsymbol{O}_w\text{-}x_w y_w z_w$。第一步，将场景中的三条直线$l_1$、$l_2$、$l_3$投影到单位视球上，形成三个大圆$\boldsymbol{L}_1$、$\boldsymbol{L}_2$、$\boldsymbol{L}_3$，其中大圆$\boldsymbol{L}_i$为直线$\boldsymbol{l}_i$和球心$\boldsymbol{O}$形成的平面与单位视球的交线，$i=1,2,3$。第二步，以空间点$\boldsymbol{O}_c$为投影中心将大圆$\boldsymbol{L}_1$、$\boldsymbol{L}_2$、$\boldsymbol{L}_3$透视投影到成像平面$\boldsymbol{\Pi}_{\mathrm{I}}$上的三条二次曲线$\boldsymbol{c}_1$、$\boldsymbol{c}_2$、$\boldsymbol{c}_3$，这里成像平面$\boldsymbol{\Pi}_{\mathrm{I}}$与球心$\boldsymbol{O}$和投影中心$\boldsymbol{O}_c$确定的直线垂直，$\|\boldsymbol{O}_c\boldsymbol{O}\|=1$为抛物折反射摄像机镜面参数，$\boldsymbol{O}_c\text{-}x_c y_c z_c$为摄像机坐标系。令以$\boldsymbol{O}_c$为光心的虚拟摄像机的内参数矩阵为$\boldsymbol{K}$，主

点 $\boldsymbol{p}$ 的齐次坐标记作 $(u_0,v_0,1)^{\mathrm{T}}$，它是球心 $\boldsymbol{O}$ 的投影。根据基础知识 2.3.3 节的讨论可知，二次曲线 $\boldsymbol{c}_i(i=1,2,3)$ 对应的矩阵满足

$$\mu_i \boldsymbol{c}_i = \boldsymbol{K}^{-\mathrm{T}} \boldsymbol{C}_i \boldsymbol{K}^{-1} \quad (i=1,2,3) \tag{8.1.1}$$

其中，$\mu_i$ 为非零常数；$\boldsymbol{C}_i = \begin{pmatrix} n_{zi}^2 & 0 & -n_{xi}n_{zi} \\ 0 & n_{zi}^2 & -n_{yi}n_{zi} \\ -n_{xi}n_{zi} & -n_{yi}n_{zi} & -n_{zi}^2 \end{pmatrix}$ 为大圆 $\boldsymbol{L}_i$ 与虚拟摄像机光心构成的斜圆锥，$\boldsymbol{n}_i=(n_{xi},n_{yi},n_{zi})^{\mathrm{T}}$ 为直线 $\boldsymbol{l}_i$ 和球心 $\boldsymbol{O}$ 形成的平面 $\boldsymbol{\pi}_i$ 的法向量，$i=1,2,3$。

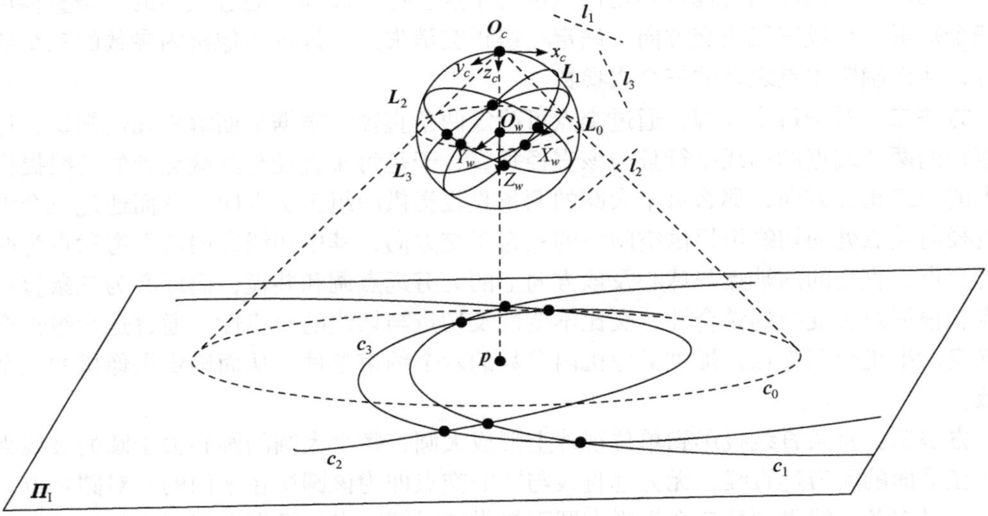


图 8.1.2　三条直线在单位视球模型下的投影

2)模型一：方法一对应模型

(1)确定主点。

如图 8.1.3 所示，记大圆 $\boldsymbol{L}_i$ 与 $\boldsymbol{L}_j$ 的交点为 $\boldsymbol{A}_{ij}$ 和 $\boldsymbol{B}_{ij}$，其中，$i,j=1,2,3,i<j$。由球面大圆的几何性质，线段 $\boldsymbol{A}_{12}\boldsymbol{B}_{12}$ 为大圆 $\boldsymbol{L}_1$ 与 $\boldsymbol{L}_2$ 的公共直径，线段 $\boldsymbol{A}_{13}\boldsymbol{B}_{13}$ 为大圆 $\boldsymbol{L}_1$ 与 $\boldsymbol{L}_3$ 的公共直径，线段 $\boldsymbol{A}_{23}\boldsymbol{B}_{23}$ 为大圆 $\boldsymbol{L}_2$ 与 $\boldsymbol{L}_3$ 的公共直径，于是球心 $\boldsymbol{O}$ 为直线 $\boldsymbol{A}_{12}\boldsymbol{B}_{12}$、$\boldsymbol{A}_{13}\boldsymbol{B}_{13}$、$\boldsymbol{A}_{23}\boldsymbol{B}_{23}$ 的公共点。如图 8.1.4 所示，记二次曲线 $\boldsymbol{c}_i$ 与 $\boldsymbol{c}_j$ 的实交点为 $\boldsymbol{a}_{ij}$ 和 $\boldsymbol{b}_{ij}$，设 $\boldsymbol{a}_{ij}$ 和 $\boldsymbol{b}_{ij}$ 的齐次坐标分别为 $(u_{aij},v_{aij},1)^{\mathrm{T}}$ 和 $(u_{bij},v_{bij},1)^{\mathrm{T}}$，其中 $i,j=1,2,3,i<j$。联立二次曲线 $\boldsymbol{c}_i,\boldsymbol{c}_j$ 的方程可得到方程组：

$$\begin{cases} (u,v,1)\boldsymbol{c}_i(u,v,1)^{\mathrm{T}}=0 \\ (u,v,1)\boldsymbol{c}_j(u,v,1)^{\mathrm{T}}=0 \end{cases} \tag{8.1.2}$$

则 $(u_{aij},v_{aij},1)^{\mathrm{T}}$ 和 $(u_{bij},v_{bij},1)^{\mathrm{T}}$ 为式(8.1.2)的两组实解。而 $(u,v,1)^{\mathrm{T}}$ 为折反射图像的像素坐

标，后面涉及的 $(u,v,1)^{\mathrm{T}}$ 与此处含义相同，不再注明。由于透视投影具有结合性，因此 $\boldsymbol{a}_{ij}$ 和 $\boldsymbol{b}_{ij}$ 分别为 $\boldsymbol{A}_{ij}$ 和 $\boldsymbol{B}_{ij}$ 的图像点，且主点 $\boldsymbol{p}$ 为直线 $\boldsymbol{a}_{ij}$ 和 $\boldsymbol{b}_{ij}$ 的公共点。联立直线 $\boldsymbol{a}_{ij}$ 和 $\boldsymbol{b}_{ij}$ 的方程可得到线性方程组：

$$\begin{cases}(\boldsymbol{a}_{12}\times\boldsymbol{b}_{12})^{\mathrm{T}}(u,v,1)^{\mathrm{T}}=0\\(\boldsymbol{a}_{13}\times\boldsymbol{b}_{13})^{\mathrm{T}}(u,v,1)^{\mathrm{T}}=0\\(\boldsymbol{a}_{23}\times\boldsymbol{b}_{23})^{\mathrm{T}}(u,v,1)^{\mathrm{T}}=0\end{cases}\tag{8.1.3}$$

则主点 $\boldsymbol{p}=(u_0,v_0,1)^{\mathrm{T}}$ 为式(8.1.3)的最小二乘解。

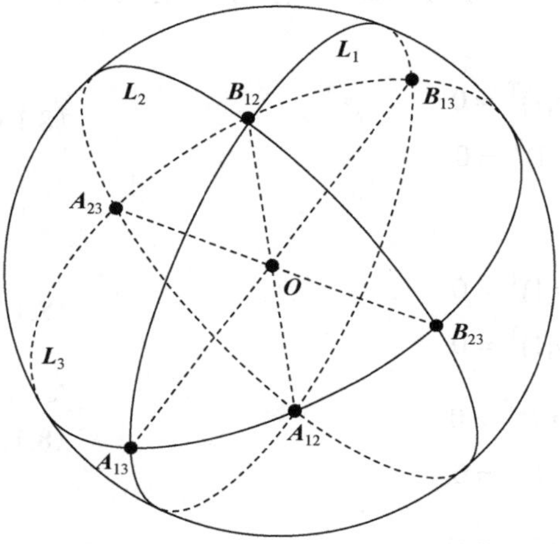


图 8.1.3　三条直线在单位视球上的投影

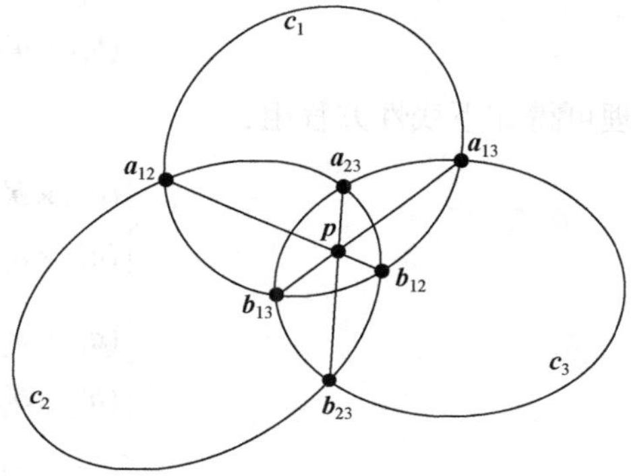


图 8.1.4　三条直线在成像平面上的投影

(2)确定正交消失点。

根据前面的分析，线段 $\boldsymbol{A}_{12}\boldsymbol{B}_{12}$ 和 $\boldsymbol{A}_{13}\boldsymbol{B}_{13}$ 为直线 $\boldsymbol{l}_1$ 在单位视球上的投影大圆 $\boldsymbol{L}_1$ 的两条直径，则以 $\boldsymbol{A}_{12}\boldsymbol{B}_{12}$ 和 $\boldsymbol{A}_{13}\boldsymbol{B}_{13}$ 为对角线形成的四边形是矩形，于是 $\boldsymbol{A}_{12}\boldsymbol{A}_{13}\,/\!/\,\boldsymbol{B}_{12}\boldsymbol{B}_{13}$，$\boldsymbol{A}_{12}\boldsymbol{B}_{13}\,/\!/\,\boldsymbol{A}_{13}\boldsymbol{B}_{12}$ 且 $\boldsymbol{A}_{12}\boldsymbol{B}_{13}\perp\boldsymbol{B}_{12}\boldsymbol{B}_{13}$，即 $\boldsymbol{A}_{12}\boldsymbol{B}_{13}$ 和 $\boldsymbol{B}_{12}\boldsymbol{B}_{13}$ 所在方向为正交方向。设 $\boldsymbol{v}_{11}$ 是成像平面上直线 $\boldsymbol{a}_{12}\boldsymbol{a}_{13}$ 和 $\boldsymbol{b}_{12}\boldsymbol{b}_{13}$ 的交点，$\boldsymbol{v}_{12}$ 是成像平面上直线 $\boldsymbol{a}_{12}\boldsymbol{b}_{13}$ 和 $\boldsymbol{a}_{13}\boldsymbol{b}_{12}$ 的交点，那么 $\boldsymbol{v}_{11}$ 和 $\boldsymbol{v}_{12}$ 构成一组正交消失点。同理可设 $\boldsymbol{v}_{21}$ 是成像平面上直线 $\boldsymbol{a}_{12}\boldsymbol{a}_{23}$ 和 $\boldsymbol{b}_{12}\boldsymbol{b}_{23}$ 的交点，$\boldsymbol{v}_{22}$ 是成像平面上直线 $\boldsymbol{a}_{12}\boldsymbol{b}_{23}$ 和 $\boldsymbol{a}_{23}\boldsymbol{b}_{12}$ 的交点，那么 $\boldsymbol{v}_{21}$ 和 $\boldsymbol{v}_{22}$ 构成一组正交消失点；再设 $\boldsymbol{v}_{31}$ 是成像平面上直线 $\boldsymbol{a}_{13}\boldsymbol{a}_{23}$ 和 $\boldsymbol{b}_{13}\boldsymbol{b}_{23}$ 的交点，$\boldsymbol{v}_{32}$ 是成像平面上直线 $\boldsymbol{a}_{13}\boldsymbol{b}_{23}$ 和 $\boldsymbol{a}_{23}\boldsymbol{b}_{13}$ 的交点，那么 $\boldsymbol{v}_{31}$ 和 $\boldsymbol{v}_{32}$ 构成一组正交消失点。

由于主点坐标 $\boldsymbol{p}=(u_0,v_0,1)^{\mathrm{T}}$ 已获得，因此可将图像坐标系的坐标原点平移到主点简化问题的求解。设 $\boldsymbol{m}$ 为原图像坐标系中的任一点，$\boldsymbol{m}'$ 为图像坐标系平移到主点后 $\boldsymbol{m}$ 的对应点，则有

$$\boldsymbol{m}'=\boldsymbol{T}_P\boldsymbol{m}\tag{8.1.4}$$

这里 $\boldsymbol{T}_P=\begin{pmatrix}1&0&-u_0\\0&1&-v_0\\0&0&1\end{pmatrix}$；$\boldsymbol{m},\boldsymbol{m}'$ 的坐标均为齐次坐标。如图 8.1.5 所示，记 $\boldsymbol{a}'_{ij}$ 和 $\boldsymbol{b}'_{ij}$ 分别为图像坐标系平移到主点后 $\boldsymbol{a}_{ij}$ 和 $\boldsymbol{b}_{ij}$ 的对应点，$(u_{a'ij},v_{a'ij},1)^{\mathrm{T}}$ 和 $(u_{b'ij},v_{b'ij},1)^{\mathrm{T}}$ 分别为 $\boldsymbol{a}'_{ij}$ 和 $\boldsymbol{b}'_{ij}$ 的齐次坐标，由式(8.1.4)有

$$\boldsymbol{a}'_{ij}=\boldsymbol{T}_P\boldsymbol{a}_{ij},\quad \boldsymbol{b}'_{ij}=\boldsymbol{T}_P\boldsymbol{b}_{ij} \tag{8.1.5}$$

其中，$i,j=1,2,3,i<j$。为了表述方便，仍用 $\boldsymbol{v}_{kl}$ 表示图像坐标系平移到主点后 $\boldsymbol{v}_{kl}$ 的对应点，设其齐次坐标为 $(u_{kl},v_{kl},1)^{\mathrm{T}}$，其中 $k=1,2,3,l=1,2$。联立直线 $\boldsymbol{a}'_{12}\boldsymbol{a}'_{13}$ 和 $\boldsymbol{b}'_{12}\boldsymbol{b}'_{13}$ 的方程可得线性方程组：

$$\begin{cases}(\boldsymbol{a}'_{12}\times\boldsymbol{a}'_{13})^{\mathrm{T}}(u,v,1)^{\mathrm{T}}=0\\(\boldsymbol{b}'_{12}\times\boldsymbol{b}'_{13})^{\mathrm{T}}(u,v,1)^{\mathrm{T}}=0\end{cases} \tag{8.1.6}$$

同理可得如下线性方程组：

$$\begin{cases}(\boldsymbol{a}'_{12}\times\boldsymbol{b}'_{13})^{\mathrm{T}}(u,v,1)^{\mathrm{T}}=0\\(\boldsymbol{a}'_{13}\times\boldsymbol{b}'_{12})^{\mathrm{T}}(u,v,1)^{\mathrm{T}}=0\end{cases} \tag{8.1.7}$$

$$\begin{cases}(\boldsymbol{a}'_{12}\times\boldsymbol{a}'_{23})^{\mathrm{T}}(u,v,1)^{\mathrm{T}}=0\\(\boldsymbol{b}'_{12}\times\boldsymbol{b}'_{23})^{\mathrm{T}}(u,v,1)^{\mathrm{T}}=0\end{cases} \tag{8.1.8}$$

$$\begin{cases}(\boldsymbol{a}'_{12}\times\boldsymbol{b}'_{23})^{\mathrm{T}}(u,v,1)^{\mathrm{T}}=0\\(\boldsymbol{a}'_{23}\times\boldsymbol{b}'_{12})^{\mathrm{T}}(u,v,1)^{\mathrm{T}}=0\end{cases} \tag{8.1.9}$$

$$\begin{cases}(\boldsymbol{a}'_{13}\times\boldsymbol{a}'_{23})^{\mathrm{T}}(u,v,1)^{\mathrm{T}}=0\\(\boldsymbol{b}'_{13}\times\boldsymbol{b}'_{23})^{\mathrm{T}}(u,v,1)^{\mathrm{T}}=0\end{cases} \tag{8.1.10}$$

$$\begin{cases}(\boldsymbol{a}'_{13}\times\boldsymbol{b}'_{23})^{\mathrm{T}}(u,v,1)^{\mathrm{T}}=0\\(\boldsymbol{a}'_{23}\times\boldsymbol{b}'_{13})^{\mathrm{T}}(u,v,1)^{\mathrm{T}}=0\end{cases} \tag{8.1.11}$$

则消失点 $\boldsymbol{v}_{11}$、$\boldsymbol{v}_{12}$、$\boldsymbol{v}_{21}$、$\boldsymbol{v}_{22}$、$\boldsymbol{v}_{31}$、$\boldsymbol{v}_{32}$ 的齐次坐标对应为式(8.1.6)～式(8.1.11)的解，即通过式(8.1.6)～式(8.1.11)可获得三组正交消失点的齐次坐标。

(3)建立正交消失点与摄像机内参数的约束。

设绝对二次曲线的像为 $\boldsymbol{\omega}$，根据 2.4 节的讨论可知

$$\boldsymbol{v}_{k1}{}^{\mathrm{T}}\boldsymbol{\omega}\boldsymbol{v}_{k2}=0\quad(k=1,2,3) \tag{8.1.12}$$

其中，$\boldsymbol{\omega}=\boldsymbol{K}^{-\mathrm{T}}\boldsymbol{K}^{-1}$，$\boldsymbol{K}$ 是摄像机内参数矩阵。式(8.1.12)可以提供 $\boldsymbol{\omega}$ 的三个约束条件。

由于已经获得主点坐标，则 $\boldsymbol{\omega}$ 仅剩三个自由度，于是根据式(8.1.12)提供的三个方程即可确定矩阵 $\boldsymbol{\omega}$。最后对 $\boldsymbol{\omega}$ 进行 Cholesky 分解并求逆，便可得到摄像机内参数矩阵 $\boldsymbol{K}$。

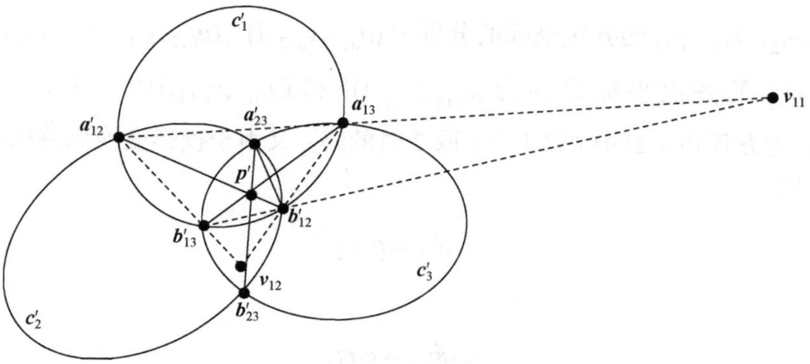


图 8.1.5　成像平面上一组正交方向的消失点

3）模型二：方法二对应模型

(1) 确定正交消失点。

下述求解过程的基础是直线在单位视球模型下的投影。如图 8.1.3 所示，通过大圆 $\boldsymbol{L}_i$ 与 $\boldsymbol{L}_j$ 的交点 $\boldsymbol{A}_{ij}$ 和 $\boldsymbol{B}_{ij}$ 可确定大圆的直径 $\boldsymbol{A}_{ij}\boldsymbol{B}_{ij}$，其中 $i,j=1,2,3,i<j$。为了描述起来简单直观，这里以大圆 $\boldsymbol{L}_1$ 及其投影 $\boldsymbol{c}_1$ 为例展开讨论。如图 8.1.6 所示，线段 $\boldsymbol{A}_{12}\boldsymbol{B}_{12}$ 与线段 $\boldsymbol{A}_{13}\boldsymbol{B}_{13}$ 均为大圆 $\boldsymbol{L}_1$ 的直径。记 $\boldsymbol{L}_1$ 关于切点 $\boldsymbol{A}_{12}$、$\boldsymbol{B}_{12}$、$\boldsymbol{A}_{13}$、$\boldsymbol{B}_{13}$ 的切线分别为 $\boldsymbol{l}_{12}$、$\boldsymbol{m}_{12}$、$\boldsymbol{l}_{13}$、$\boldsymbol{m}_{13}$，则 $\boldsymbol{l}_{1k} \parallel \boldsymbol{m}_{1k}$，且 $\boldsymbol{l}_{1k} \perp \boldsymbol{A}_{1k}\boldsymbol{B}_{1k}$，即 $\boldsymbol{l}_{1k}$ 与 $\boldsymbol{A}_{1k}\boldsymbol{B}_{1k}$ 为正交方向，其中 $k=1,2$，下面涉及 $k$ 的取值与此处相同，不再注明。由于确定这两组正交消失点的方法相同，因此仅讨论正交方向 $\boldsymbol{l}_{12}$ 与 $\boldsymbol{A}_{12}\boldsymbol{B}_{12}$ 消失点的求解方法。记直线 $\boldsymbol{l}_{12}$、$\boldsymbol{A}_{12}\boldsymbol{B}_{12}$ 方向上的无穷远点分别为 $\boldsymbol{P}_{12}$、$\boldsymbol{Q}_{12}$，则有 $\boldsymbol{P}_{12}$ 为 $\boldsymbol{l}_{12}$ 与 $\boldsymbol{m}_{12}$ 的交点，且 $(\boldsymbol{A}_{12}\boldsymbol{B}_{12},\boldsymbol{O}\boldsymbol{Q}_{12})=-1$。如图 8.1.7 所示，记 $\boldsymbol{L}_1$ 的像为 $\boldsymbol{c}_1$，$\boldsymbol{A}_{12}$ 和 $\boldsymbol{B}_{12}$ 的像分别为 $\boldsymbol{a}_{12}$ 和 $\boldsymbol{b}_{12}$，$\boldsymbol{l}_{12}$ 和 $\boldsymbol{m}_{12}$ 的像分别为 $\hat{\boldsymbol{l}}_{12}$ 和 $\hat{\boldsymbol{m}}_{12}$，方向 $\boldsymbol{l}_{12}$ 和 $\boldsymbol{A}_{12}\boldsymbol{B}_{12}$ 上的消失点分别为 $\boldsymbol{p}_{12}$ 和 $\boldsymbol{q}_{12}$，则 $\boldsymbol{p}_{12}$ 和 $\boldsymbol{q}_{12}$ 为一组正交消失点。由于 $\boldsymbol{p}_{12}$ 和 $\boldsymbol{q}_{12}$ 的求解方法不同，下面分别求 $\boldsymbol{p}_{12}$ 和 $\boldsymbol{q}_{12}$。

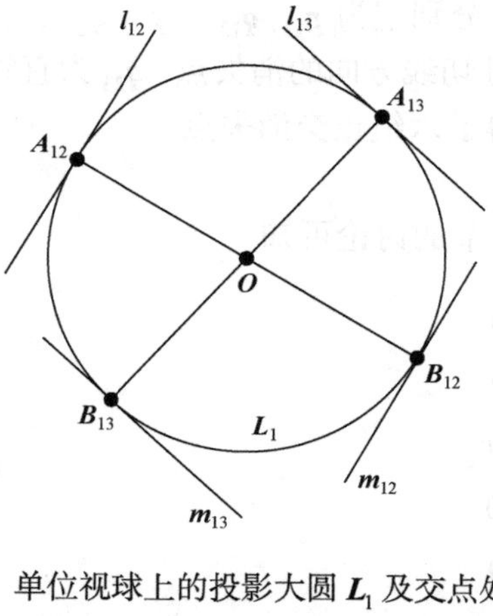

图 8.1.6　单位视球上的投影大圆 $\boldsymbol{L}_1$ 及交点处的切线

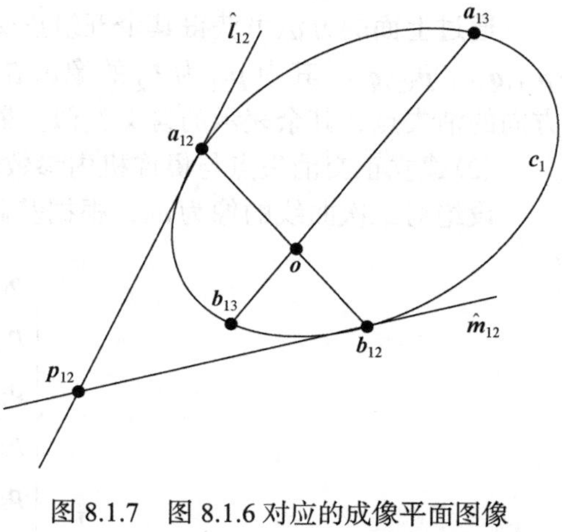


图 8.1.7　图 8.1.6 对应的成像平面图像

由于投影变换保持结合性，有 $\boldsymbol{a}_{12}$ 和 $\boldsymbol{b}_{12}$ 为 $\boldsymbol{c}_1$ 与 $\boldsymbol{L}_2$ 的像 $\boldsymbol{c}_2$ 的交点，$\boldsymbol{p}_{12}$ 为 $\hat{\boldsymbol{l}}_{12}$ 和 $\hat{\boldsymbol{m}}_{12}$ 的

交点。设点 $\boldsymbol{a}_{12}$、$\boldsymbol{b}_{12}$、$\boldsymbol{p}_{12}$ 的齐次坐标的分别为 $(u_{a12},v_{a12},1)^{\mathrm{T}}$, $(u_{b12},v_{b12},1)^{\mathrm{T}}$, $(u_{p12},v_{p12},1)^{\mathrm{T}}$，直线 $\hat{\boldsymbol{l}}_{12}$ 和 $\hat{\boldsymbol{m}}_{12}$ 的齐次坐标分别为 $(u_{\hat{l}12},v_{\hat{l}12},1)^{\mathrm{T}}$ 和 $(u_{\hat{m}12},v_{\hat{m}12},1)^{\mathrm{T}}$，则 $(u_{a12},v_{a12},1)^{\mathrm{T}}$ 和 $(u_{b12},v_{b12},1)^{\mathrm{T}}$ 为方程(8.1.2)中 $i$ 取 1 且 $j$ 取 2 时的解。又由于投影变换保持切点与切线的对应性，于是

$$\lambda_{12}\hat{\boldsymbol{l}}_{12}=\boldsymbol{c}_1\boldsymbol{a}_{12} \tag{8.1.13}$$

且

$$\mu_{12}\hat{\boldsymbol{m}}_{12}=\boldsymbol{c}_1\boldsymbol{b}_{12} \tag{8.1.14}$$

其中，$\lambda_{12}$ 和 $\mu_{12}$ 为非零常数因子。联立 $\hat{\boldsymbol{l}}_{12}$ 和 $\hat{\boldsymbol{m}}_{12}$ 的方程，有

$$\begin{cases}\hat{\boldsymbol{l}}_{12}{}^{\mathrm{T}}(u,v,1)^{\mathrm{T}}=0\\ \hat{\boldsymbol{m}}_{12}{}^{\mathrm{T}}(u,v,1)^{\mathrm{T}}=0\end{cases} \tag{8.1.15}$$

根据上面的分析，$(u_{p12},v_{p12},1)^{\mathrm{T}}$ 为式(8.1.15)的解，至此确定了消失点 $\boldsymbol{p}_{12}$。

记球心 $\boldsymbol{O}$ 的投影为 $\boldsymbol{o}$，并设其齐次坐标为 $(u_o,v_o,1)^{\mathrm{T}}$，则 $(u_o,v_o,1)^{\mathrm{T}}$ 可通过模型一中确定主点的方法获得。再设点 $\boldsymbol{q}_{12}$ 的齐次坐标为 $(u_{q12},v_{q12},1)^{\mathrm{T}}$，根据投影变换保持交比不变性，有

$$(\boldsymbol{a}_{12}\boldsymbol{b}_{12},\boldsymbol{o}\boldsymbol{q}_{12})=-1 \tag{8.1.16}$$

将 $\boldsymbol{a}_{12},\boldsymbol{b}_{12},\boldsymbol{o}$ 对应的非齐次坐标代入式(8.1.16)可得

$$u_{q12}=\frac{(u_{a12}+u_{b12})u_o-2u_{a12}u_{b12}}{u_o-u_{b12}-u_{a12}},\quad v_{q12}=\frac{(v_{a12}+v_{b12})v_o-2v_{a12}v_{b12}}{v_o-v_{b12}-v_{a12}} \tag{8.1.17}$$

即确定了消失点 $\boldsymbol{q}_{12}$。

通过上面的方法可获得其余五组正交消失点，分别记为 $\boldsymbol{p}_{13},\boldsymbol{q}_{13}$、$\boldsymbol{p}_{21},\boldsymbol{q}_{21}$、$\boldsymbol{p}_{23},\boldsymbol{q}_{23}$、$\boldsymbol{p}_{31},\boldsymbol{q}_{31}$、$\boldsymbol{p}_{32},\boldsymbol{q}_{32}$，其中 $\boldsymbol{p}_{21}$ 为 $\boldsymbol{L}_2$ 的像 $\boldsymbol{c}_2$ 在切点 $\boldsymbol{a}_{21}$ 处切线方向的消失点，$\boldsymbol{q}_{23}$ 为直线 $\boldsymbol{a}_{23}\boldsymbol{b}_{23}$ 方向的消失点，其余表示的含义类似。最终，获得了六组正交消失点。

(2)建立正交消失点与摄像机内参数的约束。

设绝对二次曲线的像为 $\boldsymbol{\omega}$，根据基础知识 2.4 节的讨论可知

$$\begin{cases}\boldsymbol{p}_{12}{}^{\mathrm{T}}\boldsymbol{\omega}\boldsymbol{q}_{12}=0\\ \boldsymbol{p}_{13}{}^{\mathrm{T}}\boldsymbol{\omega}\boldsymbol{q}_{13}=0\\ \boldsymbol{p}_{21}{}^{\mathrm{T}}\boldsymbol{\omega}\boldsymbol{q}_{21}=0\\ \boldsymbol{p}_{23}{}^{\mathrm{T}}\boldsymbol{\omega}\boldsymbol{q}_{23}=0\\ \boldsymbol{p}_{31}{}^{\mathrm{T}}\boldsymbol{\omega}\boldsymbol{q}_{31}=0\\ \boldsymbol{p}_{32}{}^{\mathrm{T}}\boldsymbol{\omega}\boldsymbol{q}_{32}=0\end{cases} \tag{8.1.18}$$

其中，$\boldsymbol{\omega}=\boldsymbol{K}^{-\mathrm{T}}\boldsymbol{K}^{-1}$，$\boldsymbol{K}$ 是摄像机内参数矩阵。式(8.1.18)可以提供$\boldsymbol{\omega}$ 的六个约束条件。由于$\boldsymbol{\omega}$ 有五个自由度，因此式(8.1.18)为超定方程组，可通过求式(8.1.18)的最小二乘解确定矩阵$\boldsymbol{\omega}$ 。最后对$\boldsymbol{\omega}$ 进行 Cholesky 分解并求逆，便可得到摄像机内参数矩阵$\boldsymbol{K}$ 。

4)模型三：方法三对应模型

(1)确定圆环点的像。

为了描述起来简单直观，这里以确定大圆$\boldsymbol{L}_1$所在平面圆环点的像为例展开讨论。如图 8.1.3 所示，球心$\boldsymbol{O}$为大圆$\boldsymbol{L}_1$的圆心。根据配极原则与二次曲线的度量性质，点$\boldsymbol{O}$关于$\boldsymbol{L}_1$的极线为$\boldsymbol{L}_1$所在平面的无穷远直线，记为$\boldsymbol{l}_{1\infty}$ 。由圆环点的定义可知，$\boldsymbol{l}_{1\infty}$ 与$\boldsymbol{L}_1$的交点为$\boldsymbol{L}_1$所在平面的 1 对圆环点$\boldsymbol{I}_1$、$\boldsymbol{J}_1$ 。记$\boldsymbol{L}_1$的像为$\boldsymbol{c}_1$ ，$\boldsymbol{O}$ 的像为$\boldsymbol{o}$ ，圆环点$\boldsymbol{I}_1$、$\boldsymbol{J}_1$ 的像为$\boldsymbol{m}_{I1}$、$\boldsymbol{m}_{J1}$ ，无穷远直线$\boldsymbol{l}_{1\infty}$ 的像为$\hat{\boldsymbol{l}}_{1\infty}$ ，即$\hat{\boldsymbol{l}}_{1\infty}$ 为$\boldsymbol{L}_1$所在平面的消失线。由于投影变换保持极点与极线的对应性，因此$\hat{\boldsymbol{l}}_{1\infty}$ 为点$\boldsymbol{o}$ 关于$\boldsymbol{c}_1$ 的极线。再根据投影变换保持结合性，有圆环点的像$\boldsymbol{m}_{I1}$、$\boldsymbol{m}_{J1}$ 为$\hat{\boldsymbol{l}}_{1\infty}$ 与$\boldsymbol{c}_1$ 的共轭复交点。设点$\boldsymbol{o}$、$\boldsymbol{m}_{I1}$、$\boldsymbol{m}_{J1}$ 的齐次坐标分别为$(u_o,v_o,1)^{\mathrm{T}}$、$(u_{I1},v_{I1},1)^{\mathrm{T}}$、$(u_{J1},v_{J1},1)^{\mathrm{T}}$ ，消失线$\hat{\boldsymbol{l}}_{1\infty}$ 的齐次坐标为$\left[u_{l1\infty},v_{l1\infty},1\right]^{\mathrm{T}}$ ，则$(u_o,v_o,1)^{\mathrm{T}}$ 可通过模型一中确定主点的方法获得。同时，有

$$\lambda_1\hat{\boldsymbol{l}}_{1\infty}=\boldsymbol{c}_1\boldsymbol{o} \tag{8.1.19}$$

其中，$\lambda_1$ 为非零常数因子。联立$\hat{\boldsymbol{l}}_{1\infty}$ 和$\boldsymbol{c}_1$ 的方程，有

$$\begin{cases}\hat{\boldsymbol{l}}_{1\infty}{}^{\mathrm{T}}(u,v,1)^{\mathrm{T}}=0\\(u,v,1)\boldsymbol{c}_1(u,v,1)^{\mathrm{T}}=0\end{cases} \tag{8.1.20}$$

根据上面的分析，$(u_{I1},v_{I1},1)^{\mathrm{T}}$ 和$(u_{J1},v_{J1},1)^{\mathrm{T}}$ 为式(8.1.20)的一对共轭复解，至此确定了一对圆环点的像$\boldsymbol{m}_{I1}$、$\boldsymbol{m}_{J1}$ 。

通过上面的方法可获得其余两对圆环点的像，记为$\boldsymbol{m}_{Ik}$、$\boldsymbol{m}_{Jk}$ ，其中$\boldsymbol{m}_{Ik}$、$\boldsymbol{m}_{Jk}$ 为$\boldsymbol{L}_k$ 所在平面圆环点的像，$k=2,3$ 。最终，获得了三对圆环点的像。

(2)建立圆环点的像与摄像机内参数的约束。

设绝对二次曲线的像为$\boldsymbol{\omega}$ ，根据基础知识 2.4 节的讨论可知

$$\begin{cases}\mathrm{Re}(\boldsymbol{m}_{Ii}{}^{\mathrm{T}}\boldsymbol{\omega}\boldsymbol{m}_{Ii})=0\\\mathrm{Im}(\boldsymbol{m}_{Ii}{}^{\mathrm{T}}\boldsymbol{\omega}\boldsymbol{m}_{Ii})=0\end{cases}\quad(i=1,2,3) \tag{8.1.21}$$

其中，$\boldsymbol{\omega}=\boldsymbol{K}^{-\mathrm{T}}\boldsymbol{K}^{-1}$，$\boldsymbol{K}$ 是摄像机内参数矩阵。式(8.1.21)可以提供$\boldsymbol{\omega}$ 的六个约束条件。由于$\boldsymbol{\omega}$ 有五个自由度，因此式(8.1.21)为超定方程组，可通过求式(8.1.21)的最小二乘解确定矩阵$\boldsymbol{\omega}$ 。最后对$\boldsymbol{\omega}$ 进行 Cholesky 分解并求逆，便可得到摄像机内参数矩阵$\boldsymbol{K}$ 。

### 4. 模型求解

基于前面的分析，下面给出利用直线标定抛物折反射摄像机内参数的算法。

**算法 8.1** 模型一的相关算法

**输入：** 直线 $\boldsymbol{l}_1$、$\boldsymbol{l}_2$、$\boldsymbol{l}_3$ 的真实图像

**输出：** 摄像机内参数矩阵 $\boldsymbol{K}$

第一步，输入直线 $\boldsymbol{l}_1$、$\boldsymbol{l}_2$、$\boldsymbol{l}_3$ 的真实图像，提取像素点，利用最小二乘法拟合其折反射图像 $\boldsymbol{c}_1$、$\boldsymbol{c}_2$、$\boldsymbol{c}_3$；

第二步，求 $\boldsymbol{c}_i$ 与 $\boldsymbol{c}_j$ 的交点 $\boldsymbol{a}_{ij}$ 和 $\boldsymbol{b}_{ij}$，并计算直线 $\boldsymbol{a}_{ij}\boldsymbol{b}_{ij}$ 的方程，其中 $i,j=1,2,3,i<j$；

第三步，利用最小二乘法求解式(8.1.3)，获得主点坐标；

第四步，由式(8.1.6)～式(8.1.11)求三组正交方向消失点 $\boldsymbol{v}_{k1}$ 和 $\boldsymbol{v}_{k2}$，其中 $k=1,2,3$；

第五步，由式(8.1.12)求解 $\boldsymbol{\omega}$，对其进行 Cholesky 分解并求逆，得到 $\boldsymbol{K}$ 值。

**算法 8.2** 模型二的相关算法

**输入：** 直线 $\boldsymbol{l}_1$、$\boldsymbol{l}_2$、$\boldsymbol{l}_3$ 的真实图像

**输出：** 摄像机内参数矩阵 $\boldsymbol{K}$

第一步，输入直线 $\boldsymbol{l}_1$、$\boldsymbol{l}_2$、$\boldsymbol{l}_3$ 的真实图像，提取像素点，利用最小二乘法拟合其折反射图像 $\boldsymbol{c}_1$、$\boldsymbol{c}_2$、$\boldsymbol{c}_3$；

第二步，求 $\boldsymbol{c}_i$ 与 $\boldsymbol{c}_j$ 的交点 $\boldsymbol{a}_{ij}$ 和 $\boldsymbol{b}_{ij}$，并计算直线 $\boldsymbol{a}_{ij}\boldsymbol{b}_{ij}$ 的方程，其中 $i,j=1,2,3,i<j$；

第三步，利用最小二乘法求解式(8.1.3)，获得球心的像 $\boldsymbol{o}$ 的坐标；

第四步，由式(8.1.13)～式(8.1.18)求六组正交方向消失点 $\boldsymbol{p}_{12},\boldsymbol{q}_{12}$、$\boldsymbol{p}_{13},\boldsymbol{q}_{13}$、$\boldsymbol{p}_{21},\boldsymbol{q}_{21}$、$\boldsymbol{p}_{23},\boldsymbol{q}_{23}$、$\boldsymbol{p}_{31},\boldsymbol{q}_{31}$、$\boldsymbol{p}_{32},\boldsymbol{q}_{32}$；

第五步，由式(8.1.18)的最小二乘解获得 $\boldsymbol{\omega}$，对其进行 Cholesky 分解并求逆，得到 $\boldsymbol{K}$ 值 。

**算法 8.3** 模型三的相关算法

**输入：** 直线 $\boldsymbol{l}_1$、$\boldsymbol{l}_2$、$\boldsymbol{l}_3$ 的真实图像

**输出：** 摄像机内参数矩阵 $\boldsymbol{K}$

第一步：输入直线 $\boldsymbol{l}_1$、$\boldsymbol{l}_2$、$\boldsymbol{l}_3$ 的真实图像，提取像素点，利用最小二乘法拟合其折反射图像 $\boldsymbol{c}_1$、$\boldsymbol{c}_2$、$\boldsymbol{c}_3$；

第二步：求 $\boldsymbol{c}_i$ 与 $\boldsymbol{c}_j$ 的交点 $\boldsymbol{a}_{ij}$ 和 $\boldsymbol{b}_{ij}$，并计算直线 $\boldsymbol{a}_{ij}\boldsymbol{b}_{ij}$ 的方程，其中 $i,j=1,2,3,i<j$；

第三步：利用最小二乘法求解式(8.1.3)，获得球心的像 $\boldsymbol{o}$ 的坐标；

第四步：由式(8.1.19)和式(8.1.20)求三对圆环点的像 $\boldsymbol{m}_{Ii}$、$\boldsymbol{m}_{Ji}$，其中 $i=1,2,3$；

第五步：由式(8.1.21)的最小二乘解获得 $\boldsymbol{\omega}$，对其进行 Cholesky 分解并求逆，得到 $\boldsymbol{K}$ 值。

## 8.2　利用棋盘格标定抛物折反射摄像机内参数

**问题**：在一个场景中放置一个 6×6 的棋盘格，并且棋盘格中所有小正方形方格全等，用一台抛物折反射摄像机捕获到它的一幅图像，如图 8.2.1 所示，如何求该摄像机的内参数？

(a) 场景中的棋盘格

(b) 棋盘格的折反射图像

图 8.2.1　场景中的棋盘格及其折反射图像

1. 数学描述

抛物折反射摄像机内参数矩阵为

$$\boldsymbol{K}=\begin{pmatrix} f_x & s & u_0 \\ 0 & f_y & v_0 \\ 0 & 0 & 1 \end{pmatrix}$$

其中，$(u_0,v_0,1)^{\mathrm{T}}$ 为主点的齐次坐标；$s$ 为倾斜因子；$f_x,f_y$ 是把摄像机的焦距换算成 $x$ 和 $y$ 方向的像素量纲。

如图 8.2.1 所示，设 $\boldsymbol{\Pi}$ 为场景中的一个 6×6 的棋盘格，$\boldsymbol{\Pi}_{\mathrm{I}}$ 为棋盘格 $\boldsymbol{\Pi}$ 对应的图像。为满足问题研究的需要，做如下三个假设：① $\boldsymbol{\Pi}$ 中所有小正方形方格全等；② $\boldsymbol{\Pi}$ 与摄像机的光轴不垂直也不平行，即 $\boldsymbol{\Pi}$ 处于一般位置；③ $\boldsymbol{\Pi}_{\mathrm{I}}$ 包含整个 $\boldsymbol{\Pi}$ 的图像区域。问题的数学描述为：已知场景中的一个 6×6 的棋盘格 $\boldsymbol{\Pi}$，$\boldsymbol{\Pi}$ 在抛物折反射摄像机下的图像为 $\boldsymbol{\Pi}_{\mathrm{I}}$，这里 $\boldsymbol{\Pi}$ 和 $\boldsymbol{\Pi}_{\mathrm{I}}$ 满足上述三个假设，求该摄像机内参数矩阵 $\boldsymbol{K}$。

2. 问题分析

中心折反射摄像机的投影模型可抽象为单位视球模型。场景中棋盘格的角点和角点构成的直线是研究棋盘格投影的核心。一个 6×6 的棋盘格上有 36 个角点，且角点可构成四组平行线，这里共有 18 条直线，每条直线上至少有 5 个角点。在单位视球模型下，棋盘格的投影重点关注角点和角点构成的直线。由于棋盘格中所有小正方形方格全等，因此位于同一直线上的相邻两点距离相等，于是任一直线上相邻四点的交比相等，均为 4/3。根据点列、线束和面束交比之间的关系可获得主点的 50 个约束，通过最小二乘法即可获得主点的齐次坐标。除主点之外的其余 3 个内参数可通过两种方法确定。交比的投影关注 3 条异面直线的成像，其投影通过两步实现：第一步将 3 条异面直线投影到单位视球上的 3 个大圆；第二步将单位视球上的 3 个大圆透视投影到成像平面上的 3 条二次曲线。在第一步投影过程中，单位视球上的 3 个大圆两两相交，形成 3 组交点，其中每组交点为大圆直径的两个端点。这里有两种方法可求得抛物折反射摄像机内参数。

**方法一：**根据平行线在单位视球模型下的投影可知，棋盘格上每组平行线在单位视球上的投影大圆交于相同的两点，且以这两点为端点的线段为这些大圆的直径，也为单位视球的直径。据此，通过棋盘格上 4 组平行线在单位视球上的投影可确定单位视球的 4 条互异直径，于是这 4 条直径可构造 6 个矩形，形成 6 组正交方向，确定 6 组正交消失点，提供摄像机内参数的 6 个约束条件，从而确定主点之外的 3 个内参数。

**方法二：**棋盘格上的每条直线投影到单位视球上形成大圆，每个大圆的圆心关于圆的极线为该圆所在平面的无穷远直线，无穷远直线与圆的交点即为该圆所在平面的一对圆环点。这样，通过 18 条直线得到的 18 个投影大圆，可提供 18 对圆环点。由于球心的像即为主点，根据射影变换极点与极线的对应性，可获得每个大圆所在平面的消失线。再根据射影变换保持结合性，通过每条消失线与对应大圆的像的交点即可确定对应大圆所在平面圆环点的像，这里可确定 18 对圆环点的像，提供摄像机内参数的 36 个约束条件，从而确定摄像机其余 3 个内参数。

### 3. 建立模型

根据上面的分析，首先建立棋盘格在单位视球下的投影模型，其次提出确定主点的方法，最后针对不同方法建立相应的求解摄像机其余内参数的模型。

1) 棋盘格在单位视球模型下的投影

如图 8.2.2 所示，对于场景中的棋盘格 $\boldsymbol{\Pi}$，主要关注 36 个角点 $\boldsymbol{M}_{ij}(i,j=1,2,\cdots,6)$ 和

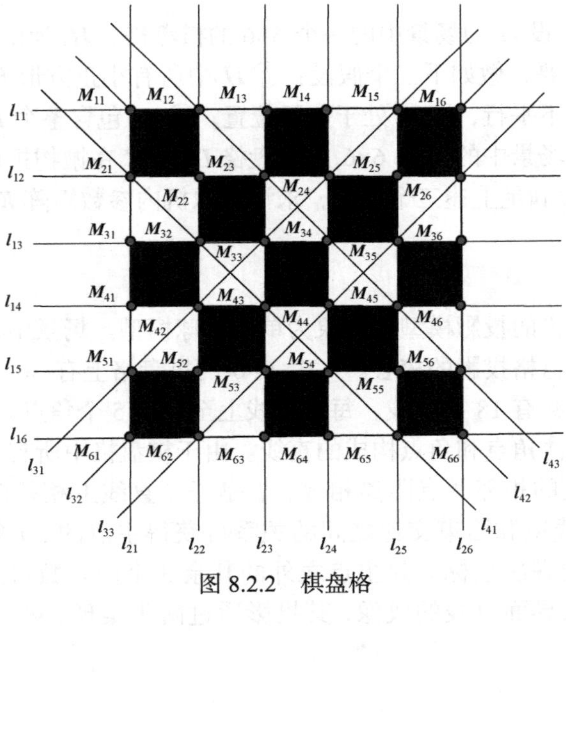


图 8.2.2　棋盘格

4 组平行线的投影，其中第一组平行线包括 6 条直线 $\boldsymbol{l}_{1k}(k=1,2,\cdots,6)$，第二组平行线包括 6 条直线 $\boldsymbol{l}_{2k}(k=1,2,\cdots,6)$，第三组平行线包括 3 条直线 $\boldsymbol{l}_{3m}(m=1,2,3)$，第四组平行线包括 3 条直线 $\boldsymbol{l}_{4m}(m=1,2,3)$。下面分别建立 36 个角点和四组平行线的投影模型。

(1)角点投影模型。

棋盘格上的角点 $\boldsymbol{M}_{ij}(i,j=1,2,\cdots,6)$ 也为空间点。如图 8.2.3 所示，取世界坐标系与视球坐标系重合，表示为 $\boldsymbol{O}_w\text{-}X_wY_wZ_w$，点 $\boldsymbol{M}_{ij}$ 在 $\boldsymbol{O}_w\text{-}X_wY_wZ_w$ 下的齐次坐标为 $(x_{ij},y_{ij},z_{ij},1)^{\mathrm{T}}$，其中 $i,j=1,2,\cdots,6$。摄像机坐标系 $\boldsymbol{O}_c\text{-}X_cY_cZ_c$ 是将视球坐标系 $\boldsymbol{O}\text{-}XYZ$ 沿 $Z$ 轴的负方向平移 1(抛物折反射摄像机镜面参数 $\|\boldsymbol{O}_c\boldsymbol{O}\|=1$)个单位形成的。若记它们之间的旋转矩阵为 $\boldsymbol{R}_c$，平移向量为 $\boldsymbol{t}_c$，则 $\boldsymbol{R}_c=\boldsymbol{I},\boldsymbol{t}_c=(0,0,1)^{\mathrm{T}}$。根据基础知识 3.2 节关于空间点在单位视球模型下投影的讨论，角点 $\boldsymbol{M}_{ij}$ 在成像平面 $\boldsymbol{\Pi}_{\mathrm{I}}$ 上的投影为点 $\boldsymbol{m}_{ij}(i,j=1,2,\cdots,6)$，这里成像平面 $\boldsymbol{\Pi}_{\mathrm{I}}$ 与球心 $\boldsymbol{O}$ 和投影中心 $\boldsymbol{O}_c$ 确定的直线垂直。在成像坐标系下，设 $\boldsymbol{m}_{ij}$ 的齐次坐标为 $(u_{ij},v_{ij},1)^{\mathrm{T}}$，则投影的代数表达为

$$\lambda_{ij}\boldsymbol{m}_{ij}=\boldsymbol{K}\left(\frac{x_{ij}}{\|\boldsymbol{M}_{ij}\|},\frac{y_{ij}}{\|\boldsymbol{M}_{ij}\|},\frac{z_{ij}}{\|\boldsymbol{M}_{ij}\|}+1\right)^{\mathrm{T}} \tag{8.2.1}$$

其中，$\boldsymbol{K}$ 为摄像机内参数矩阵；$\|\boldsymbol{M}_{ij}\|=\sqrt{x_{ij}^2+y_{ij}^2+z_{ij}^2}$；$\lambda_{ij}$ 为非零常数因子，且 $i,j=1,2,\cdots,6$。

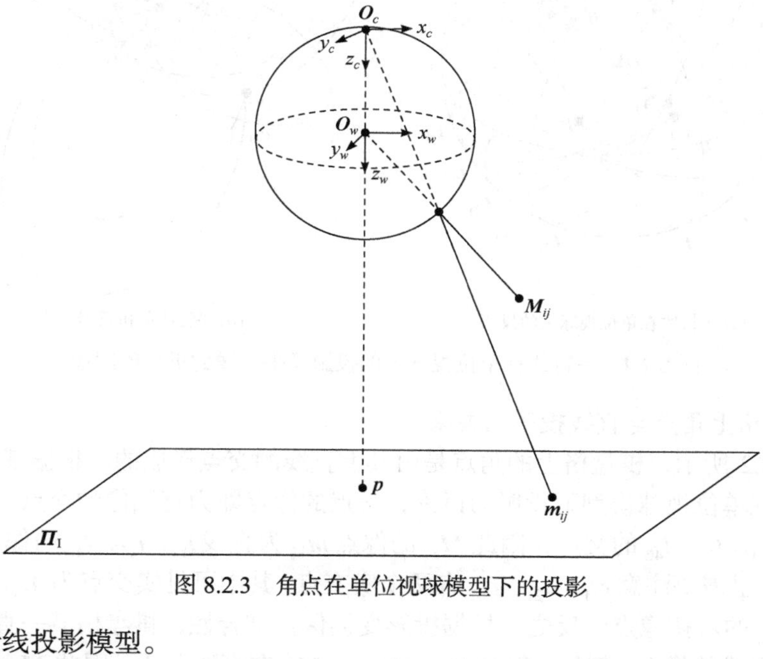


图 8.2.3　角点在单位视球模型下的投影

(2)平行线投影模型。

平行线投影和角点投影均为棋盘格 $\boldsymbol{\Pi}$ 投影中的局部，因此这两部分涉及的世界坐标系、视球坐标系和摄像机坐标系、成像平面是一致的。根据基本知识 3.3.2 节中直线在

单位视球模型下投影的讨论，棋盘格上第一组平行线中 6 条直线 $l_{1k}(k=1,2,\cdots,6)$、第二组平行线中 6 条直线 $l_{2k}(k=1,2,\cdots,6)$、第三组平行线中 3 条直线 $l_{3m}(m=1,2,3)$、第四组平行线中 3 条直线 $l_{4m}(m=1,2,3)$ 在单位视球模型下的投影分两步实现。

第一步，将 $l_{1k},l_{2k},l_{3m},l_{4m}(k=1,2,\cdots,6;m=1,2,3)$ 投影到单位视球上，形成大圆 $L_{1k},L_{2k},L_{3m},L_{4m}(k=1,2,\cdots,6;m=1,2,3)$，其中大圆 $L_{1k}(k=1,2,\cdots,6)$ 有一条公共直径，记为 $A_1B_1$；同理，大圆 $L_{2k}(k=1,2,\cdots,6)$ 有一条公共直径，记为 $A_2B_2$；大圆 $L_{3m}(m=1,2,3)$ 有一条公共直径，记为 $A_3B_3$；大圆 $L_{4m}(m=1,2,3)$ 有一条公共直径，记为 $A_4B_4$。

第二步，以空间点 $O_c$ 为投影中心将大圆 $L_{1k},L_{2k},L_{3m},L_{4m}(k=1,2,\cdots,6;m=1,2,3)$ 透视投影到成像平面 $\Pi_I$ 上的二次曲线 $c_{1k},c_{2k},c_{3m},c_{4m}(k=1,2,\cdots,6;m=1,2,3)$，这里二次曲线 $c_{1k}(k=1,2,\cdots,6)$ 有一条公共弦，为 $A_1B_1$ 的投影，记为 $a_1b_1$；二次曲线 $c_{2k}(k=1,2,\cdots,6)$ 有一条公共弦，为 $A_2B_2$ 的投影，记为 $a_2b_2$；二次曲线 $c_{3m}(m=1,2,3)$ 有一条公共弦，为 $A_3B_3$ 的投影，记为 $a_3b_3$；二次曲线 $c_{4m}(m=1,2,3)$ 有一条公共弦，为 $A_4B_4$ 的投影，记为 $a_4b_4$。

上述投影过程如图 8.2.4 所示，仅以每组平行线中两条直线为例展示。同时，为了更清楚地观察平行线在单位视球和成像平面上的投影，这里分两幅图分别展示，图 8.2.4(a)为平行线在单位视球上的投影，图 8.2.4(b)为平行线在成像平面上的投影。

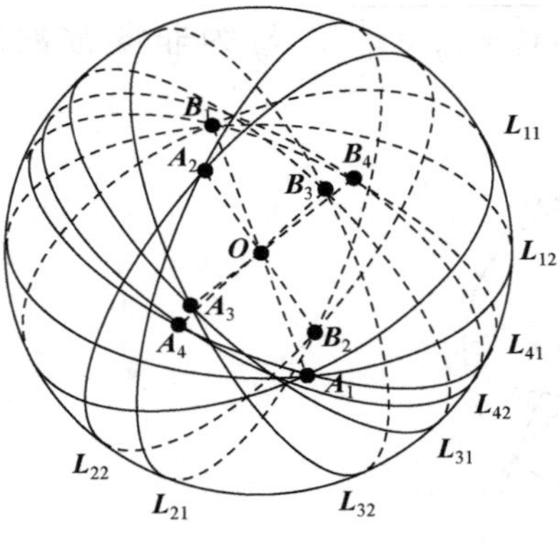


(a) 平行线在单位视球上的投影

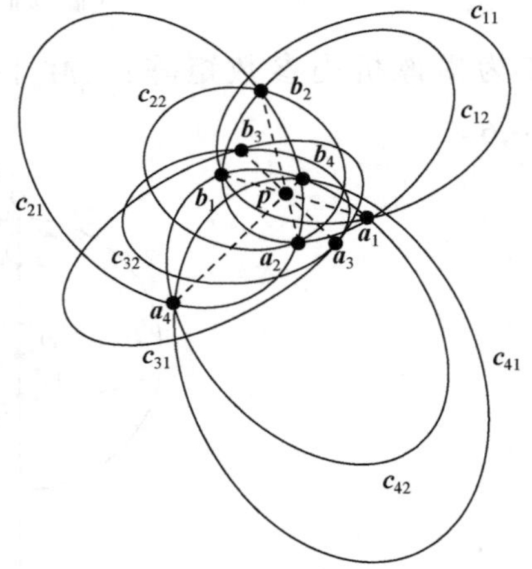


(b) 平行线的折反射图像

图 8.2.4 平行线在单位视球上的投影及平行线的折反射图像

(3) 棋盘格上角点与直线投影的关系。

如图 8.2.2 所示，棋盘格上的角点是由其上直线的交点形成的。根据基础知识 3.3.2 节关于直线在单位视球模型下投影的讨论，角点的像点即为直线像的交点。例如，角点 $M_{11}$ 是直线 $l_{11}$、$l_{21}$、$l_{42}$ 的交点，因此 $M_{11}$ 的像点 $m_{11}$ 为直线 $l_{11}$、$l_{21}$、$l_{42}$ 的像 $c_{11}$、$c_{21}$、$c_{42}$ 的实交点，这里需要注意 $c_{11}$、$c_{21}$、$c_{42}$ 有两个实交点，其中可见实交点为 $M_{11}$ 的像点 $m_{11}$，另一个为 $M_{11}$ 的对拓像点。反之，根据投影变换保持结合性，棋盘格某一直线上的角点的像点在该直线的像上。例如，角点 $M_{11},M_{12},\cdots,M_{16}$ 在直线 $l_{11}$ 上，因此 $M_{11},M_{12},\cdots,M_{16}$ 的像点 $m_{11},m_{12},\cdots,m_{16}$ 在直线 $l_{11}$ 的像 $c_{11}$ 上，因此直线的像可通过提取像上对应角点的像素坐标拟合获得，本节中所有直线的像均通过此方法获得，后面不再赘述。

2) 确定主点

如图 8.2.2 所示，由棋盘格的数学描述可知，位于棋盘格上标出的同一直线上的任意相邻两角点的距离相等。根据交比的定义，对于棋盘格上标出的所有直线，位于其上的相邻四个角点的交比(角点的行角标或列角标按自然序排列)均相同，其值为 4/3。为了简化问题，棋盘格中未标出直线上相邻四个角点的交比不作考虑。下面以直线 $\boldsymbol{l}_{21}$ 上相邻四个角点 $\boldsymbol{M}_{11}$、$\boldsymbol{M}_{21}$、$\boldsymbol{M}_{31}$、$\boldsymbol{M}_{41}$ 为例讨论。

如图 8.2.5 所示，记球心 $\boldsymbol{O}$ 与角点 $\boldsymbol{M}_{i1}$ 构成的直线为 $\boldsymbol{s}_{i1}$，光轴 $\boldsymbol{O}\boldsymbol{O}_c$ 与角点 $\boldsymbol{M}_{i1}$ 构成的平面为 $\boldsymbol{\Pi}_{i1}$，主点 $\boldsymbol{p}$ 与 $\boldsymbol{M}_{i1}$ 的像点 $\boldsymbol{m}_{i1}$ 构成的直线为 $\boldsymbol{t}_{i1}$，其中 $i=1,2,3,4$。不难发现，角点 $\boldsymbol{M}_{11}$、$\boldsymbol{M}_{21}$、$\boldsymbol{M}_{31}$、$\boldsymbol{M}_{41}$ 为直线 $\boldsymbol{l}_{21}$ 与过 $\boldsymbol{O}$ 的四条直线 $\boldsymbol{s}_{11}$、$\boldsymbol{s}_{21}$、$\boldsymbol{s}_{31}$、$\boldsymbol{s}_{41}$ 的交点，根据点列交比与线束交比的关系，有 $\boldsymbol{M}_{11}$、$\boldsymbol{M}_{21}$、$\boldsymbol{M}_{31}$、$\boldsymbol{M}_{41}$ 的交比等于过点 $\boldsymbol{O}$ 的四条直线 $\boldsymbol{s}_{11}$、$\boldsymbol{s}_{21}$、$\boldsymbol{s}_{31}$、$\boldsymbol{s}_{41}$ 的交比，即

$$(\boldsymbol{s}_{11}\boldsymbol{s}_{21},\boldsymbol{s}_{31}\boldsymbol{s}_{41})=(\boldsymbol{M}_{11}\boldsymbol{M}_{21},\boldsymbol{M}_{31}\boldsymbol{M}_{41})=\frac{4}{3} \tag{8.2.2}$$

又过点 $\boldsymbol{O}$ 的四条直线 $\boldsymbol{s}_{11}$、$\boldsymbol{s}_{21}$、$\boldsymbol{s}_{31}$、$\boldsymbol{s}_{41}$ 为直线 $\boldsymbol{l}_{21}$ 的基本平面与过直线 $\boldsymbol{O}\boldsymbol{O}_c$ 的四个平面 $\boldsymbol{\Pi}_{11}$、$\boldsymbol{\Pi}_{21}$、$\boldsymbol{\Pi}_{31}$、$\boldsymbol{\Pi}_{41}$ 的交线，根据面束交比与线束交比的关系，有过点 $\boldsymbol{O}$ 的四条直线 $\boldsymbol{s}_{11}$、$\boldsymbol{s}_{21}$、$\boldsymbol{s}_{31}$、$\boldsymbol{s}_{41}$ 的交比等于过直线 $\boldsymbol{O}\boldsymbol{O}_c$ 的四个平面 $\boldsymbol{\Pi}_{11}$、$\boldsymbol{\Pi}_{21}$、$\boldsymbol{\Pi}_{31}$、$\boldsymbol{\Pi}_{41}$ 的交比，即

$$(\boldsymbol{s}_{11}\boldsymbol{s}_{21},\boldsymbol{s}_{31}\boldsymbol{s}_{41})=(\boldsymbol{\Pi}_{11}\boldsymbol{\Pi}_{21},\boldsymbol{\Pi}_{31}\boldsymbol{\Pi}_{41}) \tag{8.2.3}$$

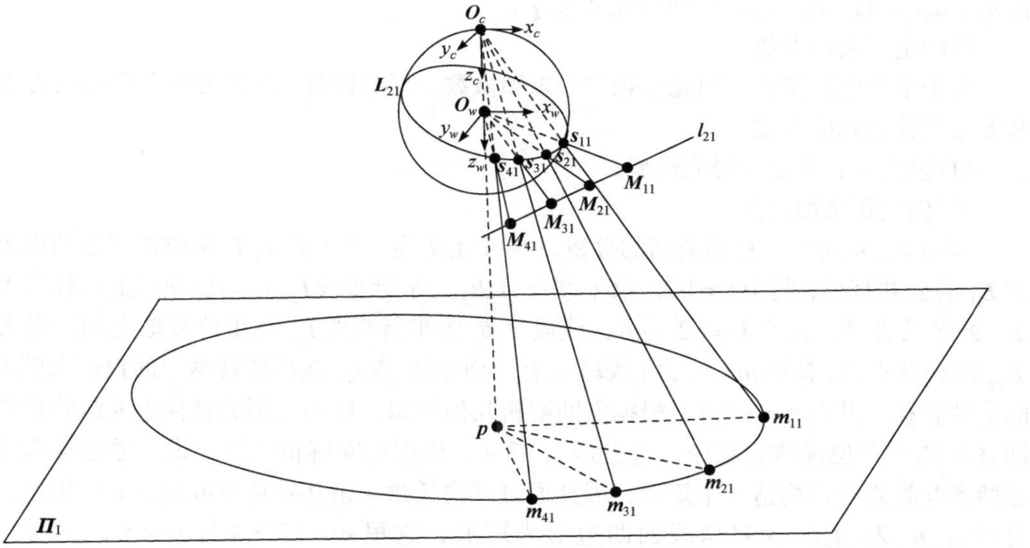


图 8.2.5　四个相邻共线角点的投影

同理可得，过主点 $\boldsymbol{p}$ 的四条直线 $\boldsymbol{t}_{11}$、$\boldsymbol{t}_{21}$、$\boldsymbol{t}_{31}$、$\boldsymbol{t}_{41}$ 的交比等于过直线 $\boldsymbol{O}\boldsymbol{O}_c$ 的四个平面 $\boldsymbol{\Pi}_{11}$、$\boldsymbol{\Pi}_{21}$、$\boldsymbol{\Pi}_{31}$、$\boldsymbol{\Pi}_{41}$ 的交比，即

$$(\boldsymbol{t}_{11}\boldsymbol{t}_{21},\boldsymbol{t}_{31}\boldsymbol{t}_{41})=(\boldsymbol{\Pi}_{11}\boldsymbol{\Pi}_{21},\boldsymbol{\Pi}_{31}\boldsymbol{\Pi}_{41}) \tag{8.2.4}$$

由式(8.2.2)～式(8.2.4)可得

$$(t_{11}t_{21}, t_{31}t_{41}) = \frac{4}{3} \tag{8.2.5}$$

在图像坐标系下，设主点 $\boldsymbol{p}$ 的齐次坐标为 $(u_0, v_0, 1)^{\mathrm{T}}$，$\boldsymbol{m}_{i1}$ 的齐次坐标为 $(u_{i1}, v_{i1}, 1)^{\mathrm{T}}$，根据线束交比的计算公式，有

$$(t_{11}t_{21}, t_{31}t_{41}) = \frac{\det(\boldsymbol{p}\boldsymbol{m}_{11}\boldsymbol{m}_{31})\det(\boldsymbol{p}\boldsymbol{m}_{21}\boldsymbol{m}_{41})}{\det(\boldsymbol{p}\boldsymbol{m}_{11}\boldsymbol{m}_{41})\det(\boldsymbol{p}\boldsymbol{m}_{21}\boldsymbol{m}_{31})} = \frac{4}{3} \tag{8.2.6}$$

式(8.2.6)可等价地写成

$$4\det(\boldsymbol{p}\boldsymbol{m}_{11}\boldsymbol{m}_{41})\det(\boldsymbol{p}\boldsymbol{m}_{21}\boldsymbol{m}_{31}) - 3\det(\boldsymbol{p}\boldsymbol{m}_{11}\boldsymbol{m}_{31})\det(\boldsymbol{p}\boldsymbol{m}_{21}\boldsymbol{m}_{41}) = 0 \tag{8.2.7}$$

其中，$\boldsymbol{m}_{i1}$ 可通过对棋盘格的图像 $\boldsymbol{\Pi}_{\mathrm{I}}$ 进行角点检测获得，即已知，其中 $i=1,2,3,4$。这样式(8.2.7)中仅 $u_0$、$v_0$ 未知，但式(8.2.7)是关于 $u_0$、$v_0$ 的二次方程，求解较为复杂。若将 $u_0^2$、$u_0v_0$、$v_0^2$、$u_0$、$v_0$ 视为独立的未知量，那么根据式(8.2.7)可得到关于 $u_0^2$、$u_0v_0$、$v_0^2$、$u_0$、$v_0$ 的一个非齐次线性方程。类似地，在直线 $\boldsymbol{l}_{1k}$、$\boldsymbol{l}_{2k}$、$\boldsymbol{l}_{32}$、$\boldsymbol{l}_{42}$ $(k=1,2,\cdots,6)$ 中的每条直线上可获得 $u_0^2$、$u_0v_0$、$v_0^2$、$u_0$、$v_0$ 的 3 个独立非齐次线性方程，在直线 $\boldsymbol{l}_{31}$、$\boldsymbol{l}_{33}$、$\boldsymbol{l}_{41}$、$\boldsymbol{l}_{43}$ 中的每条直线上可获得 $u_0^2$、$u_0v_0$、$v_0^2$、$u_0$、$v_0$ 的两个独立非齐次线性方程，这样可获得 $u_0^2$、$u_0v_0$、$v_0^2$、$u_0$、$v_0$ 的 50 个独立非齐次线性方程，即获得 $u_0^2$、$u_0v_0$、$v_0^2$、$u_0$、$v_0$ 的含有 50 个方程的非齐次线性方程组。最后，通过解该非齐次线性方程组的最小二乘解获得 $u_0^2$、$u_0v_0$、$v_0^2$、$u_0$、$v_0$，进而确定主点 $\boldsymbol{p}$。

3) 确定其余内参数

由于主点已经获得，因此仅剩三个未知参数。下面针对“问题分析”部分的方法一和方法二建立相应模型。

(1) 模型一：方法一对应模型。

① 确定正交消失点。

如图 8.2.4 所示，根据前面的分析，线段 $\boldsymbol{A}_1\boldsymbol{B}_1$ 为平行直线 $\boldsymbol{l}_{1k}$ 在单位视球上的投影大圆 $\boldsymbol{L}_{1k}$ 的公共直径，其中 $k=1,2,\cdots,6$；线段 $\boldsymbol{A}_2\boldsymbol{B}_2$ 为平行直线 $\boldsymbol{l}_{2k}$ 在单位视球上的投影大圆 $\boldsymbol{L}_{2k}$ 的公共直径，其中 $k=1,2,\cdots,6$；线段 $\boldsymbol{A}_3\boldsymbol{B}_3$ 为平行直线 $\boldsymbol{l}_{3m}$ 在单位视球上的投影大圆 $\boldsymbol{L}_{3m}$ 的公共直径，其中 $m=1,2,3$；线段 $\boldsymbol{A}_4\boldsymbol{B}_4$ 为平行直线 $\boldsymbol{l}_{4m}$ 在单位视球上的投影大圆 $\boldsymbol{L}_{4m}$ 的公共直径，其中 $m=1,2,3$。根据空间解析几何知识，球面大圆的直径也为球的直径，即 $\boldsymbol{A}_i\boldsymbol{B}_i$ 均为单位视球的直径，这里 $i=1,2,3,4$。根据空间解析几何知识，通过球内的任意两条互异直径可构造一个矩形，因此通过球内任意 4 条互异直径可构造 6 个矩形。以直径 $\boldsymbol{A}_m\boldsymbol{B}_m$ 和 $\boldsymbol{A}_n\boldsymbol{B}_n$ 为对角线的四边形为矩形，这里 $m=1,2,3,4$ 且 $m<n$，下同。由 $\boldsymbol{A}_m\boldsymbol{A}_n\boldsymbol{B}_m\boldsymbol{B}_n$ 为矩形，有 $\boldsymbol{A}_m\boldsymbol{A}_n \parallel \boldsymbol{B}_m\boldsymbol{B}_n$，$\boldsymbol{A}_m\boldsymbol{B}_n \parallel \boldsymbol{A}_n\boldsymbol{B}_m$ 且 $\boldsymbol{A}_m\boldsymbol{A}_n \perp \boldsymbol{A}_m\boldsymbol{B}_n$，即 $\boldsymbol{A}_m\boldsymbol{A}_n$ 和 $\boldsymbol{A}_m\boldsymbol{B}_n$ 所在方向为正交方向。设 $\boldsymbol{a}_i$ 和 $\boldsymbol{b}_i$ 分别为 $\boldsymbol{A}_i$ 和 $\boldsymbol{B}_i$ 对应的像点，其中 $i=1,2,3,4$。再设 $\boldsymbol{v}_{mn}$ 是图像平面上直线 $\boldsymbol{a}_m\boldsymbol{a}_n$ 和 $\boldsymbol{b}_m\boldsymbol{b}_n$ 的交点，$\boldsymbol{v}'_{mn}$ 是图像平面上直线 $\boldsymbol{a}_m\boldsymbol{b}_n$ 和 $\boldsymbol{a}_n\boldsymbol{b}_m$ 的交点，那么 $\boldsymbol{v}_{mn}$ 和 $\boldsymbol{v}'_{mn}$ 构成六组正交消失点。

如图 8.2.4(b)所示，二次曲线 $\boldsymbol{c}_{11}, \boldsymbol{c}_{12}, \cdots, \boldsymbol{c}_{16}$ 相交于两个相同的实交点 $\boldsymbol{a}_1$ 和 $\boldsymbol{b}_1$；二次曲

线 $\boldsymbol{c}_{21},\boldsymbol{c}_{22},\cdots,\boldsymbol{c}_{26}$ 相交于两个相同的实交点 $\boldsymbol{a}_2$ 和 $\boldsymbol{b}_2$；二次曲线 $\boldsymbol{c}_{31}$、$\boldsymbol{c}_{32}$、$\boldsymbol{c}_{33}$ 相交于两个相同的实交点 $\boldsymbol{a}_3$ 和 $\boldsymbol{b}_3$；二次曲线 $\boldsymbol{c}_{41}$、$\boldsymbol{c}_{42}$、$\boldsymbol{c}_{43}$ 相交于两个相同的实交点 $\boldsymbol{a}_4$ 和 $\boldsymbol{b}_4$。设 $\boldsymbol{a}_i$ 和 $\boldsymbol{b}_i$ 的齐次坐标分别为 $(u_{ai},v_{ai},1)^{\mathrm{T}}$ 和 $(u_{bi},v_{bi},1)^{\mathrm{T}}$，其中 $i=1,2,3,4$。联立二次曲线 $\boldsymbol{c}_{11},\boldsymbol{c}_{12},\cdots,\boldsymbol{c}_{16}$ 的方程可得到方程组：

$$\begin{cases}(u,v,1)\boldsymbol{c}_{11}(u,v,1)^{\mathrm{T}}=0\\(u,v,1)\boldsymbol{c}_{12}(u,v,1)^{\mathrm{T}}=0\\\qquad\vdots\\(u,v,1)\boldsymbol{c}_{16}(u,v,1)^{\mathrm{T}}=0\end{cases}\tag{8.2.8}$$

联立二次曲线 $\boldsymbol{c}_{21},\boldsymbol{c}_{22},\cdots,\boldsymbol{c}_{26}$ 的方程可得到方程组：

$$\begin{cases}(u,v,1)\boldsymbol{c}_{21}(u,v,1)^{\mathrm{T}}=0\\(u,v,1)\boldsymbol{c}_{22}(u,v,1)^{\mathrm{T}}=0\\\qquad\vdots\\(u,v,1)\boldsymbol{c}_{26}(u,v,1)^{\mathrm{T}}=0\end{cases}\tag{8.2.9}$$

联立二次曲线 $\boldsymbol{c}_{31}$、$\boldsymbol{c}_{32}$、$\boldsymbol{c}_{33}$ 的方程可得到方程组：

$$\begin{cases}(u,v,1)\boldsymbol{c}_{31}(u,v,1)^{\mathrm{T}}=0\\(u,v,1)\boldsymbol{c}_{32}(u,v,1)^{\mathrm{T}}=0\\(u,v,1)\boldsymbol{c}_{33}(u,v,1)^{\mathrm{T}}=0\end{cases}\tag{8.2.10}$$

联立二次曲线 $\boldsymbol{c}_{41}$、$\boldsymbol{c}_{42}$、$\boldsymbol{c}_{43}$ 的方程可得到方程组：

$$\begin{cases}(u,v,1)\boldsymbol{c}_{41}(u,v,1)^{\mathrm{T}}=0\\(u,v,1)\boldsymbol{c}_{42}(u,v,1)^{\mathrm{T}}=0\\(u,v,1)\boldsymbol{c}_{43}(u,v,1)^{\mathrm{T}}=0\end{cases}\tag{8.2.11}$$

由于噪声影响，式(8.2.8)～式(8.2.11)不一定有解，这里使用最小二乘法获得它们的最小二乘解。$(u_{a1},v_{a1},1)^{\mathrm{T}}$ 和 $(u_{b1},v_{b1},1)^{\mathrm{T}}$ 可通过式(8.2.8)的最小二乘解获得，$(u_{a2},v_{a2},1)^{\mathrm{T}}$ 和 $(u_{b2},v_{b2},1)^{\mathrm{T}}$ 可通过式(8.2.9)的最小二乘解获得，$(u_{a3},v_{a3},1)^{\mathrm{T}}$ 和 $(u_{b3},v_{b3},1)^{\mathrm{T}}$ 可通过式(8.2.10)的最小二乘解获得，$(u_{a4},v_{a4},1)^{\mathrm{T}}$ 和 $(u_{b4},v_{b4},1)^{\mathrm{T}}$ 可通过式(8.2.11)的最小二乘解获得。再设 $\boldsymbol{v}_{mn}$ 和 $\boldsymbol{v}'_{mn}$ 的齐次坐标分别为 $(u_{mn},v_{mn},1)^{\mathrm{T}}$ 和 $(u'_{mn},v'_{mn},1)^{\mathrm{T}}$。联立直线 $\boldsymbol{a}_m\boldsymbol{a}_n$ 和 $\boldsymbol{b}_m\boldsymbol{b}_n$ 的方程可得线性方程组：

$$\begin{cases}(\boldsymbol{a}_m\times\boldsymbol{a}_n)^{\mathrm{T}}(u,v,1)^{\mathrm{T}}=0\\(\boldsymbol{b}_m\times\boldsymbol{b}_n)^{\mathrm{T}}(u,v,1)^{\mathrm{T}}=0\end{cases}\tag{8.2.12}$$

同理联立直线 $\boldsymbol{a}_m\boldsymbol{b}_n$ 和 $\boldsymbol{a}_n\boldsymbol{b}_m$ 的方程可得如下线性方程组：

$$\begin{cases}(\boldsymbol{a}_m \times \boldsymbol{b}_n)^{\mathrm{T}}(u,v,1)^{\mathrm{T}}=0\\(\boldsymbol{a}_n \times \boldsymbol{b}_m)^{\mathrm{T}}(u,v,1)^{\mathrm{T}}=0\end{cases} \tag{8.2.13}$$

则消失点 $\boldsymbol{v}_{mn}$ 的齐次坐标为式(8.2.12)的解，消失点 $\boldsymbol{v}'_{mn}$ 的齐次坐标为式(8.2.13)的解。通过式(8.2.12)和式(8.2.13)即可获得六组正交消失点的齐次坐标。

② 建立正交消失点与摄像机内参数的约束。

设绝对二次曲线的像为 $\boldsymbol{\omega}$，根据基础知识 2.4 节的讨论可知

$$\boldsymbol{v}_{mn}{}^{\mathrm{T}}\boldsymbol{\omega}\boldsymbol{v}'_{mn}=0 \quad (m=1,2,3,4 \text{ 且 } m<n) \tag{8.2.14}$$

其中，$\boldsymbol{\omega}=\boldsymbol{K}^{-\mathrm{T}}\boldsymbol{K}^{-1}$，$\boldsymbol{K}$ 是摄像机内参数矩阵。式(8.2.14)可以提供 $\boldsymbol{\omega}$ 的六个约束条件。由于已经获得主点坐标，则 $\boldsymbol{\omega}$ 仅剩三个自由度，于是通过求解式(8.2.14)的最小二乘解即可获得矩阵 $\boldsymbol{\omega}$ 的未知参数。最后对 $\boldsymbol{\omega}$ 进行 Cholesky 分解并求逆，便可得到摄像机内参数矩阵 $\boldsymbol{K}$。

(2)模型二：方法二对应模型。

① 确定圆环点的像。

为了描述起来简单直观，这里以确定直线 $\boldsymbol{l}_{11}$ 在单位视球上的投影大圆 $\boldsymbol{L}_{11}$ 所在平面圆环点的像为例展开讨论。如图 8.2.4 所示，球心 $\boldsymbol{O}$ 为大圆 $\boldsymbol{L}_{11}$ 的圆心。根据配极原则与二次曲线的度量性质，点 $\boldsymbol{O}$ 关于 $\boldsymbol{L}_{11}$ 的极线为 $\boldsymbol{L}_{11}$ 所在平面的无穷远直线，记为 $\boldsymbol{l}_{11\infty}$。由圆环点的定义可知，$\boldsymbol{l}_{11\infty}$ 与 $\boldsymbol{L}_{11}$ 的交点为 $\boldsymbol{L}_{11}$ 所在平面的一对圆环点，记为 $\boldsymbol{I}_{11},\boldsymbol{J}_{11}$。记 $\boldsymbol{L}_{11}$ 的像为 $\boldsymbol{c}_{11}$，$\boldsymbol{O}$ 的像为 $\boldsymbol{o}$，圆环点 $\boldsymbol{I}_{11}$、$\boldsymbol{J}_{11}$ 的像为 $\boldsymbol{m}_{I11}$、$\boldsymbol{m}_{J11}$，无穷远直线 $\boldsymbol{l}_{11\infty}$ 的像为 $\hat{\boldsymbol{l}}_{11\infty}$，即 $\hat{\boldsymbol{l}}_{11\infty}$ 为 $\boldsymbol{L}_{11}$ 所在平面的消失线。由于投影变换保持极点与极线的对应性，因此 $\hat{\boldsymbol{l}}_{11\infty}$ 为点 $\boldsymbol{o}$ 关于 $\boldsymbol{c}_{11}$ 的极线。再根据投影变换保持结合性，有圆环点的像 $\boldsymbol{m}_{I11},\boldsymbol{m}_{J11}$ 为 $\hat{\boldsymbol{l}}_{11\infty}$ 与 $\boldsymbol{c}_{11}$ 的共轭复交点。设点 $\boldsymbol{o},\boldsymbol{m}_{I11},\boldsymbol{m}_{J11}$ 的齐次坐标分别为 $(u_o,v_o,1)^{\mathrm{T}},(u_{I11},v_{I11},1)^{\mathrm{T}},(u_{J11},v_{J11},1)^{\mathrm{T}}$，消失线 $\hat{\boldsymbol{l}}_{11\infty}$ 的齐次坐标为 $[u_{l1\infty},v_{l1\infty},1]^{\mathrm{T}}$，则 $(u_o,v_o,1)^{\mathrm{T}}$ 可通过确定主点的方法获得。同时，有

$$\lambda_{11}\hat{\boldsymbol{l}}_{11\infty}=\boldsymbol{c}_{11}\boldsymbol{o} \tag{8.2.15}$$

其中，$\lambda_{11}$ 为非零常数因子。联立 $\hat{\boldsymbol{l}}_{11\infty}$ 和 $\boldsymbol{c}_{11}$ 的方程，有

$$\begin{cases}\hat{\boldsymbol{l}}_{11\infty}{}^{\mathrm{T}}(u,v,1)^{\mathrm{T}}=0\\(u,v,1)\boldsymbol{c}_{11}(u,v,1)^{\mathrm{T}}=0\end{cases} \tag{8.2.16}$$

根据以上分析，$(u_{I11},v_{I11},1)^{\mathrm{T}},(u_{J11},v_{J11},1)^{\mathrm{T}}$ 为式(8.2.16)的一对共轭复解，至此确定了一对圆环点的像 $\boldsymbol{m}_{I11},\boldsymbol{m}_{J11}$。

设直线 $\boldsymbol{l}_{1k}$、$\boldsymbol{l}_{2l}$、$\boldsymbol{l}_{3m}$、$\boldsymbol{l}_{4m}$ 在单位视球上的投影大圆 $\boldsymbol{L}_{1k}$、$\boldsymbol{L}_{2k}$、$\boldsymbol{L}_{3m}$、$\boldsymbol{L}_{4m}$ 所在平面的圆环点为 $\boldsymbol{I}_{1k}$、$\boldsymbol{J}_{1k}$、$\boldsymbol{I}_{2l}$、$\boldsymbol{J}_{2l}$、$\boldsymbol{I}_{3m}$、$\boldsymbol{J}_{3m}$、$\boldsymbol{I}_{4m}$、$\boldsymbol{J}_{4m}$，并设这些圆环点的像为 $\boldsymbol{m}_{I1k}$、$\boldsymbol{m}_{J1k}$、$\boldsymbol{m}_{I2l}$、$\boldsymbol{m}_{J2l}$、$\boldsymbol{m}_{I3m}$、$\boldsymbol{m}_{J3m}$、$\boldsymbol{m}_{I4m}$、$\boldsymbol{m}_{J4m}$，对应齐次坐标为 $(u_{I1k},v_{I1k},1)^{\mathrm{T}}$、$(u_{J1k},v_{J1k},1)^{\mathrm{T}}$、$(u_{I2l},v_{I2l},1)^{\mathrm{T}}$、$(u_{J2l},v_{J2l},1)^{\mathrm{T}}$、$(u_{I3m},v_{I3m},1)^{\mathrm{T}}$、$(u_{J3m},v_{J3m},1)^{\mathrm{T}}$、$(u_{I4m},v_{I4m},1)^{\mathrm{T}}$、$(u_{J4m},v_{J4m},1)^{\mathrm{T}}$，其中 $k=2,3,\cdots,6; l=1,2,\cdots,6;\ m=1,2,3$。通过上面求 $\boldsymbol{m}_{I11}$、$\boldsymbol{m}_{J11}$ 的方法可获得其余 17 对

圆环点的像 $\boldsymbol{m}_{I1k}$、$\boldsymbol{m}_{J1k}$、$\boldsymbol{m}_{I2l}$、$\boldsymbol{m}_{J2l}$、$\boldsymbol{m}_{I3m}$、$\boldsymbol{m}_{J3m}$、$\boldsymbol{m}_{I4m}$、$\boldsymbol{m}_{J4m}$，其中 $k=2,3,\cdots,6$；$l=1,2,\cdots,6; m=1,2,3$。最终，获得了 18 对圆环点的像。

② 建立圆环点的像与摄像机内参数的约束。

设绝对二次曲线的像为 $\boldsymbol{\omega}$，根据基础知识 2.4 节的讨论可知

$$\begin{cases}\mathrm{Re}\left[\boldsymbol{m}_{Iij}{}^{\mathrm{T}}\boldsymbol{\omega}\boldsymbol{m}_{Iij}\right]=0\\ \mathrm{Im}\left[\boldsymbol{m}_{Iij}{}^{\mathrm{T}}\boldsymbol{\omega}\boldsymbol{m}_{Iij}\right]=0\end{cases}\quad\left(i=1,2,3,4,\ j=\begin{cases}1,2,3,4,5,6, & i=1,2\\ 1,2,3,4 & i=3,4\end{cases}\right)\tag{8.2.17}$$

其中，$\boldsymbol{\omega}=\boldsymbol{K}^{-\mathrm{T}}\boldsymbol{K}^{-1}$，$\boldsymbol{K}$ 是摄像机内参数矩阵。式(8.2.17)可以提供 $\boldsymbol{\omega}$ 的 36 个约束条件。由于已经获得主点坐标，则 $\boldsymbol{\omega}$ 仅剩 3 个自由度，于是通过求解式(8.2.17)的最小二乘解即可获得矩阵 $\boldsymbol{\omega}$ 的未知参数。最后对 $\boldsymbol{\omega}$ 进行 Cholesky 分解并求逆，便可得到摄像机内参数矩阵 $\boldsymbol{K}$。

### 4. 模型求解

1) 主点求解步骤

第一步，输入棋盘格 $\boldsymbol{\Pi}$ 的真实图像，提取角点的像素坐标；

第二步，将相应角点的像素坐标代入式(8.2.7)，利用最小二乘法确定主点。

2) 其余内参数的求解步骤

---

**算法 8.4**　模型一的相关算法

**输入：** 含角点的真实图像

**输出：** 摄像机内参数矩阵 $\boldsymbol{K}$

第一步，通过提取的角点像素坐标，使用最小二乘法拟合对应折反射图像 $\boldsymbol{c}_{1k}$、$\boldsymbol{c}_{2k}$、$\boldsymbol{c}_{3m}$、$\boldsymbol{c}_{4m}$，其中 $k=1,2,\cdots,6; m=1,2,3$；

第二步，通过式(8.2.8)～式(8.2.11)求解交点 $\boldsymbol{a}_i$ 和 $\boldsymbol{b}_i$，其中 $i=1,2,3,4$；

第三步，由式(8.2.12)和式(8.2.13)求六组正交方向消失点 $\boldsymbol{v}_{mn}$ 和 $\boldsymbol{v}'_{mn}$，其中 $m=1,2,3,4$ 且 $m<n$；

第四步，由式(8.2.14)求解 $\boldsymbol{\omega}$，对其进行 Cholesky 分解并求逆，得到其余内参数。

**算法 8.5**　模型二的相关算法

**输入：** 含角点的真实图像

**输出：** 摄像机内参数矩阵 $\boldsymbol{K}$

第一步，通过提取的角点像素坐标，使用最小二乘法拟合对应折反射图像 $\boldsymbol{c}_{1k}$、$\boldsymbol{c}_{2k}$、$\boldsymbol{c}_{3m}$、$\boldsymbol{c}_{4m}$，其中 $k=1,2,\cdots,6; m=1,2,3$；

第二步，通过确定的主点坐标和式(8.2.15)计算直线 $\boldsymbol{l}_{1k}$、$\boldsymbol{l}_{2k}$、$\boldsymbol{l}_{3m}$、$\boldsymbol{l}_{4m}$ 在单位视球上的投影大圆 $\boldsymbol{L}_{1k}$、$\boldsymbol{L}_{2k}$、$\boldsymbol{L}_{3m}$、$\boldsymbol{L}_{4m}$ 所在平面的消失线 $\hat{\boldsymbol{l}}_{1k\infty}$、

$\hat{\boldsymbol{l}}_{2k\infty}$、$\hat{\boldsymbol{l}}_{3m\infty}$、$\hat{\boldsymbol{l}}_{4m\infty}$，其中 $k=1,2,\cdots,6;m=1,2,3$；

第三步，由式(8.2.16)求 18 对圆环点像 $\boldsymbol{m}_{I1k}$、$\boldsymbol{m}_{J1k}$、$\boldsymbol{m}_{I2k}$、$\boldsymbol{m}_{J2k}$、$\boldsymbol{m}_{I3m}$、$\boldsymbol{m}_{J3m}$、$\boldsymbol{m}_{I4m}$、$\boldsymbol{m}_{J4m}$，其中 $k=1,2,\cdots,6;m=1,2,3$；

第四步，由式(8.2.17)的最小二乘解获得 $\boldsymbol{\omega}$，对其进行 Cholesky 分解并求逆，得到其余内参数。

# 第 9 章　三维重建方法与问题建模

三维重建在计算机视觉中是指由两幅或者多幅图像从图像点恢复与它对应的空间点在世界坐标系中的坐标，即恢复物体的三维结构信息，是计算机视觉中的一个重要的研究领域。而无穷远平面的单应矩阵在三维重建中又扮演了很重要的角色。由于无穷远平面在图像平面上的投影是未知的，因而无法像计算有限平面的单应矩阵来计算。仿射重建的关键是确定无穷远单应，进而利用三角原理来求解空间点在世界坐标系下的坐标。

## 9.1 基本概念

### 9.1.1 单应矩阵

设 $\boldsymbol{\Pi}$ 是不通过两摄像机光心的任一空间平面，其在两个摄像机下的图像分别记为 $\boldsymbol{I}$ 、$\boldsymbol{I}'$ 。令 $\boldsymbol{X}$ 是平面 $\boldsymbol{\Pi}$ 上任一点，它在两摄像机下的像分别记为 $\boldsymbol{m}$ 、$\boldsymbol{m}'$ 。空间平面 $\boldsymbol{\Pi}$ 与两个图像平面之间存在两个矩阵 $\boldsymbol{H}_1$ 、 $\boldsymbol{H}_2$（$\boldsymbol{H}_1$ 和 $\boldsymbol{H}_2$ 是可逆矩阵）使得 $\boldsymbol{m}=\boldsymbol{H}_1\boldsymbol{X}$ ，$\boldsymbol{m}'=\boldsymbol{H}_2\boldsymbol{X}$ 。由于平面 $\boldsymbol{\Pi}$ 不通过摄像机的任一光心，所以 $\boldsymbol{H}_1$ 、 $\boldsymbol{H}_2$ 可以实现平面 $\boldsymbol{\Pi}$ 到对应的图像平面之间的二维射影变换。因此 $\boldsymbol{m}$ 、$\boldsymbol{m}'$ 之间也存在一个变换 $\boldsymbol{H}=\boldsymbol{H}_2\boldsymbol{H}_1^{-1}$ 使得

$$\boldsymbol{m}'=\boldsymbol{H}\boldsymbol{m} \tag{9.1.1}$$

矩阵 $\boldsymbol{H}$ 实现了第一幅图像与第二幅图像的一一变换，且矩阵 $\boldsymbol{H}$ 也是可逆矩阵，称 $\boldsymbol{H}$ 为两幅图像之间的单应矩阵。

假设第一个摄像机的内参数矩阵为 $\boldsymbol{K}$ ，第二个摄像机的内参数矩阵为 $\boldsymbol{K}'$ ，第二个摄像机相对于第一个摄像机的方位为 $(\boldsymbol{R},\boldsymbol{T})$ 。若 $\boldsymbol{n}$ 为平面 $\boldsymbol{\pi}$ 在第一个摄像机坐标系下的单位法向量，$d$ 为坐标原点到平面 $\boldsymbol{\pi}$ 的距离，则平面 $\boldsymbol{\pi}$ 的单应矩阵可以表示为

$$\boldsymbol{H}=\boldsymbol{K}'(\boldsymbol{R}+\boldsymbol{t}\boldsymbol{n}_d^{\mathrm{T}})\boldsymbol{K}^{-1} \tag{9.1.2}$$

其中，$\boldsymbol{n}_d=\boldsymbol{n}/d$ 。

根据单应矩阵的定义很容易得知：无穷远平面所诱导的两幅图像的单应矩阵，称为无穷远单应。由于无穷远平面与坐标原点的距离为无穷大，在式(9.1.2)中 $d$ 取无穷即可得到无穷远单应，即 $\boldsymbol{H}=\boldsymbol{K}'(\boldsymbol{R}+\boldsymbol{t}\boldsymbol{n}_d^{\mathrm{T}})\boldsymbol{K}^{-1}\to d\to\infty$ 。因此无穷远单应可以表示为

$$\boldsymbol{H}_\infty=\boldsymbol{K}'\boldsymbol{R}\boldsymbol{K}^{-1} \tag{9.1.3}$$

根据式(9.1.2)和式(9.1.3)可得：任何一个平面 $\boldsymbol{\pi}$ 的单应矩阵都可以写成下面的形式：

$$\boldsymbol{H}=\boldsymbol{H}_\infty+\boldsymbol{e}'\boldsymbol{\alpha}^{\mathrm{T}} \tag{9.1.4}$$

其中，$\boldsymbol{e}' \sim \boldsymbol{K}'\boldsymbol{t}$，为第二幅图像的极点，与平面$\boldsymbol{\pi}$无关，仅与第二个摄像机的内参数和相对平移有关；$\boldsymbol{\alpha}^{\mathrm{T}} = \boldsymbol{K}^{-\mathrm{T}}\boldsymbol{n}_d$，为平面$\boldsymbol{\pi}$在第一幅图像上的消失线，只与第一个摄像机的内参数和摄像机的位置有关。

### 9.1.2 基本矩阵

1. 极点

极点为极线与图像平面的交点，分别设两个摄像机图像平面上的极点为$\boldsymbol{e}$、$\boldsymbol{e}'$，显然，$\boldsymbol{e}$为第二个摄像机光心在第一个摄像机图像平面上的投影，$\boldsymbol{e}'$为第一个摄像机光心在第二个摄像机图像平面上的投影。

2. 基本矩阵的定义

设空间一点$\boldsymbol{X}$在两个摄像机下的图像点分别为$\boldsymbol{m}$、$\boldsymbol{m}'$，$\boldsymbol{l}$表示图像平面上任意直线的齐次坐标。令点$\boldsymbol{m}$、$\boldsymbol{m}'$所对应的极线的齐次坐标为$\boldsymbol{l}_m$、$\boldsymbol{l}'_m$，则$\boldsymbol{l}'_m$与$\boldsymbol{m}$之间满足以下关系：

$$\boldsymbol{l}'^{\mathrm{T}}_m \boldsymbol{F}\boldsymbol{m} = 0 \tag{9.1.5}$$

其中，$\boldsymbol{F}$为一个秩为2的矩阵，称为基本矩阵。

### 9.1.3 基本矩阵与单应矩阵的关系

令$\boldsymbol{\pi}$为不通过摄像机光心的任意平面，其图像间的单应矩阵为$\boldsymbol{H}$，$\boldsymbol{m}$和$\boldsymbol{m}'$为图像间的一对对应点，则有

$$\boldsymbol{m}' = \boldsymbol{H}\boldsymbol{m} \tag{9.1.6}$$

因此，$\boldsymbol{m}$对应的极线为

$$\boldsymbol{l}'_m = \boldsymbol{F}\boldsymbol{m} = \boldsymbol{e}' \times \boldsymbol{m}' = \boldsymbol{e}' \times \boldsymbol{H}\boldsymbol{m} = [\boldsymbol{e}']_\times \boldsymbol{H}\boldsymbol{m} \tag{9.1.7}$$

由此可知，基本矩阵是由平面单应矩阵和极点唯一确定的。

## 9.2 基本矩阵与射影重建

射影重建的关键就是确定基本矩阵，基本矩阵描述了两个摄像机之间的射影几何关系。

### 9.2.1 单应矩阵的确定

设$\boldsymbol{m}_i$、$\boldsymbol{m}'_i$分别为图像间的一对对应点，其坐标为$\boldsymbol{m}_i = (u,v,1)^{\mathrm{T}}$，$\boldsymbol{m}'_i = (u',v',1)^{\mathrm{T}}$，$\boldsymbol{H}$为两图像间的单应矩阵，对于有限远平面，$\boldsymbol{m}' = \boldsymbol{H}\boldsymbol{m}$，将其写成线性方程组的形式为

$$\boldsymbol{A}\boldsymbol{H} = \boldsymbol{0} \tag{9.2.1}$$

其中，$\boldsymbol{A}=\begin{pmatrix} u_i, v_i, 1, 0, 0, 0, -u_i'u_i, -u_i'v_i, -u_i' \\ 0, 0, 0, u_i, v_i, 1, -v_i'u_i, -v_i'v_i, -v_i' \\ \vdots \end{pmatrix}$；$\boldsymbol{H}=(h_1, h_2, \cdots, h_9)^{\mathrm{T}}$。因此可以选取 4 对或 4 对以上的图像匹配点来计算 $\boldsymbol{H}$（其中任意 3 点不共线）。

### 9.2.2 极点的确定

设第一幅图像的极点为 $\boldsymbol{e}$，第二幅图像的极点为 $\boldsymbol{e}'$，其齐次坐标分别为 $\boldsymbol{e}=(x, y, 1)^{\mathrm{T}}$，$\boldsymbol{e}'=(x', y', 1)^{\mathrm{T}}$。由基本矩阵的性质可知

$$\boldsymbol{m}_i'^{\mathrm{T}}\boldsymbol{F}\boldsymbol{m}_i=0 \tag{9.2.2}$$

其中，$\boldsymbol{m}_i$、$\boldsymbol{m}_i'$ 分别为图像间的一对对应点。由前面的知识可知，基本矩阵可表示为

$$\boldsymbol{F}=[\boldsymbol{e}']_{\times}\boldsymbol{H} \tag{9.2.3}$$

则有

$$\boldsymbol{m}_i'^{\mathrm{T}}[\boldsymbol{e}']_{\times}\boldsymbol{H}\boldsymbol{m}_i=0 \tag{9.2.4}$$

其中，$[\boldsymbol{e}']_{\times}=\begin{pmatrix} 0 & -1 & y' \\ 1 & 0 & -x' \\ -y' & x' & 0 \end{pmatrix}$；$\boldsymbol{H}=\begin{pmatrix} h_1 & h_2 & h_3 \\ h_4 & h_5 & h_6 \\ h_7 & h_8 & h_9 \end{pmatrix}$。

将其写成线性方程组的形式：

$$\boldsymbol{AX}=\boldsymbol{B} \tag{9.2.5}$$

其中，$\boldsymbol{A}=\begin{pmatrix} -u_iv_i'h_7+u_ih_4-v_iv_i'h_8+v_ih_5+v_i'h_9+h_6, u_iu_i'h_7-u_ih_1+v_iu_i'h_8-v_ih_2+u_i'h_9-h_3 \\ \vdots \end{pmatrix}$；

$\boldsymbol{X}=(x', y')^{\mathrm{T}}$；$\boldsymbol{B}=\begin{pmatrix} u_iu_i'h_4-u_iv_i'h_1+v_iu_i'h_5-v_iv_i'h_2+u_i'h_6-v_i'h_3 \\ \vdots \end{pmatrix}$。

选取与求单应矩阵所选的 4 点不在同一个平面上的任意 2 点，即可求出点 $\boldsymbol{X}$。进而可以得到第二幅图像的极点坐标 $\boldsymbol{e}'$，即可求出基本矩阵。

## 9.3 无穷远单应

由前面的知识可知，无穷远平面的单应矩阵可表示为 $\boldsymbol{H}_{\infty}=\boldsymbol{KRK}^{-1}$，其中 $\boldsymbol{K}$、$\boldsymbol{R}$ 分别为摄像机内参数矩阵和旋转矩阵。可利用场景中的一组平行平面确定无穷远平面。

### 9.3.1 利用无穷远点确定无穷远单应

设空间存在不相重合的平行平面 $\boldsymbol{\pi}_1$、$\boldsymbol{\pi}_2$，其对应的单应矩阵分别为 $\boldsymbol{H}^1$、$\boldsymbol{H}^2$，则存在非零常数 $s_1$、$s_2$ 满足

$$s_1\boldsymbol{H}^1=\boldsymbol{H}_{\infty}+\boldsymbol{K}\frac{\boldsymbol{tn}^{\mathrm{T}}}{d_1}K^{-1} \tag{9.3.1}$$

$$s_2\boldsymbol{K}^2 = \boldsymbol{H}_\infty + \boldsymbol{K}\frac{\boldsymbol{tn}^{\mathrm{T}}}{d_2}\boldsymbol{K}^{-1} \tag{9.3.2}$$

由于$\boldsymbol{e}' \approx \boldsymbol{Kt}$，$\boldsymbol{\alpha} = \boldsymbol{K}^{-\mathrm{T}}\boldsymbol{n}$，存在非零常数$\lambda$，使得$\boldsymbol{e}' = \lambda\boldsymbol{Kt}$。将式(9.3.1)和式(9.3.2)相减可得

$$s_1\boldsymbol{H}^1 - s_2\boldsymbol{H}^2 = \lambda\left(\frac{d_1 - d_2}{d_1 d_2}\right)\boldsymbol{e}'\boldsymbol{\alpha}^{\mathrm{T}} \tag{9.3.3}$$

于是有

$$\frac{s_1}{s_2}\boldsymbol{H}^1 - \boldsymbol{e}'\left(\frac{\lambda(d_1 - d_2)}{s_2 d_1 d_2}\boldsymbol{\alpha}\right)^{\mathrm{T}} = \boldsymbol{H}^2 \tag{9.3.4}$$

则式(9.3.4)可转化为$\boldsymbol{xH}^1 + \boldsymbol{e}'\boldsymbol{y}^{\mathrm{T}} = \boldsymbol{H}^2$，利用线性方程组可以求出$\boldsymbol{x}$和$\boldsymbol{y}$，在相差一个非零常数因子的意义下可以线性确定向量$\boldsymbol{\alpha}$。

设$\boldsymbol{P}$、$\boldsymbol{P}'$为图像上相对应的无穷远点，其坐标分别为$\boldsymbol{P} = (u,v,1)^{\mathrm{T}}$，$\boldsymbol{P}' = (u',v',1)^{\mathrm{T}}$，则满足$\boldsymbol{P}' = \boldsymbol{H}_\infty\boldsymbol{P}$。又$s_1\boldsymbol{H}^1 = \boldsymbol{H}_\infty + \boldsymbol{K}\frac{\boldsymbol{tn}^{\mathrm{T}}}{d_1}\boldsymbol{K}^{-1} = \boldsymbol{H}_\infty + \lambda\boldsymbol{e}'\boldsymbol{y}^{\mathrm{T}}$，所以

$$\boldsymbol{H}_\infty = s_1\boldsymbol{H}^1 - \lambda\boldsymbol{e}'\boldsymbol{y}^{\mathrm{T}} \tag{9.3.5}$$

故有$\boldsymbol{P}' = \boldsymbol{H}_\infty\boldsymbol{P} = (s_1\boldsymbol{H}^1 - \lambda\boldsymbol{e}'\boldsymbol{y}^{\mathrm{T}})\boldsymbol{P}$，这样再利用一组无穷远点即可线性地确定$s_1$和$\lambda$。

### 9.3.2　利用三角原理确定空间点的世界坐标

由于仿射重建的关键是确定无穷远单应$\boldsymbol{H}_\infty$，不妨设摄像机对分别为$\boldsymbol{p} = (\boldsymbol{I},\boldsymbol{0})$和$\boldsymbol{p}' = (\boldsymbol{H}_\infty,\boldsymbol{e}')$，则$[\boldsymbol{p} = (\boldsymbol{I},\boldsymbol{0}), \boldsymbol{p}' = (\boldsymbol{H}_\infty,\boldsymbol{e}')]$是一个仿射重建。设任意空间点$\boldsymbol{X}$的世界坐标为$\boldsymbol{X} = (X,Y,Z,1)^{\mathrm{T}}$，其在摄像机$\boldsymbol{p}$下的坐标为$\boldsymbol{m} = (u,v,1)^{\mathrm{T}}$，在摄像机$\boldsymbol{p}'$下的坐标为$\boldsymbol{m}' = (u',v',1)^{\mathrm{T}}$，由$\lambda_1\boldsymbol{m} = \boldsymbol{pX}$和$\lambda_2\boldsymbol{m}' = \boldsymbol{p}'\boldsymbol{X}$有

$$\lambda_1\begin{pmatrix} u \\ v \\ 1 \end{pmatrix} = \begin{pmatrix} p_{11}, p_{12}, p_{13}, p_{14} \\ p_{21}, p_{22}, p_{23}, p_{24} \\ p_{31}, p_{32}, p_{33}, p_{34} \end{pmatrix}\begin{pmatrix} X \\ Y \\ Z \\ 1 \end{pmatrix} \tag{9.3.6}$$

$$\lambda_2\begin{pmatrix} u' \\ v' \\ 1 \end{pmatrix} = \begin{pmatrix} p'_{11}, p'_{12}, p'_{13}, p'_{14} \\ p'_{21}, p'_{22}, p'_{23}, p'_{24} \\ p'_{31}, p'_{32}, p'_{33}, p'_{34} \end{pmatrix}\begin{pmatrix} X \\ Y \\ Z \\ 1 \end{pmatrix} v' \tag{9.3.7}$$

将式(9.3.6)和式(9.3.7)转换成线性方程组可得

$$\boldsymbol{AX} = \boldsymbol{B} \tag{9.3.8}$$

其中，$\boldsymbol{A}=\begin{pmatrix} p_{31}u-p_{11}, p_{32}u-p_{12}, p_{33}u-p_{13} \\ p_{31}v-p_{21}, p_{32}v-p_{22}, p_{33}v-p_{23} \\ p'_{31}u'-p'_{11}, p'_{32}u'-p'_{12}, p'_{33}u'-p'_{13} \\ p'_{31}v'-p'_{21}, p'_{32}v'-p'_{22}, p'_{33}v'-p'_{23} \end{pmatrix}$；$\boldsymbol{X}=(X,Y,Z)^{\mathrm{T}}$；$\boldsymbol{B}=\begin{pmatrix} p_{14}-vp_{34} \\ p_{24}-vp_{34} \\ p'_{14}-vp'_{34} \\ p'_{24}-vp'_{34} \end{pmatrix}$。解此线性方程组即可确定空间点 $\boldsymbol{X}$ 的世界坐标。

## 9.4 从仿射重建到度量重建

由前面的仿射重建知识可以确定无穷远平面的单应矩阵 $\boldsymbol{H}_{\infty}$，而从仿射重建实现度量重建与确定其中的一个摄像机内参数是等价的。

### 9.4.1 利用无穷远点求解圆环点

设 $\boldsymbol{p}_1$、$\boldsymbol{p}_2$、$\boldsymbol{p}_3$、$\boldsymbol{p}_4$ 为空间平面 $\boldsymbol{\pi}_1$ 上的无穷远点，且满足 $\boldsymbol{p}_1$ 与 $\boldsymbol{p}_2$、$\boldsymbol{p}_3$ 与 $\boldsymbol{p}_4$ 所在直线是垂直的，$\boldsymbol{\pi}_1$ 所在平面的圆环点的像坐标为

$$\boldsymbol{m}_{i1}=(x_1+x_2 i, y_1+y_2 i)^{\mathrm{T}} \tag{9.4.1}$$

$$\boldsymbol{m}_{j1}=(x_1-x_2 i, y_1-y_2 i)^{\mathrm{T}} \tag{9.4.2}$$

则由拉盖尔定理的推论可知

$$(\boldsymbol{p}_1\boldsymbol{p}_2, \boldsymbol{m}_{i1}\boldsymbol{m}_{j1})=-1，\quad (\boldsymbol{p}_3\boldsymbol{p}_4, \boldsymbol{m}_{i1}\boldsymbol{m}_{j1})=-1 \tag{9.4.3}$$

于是，根据式(9.4.3)可以得到 $\boldsymbol{m}_{i1}$、$\boldsymbol{m}_{j1}$ 的坐标。

### 9.4.2 利用圆环点对摄像机内参数提供约束

根据射影几何知识，$\boldsymbol{\pi}_1$ 所在平面上的圆环点都在绝对二次曲线上，则它们的像 $\boldsymbol{m}_{i1}$、$\boldsymbol{m}_{j1}$ 必在绝对二次曲线的像上，即

$$\boldsymbol{m}_{i1}{}^{\mathrm{T}}\boldsymbol{K}^{-\mathrm{T}}\boldsymbol{K}^{-1}\boldsymbol{m}_{i1}=0，\quad \boldsymbol{m}_{j1}{}^{\mathrm{T}}\boldsymbol{K}^{-\mathrm{T}}\boldsymbol{K}^{-1}\boldsymbol{m}_{j1}=0 \tag{9.4.4}$$

又 $\boldsymbol{m}_{i1}$、$\boldsymbol{m}_{j1}$ 为一对共轭点，则式(9.4.4)等价于

$$\mathrm{Re}(\boldsymbol{m}_{i1}{}^{\mathrm{T}}\boldsymbol{K}^{-\mathrm{T}}\boldsymbol{K}^{-1}\boldsymbol{m}_{i1})=0,\ \mathrm{Im}(\boldsymbol{m}_{i1}{}^{\mathrm{T}}\boldsymbol{K}^{-\mathrm{T}}\boldsymbol{K}^{-1}\boldsymbol{m}_{i1})=0 \tag{9.4.5}$$

至少需要 3 个不平行的平面上的圆环点才可以计算出 $\boldsymbol{\omega}$。

若令 $\boldsymbol{\omega}=\boldsymbol{K}^{-\mathrm{T}}\boldsymbol{K}^{-1}=\begin{pmatrix} c_1 & c_2 & c_3 \\ c_2 & c_4 & c_5 \\ c_3 & c_5 & c_6 \end{pmatrix}$，则可以利用圆环点对内参数的约束解出 $\boldsymbol{\omega}$，计算公式如下：

$$\begin{cases} v_0=(c_2c_3-c_1c_5)/(c_1c_4-c_2^2) \\ \lambda=c_6-[c_3^2+v_0(c_2c_3-c_1c_5)]/c_1 \\ f_x=\sqrt{\lambda/c_1} \\ f_y=\sqrt{\lambda c_1/(c_1c_4-c_2^2)} \\ s=-c_2f_x^2f_y/\lambda \\ u_0=sv_0/f_x-c_3f_x^2/\lambda \end{cases} \tag{9.4.6}$$

因此，可以求出摄像机内参数矩阵 $\boldsymbol{K}$ 。

### 9.4.3　利用三角原理确定空间点的世界坐标

根据前面的仿射重建可以确定无穷远单应 $\boldsymbol{H}_\infty$ 和摄像机内参数矩阵 $\boldsymbol{K}$ ，不妨设摄像机对分别为 $\boldsymbol{p}=(\boldsymbol{I},\boldsymbol{0})$ , $\boldsymbol{p}'=(\boldsymbol{H}_\infty,\boldsymbol{e}')$ ， $\boldsymbol{H}=\begin{pmatrix}\boldsymbol{K}^{-1} & \boldsymbol{0}\\ \boldsymbol{0}^{\mathrm{T}} & 1\end{pmatrix}$ ，则 $[\boldsymbol{P}=\boldsymbol{p}\boldsymbol{H}^{-1}=(\boldsymbol{I},\boldsymbol{0})\boldsymbol{H}^{-1},\boldsymbol{P}'=\boldsymbol{p}'\boldsymbol{H}^{-1}(\boldsymbol{H}_\infty,\boldsymbol{e}')\boldsymbol{H}^{-1}]$ 是一个度量重建。再根据 $\lambda_1\boldsymbol{m}=\boldsymbol{P}\boldsymbol{X}$ , $\lambda_2\boldsymbol{m}'=\boldsymbol{P}'\boldsymbol{X}$ 即可求出空间点 $\boldsymbol{X}$ 的世界坐标。

## 9.5　度量重建和仿射重建

### 9.5.1　无穷远单应与仿射重建

令 $\boldsymbol{\pi}_\infty$ 为空间无穷远平面，其上任一点 $\boldsymbol{M}$ 在两个摄像机图像上的对应点为 $\boldsymbol{m}^{(1)}\leftrightarrow\boldsymbol{m}^{(2)}$ 。若存在可逆矩阵 $\boldsymbol{H}_\infty$ 使得 $s\boldsymbol{m}^{(2)}=\boldsymbol{H}_\infty\boldsymbol{m}^{(1)}$（$s$ 为常数因子），则称 $\boldsymbol{H}_\infty$ 为无穷远平面关于两个摄像机的单应矩阵，也称无穷远单应。

仿射重建的本质是确定无穷远单应，若已知两个摄像机 $\boldsymbol{p}^{(1)}=\left[\boldsymbol{A}^{(1)},\boldsymbol{a}^{(1)}\right]$ , $\boldsymbol{p}^{(2)}=\left[\boldsymbol{A}^{(2)},\boldsymbol{a}^{(2)}\right]$ 是一个仿射重建，则无穷远单应为

$$\boldsymbol{H}_\infty=\boldsymbol{A}^{(2)}(\boldsymbol{A}^{(1)})^{-1} \tag{9.5.1}$$

容易验证它在摄像机的 3D 仿射变换下不变，所以无穷远单应可以由仿射重建得到，反之也成立。若已知两摄像机间的无穷远单应为 $\boldsymbol{H}_\infty$，则可构造仿射重建摄像机矩阵：

$$\boldsymbol{p}^{(1)}=[\boldsymbol{I},\boldsymbol{0}] \tag{9.5.2}$$

$$\boldsymbol{p}^{(2)}=[\boldsymbol{H}_\infty,\boldsymbol{e}'] \tag{9.5.3}$$

其中， $\boldsymbol{e}'$ 为第二幅图像的极点。根据线性三角形法，可以得到该场景的仿射几何。

### 9.5.2　绝对二次曲线的像与度量重建

绝对二次曲线 $\boldsymbol{\Omega}_\infty$ 是在 $\boldsymbol{\pi}_\infty$ 上的一条(点)二次曲线，在度量坐标系中 $\boldsymbol{\Omega}_\infty$ 上的点满足

$$\begin{cases} X_1^2 + X_2^2 + X_3^2 = 0 \\ X_4^2 = 0 \end{cases} \tag{9.5.4}$$

式(9.5.4)也可写成

$$(X_1, X_2, X_3)\boldsymbol{I}(X_1, X_2, X_3)^{\mathrm{T}} = 0 \tag{9.5.5}$$

因而 $\boldsymbol{\Omega}_\infty$ 是对应于 $\boldsymbol{C} = \boldsymbol{I}$ 的一条二次曲线，它是由纯虚点组成的一条二次曲线。容易验证在针孔摄像机模型下绝对二次曲线的像为 $\boldsymbol{\omega} = \boldsymbol{K}^{-\mathrm{T}}\boldsymbol{K}^{-1}$，仍为一条二次曲线。

度量重建的关键就是确定绝对二次曲线。若已知绝对二次曲线在某幅图像中的像 $\boldsymbol{\omega}$，且已知仿射重建中的摄像机矩阵为 $\boldsymbol{p} = [\boldsymbol{A}, \boldsymbol{a}]$，则用形如 $\boldsymbol{H} = \begin{bmatrix} \boldsymbol{M}^{-1} & \boldsymbol{0} \\ \boldsymbol{0}^{\mathrm{T}} & 1 \end{bmatrix}$ 的 3D 变换，可以把仿射重建变换到度量重建，其中 $\boldsymbol{M}$ 由方程 $\boldsymbol{M}\boldsymbol{M}^{\mathrm{T}} = (\boldsymbol{A}^{\mathrm{T}}\boldsymbol{\omega}\boldsymbol{A})^{-1}$ 的 Cholesky 分解得到。这是因为，若在单应矩阵 $\boldsymbol{H}$ 作用下，摄像机矩阵 $\boldsymbol{p}$ 变换为欧氏坐标系摄像机投影矩阵 $\boldsymbol{P}_E$，则有 $\boldsymbol{AM} = \boldsymbol{KR}$，而 $\boldsymbol{\omega} = \boldsymbol{K}^{-\mathrm{T}}\boldsymbol{K}^{-1}$，且 $\boldsymbol{R}$ 为单位正交矩阵，所以有 $\boldsymbol{M}\boldsymbol{M}^{\mathrm{T}} = (\boldsymbol{A}^{\mathrm{T}}\boldsymbol{\omega}\boldsymbol{A})^{-1}$。也就是说，只要进行形如 $\boldsymbol{H} = \begin{bmatrix} \boldsymbol{M}^{-1} & \boldsymbol{0} \\ \boldsymbol{0}^{\mathrm{T}} & 1 \end{bmatrix}$ 的 3D 变换，仿射重建就可以变换到度量重建。

### 9.5.3 仿射重建和度量重建原理

**命题 9.5.1** 假设场景中包含平面 $\boldsymbol{\pi}$ 和两组相互正交的平行直线 $\boldsymbol{l}_1^{(i)}$、$\boldsymbol{l}_2^{(i)}(i = 1, 2)$，则可以线性重建场景的仿射和欧氏几何。

**证明** 空间平面 $\boldsymbol{\pi}$ 上任一点在两幅图像中的对应点为 $\boldsymbol{m}_j^{(1)} \leftrightarrow \boldsymbol{m}_j^{(2)}$，则由平面 $\boldsymbol{\pi}$ 所诱导的两摄像机之间的单应矩阵 $\boldsymbol{H}$ 满足

$$s_j \boldsymbol{m}_j^{(2)} = \boldsymbol{H}\boldsymbol{m}_j^{(1)} \tag{9.5.6}$$

因此由 $\boldsymbol{\pi}$ 上 $N(N \geqslant 4)$ 个点可以线性地解出 $\boldsymbol{H}$。

设两图像之间的基本矩阵为 $\boldsymbol{F}$，$\boldsymbol{e}' = (e_1, e_2, 1)^{\mathrm{T}}$ 为第二幅图像的极点，根据对极几何，对于场景中任意点对应 $\boldsymbol{m}_j^{(1)} \leftrightarrow \boldsymbol{m}_j^{(2)}$，有

$$(\boldsymbol{m}_j^{(2)})^{\mathrm{T}} \boldsymbol{F}\boldsymbol{m}_j^{(1)} = 0 \tag{9.5.7}$$

且

$$\boldsymbol{F} = \boldsymbol{e}' \times \boldsymbol{H} = [\boldsymbol{e}']_\times \boldsymbol{H} \tag{9.5.8}$$

因此对于任意不在平面 $\boldsymbol{\pi}$ 上的点对应 $\boldsymbol{m}_j^{(1)} \leftrightarrow \boldsymbol{m}_j^{(2)}$，将式(9.5.8)代入式(9.5.7)得到一个关于 $\boldsymbol{e}'$ 的方程，利用 $M(M \geqslant 2)$ 个这样的点即可线性解出 $\boldsymbol{e}'$。

又因为任意平面单应矩阵 $\boldsymbol{H}$ 与无穷远单应 $\boldsymbol{H}_\infty$ 之间存在如下关系：

$$\boldsymbol{H} = \boldsymbol{H}_\infty + \boldsymbol{e}'\boldsymbol{\alpha}^{\mathrm{T}} \tag{9.5.9}$$

其中，$\boldsymbol{\alpha} = (a_1, a_2, a_3)^{\mathrm{T}}$ 为任意 $3 \times 1$ 的向量，则有

$$\boldsymbol{H}_\infty = \boldsymbol{H} - \boldsymbol{e}'\boldsymbol{\alpha}^{\mathrm{T}} \tag{9.5.10}$$

令两组平行直线 $\boldsymbol{l}_1^{(i)}$ 、 $\boldsymbol{l}_2^{(i)}(i=1,2)$ 在两幅图像中的交点分别为 $\boldsymbol{q}_1,\boldsymbol{q}_2$ 和 $\boldsymbol{p}_1,\boldsymbol{p}_2$ ，则有

$$\lambda_i \boldsymbol{p}_i = \boldsymbol{H}_\infty \boldsymbol{q}_i = \boldsymbol{H}\boldsymbol{q}_i - \boldsymbol{e}'\boldsymbol{\alpha}^{\mathrm{T}}\boldsymbol{q}_i \quad (i=1,2) \tag{9.5.11}$$

令 $\boldsymbol{H}\boldsymbol{q}_i=(u,v,w)^{\mathrm{T}}$ , $\boldsymbol{p}_i=(up_i,vp_i)^{\mathrm{T}}$ , $\boldsymbol{q}_i=(uq_i,vq_i)^{\mathrm{T}}(i=1,2)$ ，则式(9.5.11)可化为

$$\begin{pmatrix} up_i uq_i - uq_i e_1 & up_i vq_i - vq_i e_1 & up_i - e_1 \\ vp_i uq_i - uq_i e_2 & vp_i vq_i - vq_i e_2 & vp_i - e_2 \end{pmatrix}\begin{pmatrix} a_1 \\ a_2 \\ a_3 \end{pmatrix} = \begin{pmatrix} up_i w - u \\ vp_i w - v \end{pmatrix} \tag{9.5.12}$$

根据两对这样的点对应，对式(9.5.12)应用最小二乘法解出 $\boldsymbol{\alpha}=(a_1,a_2,a_3)^{\mathrm{T}}$ ，再由式(9.5.9)即可得到 $\boldsymbol{H}_\infty$ 。

另外，在无穷远平面上点变换 $\boldsymbol{m}'=\boldsymbol{H}_\infty\boldsymbol{m}$ 下，绝对二次曲线的变换为

$$\boldsymbol{\omega}' = \boldsymbol{H}_\infty^{-\mathrm{T}}\boldsymbol{\omega}\boldsymbol{H}_\infty^{-1} \tag{9.5.13}$$

在摄像机运动过程中内参数保持不变，则有 $\boldsymbol{\omega}'=\boldsymbol{\omega}=\boldsymbol{K}^{-\mathrm{T}}\boldsymbol{K}^{-1}$ ，于是式(9.5.13)可以改写成

$$\boldsymbol{\omega} = \boldsymbol{H}_\infty^{-\mathrm{T}}\boldsymbol{\omega}\boldsymbol{H}_\infty^{-1} \tag{9.5.14}$$

易证式(9.5.14)只能提供 4 个关于摄像机内参数的约束方程。当 $\boldsymbol{l}_1$ 、 $\boldsymbol{l}_2$ 正交时，有

$$\boldsymbol{q}_2^{\mathrm{T}}\boldsymbol{\omega}\boldsymbol{q}_1 = 0,\ \boldsymbol{p}_2^{\mathrm{T}}\boldsymbol{\omega}\boldsymbol{p}_1 = 0 \tag{9.5.15}$$

由式(9.5.14)、式(9.5.15)线性解出摄像机 5 个内参数。

**证毕**

综上所述，三维重建过程概括如下。

---

**算法 9.1**　三维重建算法

**输入：**对同一物体拍摄的多幅图像

**输出：**三维重建的图像

第一步，输入图片，提取图像特征点坐标；

第二步，由式(9.5.6)，计算平面 $\boldsymbol{\pi}$ 关于两个摄像机间的单应矩阵 $\boldsymbol{H}$ ；

第三步，由式(9.5.7)、式(9.5.8)、式(9.5.12)，计算第二幅图像的极点 $\boldsymbol{e}'$ 和向量 $\boldsymbol{\alpha}$ ；

第四步，由式(9.5.9)，计算无穷远单应 $\boldsymbol{H}_\infty$ ；

第五步，构造仿射摄像机矩阵 $\boldsymbol{p}^{(1)}=[\boldsymbol{I},\boldsymbol{0}]$ ， $\boldsymbol{p}^{(2)}=[\boldsymbol{H}_\infty,\boldsymbol{e}']$ ，利用三角原理得到各点的仿射坐标；

第六步，根据第五步得到的各点坐标，做出三维仿射图像，并显示图像；

第七步，由式(9.5.14)和式(9.5.15)，计算绝对二次曲线的像 $\boldsymbol{\omega}$ ，分解 $\boldsymbol{\omega}$ ，得到摄像机内参数矩阵 $\boldsymbol{K}$ ；

第八步，构造摄像机矩阵 $\boldsymbol{p}^{(1)}\boldsymbol{H}^{-1}$ 、 $\boldsymbol{p}^{(2)}\boldsymbol{H}^{-1}$ ，利用三角原理得到各点的坐标；

第九步，根据第八步得到的各点坐标，恢复三维欧氏图像，并显示图像。

---

# 9.6 三维重建实例

## 9.6.1 双平面镜下的重建

双平面镜下的重建会用到可视化外壳的概念，可视化外壳为重建一个物体的 3D 模型提供了简单的方法，可视化外壳是与一个真实物体的一组轮廓相一致的最大物体。在同一个参考系下，这些轮廓的位姿(位置和方向)是已知的。如图 9.6.1 所示，当两块平面镜间的夹角为 72° 左右时，每个场景中会出现五个视图，通过五个视图间的对极几何关系，可以计算出每个图像轮廓的位姿，且五个视图的对极几何关系可以直接从场景中观察得到。一旦计算出每个图像轮廓的位姿，就可以得到物体的可视化外壳。

通过不同的位置，捕获一个刚性物体的多个图像，每幅图像中的五个图像轮廓组成一个轮廓集，其中每个图像轮廓的位姿在公共参考系中是已知的。说明：使用一幅以上的图像即可重建出可视化外壳。

图 9.6.1　使用双平面镜产生物体的 5 个视图

## 9.6.2 双平面镜场景下的成像

9.6.2-视频

使用双平面镜的理由如下：首先，可以产生一个物体的五个视图，从而在每幅图像中可以获取五个轮廓；其次，可以获取多条轮廓切线，而且这些轮廓切线提供了有关轮廓位姿的信息，从而可以求解轮廓位姿。图 9.6.2 显示了四个虚拟物体：$\boldsymbol{V}_1$ 是 $\boldsymbol{R}$ 在平面镜 1 中的反射；$\boldsymbol{V}_2$ 是 $\boldsymbol{R}$ 在平面镜 2 中的反射；$\boldsymbol{V}_{12}$ 是 $\boldsymbol{V}_2$ 平面镜 1 中的反射；$\boldsymbol{V}_{21}$ 是 $\boldsymbol{V}_1$ 平面镜 2 中的反射。平面镜 1 和平面镜 2 的镜面法向量分别表示为 $\boldsymbol{m}_1$、$\boldsymbol{m}_2$。

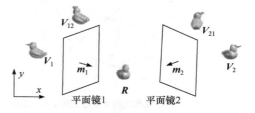

图 9.6.2　双平面镜场景下的五个视图

图 9.6.3 显示了不同参考系下的观察方向，使用五个视图中的每一个来定义一个参考系，

并且使用镜面法向量来变换坐标系间的方向，通过式(9.6.1)计算反射方向：

$$\boldsymbol{d}_{\mathrm{r}} = \boldsymbol{d} - 2\hat{\boldsymbol{m}}(\hat{\boldsymbol{d}} \cdot \hat{\boldsymbol{m}}) \tag{9.6.1}$$

其中，$\boldsymbol{d}$ 为观察方向；$\hat{\boldsymbol{d}}$ 为单位向量；$\hat{\boldsymbol{m}}$ 为平面镜的单位法向量。

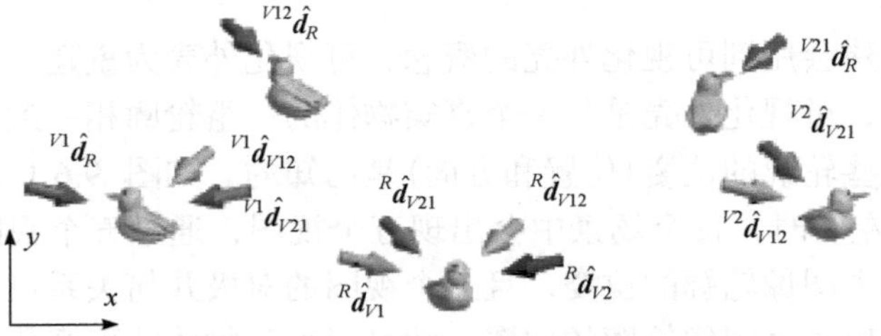

图 9.6.3　不同参考系下的观察方向

在每个视图定义的参考系下，对于 5 个轮廓，共有 25 个观察方向，图 9.6.3 只显示了用于计算轮廓位姿的观察方向。

### 9.6.3　双平面镜场景下的几何关系

9.6.3-视频

在正交投影的情况下，对极几何中的极点在无穷远处，且切线的斜率是摄像机方向的投影。图 9.6.4(a)显示了场景图像的一个例子；图 9.6.4(b)中的分割图是由 5 个轮廓的外极切线组成的；图 9.6.4(c)中的近似正交投影是由图 9.6.4(b)中的透视投影导出的。

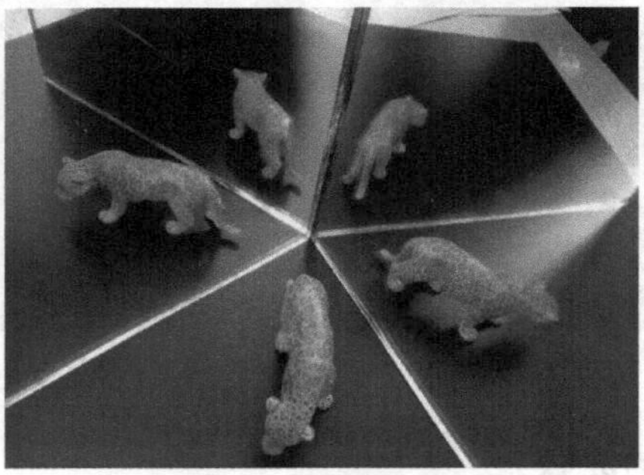

(a) 双平面镜场景中的5个视图

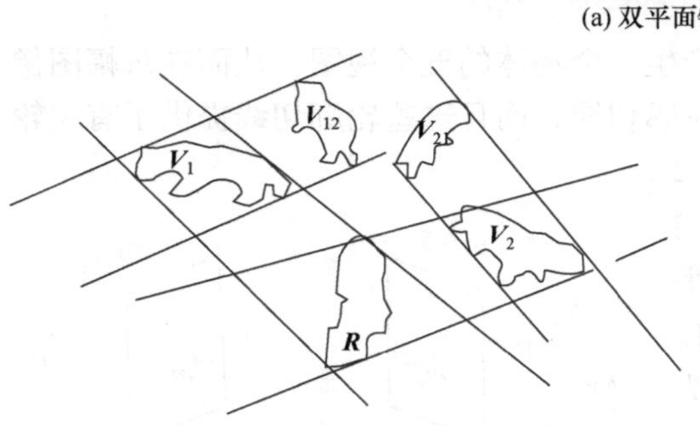

(b) 轮廓线和外极切线组成的分割图

(c) 正交投影图

图 9.6.4　双平面镜下的几何视觉关系

为了计算每个轮廓的位姿，把投影模型看成正交投影。正交投影模型能使方程处理起来简单，而且不会影响精度。将摄像机从场景中向后移动并进行变焦，使真实物体 $\boldsymbol{R}$ 的轮廓大小保持不变。当向后移动摄像机时，虚拟物体的轮廓会变大，因为物体的变化深度与摄像机到最初位置的距离相比是小的，所以虚拟物体的轮廓变化是可以忽略的。当摄像机移动到无穷远处时，就有了正交投影的条件。通过缩放由真实摄像机捕获的图像中的虚拟物体的轮廓，可以很好地得到一个近似真实物体的可视化外壳。

正交投影的结果如图 9.6.4(c)所示，调整外极切线，使两个轮廓的两条外极切线互相平行且和两个轮廓都相切。首先，调整两个相邻轮廓 $\boldsymbol{R}$ 和 $\boldsymbol{V}_1$（或 $\boldsymbol{R}$ 和 $\boldsymbol{V}_2$），使得新的外极切线互相平行且与两个轮廓 $\boldsymbol{R}$ 和 $\boldsymbol{V}_1$ 都相切，新外极切线的方向是两个互相平行且与两个轮廓都相切的两个单位向量的和；其次，调整两个反射的轮廓，使得它们与新外极切线都相切。

图 9.6.4(c)中的 2D 向量 $\boldsymbol{q}$、$\boldsymbol{r}$、$\boldsymbol{s}$、$\boldsymbol{t}$ 与切线平行，这些 2D 向量由切线确定，切线由轮廓线确定，$\boldsymbol{q}$ 是 ${}^{R}\boldsymbol{d}_{V1}$ 在 $xy$ 平面上的投影（${}^{R}\boldsymbol{d}_{V1}$ 表示摄像机在 $\boldsymbol{V}_1$ 处对物体 $\boldsymbol{R}$ 的观察方向）。若已知 $\boldsymbol{q}$，那么 ${}^{R}\boldsymbol{d}_{V1}$ 中只有 $z$ 坐标是未知的。同理，$\boldsymbol{r}$ 是 ${}^{R}\boldsymbol{d}_{V2}$ 在 $xy$ 平面上的投影（${}^{R}\boldsymbol{d}_{V2}$ 表示摄像机在 $\boldsymbol{V}_2$ 处对物体 $\boldsymbol{R}$ 的观察方向）；$\boldsymbol{s}$ 是 ${}^{V1}\boldsymbol{d}_{V12}$ 在 $xy$ 平面上的投影；$\boldsymbol{t}$ 是 ${}^{V2}\boldsymbol{d}_{V21}$ 在 $xy$ 平面上的投影。

### 9.6.4　计算轮廓的位姿

直接从轮廓线中测量出 $\boldsymbol{q}$、$\boldsymbol{r}$、$\boldsymbol{s}$、$\boldsymbol{t}$ 的方向，再利用它们间的约束确定轮廓的位姿，即可计算出真实物体的五个视图的方向。一旦知道观察方向，旋转矩阵的其余分量就可以计算出来。然后，通过另外两个轮廓的外极切线约束求解平移向量。要确定轮廓的位姿，就需要计算出在 $\boldsymbol{R}$ 参考系下的五个观察方向。为确定五个观察方向，需建立用方向向量 ${}^{R}\boldsymbol{d}_{V1}$ 和 ${}^{R}\boldsymbol{d}_{V2}$ 表示 $\boldsymbol{q}$ 和 $\boldsymbol{r}$ 方向的方程。因为 ${}^{R}\boldsymbol{d}_{V1}$ 和 ${}^{R}\boldsymbol{d}_{V2}$ 只有 $z$ 坐标是未知的，所以只需建立两个关于 ${}^{R}\boldsymbol{d}_{V1}$ 和 ${}^{R}\boldsymbol{d}_{V2}$ 的方程，即可求出 ${}^{R}\boldsymbol{d}_{V1}$ 和 ${}^{R}\boldsymbol{d}_{V2}$ 的 $z$ 坐标。观察方向 ${}^{R}\boldsymbol{d}_{V1}$ 由 3 个分量组成：

$$
{}^{R}\boldsymbol{d}_{V1} = \begin{pmatrix} {}^{R}\boldsymbol{d}_{xV1} \\ {}^{R}\boldsymbol{d}_{yV1} \\ {}^{R}\boldsymbol{d}_{zV1} \end{pmatrix} \tag{9.6.2}
$$

在此，对 ${}^{R}\boldsymbol{d}_{xV1}$ 和 ${}^{R}\boldsymbol{d}_{yV1}$ 进行缩放，使得 $\left({}^{R}\boldsymbol{d}_{xV1}, {}^{R}\boldsymbol{d}_{yV1}\right)^{\mathrm{T}} = \boldsymbol{q}$。

镜面法向量 $\boldsymbol{m}_1$ 可以通过下列方程给出：

$$
\boldsymbol{m}_1 = {}^{1/2}\left({}^{R}\hat{\boldsymbol{d}}_{V1} - {}^{R}\hat{\boldsymbol{d}}_{R}\right) \tag{9.6.3}
$$

其中，${}^{R}\hat{\boldsymbol{d}}_{R} = [0,0,1]^{\mathrm{T}}$，且单位范数 $\hat{\boldsymbol{v}} = \boldsymbol{v}/\|\boldsymbol{v}\|$，$\hat{}$ 表示单位向量。同理，可以建立 $\boldsymbol{m}_1$ 和 ${}^{R}\boldsymbol{d}_{V2}$ 的方程。

由于镜面法向量 $\boldsymbol{m}_1$ 和 $\boldsymbol{m}_2$ 可用 ${}^{R}\boldsymbol{d}_{V1}$ 和 ${}^{R}\boldsymbol{d}_{V2}$ 表示，因此要确定 $\boldsymbol{s}$，必须用 ${}^{R}\boldsymbol{d}_{V1}$ 和 ${}^{R}\boldsymbol{d}_{V2}$

推导出 ${}^{V1}\hat{\boldsymbol{d}}_{V12}$。从向量 ${}^{V12}\hat{\boldsymbol{d}}_{V12}=[0,0,1]^{\mathrm{T}}$ 开始，首先它经过平面镜 1，接着经过平面镜 2，最后又经过平面镜 1。

${}^{V12}\hat{\boldsymbol{d}}_{V12}$ 在平面镜 1 中的反射为观察方向 ${}^{V2}\hat{\boldsymbol{d}}_{V12}$：

$$ {}^{V2}\hat{\boldsymbol{d}}_{V12}={}^{V12}\hat{\boldsymbol{d}}_{V12}-2\hat{\boldsymbol{m}}_1({}^{V12}\hat{\boldsymbol{d}}_{V12}\cdot\hat{\boldsymbol{m}}_1) \tag{9.6.4} $$

${}^{V2}\hat{\boldsymbol{d}}_{V12}$ 在平面镜 2 中的反射为观察方向 ${}^{R}\hat{\boldsymbol{d}}_{V12}$：

$$ {}^{R}\hat{\boldsymbol{d}}_{V12}={}^{V2}\hat{\boldsymbol{d}}_{V12}-2\hat{\boldsymbol{m}}_2({}^{V2}\hat{\boldsymbol{d}}_{V12}\cdot\hat{\boldsymbol{m}}_2) \tag{9.6.5} $$

${}^{R}\hat{\boldsymbol{d}}_{V12}$ 在平面镜 1 中的反射为观察方向 ${}^{V1}\hat{\boldsymbol{d}}_{V12}$：

$$ {}^{V1}\hat{\boldsymbol{d}}_{V12}={}^{R}\hat{\boldsymbol{d}}_{V12}-2\hat{\boldsymbol{m}}_1({}^{R}\hat{\boldsymbol{d}}_{V12}\cdot\hat{\boldsymbol{m}}_1) \tag{9.6.6} $$

同理，可以推导出如下观察方向：${}^{V1}\hat{\boldsymbol{d}}_{V21}$，${}^{R}\hat{\boldsymbol{d}}_{V21}$，${}^{V2}\hat{\boldsymbol{d}}_{V12}$，进一步计算出 $\boldsymbol{t}$。

从式(9.6.4)～式(9.6.6)可知：${}^{V1}\hat{\boldsymbol{d}}_{V12}$ 可由 ${}^{R}\boldsymbol{d}_{V1}$ 和 ${}^{R}\boldsymbol{d}_{V2}$ 得到，且分量 ${}^{R}\boldsymbol{d}_{zV1}$ 和 ${}^{R}\boldsymbol{d}_{zV2}$ 是未知的，分量 ${}^{R}\boldsymbol{d}_{xV1}$、${}^{R}\boldsymbol{d}_{yV1}$、${}^{R}\boldsymbol{d}_{xV2}$、${}^{R}\boldsymbol{d}_{yV2}$ 可通过外极切线求解出来。同理，可用 ${}^{R}\boldsymbol{d}_{V1}$ 和 ${}^{R}\boldsymbol{d}_{V2}$ 表示出 ${}^{V2}\hat{\boldsymbol{d}}_{V21}$。因为比例 ${}^{V1}\boldsymbol{d}_{yV12}\,/\,{}^{V1}\boldsymbol{d}_{xV12}$ 和 ${}^{V2}\boldsymbol{d}_{yV21}\,/\,{}^{V2}\boldsymbol{d}_{xV21}$ 可用 ${}^{R}\boldsymbol{d}_{V1}$ 和 ${}^{R}\boldsymbol{d}_{V2}$ 的分量表示，也可从轮廓中测量出来，所以建立两个关于 ${}^{R}\boldsymbol{d}_{zV1}$ 和 ${}^{R}\boldsymbol{d}_{zV2}$ 的方程，即可求解出 ${}^{R}\boldsymbol{d}_{zV1}$ 和 ${}^{R}\boldsymbol{d}_{zV2}$。

一旦计算出轮廓的方向，位姿的平移分量即可通过外极切线约束计算出来。计算步骤如下：首先，通过一个轮廓的方向求解外极切线的方向；其次，选择平移向量，使得这个轮廓与其他轮廓的外极切线的投影相切。因为两个轮廓提供了两个关于平移分量的约束，所以使用两条外极切线所表示的平移分量的平均值作为该轮廓的平移分量。要确定平移分量，首先用 $\boldsymbol{R}$ 作为参考系，计算轮廓 $\boldsymbol{V}_1$ 的平移分量。其余轮廓的平移分量通过调整轮廓使得轮廓与 $\boldsymbol{R}$ 和 $\boldsymbol{V}_1$ 轮廓的外极切线的投影相切来逐个计算。

## 9.7　双目立体视觉三维重建

本节通过双目立体视觉三维重建实验验证 9.3 节及 9.4 节的可行性及正确性。

### 9.7.1　空间三维坐标计算

对于双目立体视觉来说，通常将世界坐标系与第一个摄像机坐标系重合，第二个摄像机相对于第一个摄像机的方位为 $(\boldsymbol{R},\boldsymbol{T})$，其中 $\boldsymbol{R}$ 是旋转矩阵，$\boldsymbol{T}$ 是平移向量，两幅图像的摄像机投影矩阵为

$$ \begin{cases} \boldsymbol{P}_1=\boldsymbol{K}[\boldsymbol{I}\ \ \boldsymbol{0}] \\ \boldsymbol{P}_2=\boldsymbol{K}[\boldsymbol{R}\ \ \boldsymbol{T}] \end{cases} \tag{9.7.1} $$

令 $\boldsymbol{P}_{11}$、$\boldsymbol{P}_{12}$、$\boldsymbol{P}_{13}$ 为 $\boldsymbol{P}_1$ 的行向量，$\boldsymbol{P}_{21}$、$\boldsymbol{P}_{22}$、$\boldsymbol{P}_{23}$ 为 $\boldsymbol{P}_2$ 的行向量。$(u_i,v_i,1)^{\mathrm{T}}$ 为第一幅图像上第 $i$ 个匹配点对应图像点的齐次坐标，$\boldsymbol{X}_i$ 为对应于该匹配点的空间点齐次坐标，$\alpha$

为非零常数因子。根据摄像机成像原理有

$$\alpha\begin{pmatrix}u_i\\v_i\\1\end{pmatrix}=\begin{pmatrix}\boldsymbol{P}_{11}\\\boldsymbol{P}_{12}\\\boldsymbol{P}_{13}\end{pmatrix}\boldsymbol{X}_i\Rightarrow\begin{cases}\alpha u_i=\boldsymbol{P}_{11}\boldsymbol{X}_i\\\alpha v_i=\boldsymbol{P}_{12}\boldsymbol{X}_i\\\alpha=\boldsymbol{P}_{13}\boldsymbol{X}_i\end{cases}\Rightarrow\begin{cases}\boldsymbol{P}_{13}\boldsymbol{X}_iu_i=\boldsymbol{P}_{11}\boldsymbol{X}_i\\\boldsymbol{P}_{13}\boldsymbol{X}_iv_i=\boldsymbol{P}_{12}\boldsymbol{X}_i\end{cases}$$
$$\Rightarrow\begin{cases}\boldsymbol{P}_{13}\boldsymbol{X}_iu_i-\boldsymbol{P}_{11}\boldsymbol{X}_i=0\\\boldsymbol{P}_{13}\boldsymbol{X}_iv_i-\boldsymbol{P}_{12}\boldsymbol{X}_i=0\end{cases}\Rightarrow\begin{pmatrix}\boldsymbol{P}_{13}u_i-\boldsymbol{P}_{11}\\\boldsymbol{P}_{13}v_i-\boldsymbol{P}_{12}\end{pmatrix}\boldsymbol{X}_i=0 \tag{9.7.2}$$

同理，令 $(u_i',v_i',1)^{\mathrm{T}}$ 为第二幅图像上第 $i$ 个匹配点对应图像点的齐次坐标，得

$$\begin{pmatrix}\boldsymbol{P}_{23}u_i'-\boldsymbol{P}_{21}\\\boldsymbol{P}_{23}v_i'-\boldsymbol{P}_{22}\end{pmatrix}\boldsymbol{X}_i=0 \tag{9.7.3}$$

联立式(9.7.2)和式(9.7.3)得

$$\begin{pmatrix}\boldsymbol{P}_{13}u_i-\boldsymbol{P}_{11}\\\boldsymbol{P}_{13}v_i-\boldsymbol{P}_{12}\\\boldsymbol{P}_{23}u_i'-\boldsymbol{P}_{21}\\\boldsymbol{P}_{23}v_i'-\boldsymbol{P}_{22}\end{pmatrix}\boldsymbol{X}_i=0 \tag{9.7.4}$$

因此，通过求解这个线性方程可确定空间点 $\boldsymbol{X}_i$。

### 9.7.2　锥面折反射摄像机三维重建

使用如图 9.7.1 所示的折反射系统，这个系统镶嵌有一个带有 Tamron 透镜的 CMLN-13S2M 摄像机和来自 Neovision 的圆锥镜面。该圆锥镜面的尺寸由 $\alpha=55^\circ$、直径 $D=60\text{mm}$ 和高度 $h=D\cdot\tan(\alpha)/4=21\text{mm}$ 组成，CCD 的像素尺寸为 $3.75\mu\text{m}$ /像素，图像分辨率为 $1280\times960$ 像素。

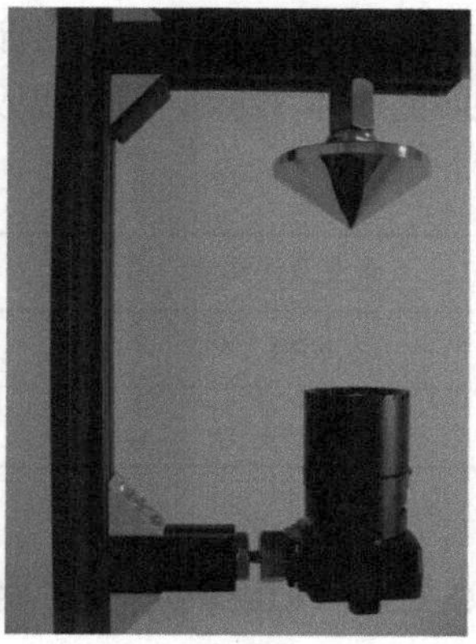

图 9.7.1　折反射系统

该折反射系统结构要求摄像机视觉轴和镜轴对齐，这对一般折反射摄像机而言是一个不易的工作，且在中心系统中尤其重要，若不对齐，单一视点就不满足，然而，圆锥镜面比其他系统如双曲镜面更容易对齐。一方面，6 个自由度仅需考虑 4 个，围绕视觉轴的旋转不用考虑，因为定义它是一个非中心系统，视觉平移也无影响。另一方面，由于圆锥镜面特殊的形状，用这个系统校准不仅可以在像平面上容易发现投影到像平面上的镜子边缘，而且可以发现镜子的顶点。特别地，镜子的顶端通过光线的交点可以发现。

图 9.7.2 为同一摄像机在同一个房间通过旋转和平移，在不同位置对棋盘格上同一点拍摄的两幅图。通过提取和匹配 SIFT 特征得到 $5\times3$ 组对应特征点，并用圆圈标记，然后提取这些点的数据用于计算。最后利用本书标定方法 NPR 以及 Xiang 提出的标定方法分别估计摄像机的内参数，如表 9.7.1 所示。从表 9.7.1 可以看出，这两种标定方法获得的标定结果之间的绝对误差很小，这说明本书标定方法是有效的、可行的。

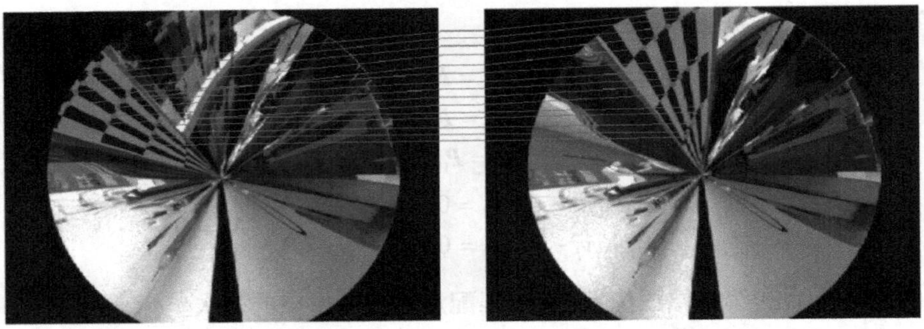

图 9.7.2 不同位置对棋盘格同一点拍摄的两幅图

**表 9.7.1 NPR 和 Xiang 得到的摄像机内参数**

| 标定方法 | 参数 | | | | |
|---|---|---|---|---|---|
| | $r$ | $f_e$ | $s$ | $u_0$ | $v_0$ |
| NPR | 1.0563 | 358.7865 | 1.5873 | 649.8809 | 498.8942 |
| Xiang | 1.0834 | 356.8973 | 1.5734 | 646.7609 | 496.7835 |

为了进一步检测本书标定方法的准确性，分别应用已标定的摄像机内参数(表 9.7.1)，使用三维重建方法对图 9.7.2 中的点进行实验得到真实点。通过拟合重建的点得到 3 组正交方向的直线，分别计算 3 组直线之间的角度 $\theta_1$、$\theta_2$ 和 $\theta_3$，结果如表 9.7.2 所示。结果证明本书标定方法以及重建方法的正确性。

**表 9.7.2 三维重建的角度和误差**

| 角度及误差 | $\theta_1$/(°) | $\theta_2$/(°) | $\theta_3$/(°) | 误差均值 |
|---|---|---|---|---|
| NPR | 90.4 | 90.8 | 89.6 | 0.533 |
| Xiang | 90.6 | 90.4 | 90.7 | 0.567 |

## 9.7.3 利用球像和圆像的射影几何性质进行三维重建

在进行计算机仿真实验后，真实图像被提取出来进一步评估本书提出的方法。因为 GSI 需要使用高精度的特制网格球，所以在本次测试实验中不考虑 GSI。对于算法 PTS，把三个直径分别为 40mm、50mm、65mm 的球放置在一个特征点为 10 × 10 的棋盘格上，其中棋盘格中两个相邻特征点之间的水平或垂直间距为 24mm，精度为 0.1mm。对于算法 PTC，使用三个半径分别为 20mm、32mm、40mm 的圆作为标定物，而对于算法 SSR，使用一个由两个半径皆为 45mm 的圆组成的测试模板作为标定物。一般来说，Zhang 的方法由于高精度和鲁棒性得到了广泛的应用，因此，以 Zhang 的结果为真值，分析三种方法的标定误差。在实验中，使用一个工业摄像机在不同方向和位置采集图像，其中摄像机的分辨率为 1132 × 1029 像素，有效焦距是 16mm，清晰的成像范围为 250～350mm。在运动中，提取 50 幅图像，选取其中三幅清晰的图像作为标定图像(图 9.7.3)。

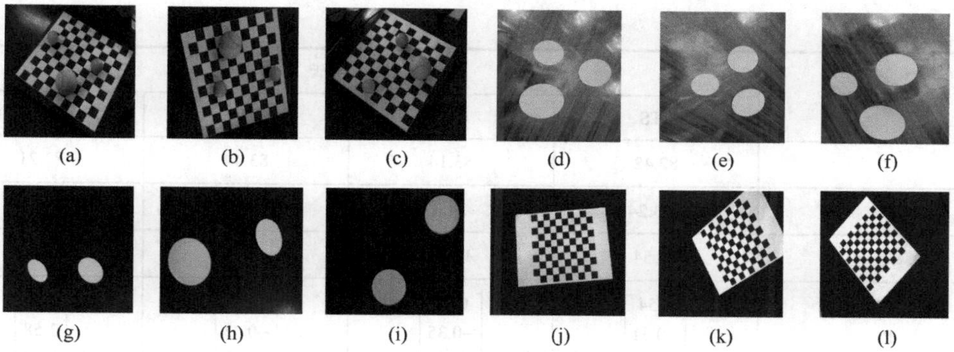


图 9.7.3　标定模板的图像

首先，利用 MATLAB 对三幅图像进行 Canny 算子边缘检测(图 9.7.4)，然后，提取其中的椭圆用于拟合像的方程。

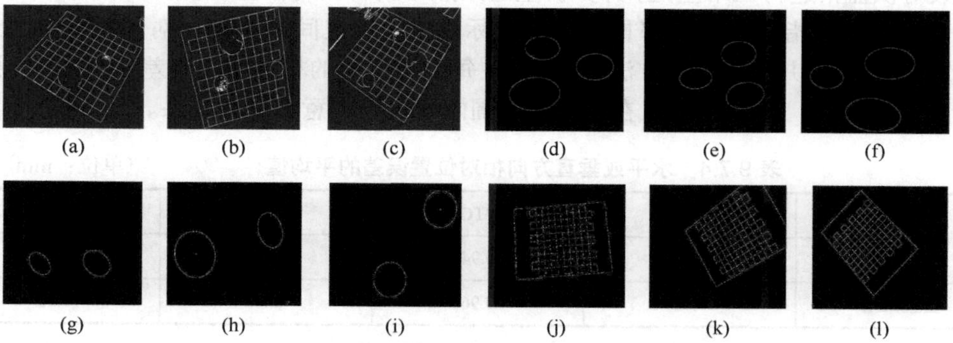


图 9.7.4　球像和圆像的 Canny 算子边缘检测图

为确保更稳定和稳健的结果，使用这四种方法进行 100 次独立测试，并以平均值作为最终校准结果，列于表 9.7.3，其中 $\alpha$ 、$\beta$ 和 $\gamma$ 为欧拉角。从表中可以看出，四种方法的校准结果与 Zhang 的方法接近。此外，由 PTS、PTC、SSR 所确定的图像坐标系下横纵坐标之间的夹角值 $\theta=\arctan(f_x/\text{abs}(s))$（其中 $\text{abs}(\cdot)$ 为绝对值函数）分别为 89.9970°、89.9960°、89.9973°，而 Zhang 的方法为 89.9977°，这些值非常接近于理想角度 90.0000°，这证明了本书算法在一定的误差范围内是有效的、可行的。

**表 9.7.3　真实图像的标定结果**　（单位：像素）

| 参数 | 标定方法 | | | |
|---|---|---|---|---|
| | PTS | PTC | SSR | Zhang 的方法 |
| $f_x$ | 1662.18 | 1663.65 | 1661.28 | 1660.84 |
| $f_y$ | 1661.09 | 1661.54 | 1660.10 | 1659.82 |
| $s$ | 1.41 | 1.44 | 1.40 | 1.39 |
| $u_0$ | 1125.91 | 1126.35 | 1125.36 | 1124.26 |
| $v_0$ | 1137.51 | 1139.04 | 1135.57 | 1135.17 |

续表

| 参数 | 标定方法 | | | |
|---|---|---|---|---|
| | PTS | PTC | SSR | Zhang 的方法 |
| $\alpha$ | 82.42 | 83.14 | 83.44 | 83.21 |
| $\beta$ | −23.24 | −24.32 | −23.11 | −23.02 |
| $\gamma$ | 15.54 | 16.33 | 18.04 | 14.81 |
| $\boldsymbol{T}$ | $\begin{bmatrix}0.54\\-0.31\\0.87\end{bmatrix}$ | $\begin{bmatrix}0.77\\-0.35\\0.86\end{bmatrix}$ | $\begin{bmatrix}0.31\\-0.43\\0.58\end{bmatrix}$ | $\begin{bmatrix}1.42\\3.58\\0.87\end{bmatrix}$ |

为了进一步对比，提取棋盘格的角点，基于对极几何约束，利用表 9.7.1 中的摄像机参数对棋盘格进行三维重建，并分析重建角点之间的相对位置误差。在世界坐标系下，相对位置误差是指每两个相邻重建点与实际目标角点之间的距离。对于每种方法进行 100 次独立实验，并计算每种方法的平均值、每次运行时的相对位置误差。结果如表 9.7.4 所示，表明 PTS、PTC 和 SSR 在可接受范围内表现出满意的重建结果。

**表 9.7.4　水平或垂直方向相对位置误差的平均值**　(单位：mm)

| | PTS | PTC | SSR | Zhang 的方法 |
|---|---|---|---|---|
| 水平误差 | 0.78 | 0.94 | 0.51 | 0.34 |
| 垂直误差 | 0.75 | 0.96 | 0.64 | 0.32 |

进一步探讨重建直线的平行性和正交性。首先，利用霍夫变换对每一行每一列的线条进行重建，计算任意两条重建直线在平行或正交方向上的平均夹角，如表 9.7.5 所示。由表 9.7.5 可知，任意两条基于 PTS 的重建直线的平行角和正交角分别为 0.67°和 89.23°，任意两条基于 PTC 的重建直线的平行角和正交角分别为 0.82°和 88.64°，而任意两条基于 SSR 的重建直线的平行角和正交角分别为 0.53°和 89.44°。所有的结果与欧氏空间的理想角度 0°和 90°非常接近。

**表 9.7.5　平行或正交方向任意两条线的平均夹角**　(单位：°)

| | PTS | PTC | SSR | Zhang 的方法 |
|---|---|---|---|---|
| 平行 | 0.67 | 0.82 | 0.53 | 0.41 |
| 正交 | 89.23 | 88.64 | 89.44 | 89.67 |

# 第 10 章　计算机视觉方法在实践中的综合应用

## 10.1　摄像机标定应用于即时定位

当处于未知环境的自主移动的机器人要向其他方向移动时，就必须通过摄像头获取的数据信息对自身以及周围环境进行预估，机器人在移动过程中根据位置估计和摄像头感知的数据进行自身的定位。

基于视觉的即时定位需要通过摄像机获取数据，目前主要研究的是单目摄像机、双目摄像机和 RGB 摄像机。其中单目摄像机最大的优点是传感器简单且成本低，但它不能通过单张图片得到深度信息(距离)，存在尺寸不确定的现象，丢失了深度信息。为了估计这个相对深度，利用三角原理测量像素的距离，它的轨迹和地图只有在摄像机运动之后才能收敛，若摄像机不进行运动就无法得知像素的位置，同时，摄像机的运动还不能是纯粹的旋转。

基于视觉的即时定位首先需要从单幅图像中提取特征点，然后进行多幅图像之间的特征点匹配，利用对极几何的原理，结合对极几何的约束，恢复图像之间的三维运动变换。

### 10.1.1　特征点的提取与匹配

图像特征是图像信息的另一种数字表达形式，而特征点是图像中一些特别的像素点。特征点由关键点和描述子两部分组成，其中关键点是指该特征点在图像中的位置；描述子通常是一个向量，描述该关键点周围像素的信息。因此外观相似的特征应该有相似的描述子，只要两个特征点的描述子在向量空间上的距离相近，就认为它们是同样的特征点。最为经典的一种图像特征是尺度不变特征变换(Scale-Invariant Feature Transform，SIFT)，它充分考虑了在图像变换过程中出现的光照、尺度、旋转等变化。

1．SIFT 算法的特点

(1)图像的局部特征对旋转、尺度缩放、亮度变化保持不变，对视角变化、仿射变换、噪声也保持一定程度的稳定性。

(2)独特性好，信息量丰富，适用于对海量特征库进行快速、准确的匹配。

(3)多量性，即使是很少几个物体也可以产生大量的 SIFT 特征。

(4)高速性，经优化的 SIFT 算法甚至可以实现实时性。

(5)扩招性，可以很方便地与其他的特征向量进行联合。

2. SIFT 特征检测的步骤

(1) 尺度空间的极值检测：搜索所有尺度空间上的图像，通过高斯微分函数来识别潜在的对尺度和旋转不变的兴趣点。

寻找 DoG(Difference of Gaussian)极值点时，将每一个像素点和它所有的相邻点比较，当其大于(或小于)它的图像域和尺度域的所有相邻点时，即为极值点。假设比较的范围是一个 $3 \times 3$ 的立方体，将中间的检测点与它同尺度的 8 个检测点、上方相邻尺度的 9 个点和下方相邻尺度的 9 个点，共计 26 个点作比较，以确保在尺度空间和二维图像空间都检测到极值点。

计算以特征点为中心、以 $3\times1.5\sigma$（$\sigma$ 为尺度空间因子）为半径的区域图像的幅角和幅值，每个点 $L(x,y)$ 的梯度的模 $m(x,y)$ 以及方向 $\theta(x,y)$ 可通过下面的公式求得：

$$m(x,y)=\sqrt{\left[L(x+1,y)-L(x-1,y)\right]^2+\left[L(x,y+1)-L(x,y-1)\right]^2} \tag{10.1.1}$$

$$\theta(x,y)=\arctan\frac{L(x,y+1)-L(x,y-1)}{L(x+1,y)-L(x-1,y)} \tag{10.1.2}$$

得到梯度方向后，即可使用直方图统计特征点邻域内像素对应的梯度方向和幅值。梯度方向的直方图的横轴是梯度方向的角度(梯度方向的范围是 0～360°，直方图每 36°一个柱共 10 个柱，或者每 45°一个柱共 8 个柱)，纵轴为梯度方向对应梯度幅值的累加，直方图的峰值就是特征点的主方向。在梯度直方图中，当存在一个相当于主峰值 80%能量的柱值时，可以将这个方向认为是该特征点的辅助方向。因此，一个特征点可能检测到多个方向。

(2) 特征点定位：在每个候选的位置上，通过一个拟合精细模型来确定位置尺度，关键点的选取依据它们的稳定程度。

(3) 特征方向赋值：基于图像局部的梯度方向，分配给每个关键点位置一个或多个方向，后续的所有操作都是对关键点的方向、尺度和位置进行变换，从而提供这些特征的不变性。

(4) 特征点描述：如图 10.1.1 所示，在每个特征点周围的邻域内，在选定的尺度上测量图像的局部梯度，这些梯度被变换成一种表示，这种表示允许比较大的局部形状的变形和光照变换。

为了保证特征矢量的旋转不变性，以特征点为中心，在附近邻域内将坐标轴旋转 $\theta$(特征点的主方向)角度，即将坐标轴旋转为特征点的主方向。

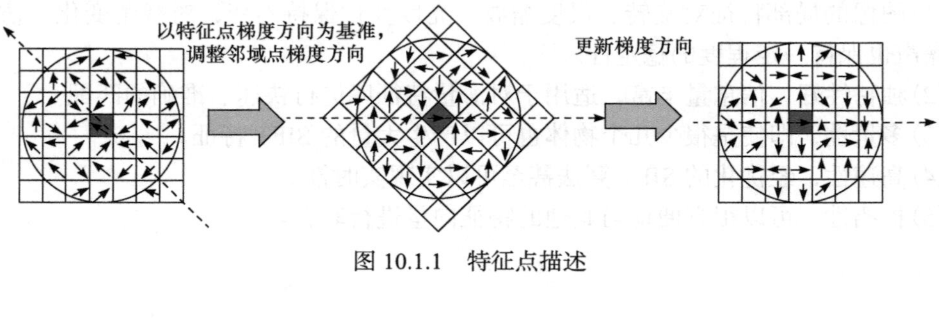


图 10.1.1　特征点描述

将旋转后的区域划分为 $d \times d$（$d$ 为 2 或者 4，通常取 4）个子区域（每个区域间隔 $m\sigma$ 像元），在子区域内计算 8 个方向的梯度直方图，绘制每个方向梯度方向的累加值，形成一个种子点。

与求主方向不同的是，此时，每个子区域梯度方向直方图将 0°～360°划分为 8 个方向区间，每个区间为 45°，即每个种子点有 8 个方向区间的梯度强度信息。由于存在 $d \times d$，即 4×4 个子区域，所以最终共有 $4 \times 4 \times 8 = 128$（个）数据，形成 128 维 SIFT 特征矢量，如图 10.1.2 所示。

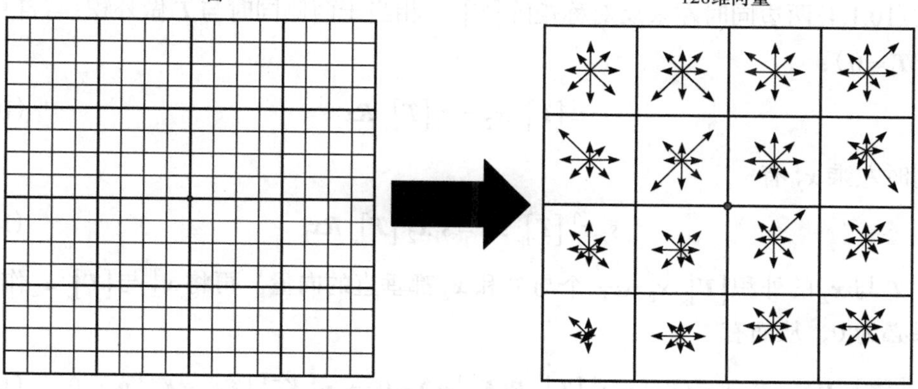


图 10.1.2 产生 SIFT 特征向量

因为 SIFT 需要极大的计算量，所以还有一些其余的特征方法，如 ORB（Oriented FAST and Rotated BRIEF）等。

### 10.1.2 恢复图像之间的三维关系

1. 对极约束求解旋转与平移

如图 10.1.3 所示，设图像 $\boldsymbol{I}_1$ 到 $\boldsymbol{I}_2$ 的运动为 $\boldsymbol{R}$、$\boldsymbol{T}$。两摄像机中心分别为 $\boldsymbol{O}_1$、$\boldsymbol{O}_2$，通过特征匹配得到正确的特征点对 $\boldsymbol{p}_1$、$\boldsymbol{p}_2$。首先连线 $\boldsymbol{O}_1\boldsymbol{p}_1$、$\boldsymbol{O}_2\boldsymbol{p}_2$ 相交于三维空间中的点 $\boldsymbol{P}$，那么 $\boldsymbol{O}_1$、$\boldsymbol{O}_2$、$\boldsymbol{P}$ 三点可以确定一个平面，称为极平面。$\boldsymbol{O}_1\boldsymbol{O}_2$ 连线与图像平面 $\boldsymbol{I}_1$、$\boldsymbol{I}_2$ 的交点分别为 $\boldsymbol{e}_1$、$\boldsymbol{e}_2$，$\boldsymbol{e}_1$、$\boldsymbol{e}_2$ 称为极点，$\boldsymbol{O}_1\boldsymbol{O}_2$ 称为基线，极平面和两个图像平面 $\boldsymbol{I}_1$、$\boldsymbol{I}_2$ 之间的交线 $\boldsymbol{l}_1$、$\boldsymbol{l}_2$ 为极线。

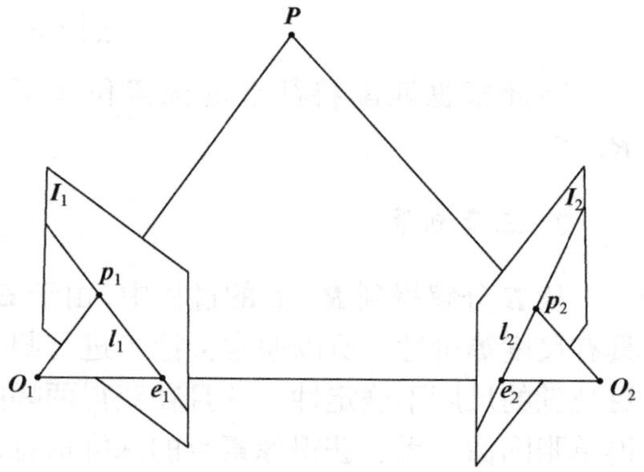


图 10.1.3 对极几何示意图

如图 10.1.3 所示，以其中的匹配点为例。$\boldsymbol{P}$ 为空间中的点（坐标未知），其在左边图像中的投影为 $\boldsymbol{p}_1 = [u_1, v_1, 1]^{\mathrm{T}}$，在右边图像中的投影为 $\boldsymbol{p}_2 = [u_2, v_2, 1]^{\mathrm{T}}$，当以摄像机坐标系 $\boldsymbol{O}_1$ 为参考坐标系时，有

$$\begin{cases} s_1\boldsymbol{p}_1 = \boldsymbol{KP} \\ s_2\boldsymbol{p}_2 = \boldsymbol{K}(\boldsymbol{RP}+\boldsymbol{T}) \end{cases} \Rightarrow \begin{cases} s_1\boldsymbol{K}^{-1}\boldsymbol{p}_1 = \boldsymbol{P} \\ s_2\boldsymbol{K}^{-1}\boldsymbol{p}_2 = \boldsymbol{RP}+\boldsymbol{T} \end{cases} \tag{10.1.3}$$

其中，$s_1$、$s_2$ 分别为点 $\boldsymbol{P}$ 在摄像机坐标系 $\boldsymbol{O}_1$、$\boldsymbol{O}_2$ 中的坐标值(即深度)；$\boldsymbol{K}$ 为 3×3 的摄像机内参数矩阵；$\boldsymbol{R}$、$\boldsymbol{T}$ 为 $\boldsymbol{O}_1$ 与 $\boldsymbol{O}_2$ 之间的相对位姿关系。取 $\boldsymbol{x}_1 = \boldsymbol{K}^{-1}\boldsymbol{p}_1, \boldsymbol{x}_2 = \boldsymbol{K}^{-1}\boldsymbol{p}_2$，则有

$$\begin{cases} s_1\boldsymbol{K}^{-1}\boldsymbol{p}_1 = \boldsymbol{P} \\ s_2\boldsymbol{K}^{-1}\boldsymbol{p}_2 = \boldsymbol{RP}+\boldsymbol{T} \end{cases} \Rightarrow s_2\boldsymbol{x}_2 = \boldsymbol{R}(s_1\boldsymbol{x}_1)+\boldsymbol{T} \Rightarrow s_2\boldsymbol{x}_2 = s_1\boldsymbol{R}\boldsymbol{x}_1+\boldsymbol{T} \tag{10.1.4}$$

式(10.1.4)两边同时左乘反对称矩阵$[\boldsymbol{T}]_\times$，相当于两侧同时与$\boldsymbol{T}$做外积(与自身的外积$[\boldsymbol{T}]_\times \boldsymbol{T}=0$)：

$$s_2[\boldsymbol{T}]_\times \boldsymbol{x}_2 = s_1[\boldsymbol{T}]_\times \boldsymbol{R}\boldsymbol{x}_1 \tag{10.1.5}$$

两侧同时左乘 $\boldsymbol{x}_2^{\mathrm{T}}$ 有

$$s_2\boldsymbol{x}_2^{\mathrm{T}}[\boldsymbol{T}]_\times \boldsymbol{x}_2 = s_1\boldsymbol{x}_2^{\mathrm{T}}[\boldsymbol{T}]_\times \boldsymbol{R}\boldsymbol{x}_1 \tag{10.1.6}$$

其中，$\boldsymbol{T}$ 与 $\boldsymbol{x}_2$ 的外积$[\boldsymbol{T}]_\times \boldsymbol{x}_2$是一个与$\boldsymbol{T}$和$\boldsymbol{x}_2$都垂直的向量。再将$\boldsymbol{x}_2^{\mathrm{T}}$与$[\boldsymbol{T}]_\times \boldsymbol{x}_2$作内积，其结果必为 0，从而有

$$s_1\boldsymbol{x}_2^{\mathrm{T}}[\boldsymbol{T}]_\times \boldsymbol{R}\boldsymbol{x}_1 = 0 \Rightarrow s_1(\boldsymbol{K}^{-1}\boldsymbol{p}_2)^{\mathrm{T}}[\boldsymbol{T}]_\times \boldsymbol{R}(\boldsymbol{K}^{-1}\boldsymbol{p}_1) = 0 \Rightarrow \boldsymbol{p}_2^{\mathrm{T}}\boldsymbol{K}^{-\mathrm{T}}[\boldsymbol{T}]_\times \boldsymbol{R}\boldsymbol{K}^{-1}\boldsymbol{p}_1 = 0 \tag{10.1.7}$$

式(10.1.7)以非常简洁的形式描述了两幅图像中匹配点对 $\boldsymbol{p}_1$ 和 $\boldsymbol{p}_2$ 之间存在的数学关系，这种关系称为对极约束。并且称$\boldsymbol{E}=[\boldsymbol{T}]_\times \boldsymbol{R}$为本质矩阵，$\boldsymbol{F}=\boldsymbol{K}^{-\mathrm{T}}[\boldsymbol{T}]_\times \boldsymbol{R}\boldsymbol{K}^{-1}=\boldsymbol{K}^{-\mathrm{T}}\boldsymbol{E}\boldsymbol{K}^{-1}$为基础矩阵，于是式(10.1.7)可以进一步化简为

$$\boldsymbol{x}_2^{\mathrm{T}}\boldsymbol{E}\boldsymbol{x}_1 = \boldsymbol{p}_2^{\mathrm{T}}\boldsymbol{F}\boldsymbol{p}_1 = 0 \tag{10.1.8}$$

因此根据匹配特征点的像素位置可以求出矩阵 $\boldsymbol{E}$ 或 $\boldsymbol{F}$，然后根据 $\boldsymbol{E}$ 或 $\boldsymbol{F}$ 求出 $\boldsymbol{R}$、$\boldsymbol{T}$。

2. 三角测量

从$\boldsymbol{E}$分解得到$\boldsymbol{R}$、$\boldsymbol{T}$的过程中，由于$\boldsymbol{E}$本身具有尺度等价性，它分解得到的$\boldsymbol{R}$、$\boldsymbol{T}$也具有尺度等价性，所以通常会把$\boldsymbol{T}$进行归一化处理。但是对于$\boldsymbol{T}$长度的归一化会导致单目视觉的尺度不确定性，并且在获得两幅图像之间的摄像机运动后，单目摄像机仅能获得单张图像，无法获得像素点的深度信息，因此需要通过三角测量的方法来估计像素点的深度。

三角测量是指通过在两处观察同一点的夹角，从而确定该点的距离，根据前后两帧图像中匹配到的特征点像素坐标以及两帧之间的摄像机运动 $\boldsymbol{R}$、$\boldsymbol{T}$，计算特征点三维空间坐标的一种算法。直观来讲，当有两个相对位置已知的摄像机同时拍摄到同一物体时，根据两幅图像中的信息估计出物体的实际位姿，即通过三角化获得二维图像上对应点的三维结构。

考虑两幅图像，以左图作为参考图像，那么右图相对于左图之间的变换为 $\boldsymbol{T}$ 。假设在图像 $\boldsymbol{I}_1$ 中有特征点 $\boldsymbol{p}_1$，对应到图像 $\boldsymbol{I}_2$ 中的特征点为 $\boldsymbol{p}_2$，理论上 $\boldsymbol{O}_1\boldsymbol{p}_1$ 会和 $\boldsymbol{O}_2\boldsymbol{p}_2$ 相交于某一点 $\boldsymbol{P}$ ，该点即是两个特征点所对应的地图点在三维场景中的位置，但是由于噪声的影响，这两条直线往往无法相交，因此可以通过最小二乘法求解出距离最近的那个点作为相交点。

按照对极几何中的定义，设 $\widetilde{\boldsymbol{p}_1}$、$\widetilde{\boldsymbol{p}_2}$ 为两个特征点的归一化坐标，有下列关系式：

$$\lambda_1\widetilde{\boldsymbol{p}_1} = \lambda_2\boldsymbol{R}\widetilde{\boldsymbol{p}_2} + \boldsymbol{T} \tag{10.1.9}$$

其中，$\boldsymbol{R}$、$\boldsymbol{T}$、$\widetilde{\boldsymbol{p}_1}$、$\widetilde{\boldsymbol{p}_2}$ 都是已知的，因此需求两个特征点的深度 $\lambda_1$、$\lambda_2$。

首先求 $\lambda_2$，式(10.1.9)的两边同时左乘 $\left[\widetilde{\boldsymbol{p}_1}\right]_\times$，得到

$$\lambda_1\left[\widetilde{\boldsymbol{p}_1}\right]_\times\widetilde{\boldsymbol{p}_1} = 0 = \lambda_2\left[\widetilde{\boldsymbol{p}_1}\right]_\times\boldsymbol{R}\widetilde{\boldsymbol{p}_2} + \left[\widetilde{\boldsymbol{p}_1}\right]_\times\boldsymbol{T} \tag{10.1.10}$$

故可根据式(10.1.10)直接求解出 $\lambda_2$。获得 $\lambda_2$ 后，反代入即可求得 $\lambda_1$。

由于噪声的存在，求出来的 $\lambda_2$ 不一定能够使得式(10.1.10)精确等于 0，因此在实际情况中，更常见的做法是求最小二乘解而不是零解。

## 10.2　运动场场景下的摄像机标定

10.2-视频

本节主要分析运动场图像所抽象出的 phi-type 模型和正交线模型的几何性质，然后利用正交消失点、圆环点的像或对极几何原理确定摄像机的内外参数。

**定义 10.2.1**(phi-type 模型)　如果一个平面模型是由一个圆以及过圆心的一条直线所组成的，则称这个模型为 phi-type 模型，phi-type 模型在射影变换下所成的像称为 phi-type 图像。

### 10.2.1　基础知识

1. 圆像的对偶

**命题 10.2.1**　在针孔摄像机模型下，圆像的对偶 $\boldsymbol{c}^*$ 可以由圆环点的像的对偶二次曲线 $\boldsymbol{c}_\infty^*$ 和圆心的投影 $\boldsymbol{o}$ 表示。

设空间圆 $\boldsymbol{C}$ 位于 $Z_w = 0$ 的支撑平面上，那么在对偶空间中，其对偶 $\boldsymbol{C}^*$ 的系数矩阵表达式为

$$\boldsymbol{C}^* \sim \boldsymbol{C}^{-1} = \frac{1}{r^2}\begin{pmatrix} r^2 - x_0^2 & -x_0y_0 & -x_0 \\ -x_0y_0 & r^2 - y_0^2 & -y_0 \\ -x_0 & -y_0 & -1 \end{pmatrix} \tag{10.2.1}$$

则在射影变换 $\boldsymbol{H}$ 下，圆像的对偶为

$$\begin{aligned}\lambda \boldsymbol{c}^* &= \boldsymbol{H}\boldsymbol{C}^*\boldsymbol{H}^{\mathrm{T}} \\ &= \boldsymbol{H}\left(\frac{1}{r^2}\begin{pmatrix} r^2-x_0^2 & -x_0y_0 & -x_0 \\ -x_0y_0 & r^2-y_0^2 & -y_0 \\ -x_0 & -y_0 & -1 \end{pmatrix}\right)\boldsymbol{H}^{\mathrm{T}} \\ &= \boldsymbol{H}\left(\begin{pmatrix}1&0&0\\0&1&0\\0&0&0\end{pmatrix} - \frac{1}{r^2}\begin{pmatrix}x_0\\y_0\\1\end{pmatrix}(x_0,y_0,1)\right)\boldsymbol{H}^{\mathrm{T}} \\ &= \boldsymbol{c}_\infty^* - \frac{1}{r^2}\boldsymbol{o}\boldsymbol{o}^{\mathrm{T}}\end{aligned} \tag{10.2.2}$$

其中，$\boldsymbol{c}_\infty^* = \boldsymbol{H}\begin{pmatrix}1&0&0\\0&1&0\\0&0&0\end{pmatrix}\boldsymbol{H}^{\mathrm{T}} = \boldsymbol{H}\boldsymbol{C}_\infty^*\boldsymbol{H}^{\mathrm{T}}$；$\boldsymbol{o} = \boldsymbol{H}(x_0, y_0, 1)^{\mathrm{T}}$ 是圆心的像；$\lambda$ 为一个未知的比例因子。

2. 圆心的像的约束

该部分将描述如何利用直径和垂直直线的像获取圆心的像。

**命题 10.2.2**　图 10.2.1 中，若已知一个圆 $\boldsymbol{C}$ 及过圆心的一条直线 $\boldsymbol{L}$ 的投影，可确定圆心的像。

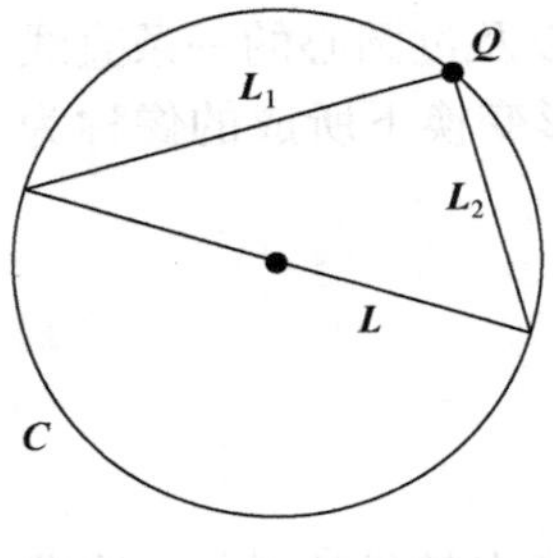

图 10.2.1　标定示意图

**证明**　令圆心的像的齐次坐标为 $\boldsymbol{o} = (x, y, 1)^{\mathrm{T}}$，经过圆心的直线的像为 $\boldsymbol{l}$，有

$$\boldsymbol{l}^{\mathrm{T}}\boldsymbol{o} = 0 \tag{10.2.3}$$

在圆上任取一点 $\boldsymbol{Q}$，根据圆的性质，直径所对的圆周角是直角，即分别将 $\boldsymbol{Q}$ 与直径两端点连接可获得一对垂直直线 $\boldsymbol{L}_1$ 和 $\boldsymbol{L}_2$，如图 10.2.1 所示，将 $\boldsymbol{L}_1$、$\boldsymbol{L}_2$ 的像 $\boldsymbol{l}_1$、$\boldsymbol{l}_2$ 代入方程(10.2.2)中，可得

$$\lambda \boldsymbol{l}_1^{\mathrm{T}}\boldsymbol{c}^*\boldsymbol{l}_2 = \boldsymbol{l}_1^{\mathrm{T}}\boldsymbol{c}_\infty^*\boldsymbol{l}_2 - \frac{1}{r^2}\boldsymbol{l}_1^{\mathrm{T}}\boldsymbol{o}\boldsymbol{o}^{\mathrm{T}}\boldsymbol{l}_2 \tag{10.2.4}$$

由 $\boldsymbol{l}_1^{\mathrm{T}}\boldsymbol{c}_\infty^*\boldsymbol{l}_2 = 0$ 可得

$$\lambda \boldsymbol{l}_1^{\mathrm{T}}\boldsymbol{c}^*\boldsymbol{l}_2 = -\frac{1}{r^2}\boldsymbol{l}_1^{\mathrm{T}}\boldsymbol{o}\boldsymbol{o}^{\mathrm{T}}\boldsymbol{l}_2 \tag{10.2.5}$$

设 $k = -1/(\lambda r^2)$，则有

$$\boldsymbol{l}_1^{\mathrm{T}}\boldsymbol{c}^*\boldsymbol{l}_2 = k\boldsymbol{l}_1^{\mathrm{T}}\boldsymbol{o}\boldsymbol{o}^{\mathrm{T}}\boldsymbol{l}_2 \tag{10.2.6}$$

$$k = \frac{\boldsymbol{l}_1^{\mathrm{T}} \boldsymbol{c}^* \boldsymbol{l}_2}{\boldsymbol{l}_1^{\mathrm{T}} \boldsymbol{o}\boldsymbol{o}^{\mathrm{T}} \boldsymbol{l}_2} \tag{10.2.7}$$

由命题 10.2.1 可得 $\boldsymbol{c}^* - k\boldsymbol{o}\boldsymbol{o}^{\mathrm{T}} \sim \boldsymbol{c}_\infty^*$，因为 $\boldsymbol{c}_\infty^*$ 不满秩，可得

$$\left| \boldsymbol{c}^* - k\boldsymbol{o}\boldsymbol{o}^{\mathrm{T}} \right| = 0 \tag{10.2.8}$$

联合式(10.2.3)和式(10.2.8)，可得一个关于圆心的像的二次方程组。通过求解，可获得两组解，其中一组解在圆内，另一组解在圆外，即可通过判断获得圆心的像。

**证毕**

### 10.2.2　求解摄像机内外参数

1. 基于部分运动场图像的标定方法

1）利用 phi-type 模型求解摄像机内参数

根据命题 10.2.2，可由 phi-type 模型的像获得圆心的像 $\boldsymbol{o}$，因圆心与无穷远直线的极点极线关系，在射影下，可由圆心的像 $\boldsymbol{o}$ 获得消失线 $\boldsymbol{l}_\infty = \boldsymbol{c}\boldsymbol{o}$，进一步可获得圆环点的像。

除此之外，还可以由正交消失点得到对绝对二次曲线的像的约束。如图 10.2.2 所示，phi-type 模型中直径方向上的消失点为 $\boldsymbol{v}_{1\infty}$，则 $\boldsymbol{v}_{1\infty}$ 可由 $\boldsymbol{v}_{1\infty} = \boldsymbol{l}_\infty \times \boldsymbol{l}$ 获得。$\boldsymbol{v}_{1\infty}$ 关于 $\boldsymbol{c}$ 的极线为 $\boldsymbol{l}_\perp = \boldsymbol{c}\boldsymbol{v}_{1\infty}$，是 $\boldsymbol{C}$ 的直径 $\boldsymbol{L}$ 的共轭直径的像，则 $\boldsymbol{l}_\perp$ 方向上的消失点 $\boldsymbol{v}_{2\infty} = \boldsymbol{l}_\infty \times \boldsymbol{l}_\perp$，与 $\boldsymbol{v}_{1\infty}$ 是一对正交消失点。除这对以外，由于直线 $\boldsymbol{l}_1$ 和 $\boldsymbol{l}_2$ 是正交的，因此还可以获得 $\boldsymbol{v}_{3\infty} = \boldsymbol{l}_\infty \times \boldsymbol{l}_1$ 和 $\boldsymbol{v}_{4\infty} = \boldsymbol{l}_\infty \times \boldsymbol{l}_2$ 这对正交消失点。

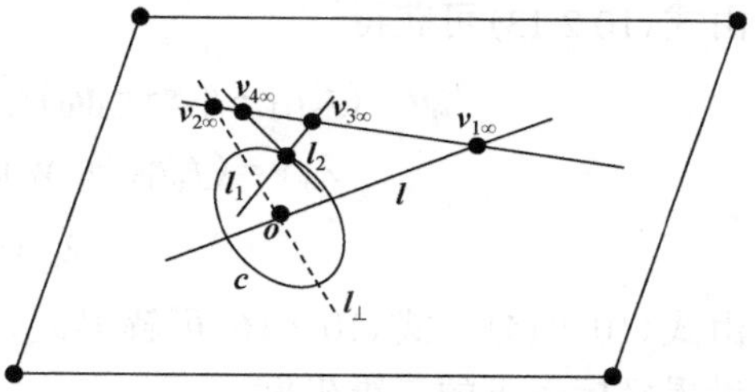


图 10.2.2　基于 phi-type 的像获得正交消失点

因为 $\boldsymbol{\omega} = \boldsymbol{K}^{-\mathrm{T}} \boldsymbol{K}^{-1}$ 有五个自由度，而两对正交消失点只能提供关于 $\boldsymbol{\omega}$ 的两个约束，因此至少需要已知在不同方向上的 phi-type 模型的三个视图才能完全估计 $\boldsymbol{\omega}$，对 $\boldsymbol{\omega}$ 进行 Cholesky 分解可进一步获得摄像机内参数矩阵 $\boldsymbol{K}$。

2）利用 phi-type 模型求解摄像机外参数

从命题 10.2.2 获得圆心的像 $\boldsymbol{o}$，又由式(10.2.7)求得 $k$，则由式(10.2.8)可获得与 $\boldsymbol{c}_\infty^*$ 相差一个比例因子的矩阵的形式。

**命题 10.2.3**　当圆环点的像的对偶二次曲线 $\boldsymbol{c}_\infty^*$ 已知时，摄像机的外参数可被确定。

**证明**　$\boldsymbol{c}_\infty^*$ 可通过 SVD 分解出一个单应矩阵 $\boldsymbol{U}$：

$$\boldsymbol{c}_\infty^* = \boldsymbol{U} \begin{pmatrix} 1 & 0 & 0 \\ 0 & 1 & 0 \\ 0 & 0 & 0 \end{pmatrix} \boldsymbol{U}^{\mathrm{T}} \tag{10.2.9}$$

$\boldsymbol{U}$ 与射影矩阵 $\boldsymbol{H} = (\boldsymbol{h}_1, \boldsymbol{h}_2, \boldsymbol{h}_3)$ 相差一个相似矩阵 $\boldsymbol{S}$，于是可得到

$$\beta \boldsymbol{H} = \boldsymbol{K}(\boldsymbol{r}_1, \boldsymbol{r}_2, \boldsymbol{T}) \tag{10.2.10}$$

$$\beta \boldsymbol{K}^{-1} \boldsymbol{H} = (\boldsymbol{r}_1, \boldsymbol{r}_2, \boldsymbol{T}) \tag{10.2.11}$$

则有

$$\begin{cases} \boldsymbol{r}_1 = \beta \boldsymbol{K}^{-1} \boldsymbol{h}_1 \\ \boldsymbol{r}_2 = \beta \boldsymbol{K}^{-1} \boldsymbol{h}_2 \end{cases} \tag{10.2.12}$$

由于 $\boldsymbol{R}$ 是旋转矩阵，因此 $\boldsymbol{r}_3 = \boldsymbol{r}_1 \times \boldsymbol{r}_2$ 且 $\|\boldsymbol{r}_3\| = 1$，由此可求出 $\beta$。

平移向量可由 $\boldsymbol{T} = \beta \boldsymbol{K}^{-1} \boldsymbol{h}_3$ 得出，由上述可获得摄像机的旋转矩阵 $\boldsymbol{R}$ 和平移向量 $\boldsymbol{T}$。

**证毕**

2. 基于整体运动场图像的标定方法

在 $Z_w = 0$ 平面上空间点 $\boldsymbol{M} = (x_w, y_w, z_w, 1)^{\mathrm{T}}$ 对应的像点为 $\boldsymbol{m} = (u, v, 1)^{\mathrm{T}}$，则有

$$\lambda_m \begin{pmatrix} u \\ v \\ 1 \end{pmatrix} = \begin{pmatrix} f_x & s & u_0 \\ 0 & f_y & v_0 \\ 0 & 0 & 1 \end{pmatrix} \begin{pmatrix} r_{11} & r_{21} & t_1 \\ r_{12} & r_{22} & t_2 \\ r_{13} & r_{23} & t_3 \end{pmatrix} \begin{pmatrix} x_w \\ y_w \\ 1 \end{pmatrix} \tag{10.2.13}$$

由式(10.2.13)可获得

$$\lambda_m u = (f_x r_{11} + r_{12} s + r_{13} u_0) x_w + (f_x r_{21} + r_{22} s + r_{23} u_0) y_w + f_x t_1 + s t_2 + u_0 t_3 \tag{10.2.14}$$

$$\lambda_m v = (f_y r_{12} + r_{13} v_0) x_w + (f_y r_{22} + r_{23} v_0) y_w + f_y t_2 + v_0 t_3 \tag{10.2.15}$$

$$\lambda_m = r_{13} x_w + r_{23} y_w + t_3 \tag{10.2.16}$$

由式(10.2.14)～式(10.2.16)可解得 $x_w$、$y_w$、$\lambda_m$ 的值，从而获得像素点 $\boldsymbol{m}$ 对应的空间点在世界坐标系下的三维坐标。

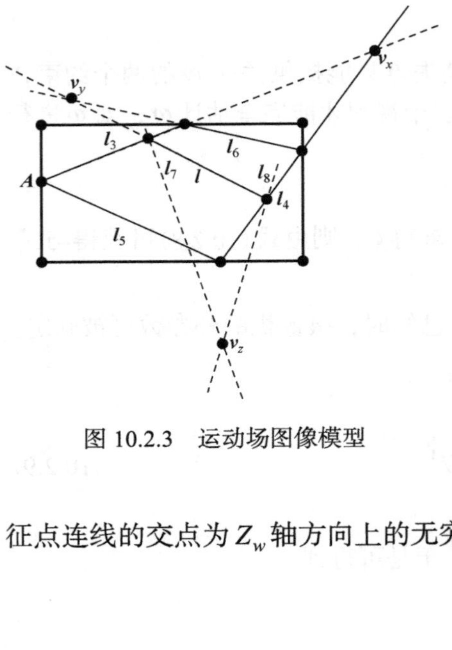


图 10.2.3　运动场图像模型

在能拍摄到运动场的整体时，以篮球场为例就可用运动场的边线、中线以及场边垂直于运动场平面的物体(如书目、围栏、篮球架、探照灯等)作为标定物。运动场图像模型如图 10.2.3 所示。

图 10.2.3 中，$\boldsymbol{l}_3$、$\boldsymbol{l}_4$ 为纵向的运动场边线的像，$\boldsymbol{l}_5$、$\boldsymbol{l}_6$ 为横向的运动场边线的像，$\boldsymbol{l}$ 为中线的像，$\boldsymbol{l}_7$、$\boldsymbol{l}_8$ 为与运动场平面垂直的物体的像。

1)摄像机内参数的标定

分别以运动场边线方向为世界坐标系的 $X_w$ 轴与 $Y_w$ 轴，以垂直于运动场平面的方向为 $Z_w$ 轴。则 $X_w$ 轴方向的边线与中线的交点为 $X_w$ 轴方向上的无穷远点，$Y_w$ 轴方向的边线与对边的交点为 $Y_w$ 轴方向上的无穷远点，$Z_w$ 轴方向的物体的特征点连线的交点为 $Z_w$ 轴方向上的无穷远点，如图 10.2.3 所示。因此，可通过运动场图像

获得 $X_w$、$Y_w$、$Z_w$ 方向上的消失点：

$$\boldsymbol{v}_x = \boldsymbol{l}_3 \times \boldsymbol{l}_4 \tag{10.2.17}$$

$$\boldsymbol{v}_y = \boldsymbol{l}_5 \times \boldsymbol{l}_6 = \boldsymbol{l} \times \boldsymbol{l}_6 \tag{10.2.18}$$

$$\boldsymbol{v}_z = \boldsymbol{l}_7 \times \boldsymbol{l}_8 \tag{10.2.19}$$

这三个消失点是两两正交的消失点。

由此，一台摄像机拍摄的一幅图像可提供关于绝对二次曲线的像的三个约束：

$$\boldsymbol{v}_x^{\mathrm{T}} \boldsymbol{\omega} \boldsymbol{v}_y = 0 \tag{10.2.20}$$

$$\boldsymbol{v}_x^{\mathrm{T}} \boldsymbol{\omega} \boldsymbol{v}_z = 0 \tag{10.2.21}$$

$$\boldsymbol{v}_y^{\mathrm{T}} \boldsymbol{\omega} \boldsymbol{v}_z = 0 \tag{10.2.22}$$

由相同内参数的两台摄像机，从不同角度拍摄运动场，就可完全确定绝对二次曲线的像，从而进一步分解获得摄像机内参数。

2）摄像机外参数的标定

**命题 10.2.4**　当世界坐标系中 $X_w$、$Y_w$、$Z_w$ 轴方向上的消失点已知时，可获得世界坐标系到摄像机坐标系的旋转矩阵 $\boldsymbol{R}$ 。

$X_w$ 轴方向上的无穷远点的齐次坐标为 $(1,0,0,0)^{\mathrm{T}}$，它投影为消失点 $\boldsymbol{v}_x$，同样，$Y_w$、$Z_w$ 轴方向上的无穷远点的齐次坐标分别为 $(0,1,0,0)^{\mathrm{T}}$ 、$(0,0,1,0)^{\mathrm{T}}$，所投影的消失点为 $\boldsymbol{v}_y$、$\boldsymbol{v}_z$。其投影过程表示为

$$\lambda_x \boldsymbol{v}_x = \boldsymbol{K}(\boldsymbol{R},\boldsymbol{T})\begin{pmatrix}1\\0\\0\\0\end{pmatrix} = \boldsymbol{K}\boldsymbol{r}_1 \tag{10.2.23}$$

$$\lambda_y \boldsymbol{v}_y = \boldsymbol{K}(\boldsymbol{R},\boldsymbol{T})\begin{pmatrix}0\\1\\0\\0\end{pmatrix} = \boldsymbol{K}\boldsymbol{r}_2 \tag{10.2.24}$$

$$\lambda_z \boldsymbol{v}_z = \boldsymbol{K}(\boldsymbol{R},\boldsymbol{T})\begin{pmatrix}0\\0\\1\\0\end{pmatrix} = \boldsymbol{K}\boldsymbol{r}_3 \tag{10.2.25}$$

其中，$\lambda_x$、$\lambda_y$、$\lambda_z$ 为度量因子。

于是有 $\boldsymbol{r}_1 = \boldsymbol{K}^{-1}\boldsymbol{v}_x \big/ \left\|\boldsymbol{K}^{-1}\boldsymbol{v}_x\right\|$、$\boldsymbol{r}_2 = \boldsymbol{K}^{-1}\boldsymbol{v}_y \big/ \left\|\boldsymbol{K}^{-1}\boldsymbol{v}_y\right\|$、$\boldsymbol{r}_3 = \boldsymbol{K}^{-1}\boldsymbol{v}_z \big/ \left\|\boldsymbol{K}^{-1}\boldsymbol{v}_z\right\|$，从而恢复了旋转矩阵。

设世界坐标系到两台摄像机坐标系的旋转矩阵分别为 $\boldsymbol{R}_1$、$\boldsymbol{R}_2$，则由两台摄像机获

得的视图，可获得两个视图下的 $X_w$、$Y_w$、$Z_w$ 轴方向的消失点，从而由命题 10.2.4 可获得 $\boldsymbol{R}_1$、$\boldsymbol{R}_2$。

若将世界坐标系设置为与第一台摄像机坐标系重合，第一台摄像机坐标系和第二台摄像机坐标系的旋转矩阵为 $\boldsymbol{R}$，平移向量为 $\boldsymbol{T}$。那么空间点 $\boldsymbol{M}$ 在两台摄像机下的投影过程可表示为

$$\lambda_1 \boldsymbol{m}_1 = \boldsymbol{K}(\boldsymbol{R}_1, \boldsymbol{T})\boldsymbol{M} \tag{10.2.26}$$

$$\lambda_2 \boldsymbol{m}_2 = \boldsymbol{K}(\boldsymbol{R}_2, \boldsymbol{T})\boldsymbol{M} \tag{10.2.27}$$

由上述可得

$$\boldsymbol{R} = \boldsymbol{R}_2 \boldsymbol{R}_1^{-1} \tag{10.2.28}$$

3）确定单应矩阵

设 $\boldsymbol{m}_1$、$\boldsymbol{m}_2$ 为两台摄像机拍摄的对应点，其齐次坐标分别为 $\boldsymbol{m}_1 = (u,v,1)^{\mathrm{T}}$、$\boldsymbol{m}_2 = (u',v',1)^{\mathrm{T}}$，$\boldsymbol{H}$ 为两幅视图间的单应矩阵，$\boldsymbol{m}_2 = \boldsymbol{H}\boldsymbol{m}_1$，当 $\boldsymbol{H} = \begin{pmatrix} h_1 & h_2 & h_3 \\ h_4 & h_5 & h_6 \\ h_7 & h_8 & h_9 \end{pmatrix}$ 未知时，可将其写成线性方程组的形式：

$$\begin{pmatrix} u_i, v_i, 1, 0, 0, 0, -u_i' u_i, -u_i' v_i, -u_i' \\ 0, 0, 0, u_i, v_i, 1, -v_i' u_i, -v_i' v_i, -v_i \\ \vdots \end{pmatrix} \begin{pmatrix} h_1 \\ h_2 \\ \vdots \end{pmatrix} = 0 \quad (i = 1,2,3,4) \tag{10.2.29}$$

对两幅视图进行特征点匹配，选择至少四对图像匹配点（这四点中的任意三点不共线）来确定单应矩阵 $\boldsymbol{H}$。

4）确定极点

设第二台摄像机的图像的极点为 $\boldsymbol{e}'$，它的齐次坐标形式为 $\boldsymbol{e}' = (x', y', 1)^{\mathrm{T}}$，$\boldsymbol{F}$ 为两台摄像机视图间的基本矩阵，$\boldsymbol{m}_1$、$\boldsymbol{m}_2$ 分别为图像间的一对对应点，因此有

$$\boldsymbol{m}_2'^{\mathrm{T}} \boldsymbol{F} \boldsymbol{m}_1 = 0 \tag{10.2.30}$$

由前面的知识可知，基本矩阵可以表示为

$$\boldsymbol{F} = [\boldsymbol{e}']_{\times} \boldsymbol{H} \tag{10.2.31}$$

由式(10.2.30)和式(10.2.31)可得

$$\boldsymbol{m}_2'^{\mathrm{T}} [\boldsymbol{e}']_{\times} \boldsymbol{H} \boldsymbol{m}_1 = 0 \tag{10.2.32}$$

其中，$[\boldsymbol{e}']_{\times} = \begin{pmatrix} 0 & -1 & y' \\ 1 & 0 & -x' \\ -y' & x' & 0 \end{pmatrix}$；$\boldsymbol{H} = \begin{pmatrix} h_1 & h_2 & h_3 \\ h_4 & h_5 & h_6 \\ h_7 & h_8 & h_9 \end{pmatrix}$。将其写成线性方程组的形式：

$$\boldsymbol{AX} = \boldsymbol{B} \tag{10.2.33}$$

其中

$$\boldsymbol{A}=\begin{pmatrix}-u_iv_i'h_7+u_ih_4-v_iv_i'h_8+v_ih_5+v_i'h_9+h_6, u_iu_i'h_7-u_ih_1+v_iu_i'h_8-v_ih_2+u_i'h_9-h_3\\ \cdots\end{pmatrix}$$

$$\boldsymbol{X}=(x',y')^{\mathrm{T}}$$

$$\boldsymbol{B}=\begin{pmatrix}u_iu_i'h_4-u_iv_i'h_1+v_iu_i'h_5-v_iv_i'h_2+u_i'h_6-v_i'h_3\\ \cdots\end{pmatrix} \tag{10.2.34}$$

此时，已知这两台摄像机所拍摄的视图上的两对对应点，便可通过解式(10.2.33)获得 $\boldsymbol{X}=(x',y')$，确定极点 $\boldsymbol{e}'$。

**命题 10.2.5**　若世界坐标系与其中一台摄像机坐标系重合，则这台摄像机光心在另一台摄像机下的像(第二台摄像机图像平面上的极点)，与这台摄像机到另一台摄像机的平移向量只相差一个比例因子。

由于世界坐标系与第一台摄像机的坐标系重合，因此第一台摄像机光心在世界坐标系下的齐次坐标为 $(0,0,0,1)^{\mathrm{T}}$。它在第二台摄像机下的成像过程为

$$\lambda\boldsymbol{e}'=\boldsymbol{K}(\boldsymbol{R},\boldsymbol{T})\begin{pmatrix}0\\0\\0\\1\end{pmatrix}=\boldsymbol{KT} \tag{10.2.35}$$

因此，平移向量 $\boldsymbol{T}=\boldsymbol{K}^{-1}\boldsymbol{e}'/\|\boldsymbol{K}^{-1}\boldsymbol{e}'\|$。

### 10.2.3　算法步骤

基于前面的分析，下面给出利用 phi-type 模型标定摄像机内外参数的算法。

---

**算法 10.1**　基于运动场部分图像的摄像机标定算法

**输入：** 从不同的方向拍摄至少 3 幅包含 phi-type 模型的图像

**输出：** 摄像机内参数矩阵 $\boldsymbol{K}$ 和外参数旋转矩阵 $\boldsymbol{R}$、平移向量 $\boldsymbol{T}$

第一步，提取并拟合圆像和经过圆心的直线的像；

第二步，任取圆像 $\boldsymbol{c}$ 上任意一点，并且点不是圆像与直线 $\boldsymbol{l}$ 的交点，将此点与直径两端点连接可获得一对垂线的像；

第三步，根据命题 10.2.2 得到圆心的像；

第四步，根据获得的正交消失点求解绝对二次曲线的像 $\boldsymbol{\omega}$，再对 $\boldsymbol{\omega}$ 分解获得摄像机内参矩阵 $\boldsymbol{K}$；

第五步，由式(10.2.8)得到与 $\boldsymbol{c}_\infty^*$ 相差一个比例因子的矩阵，再根据命题 10.2.3 便可恢复摄像机外参数旋转矩阵 $\boldsymbol{R}$ 和平移向量 $\boldsymbol{T}$。

---

根据上述分析，利用运动场边线、中线及场边物体的正交性，可获得正交消失点，从而对摄像机的内参数进行恢复，再利用对极几何的性质实现外参数的恢复。

**算法 10.2**　基于运动场整体图像的摄像机标定算法

**输入：** 两个不同位置相同内参数摄像机拍摄的两幅图像

**输出：** 摄像机内参数矩阵 $\boldsymbol{K}$ 和外参数旋转矩阵 $\boldsymbol{R}$ 、平移向量 $\boldsymbol{T}$

第一步，利用 Canny 算子边缘检测算法提取出边线中线及垂直于运动场平面的物体的图像，再利用最小二乘法拟合每幅图像中提取出的方程；

第二步，利用拟合所得的直线的交点，获得三个两两正交的消失点，由式 (10.2.20)～式(10.2.22)可获得摄像机的内参数；

第三步，对两幅视图进行特征点匹配，由"基于整体运动场图像的标定方法"部分 3)和 4)的内容获得单应矩阵 $\boldsymbol{H}$ 和第二台摄像机图像平面上的极点 $\boldsymbol{e}'$ ；

第四步，根据命题 10.2.4 恢复摄像机外参数旋转矩阵 $\boldsymbol{R}$ ，根据命题 10.2.5 恢复摄像机外参数平移向量 $\boldsymbol{T}$。

# 技 术 篇

# 第 11 章 图像处理技术

## 11.1 二 值 化

图像的二值化，就是将图像上像素点的灰度值设置为 0 或 255，也就是将整个图像呈现出明显的只有黑和白的视觉效果。在数字图像处理中，二值图像占有非常重要的地位，图像的二值化使图像中的数据量大为减少，从而能凸显出目标的轮廓。

由于二值图像数据足够简单，许多视觉算法都依赖二值图像。通过二值图像，能更好地分析物体的形状和轮廓。二值图像也常常用作原始图像的掩模(又称遮罩、蒙版、Mask)，它就像一张部分镂空的纸，把我们不感兴趣的区域遮掉。进行二值化有多种方式，其中最常用的就是采用阈值化进行二值化。

阈值化是指输入图像 $g$ 到输出图像 $G$ 的如下变换：

$$G(x,y)=\begin{cases}255 & (g(x,y)\geqslant T)\\ 0 & (g(x,y)<T)\end{cases} \tag{11.1.1}$$

其中，$T$ 为二值化的阈值。根据阈值选取方式的不同，可以分为全局阈值和自适应阈值。全局阈值，指的是对整个图像中的每一个像素都选用相同的阈值，适用于背景和前景有明显对比的图像。自适应阈值又称局部阈值，在许多情况下，物体和背景的对比度在图像中不是各处一样的，这时很难用统一的一个阈值来将物体和背景分开，可以根据图像的局部特征分别采用不同的阈值来进行处理。实际处理时，需要按照具体问题将图像分成若干子区域分别选择阈值，或者动态地根据一定的邻域范围选择各点处的阈值。

### 1. 全局阈值

在全局阈值方法中，对图像进行灰度化处理后，扫描图像的每个像素值，将值小于 127 的像素值设为 0(黑色)，值大于等于 127 的像素值设为 255(白色)，如图 11.1.1(b)所示。该方法的好处是计算量少、速度快，缺点是阈值为 127 时没有任何理由可以解释，同时该方法完全不考虑图像的像素分布情况与像素值特征。

### 2. 自适应阈值

1) 自适应平均阈值法

最常见的二值处理方法是计算像素的平均值 $K$，即自适应平均阈值法。扫描图像的每个像素值，如果像素值大于 $K$ 则像素值设为 255(白色)，如果像素值小于等于 $K$ 则像素值设为 0(黑色)，如图 11.1.1(c)所示。该方法可解释，但使用平均值作为二值化阈值可能导致部分对象像素或者背景丢失，二值化结果不能真实反映原图像信息。

2)自适应高斯阈值法

自适应高斯阈值法是计算像素的高斯加权和。自适应高斯阈值法属于密度估计方法的一种，其基本原理是估计出样本集的概率分布函数，并设定一个密度阈值，当测试样本所在区域的密度高于该阈值时，像素值设为 255(白色)，否则像素值设为 0(黑色)，如图 11.1.1(d)所示。

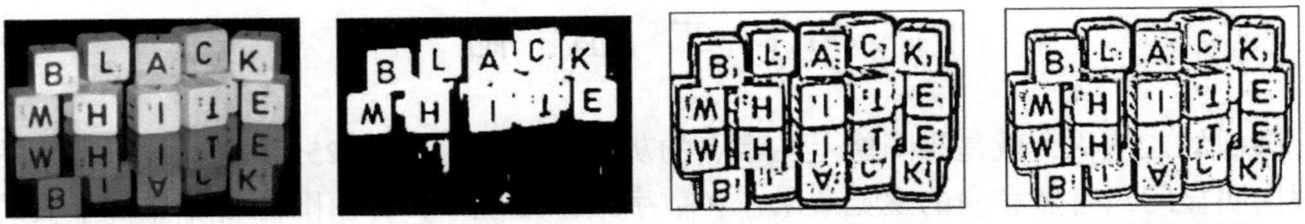

(a) 原始图像　(b) 全局阈值($v$=127)　(c) 自适应平均阈值　(d) 自适应高斯阈值

图 11.1.1　使用全局阈值和自适应阈值方法进行二值化后的图像

3)最大类间方差法

最大类间方差法是由日本学者大津(Nobuyuki Otsu)于 1979 年提出的，是一种自适应的阈值确定方法，又叫大津法，简称 Otsu 算法。它是按图像的灰度特性，将图像分成背景和目标两部分。背景和目标之间的类间方差越大，说明构成图像的两部分的差别越大，部分目标错分为背景或部分背景错分为目标都会导致两部分的差别变小，因此，使类间方差最大的分割意味着错分概率最小。Otsu 算法被认为是最好和最快的二值化技术。

Otsu 提出的二值化方法基于的是统计学的观点。设 $N$ 为一幅大小为 $M\times N$ 像素的数字图像中像素点的总和，$L$ 为图像的灰度级数，分布为 $\{0,1,\cdots,L-1\}$，令 $n_i$ 为灰度级为 $i$ 上的像素点数，则 $N=\sum_{i=0}^{L-1}n_i$，像素的灰度级为 $i$ 的概率为

$$p_i=\frac{n_i}{N},\quad \sum_{i=0}^{L-1}p_i=1 \tag{11.1.2}$$

假定阈值 $T(k)=k, 0\leqslant k\leqslant L-1$，将图像的灰度级划分为两类 $C_1$ 和 $C_2$，其中 $C_1$ 由图像中灰度值在范围 $[0,k]$ 内的所有像素组成，$C_2$ 由灰度值在范围 $[k+1,L-1]$ 内的所有像素组成。则像素被分类到 $C_1$ 中的概率为

$$P_1(k)=\sum_{i=0}^{k}p_i \tag{11.1.3}$$

像素被分类到 $C_2$ 中的概率为

$$P_2(k)=\sum_{i=k+1}^{L-1}p_i=1-P_1(k) \tag{11.1.4}$$

则分配到类 $C_1$ 的像素的平均灰度值为

$$m_1(k)=\sum_{i=0}^{k} iP(i|C_1)=\sum_{i=0}^{k}\frac{iP(C_1|i)P(i)}{P(C_1)}=\frac{1}{P_1(k)}\sum_{i=0}^{k} ip_i \tag{11.1.5}$$

类似地，分配到类 $C_2$ 中的像素的平均灰度值为

$$m_2(k)=\sum_{i=k+1}^{L-1} iP(i|C_2)=\frac{1}{P_2(k)}\sum_{i=k+1}^{L-1} ip_i \tag{11.1.6}$$

灰度值为 0～$k$ 的像素的平均灰度值为

$$m_k=\sum_{i=0}^{k} ip_i \tag{11.1.7}$$

整个图像的平均灰度值为

$$m_G=\sum_{i=0}^{L-1} ip_i \tag{11.1.8}$$

可以验证以下公式成立：

$$P_1(k)\cdot m_1(k)+P_2(k)\cdot m_2(k)=m_G \tag{11.1.9}$$

$$P_1(k)+P_2(k)=1 \tag{11.1.10}$$

则类间方差可定义为

$$\begin{aligned}\sigma_B^2&=P_1(m_1-m_G)^2+P_2(m_2-m_G)^2\\&=P_1P_2(m_1-m_2)=\frac{(m_GP_1-m)^2}{P_1(1-P_1)}\end{aligned} \tag{11.1.11}$$

全局方差为

$$\sigma_G^2=\sum_{i=0}^{L-1}(i-m_G)^2 p_i \tag{11.1.12}$$

令 $\eta=\dfrac{\sigma_B^2(k)}{\sigma_G^2}$，其中 $\sigma_B^2(k)=\dfrac{(m_G\cdot P_1(k)-m(k))^2}{P_1(k)\cdot(1-P_1(k))}$，由式(11.1.11)可知 $m_1$ 和 $m_2$ 彼此隔得越远，$\sigma_B^2$ 越大，这表明类间方差是类之间的可分性度量。因为 $\sigma_G^2$ 是一个常数，所以 $\eta$ 是一个归一化后的可分性度量。因此要求得最佳阈值 $k^*$，应使得 $\sigma_B^2$ 最大，即

$$\sigma_B^2(k^*)=\max_{0\leqslant k\leqslant L-1}\sigma_B^2(k) \tag{11.1.13}$$

Otsu 算法选择使类间方差最大的灰度值为阈值，算法简单，当目标与背景的面积相差不大时，能够有效地对图像进行二值化。

## 11.2　角 点 检 测

11.2-视频

角点是图像中的重要特征，对帮助人们理解、分析图像有重要的作用。角点在保留图像重要特征的同时，可以有效地减少信息的数据量，使信息含量变高，有效地提高了

计算的速度，使得实时处理图像的可靠匹配成为可能，对于同一场景，视角发生改变，角点通常是不变的，具有稳定性。

角点检测是计算机视觉系统中获得图像特征的一种方法，由于角点检测的实时性和稳定性，所以角点检测广泛应用于运动检测、图像匹配、视频跟踪、三维建模和目标识别等领域。大多数角点检测算法检测的是具有特定特征的图像点，不仅仅是角点，这些特征点在图像中具有具体的坐标，并具有某些数学特征，如局部最小或最大，以及某些梯度特征等，可以利用检测出的这些点，实现想要的操作。

角点检测算法可归纳为三类：基于灰度图像的角点检测、基于二值图像的角点检测、基于轮廓曲线的角点检测。基于灰度图像的角点检测又可分为基于梯度、基于模板和基于模板梯度组合三类方法，其中基于模板的方法主要考虑像素邻域点的灰度变化，即图像亮度的变化，将与邻点亮度对比足够大的点定义为角点。常见的基于模板的角点检测算法有 Kitchen-Rosenfeld 角点检测算法、Harris 角点检测算法、KLT 角点检测算法及 SUSAN 角点检测算法。其中，最常用的是 Harris 角点检测算法和 SUSAN 角点检测算法。

### 11.2.1　Harris 角点检测算法

角点可以简单地认为是两条边的交点，比较严格的定义则是在邻域内具有两个主方向(即在两个方向上灰度变化剧烈)的特征点。在各个方向上移动小窗口，若在所有方向上移动，窗口内灰度都发生变化，则认为是角点；如果任何方向都不变化，则是均匀区域；如果灰度只在一个方向上变化，则可能是图像边缘。

Harris 角点检测的思想是通过图像局部的小窗口观察图像，角点的特征是窗口沿任意方向移动都会导致图像灰度的明显变化。对于给定图像 $I(x,y)$ 和固定尺寸的邻域窗口，计算窗口平移前后各个像素差值的平方和，即自相关函数：

$$E(u,v)=\sum\nolimits_x\sum\nolimits_y w(x,y)\left[I(x+u,y+v)-I(x,y)\right]^2 \tag{11.2.1}$$

其中，窗口加权函数 $w(x,y)$ 可为去均值函数或者高斯函数。根据泰勒展开，可得到窗口平移后图像的一阶近似：

$$I(x+u,y+v)\approx I(x,y)+I_x(x,y)u+I_y(x,y)v \tag{11.2.2}$$

因此，$E(u,v)$ 可化为

$$E(u,v)\approx\sum\nolimits_{x,y} w(x,y)\left[I_x(x,y)u+I_y(x,y)v\right]^2=[u\ v]\boldsymbol{M}(x,y)\begin{bmatrix}u\\ v\end{bmatrix} \tag{11.2.3}$$

其中

$$\boldsymbol{M}(x,y)=\sum\nolimits_{x,y} w(x,y)\begin{bmatrix}I_x^2 & I_xI_y\\ I_xI_y & I_y^2\end{bmatrix} \tag{11.2.4}$$

因此，$\boldsymbol{M}$ 为偏导数矩阵。矩阵 $\boldsymbol{M}$ 决定了 $E(u,v)$ 的取值，$\boldsymbol{M}$ 是 $I_x$ 和 $I_y$ 的二次项函数，$\boldsymbol{M}$ 可以表示成椭圆的形式，椭圆的长半轴、短半轴由 $\boldsymbol{M}$ 的特征值 $\lambda_1$ 和 $\lambda_2$ 决定，方向由特征向量决定。椭圆方程为

$$[u\ v]\boldsymbol{M}\begin{bmatrix}u\\v\end{bmatrix}=1 \tag{11.2.5}$$

椭圆函数特征值与图像中的直线(边缘)、平面和角点之间的关系可分为三种情况。

(1)图像中的直线：一个特征值大，另一个特征值小，即 $\lambda_1 > \lambda_2$ 或 $\lambda_2 > \lambda_1$，则椭圆函数值在某一方向上大，在其他方向上小。

(2)图像中的平面：两个特征值都小，且近似相等，则椭圆函数值在各个方向上都小。

(3)图像中的角点：两个特征值都大，且近似相等，则椭圆函数值在所有方向上都大。

Harris 给出的角点计算方法并不需要计算具体的特征值，而是计算一个角点响应值 $R$ 来判断角点。$R$ 的计算公式为

$$R=\det(\boldsymbol{M})-\alpha(\operatorname{trace}(\boldsymbol{M}))^2 \tag{11.2.6}$$

其中，$\det(\boldsymbol{M})$ 为矩阵 $\boldsymbol{M}$ 的行列式；$\operatorname{trace}(\boldsymbol{M})$ 为矩阵 $\boldsymbol{M}$ 的迹；$\alpha$ 为常数，取值为 0.04～0.06。事实上，特征值隐含在 $\det(\boldsymbol{M})$ 和 $\operatorname{trace}(\boldsymbol{M})$ 中，因为

$$\det(\boldsymbol{M})=\lambda_1\lambda_2,\quad \operatorname{trace}(\boldsymbol{M})=\lambda_1+\lambda_2 \tag{11.2.7}$$

当 $R$ 为大数值的正数时是角点，当 $R$ 为大数值的负数时是边缘，当 $R$ 为小数时认为是均匀区域。

在判断角点时，对角点响应值 $R$ 进行阈值处理：当 $R$ 大于某一阈值时，提取 $R$ 的局部极大值。图 11.2.1 显示的是用 Harris 角点检测算法检测到的角点，可以看出，该算法能很好地检测到三角形和四边形的角点。

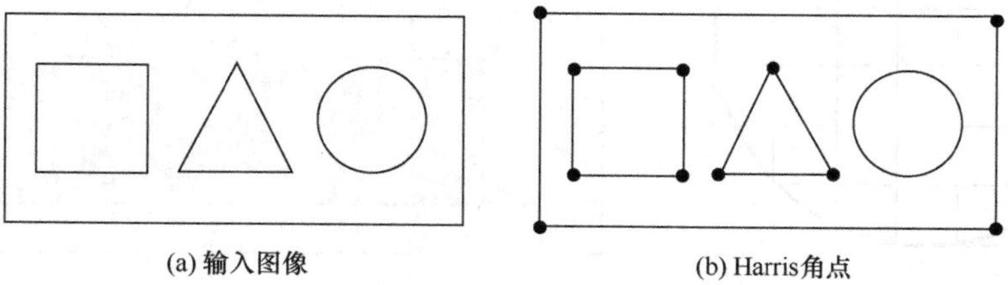

(a) 输入图像　　(b) Harris角点

图 11.2.1　用 Harris 角点检测算法检测到的角点

Harris 角点检测算法有诸多优点，但也有不完善的地方。

(1) Harris 角点检测算子具有旋转不变性。

Harris 角点检测算子使用的是角点附近的区域灰度二阶矩阵。而二阶矩阵可以表示成一个椭圆，椭圆的长短轴正是二阶矩阵特征值平方根的倒数。当特征椭圆转动时，特征值并不发生变化，所以判断角点响应值 $R$ 也不发生变化，由此说明 Harris 角点检测算子具有旋转不变性。

(2) Harris 角点检测算子对灰度平移和灰度尺度变化不敏感。

这是因为在进行 Harris 角点检测时，使用了微分算子对图像进行微分运算，而微分运算对图像亮度的抬高或下降、密度的拉升或收缩不敏感。换言之，对亮度和对比度的仿射变换并不改变 Harris 响应的极值点出现的位置，但是，阈值的选择可能会影响角点

检测的数量。

(3) Harris 角点检测算子不具有尺度不变性。

当图像被缩小时，在检测窗口尺寸不变的前提下，窗口内所包含图像的内容可能是完全不同的。如果图像尺度发生变化，原来是角点的点在新的尺度下可能就不是角点了。

### 11.2.2　SUSAN 角点检测算法

SUSAN (Smallest Univalve Segment Assimilating Nucleus) 角点检测算法是由 Smith 和 Brady 提出的一种低层次图像处理的最小核值相似区算法。该算法直接利用像素的灰度进行角点检测，而不考虑曲率等复杂的角点特征。

SUSAN 角点检测算法采用圆形模板来得到各向同性的响应。在数字图像中，圆可以用一个含有 37 像素的模板来近似。这 37 像素排成 7 行，分别有 3、5、7、7、7、5、3 像素。这相当于一个半径约为 3.4 像素的圆，如图 11.2.2 所示。

假设有一幅长方形的图像，上部为亮区域，下部为暗区域，分别代表目标和背景。现有一个圆形的模板，其中心称为“核”，其大小由模板边界所限定。图 11.2.3 是该模板放在图中六个不同位置的情况，从左至右，第一个模板全部在亮区域，第二个模板大部分在亮区域，第三个模板 1/2 在亮区域，第四个模板大部分在暗区域，第五个模板全部在暗区域，第六个模板 1/4 在暗区域。这些情况基本概括了模板典型的位置和响应。

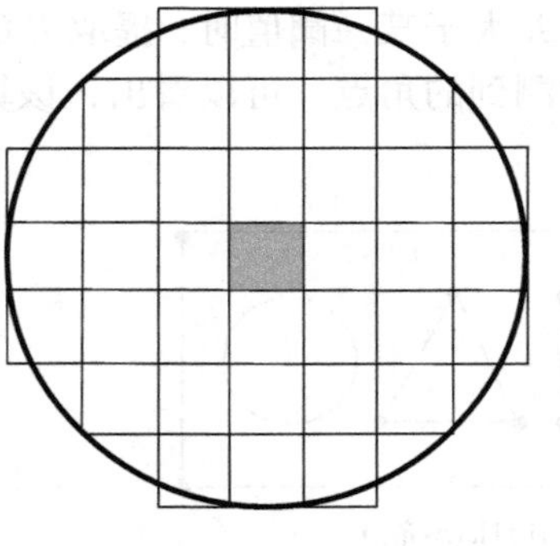

图 11.2.2　37 像素的模板

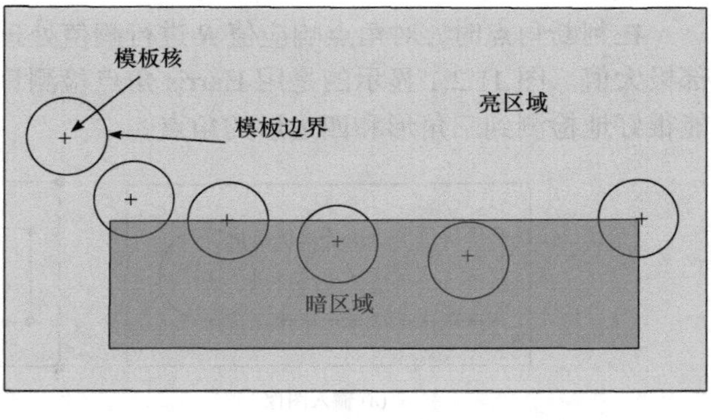


图 11.2.3　圆形模板在图像中的不同位置

如果将模板中各像素的灰度都与模板中心的核像素的灰度进行比较，就会发现总有一部分模板区域的灰度与核像素的灰度相同或相似。这部分区域可称为核同值区域 (USAN)，即与核有相同值的区域，可简称为核同值区。USAN 包含了很多与图像结构有关的信息。USAN 面积较大时表明核像素处在图像中的灰度一致区域，在模板核接近边缘时该面积减少，在接近角点时减少得更多，即在角点处面积取得最小值。如果将 USAN 面积的倒数作为检测的输出，可以通过计算极大值方便地确定角点的位置。

利用 SUSAN 检测角点的步骤如下。

(1) 使用一个圆形模板在图像上滑动，目标像素与模板中心重叠，比较模板内各像素灰度值与模板核像素灰度值的差异，构成 USAN 区域。按如下公式判断是否属于 USAN 区域：

$$c(x,y)=\begin{cases}1 & (|I(x,y)-I(x_0,y_0)|<t)\\ 0 & (|I(x,y)-I(x_0,y_0)|\geqslant t)\end{cases} \tag{11.2.8}$$

其中，$I(x_0,y_0)$为模板中心对应的图像灰度值；$I(x,y)$为模板覆盖的其他灰度值；$t$是一个灰度差的阈值；函数$c(\cdot)$代表输出的比较结果。当某像素与中心像素间的差异低于阈值$t$时将其归入 USAN。

(2) 计算 USAN 的面积：

$$n(x_0,y_0)=\sum_{x,y}c(x,y) \tag{11.2.9}$$

这个总和即为 USAN 中像素的数量，该面积在角点处会达到最小。

(3) 应用 USAN 时，需将$n(x_0,y_0)$与一个固定的几何阈值$g$进行比较。该阈值设为$3n_{\max}/4$，其中$n_{\max}$是$n$所能取得的最大值(对 37 像素的模板，最大值为 36)。角点响应值可以通过下面的公式计算：

$$R(x_0,y_0)=\begin{cases}g-n(x_0,y_0) & (n(x_0,y_0)<g)\\ 0 & (n(x_0,y_0)\geqslant g)\end{cases} \tag{11.2.10}$$

当图像中没有噪声时，完全不需要几何阈值，但当图像中有噪声时，将阈值$g$设为$3n_{\max}/4$可给出最优的噪声消除性能。考虑一个阶跃边缘，$n$的值总会在某一边小于$n_{\max}/2$。如果边缘是弯曲的，小于$n_{\max}/2$的$n$值会出现在凹的一边。如果边缘不是理想的阶跃边缘(有坡度)，$n$的值会更小，这样边缘检测不到的可能性更小。

(4) 通过计算 USAN 的重心及其与中心的距离来去除伪角点。

(5) 使用非极大值抑制来寻找角点。

图 11.2.4 所示为正常输入图像及在高斯噪声下用 SUSAN 角点检测算法检测到的角点。可以看出在这两种情况下，SUSAN 角点检测算法都表现出非常好的效果。

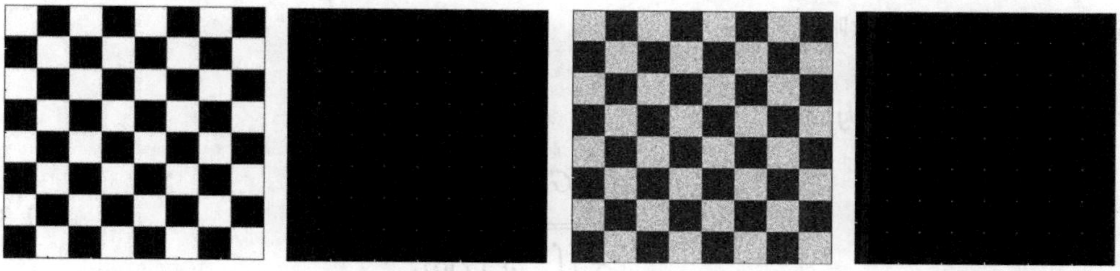

(a) 输入图像　(b) 角点检测结果　(c) 输入图像加入高斯噪声　(d) 在高斯噪声下的角点检测结果

图 11.2.4　用 SUSAN 角点检测算法检测到的角点

## 11.3　边 缘 检 测

11.3-视频

边缘检测是图像处理和计算机视觉中的基本问题，其目的是标识数字图像中亮度变化明显的点。两个具有不同灰度值的相邻区域之间总存在边缘，边缘是灰度值不连续的结果，这种不连续可方便地利用导数来进行检测，一般常使用的是一阶导数和二阶导数。图像处理中有多种边缘检测算子，常用的包括普通一阶导数、Robert 算子、Prewitt 算子、

Sobel 算子等，都是基于寻找梯度强度的算子。Canny 算子和 Laplace 算子在梯度方向的二阶导数过零点，通过计算梯度，设置阈值，得到边缘图像。图 11.3.1 为使用 Laplace 算子和 Sobel 算子得到的边缘检测结果，可以看出 Laplace 算子比 Sobel 算子的检测效果要好。

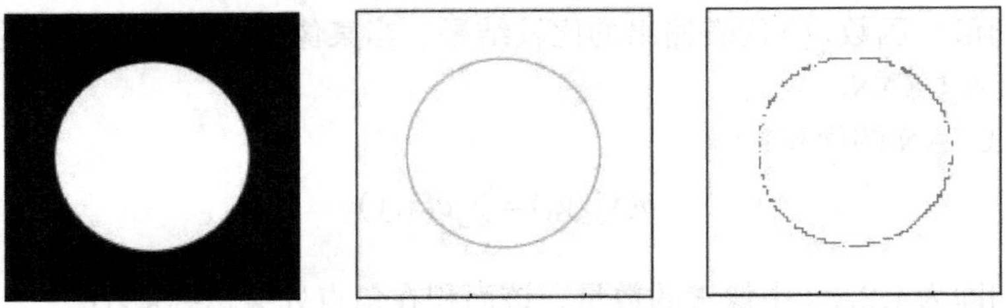

(a) 输入图像　(b) Laplace算子边缘检测　(c) Sobel算子边缘检测

图 11.3.1　边缘检测

Canny 边缘检测算法是 John F. Canny 于 1986 年开发出来的一个多级边缘检测算法。通常情况下边缘检测的目的是在保留原有图像属性的情况下，显著减少图像的数据规模，虽然有多种算法可以进行边缘检测，并且 Canny 算法年代久远，它是边缘检测的一种标准算法。

Canny 把边缘检测问题转换为检测单位函数极大值的问题来考虑，同时利用高斯模型借助图像滤波的概念指出了一个好的边缘检测算子应具有的三个指标：

(1) 低失误概率，既要少丢失真正的边缘也要少将非边缘判为边缘。

(2) 高位置精度，检测出的边缘应在真正的边界上。

(3) 单像素边缘，即对每个边缘有唯一的响应，得到的边界为单像素宽。

### 1. 判定边缘检测算子的准则

考虑到上述三个指标，Canny 提出了判定边缘检测算子的三个准则：信噪比准则、定位精度准则和单边缘响应准则。

1) 信噪比准则

信噪比 SNR 定义为

$$\mathrm{SNR}=\frac{\left|\int_{-W}^{W} G(-x)h(x)\mathrm{d}x\right|}{\sigma\sqrt{\int_{-W}^{W} h^2(x)\mathrm{d}x}} \tag{11.3.1}$$

其中，$G(x)$ 为边缘函数；$h(x)$ 为带宽为 $W$ 的滤波器的脉冲响应；$\sigma$ 为高斯噪声的均方差。信噪比越大，提取边缘时的失误概率越低。

2) 定位精度准则

边缘定位精度 $L$ 定义为

$$L=\frac{\left|\int_{-W}^{W} G'(-x)h'(x)\mathrm{d}x\right|}{\sigma\sqrt{\int_{-W}^{W} h'^2(x)\mathrm{d}x}} \tag{11.3.2}$$

其中，$G'(x)$ 和 $h'(x)$ 分别为函数 $G(x)$ 和 $h(x)$ 的导数。$L$ 越大表明定位精度越高。

3) 单边缘响应准则

单边缘响应准则是指对同一边缘要有低的响应次数，即对单边缘最好只有一个响应，为保证单边缘只有一个响应，单边缘响应与算子脉冲响应的导数的零交叉点平均距离应满足

$$D_{zca}(f') = \pi \left( \frac{\left| \int_{-\infty}^{+\infty} h'^2(x)\mathrm{d}x \right|}{\sigma \sqrt{\int_{-W}^{W} h''(x)\mathrm{d}x}} \right)^{1/2} \tag{11.3.3}$$

其中，$h''(x)$ 为函数 $h(x)$ 的二阶导数。如果式(11.3.3)满足，则对每个边缘可以有唯一的响应，得到的边界为单像素宽。

Canny 算子结合了这三个准则，具有很好的边缘检测性能，它通过寻找图像梯度的局部极大值，用高斯一阶微分来计算梯度，算子通过双阈值法检测强边缘和弱边缘，当弱边缘与强边缘连接成轮廓边缘时才输出。所以 Canny 算子不容易受噪声影响，能够在噪声和边缘检测间取得较好的平衡。

2. Canny 边缘检测算法

1) 应用高斯滤波平滑图像，目的是去除噪声

高斯滤波使用的高斯核是具有 $x$ 和 $y$ 两个维度的高斯函数，且两个维度上的标准差一般相同，标准差为 $\sigma$ 的高斯核 $G$ 的形式为

$$G(x,y) = \frac{1}{2\pi\sigma^2} \exp\left( -\frac{x^2+y^2}{2\sigma^2} \right) \tag{11.3.4}$$

2) 计算梯度幅值和方向

图像的边缘可以指向不同方向，因此经典 Canny 算法用了四个梯度算子来分别计算水平、垂直和对角线方向的梯度，但通常不用四个梯度算子来分别计算四个方向。常用边缘差分算子(如 Robert、Prewitt、Sobel)计算水平和垂直方向的差分 $G_x$ 和 $G_y$。则梯度的模和方向由式(11.3.5)给出：

$$G = \sqrt{G_x^2 + G_y^2}, \quad \theta = \arctan2(G_y, G_x) \tag{11.3.5}$$

梯度角度 $\theta$ 为 $-\pi \sim \pi$，然后把它近似到四个方向，分别代表水平、垂直和两个对角线方向(0°,45°,90°,135°)。可以以 $\pm i\pi/8$ $(i=1,3,5,7)$ 分割，对落在每个区域的梯度角给一个特定值，代表四个方向之一。

3) 非极大值抑制

非极大值抑制属于一种边缘细化的方法，梯度大的位置有可能为边缘，在这些位置沿着梯度方向，找到像素点的局部最大值，并将非最大值抑制。通俗地来说，就是获取局部最大值，将非极大值所对应的灰度值设置为背景像素点。像素邻近区域内满足梯度

值的局部最优值判断为该像素的边缘，对非极大值相关信息进行抑制。利用这个准则可以剔除大部分的非边缘点。简单地说就是保留梯度大的像素点，对于那些在边缘旁边的杂散点，其梯度相对较小，利用非极大值抑制就可以很好地去除。

4) 双阈值检测

一般的边缘检测算法用一个阈值来滤除噪声或颜色变化引起的小的梯度值，保留大的梯度值。Canny 算法应用双阈值，即一个高阈值和一个低阈值来区分边缘像素。若边缘像素点的梯度值大于高阈值，则被认为是强边缘点；若边缘像素点的梯度值小于高阈值，大于低阈值，则标记为弱边缘点；小于低阈值的点则被抑制掉。

5) 滞后边界跟踪

至此，强边缘点可以认为是真的边缘，弱边缘点则可能是真的边缘，也可能是噪声或颜色变化引起的。为得到精确的结果，后者引起的弱边缘点应该去掉，通常认为真边缘引起的弱边缘点和强边缘点是连通的，而由噪声引起的弱边缘点则不会。滞后边界跟踪算法用来检查一个弱边缘点的 8 连通邻域像素，只要有强边缘点存在，那么这个弱边缘点被认为是真边缘保留下来。

3. Canny 算法检测结果

图 11.3.2 为使用 Canny 算法进行边缘检测时各步骤的结果。可以看出 Canny 算法能够很好地检测出图像中的圆形边界。

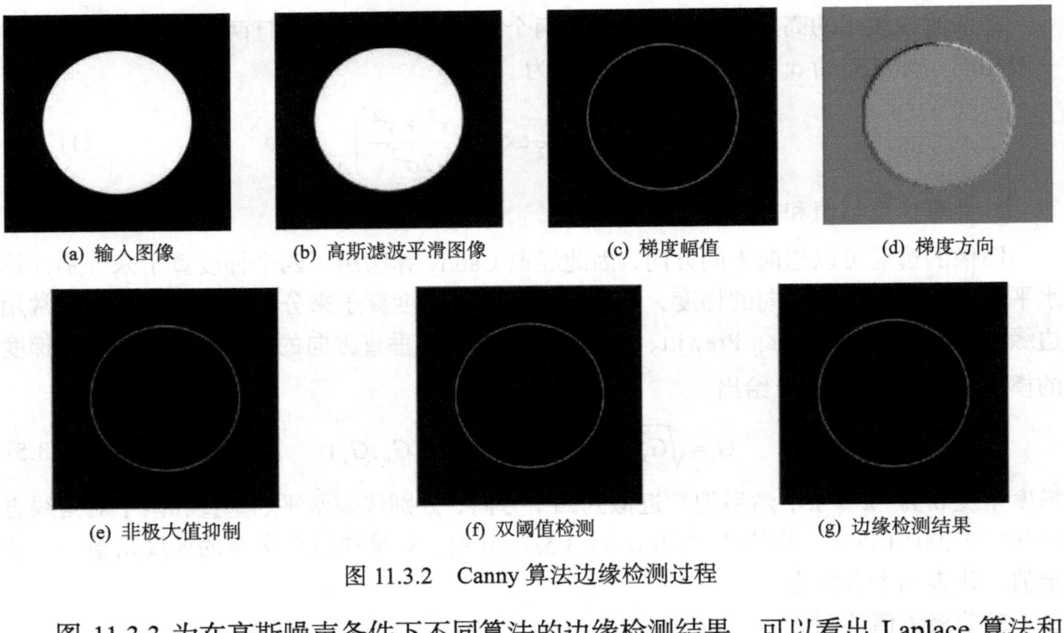

(a) 输入图像　(b) 高斯滤波平滑图像　(c) 梯度幅值　(d) 梯度方向

(e) 非极大值抑制　(f) 双阈值检测　(g) 边缘检测结果

图 11.3.2　Canny 算法边缘检测过程

图 11.3.3 为在高斯噪声条件下不同算法的边缘检测结果，可以看出 Laplace 算法和 Canny 算法的边缘检测效果比 Sobel 算法好。Canny 算法不易受噪声干扰，能够检测到真正的弱边缘，优点在于，使用两种不同的阈值分别检测强边缘和弱边缘，并且当弱边缘和强边缘相连通时，才将弱边缘包含在输出图像中。Sobel 算子对边缘定位不是很准确，

当对精度要求不是很高时，是一种较为常用的边缘检测算法。Laplace 算法是一种二阶导数算子，是各向同性的，能对任何走向的界线和线条进行锐化，无方向性，这是 Laplace 算法区别于其他算法的最大优点。

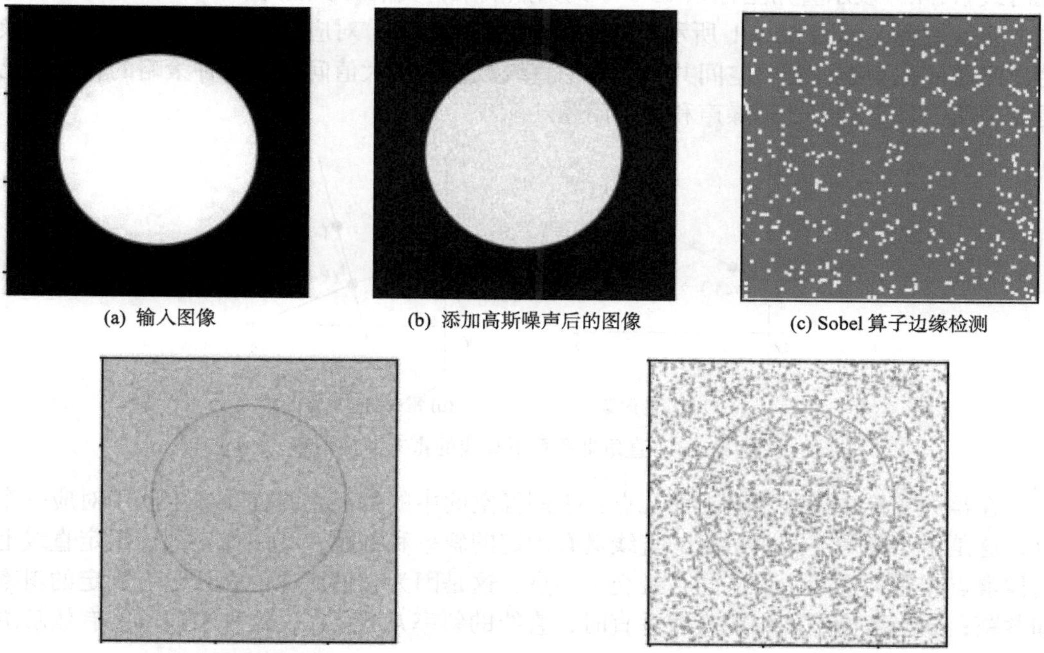

(a) 输入图像　(b) 添加高斯噪声后的图像　(c) Sobel 算子边缘检测

(d) Laplace 算子边缘检测　(e) Canny 算子边缘检测

图 11.3.3　高斯噪声下的边缘检测

## 11.4　霍 夫 变 换

霍夫变换由 Paul Hough 于 1962 年提出，用于寻找气泡的轨迹。后来，通过众多学者的不断扩展与完善，霍夫变换可以检测多种规则形状，如直线、圆、椭圆等。霍夫变换是一种“证据收集”方法，通过对模板匹配(一种模式识别方法)进行重新描述而实现，它定义了图像点到累加器空间(霍夫空间)的一种映射，在图像处理中的众多优势使得它成为一种备受欢迎的形状提取技术。

### 11.4.1　直线的霍夫变换

直线是图像中常见的几何形状之一。在直角坐标系 $xOy$ 下，直线的方程为

$$y = kx + b \tag{11.4.1}$$

其中，$k$ 为直线斜率；$b$ 为直线在 $y$ 轴上的截距(下面简称截距)。提取式(11.4.1)上的像素点 $(x_i, y_i)$，其中，$i = 1,2,\cdots,n, n \geqslant 2$，下同，则

$$y_i = kx_i + b \tag{11.4.2}$$

在式(11.4.2)中，将 $k$、$b$ 看作变量，则有

$$b = -kx_i + y_i \tag{11.4.3}$$

此时式(11.4.3)表示直角坐标系 $kO'b$ 下的共点线束，线束的顶点为 $(k,b)$。上述过程称为霍夫变换过程，如图 11.4.1 所示。当 $n \geqslant 3$ 时，式(11.4.3)对应一个超定问题，霍夫变换将此问题转化为统计霍夫空间共点线束中直线数量的最大值问题。这种策略的鲁棒性已得到证明，且有能力处理噪声和遮挡问题。

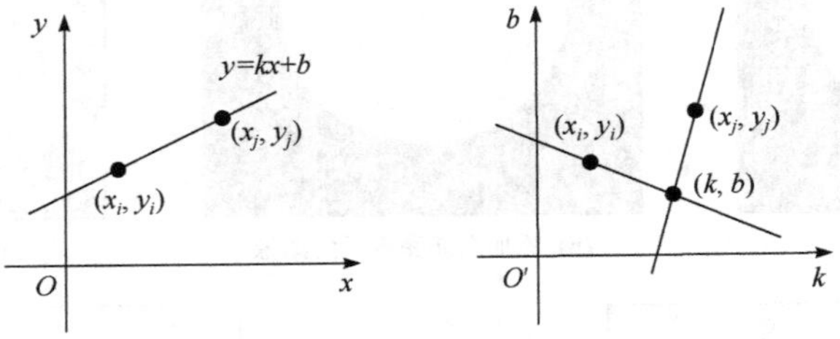


(a) 直线的图像　(b) 霍夫空间中的直线

图 11.4.1　直角坐标系下直线的霍夫变换图解

在霍夫变换中需要注意下面几点：①图像空间中的每条直线在霍夫空间中对应一个点，这是由于图像空间中给定的直线具有固定的斜率和截距；②图像空间中给定直线上的像素点在霍夫空间中对应的直线交于一点，这是因为它们所在的直线具有固定的斜率和截距；③当图像空间中的直线垂直时，直线的斜率 $k$ 不存在，这种策略不能有效解决此类问题。

一种解决直角坐标系中直线垂直问题的有效方法是采用极坐标表示直线，具体形式如下：

$$r = x\cos\theta + y\sin\theta \tag{11.4.4}$$

其中，$r$ 为坐标原点到直线的距离；$\theta$ 为过坐标原点且与直线垂直的直线与 $x$ 轴的夹角，这两个参数的含义如图 11.4.2 所示。提取式(11.4.4)上的像素点 $(x_i, y_i)$，则

$$r = x_i\cos\theta + y_i\sin\theta \tag{11.4.5}$$

在式(11.4.5)中，将 $r$、$\theta$ 看作变量，并将式(11.4.5)改写为

$$r = \sqrt{x_i^2 + y_i^2}\sin(\theta + \varphi) \tag{11.4.6}$$

当 $y_i \neq 0$ 时，有 $\varphi = \arctan\left(\dfrac{x_i}{y_i}\right)$；而当 $y_i = 0$ 时，有 $\varphi = \dfrac{\pi}{2}$。此时式(11.4.6)表示相交于同一点的正弦曲线束，线束的顶点为 $(\theta, r)$。上述过程称为霍夫变换过程，如图 11.4.2 所示。当 $n \geqslant 3$ 时，式(11.4.6)也对应一个超定问题，霍夫变换将此问题转化为统计霍夫空间共点正弦曲线束中正弦曲线数量的最大值问题。这种做法的优势在于将参数 $r$、$\theta$ 限定在特定范围内，其中 $\theta \in [0, \pi)$，$r$ 的最大取值通过图像大小确定，这有效解决了直角坐标系中直线垂直的问题。

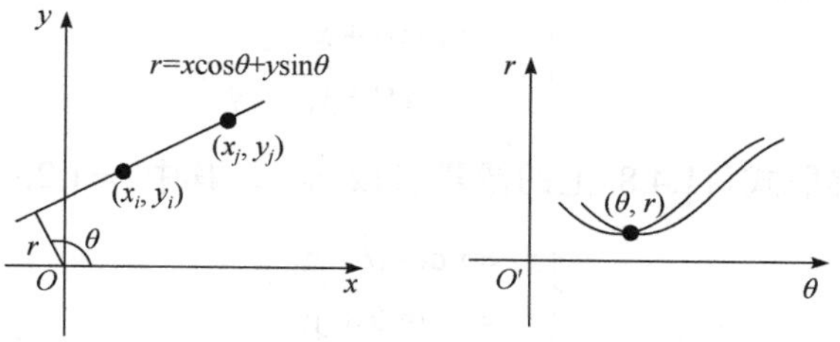


(a) 直线的图像　　　　(b) 霍夫空间中的正弦曲线

图 11.4.2　极坐标系下直线的霍夫变换图解

下面以极坐标系下直线的霍夫变换为例给出具体算法步骤和操作步骤。如图 11.4.3(b)所示，当 $\theta = 76^\circ$（$x$ 的运行结果）和 $r = 98$（$y$ 的运行结果）时，对应正弦曲线束中正弦曲线数量最多，即通过霍夫变换检测到的直线在极坐标下的方程为

$$x\cos 76^\circ + y\sin 76^\circ = 98 \tag{11.4.7}$$

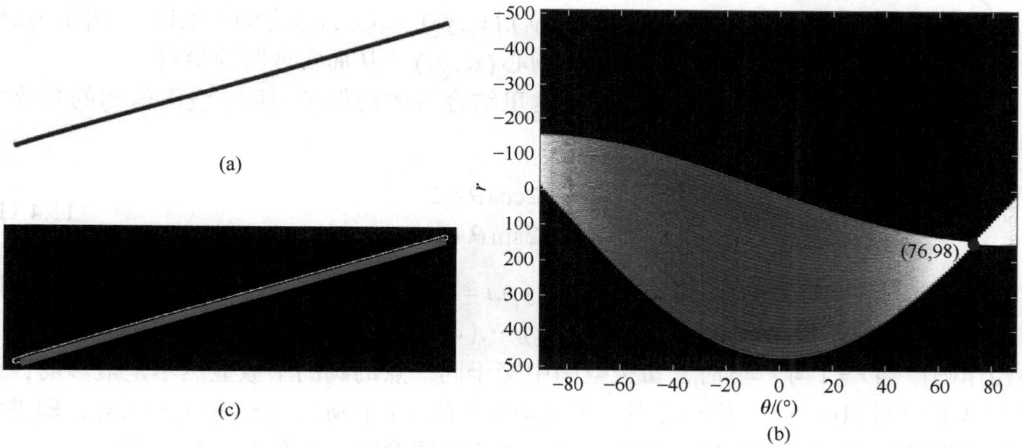


图 11.4.3　极坐标系下直线霍夫变换实例图

基于以上分析，给出极坐标系下直线霍夫变换的步骤如下。

---

**算法 11.1**　利用霍夫变换得到结果图像

**输入：** 待检测图像

**输出：** 检测所得结果图像

第一步，输入待检测图像；

第二步，将待检测图像处理成二值图像；

第三步，对二值图像进行霍夫变换；

第四步，输出检测所得结果图像。

---

### 11.4.2　圆的霍夫变换

圆是图像中常见的几何形状之一。设圆心为 $(x_0, y_0)$、半径为 $r$ 的圆的参数方程为

$$\begin{cases} x = r\cos\theta + x_0 \\ y = r\sin\theta + y_0 \end{cases} \tag{11.4.8}$$

其中，$\theta \in [0,2\pi)$。提取式(11.4.8)上的像素点$(x_i, y_i)$，其中$i = 1,2,\cdots,n, n \geqslant 3$，则

$$\begin{cases} x_i = r\cos\theta + x_0 \\ y_i = r\sin\theta + y_0 \end{cases} \tag{11.4.9}$$

在式(11.4.9)中，$\theta$并非自由参数，但它具有定义曲线轨迹的作用，因此把$x_0$、$y_0$、$r$看作变量，并将式(11.4.9)改写为

$$\begin{cases} x_0 = -r\cos\theta + x_i \\ y_0 = -r\sin\theta + y_i \end{cases} \tag{11.4.10}$$

此时式(11.4.10)表示圆心为$(x_i, y_i)$的圆。要检测式(11.4.8)对应的圆，即确定$x_0, y_0, r$。分别以$(x_1,y_1),(x_2,y_2),\cdots,(x_n,y_n)$为圆心，以$r$（变量）为半径的圆有无穷多个，但在霍夫空间中，对应于式(11.4.8)的$r$使得以$(x_1,y_1),(x_2,y_2),\cdots,(x_n,y_n)$为圆心的圆交于同一点的个数最多，此交点即为式(11.4.8)对应的圆心$(x_0, y_0)$，从而实现圆的检测。

为了直观理解圆的霍夫检测过程，这里结合具体的例子说明。设图像圆的参数方程为

$$\begin{cases} x = 2\cos\theta + 2 \\ y = 2\sin\theta + 3 \end{cases} \tag{11.4.11}$$

提取式(11.4.11)上的 10 个像素点$(x_i, y_i), i = 1,2,\cdots,10$，如图 11.4.4(a)所示，下面说明圆的霍夫变换过程。分别以$(x_1,y_1),(x_2,y_2),\cdots,(x_{10},y_{10})$为圆心，分别取$r=1, r=2, r=3$为半径作圆。当$r=1$与$r=3$时，霍夫空间中交于同一点的圆的个数显然不是最多的，如图 11.4.4(b)与(d)所示。当$r=2$时，霍夫空间中的 10 个圆均交于同一点(2,3)，即霍夫变换检测到的圆的圆心(2,3)，半径$r=2$，这恰为图像圆，如图 11.4.4(c)所示。

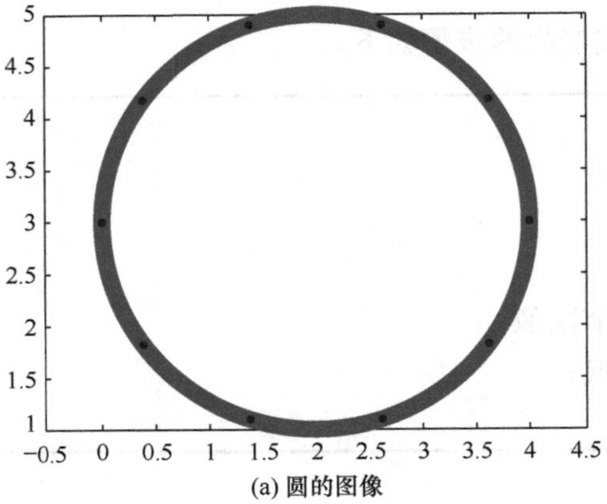


(a) 圆的图像

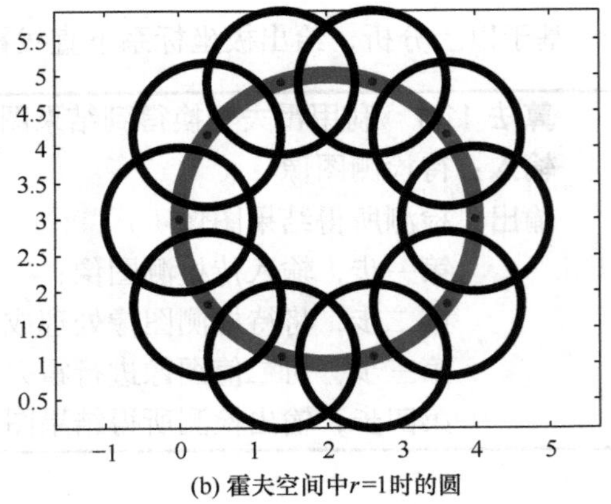


(b) 霍夫空间中$r$=1时的圆

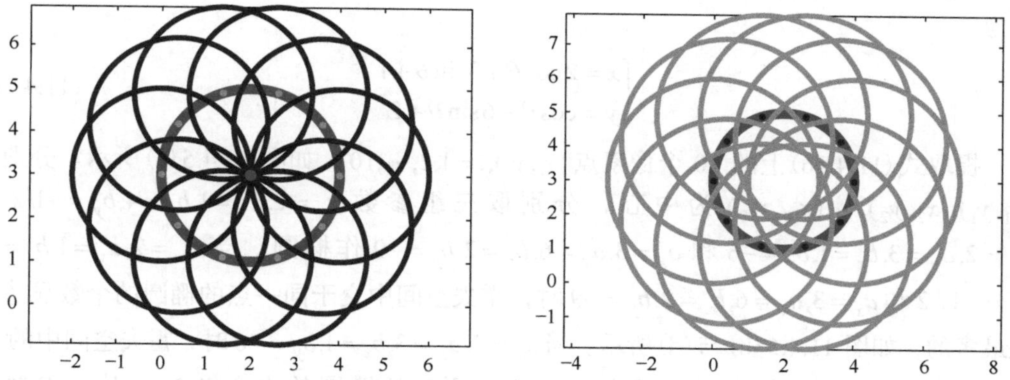


(c) 霍夫空间中$r$=2时的圆　　(d) 霍夫空间中$r$=3时的圆

彩图 11.4.4

图 11.4.4　圆的霍夫变换图解

### 11.4.3　椭圆的霍夫变换

实际场景中有很多圆形目标，但是由于摄像机的视角，圆在图像中看上去并不总是圆，而是椭圆，因此椭圆也是检测的重要目标。椭圆的参数方程为

$$\begin{cases} x = a_x \cos\theta + b_x \sin\theta + a_0 \\ y = a_y \cos\theta + b_y \sin\theta + b_0 \end{cases} \tag{11.4.12}$$

其中，$\theta \in [0, 2\pi)$ 并非自由参数，但它具有定义曲线轨迹的作用。该椭圆的中心为 $(a_0, b_0)$，长半轴长为 $a = \sqrt{a_x^2 + a_y^2}$，短半轴长为 $b = \sqrt{b_x^2 + b_y^2}$，长轴所在直线的斜率为 $k = \dfrac{a_y}{a_x}$，且

$$a_x b_x + a_y b_y = 0 \tag{11.4.13}$$

提取椭圆(11.4.12)上的像素点 $(x_i, y_i)$，其中 $i = 1, 2, \cdots, n, n \geqslant 5$，则

$$\begin{cases} x_i = a_x \cos\theta + b_x \sin\theta + a_0 \\ y_i = a_y \cos\theta + b_y \sin\theta + b_0 \end{cases} \tag{11.4.14}$$

在式(11.4.14)中，把 $a_0, b_0, a_x, a_y, b_x, b_y$ 看作变量，由于式(11.4.13)成立，因此仅有 5 个独立变量，并将式(11.4.14)改写为

$$\begin{cases} a_0 = x_i - a_x \cos\theta - b_x \sin\theta \\ b_0 = y_i - a_y \cos\theta - b_y \sin\theta \end{cases} \tag{11.4.15}$$

则式(11.4.15)表示中心为 $(x_i, y_i)$ 的椭圆。要检测式(11.4.12)对应的椭圆，即确定 $a_0, b_0, a_x, a_y, b_x, b_y$。分别以 $(x_1, y_1), (x_2, y_2), \cdots, (x_n, y_n)$ 为中心，以 $a_x, a_y, b_x, b_y$ 为参变量的椭圆有无穷多个，但在霍夫空间中，对应于式(11.4.12)的参数 $a_x, a_y, b_x, b_y$ 使得以 $(x_1, y_1), (x_2, y_2), \cdots, (x_n, y_n)$ 为中心的椭圆交于同一点的个数最多，此交点即为式(11.4.12)对应的椭圆中心 $(a_0, b_0)$，从而实现椭圆的检测。

为了直观理解椭圆的霍夫检测过程，这里以具体的例子说明。设图像椭圆的参数方

程为

$$
\begin{cases}x = 2\cos\theta + 3\sin\theta + 1 \\ y = \cos\theta - 6\sin\theta + 2\end{cases} \tag{11.4.16}
$$

提取式(11.4.16)上的 10 个像素点 $(x_i, y_i), i = 1,2,\cdots,10$，如图 11.4.5(a)所示。分别以 $(x_1, y_1),(x_2, y_2),\cdots,(x_{10}, y_{10})$ 为中心，分别取三组参数 $a_x = 2, a_y = 1, b_x = 4, b_y = -1/2$、$a_x = 2, a_y = 3, b_x = 1, b_y = -6$ 和 $a_x = 3, a_y = 6, b_x = 2, b_y = -9$ 作椭圆。当 $a_x = 2, a_y = 1, b_x = 4, b_y = -1/2$ 和 $a_x = 3, a_y = 6, b_x = 2, b_y = -9$ 时，霍夫空间中交于同一点的椭圆的个数显然不是最多的，如图 11.4.5(b)与(d)所示。当 $a_x = 2, a_y = 3, b_x = 1, b_y = -6$ 时，霍夫空间中的 10 个椭圆均交于同一点 (1,2)，即霍夫变换检测到的椭圆的中心 (1,2)，其余参数为 $a_x = 2, a_y = 3, b_x = 1, b_y = -6$，这恰为图像椭圆，如图 11.4.5(c)所示。

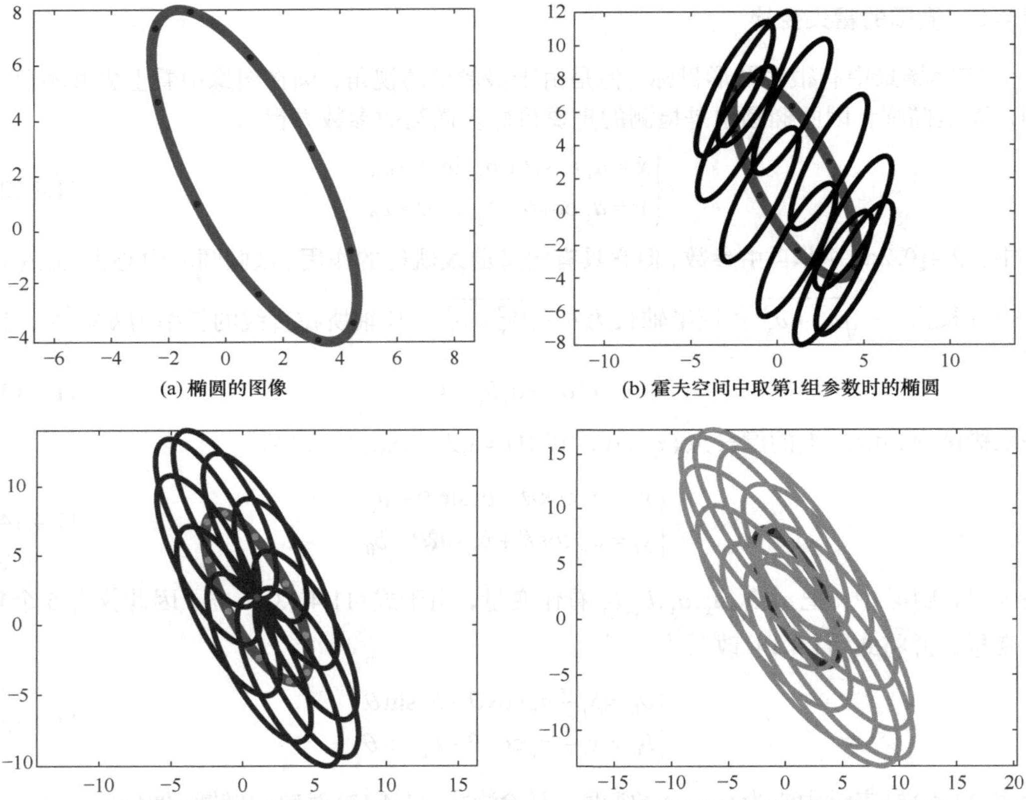


(a) 椭圆的图像　　(b) 霍夫空间中取第1组参数时的椭圆

(c) 霍夫空间中取第2组参数时的椭圆　　(d) 霍夫空间中取第3组参数时的椭圆

彩图 11.4.5

图 11.4.5　椭圆的霍夫变换图解

## 11.5　图像矫正

对于图像矫正，其目的是消除平面透视图像中的射影失真，使得原始平面的相似性质(角度、长度比)可以被度量。通过确定平面上的 4 个参考点的位置(共 8 个自由度)，并显示地算出映射参考点到它们图像的变换，可以完全消除射影失真。然而，这种方法其实超定了，该几何-射影变换仅比相似变换多 4 个自由度。因此，为确定度量性质，仅需要 4 个自由度(不是 8 个自由度)。在射影变换中，这 4 个自由度给出了与几何对象相关联的“物理性质”：无穷远直线 $\boldsymbol{l}_\infty$ (2 个自由度)和无穷远直线上的两个虚圆点(2 个自由度)。这种关联性用于此问题的推理通常比分解射影矩阵更加直观，虽然它们的描述是等价的。

### 11.5.1 仿射矫正

在射影变换下，无穷远点被映射为有限点，因而无穷远直线 $\boldsymbol{l}_\infty$ 被映射为有限直线，但如果是仿射变换，$\boldsymbol{l}_\infty$ 不会被映射为有限直线，即仍留在无穷远处。

**命题 11.5.1** 在射影变换 $\boldsymbol{H}$ 下，无穷远直线为不动直线的充要条件是 $\boldsymbol{H}$ 是仿射变换。

**证明** 显然，对于无穷远直线 $\boldsymbol{l}_\infty$ 的变换有

$$\boldsymbol{l}'_\infty = \boldsymbol{H}_A^{-\mathrm{T}}\boldsymbol{l}_\infty = \begin{pmatrix} \boldsymbol{A} & \boldsymbol{b} \\ \boldsymbol{0}^{\mathrm{T}} & 1 \end{pmatrix}^{-\mathrm{T}} \begin{pmatrix} 0 \\ 0 \\ 1 \end{pmatrix} = \begin{pmatrix} 0 \\ 0 \\ 1 \end{pmatrix} = \boldsymbol{l}_\infty \tag{11.5.1}$$

其中，$\boldsymbol{H}_A$ 则为仿射变换对应的矩阵；$\boldsymbol{A}$ 和 $\boldsymbol{b}$ 分别为任意非奇异的 3 阶方阵和任意的三维向量。

**证毕**

此外，其逆命题也是正确的，即仿射变换是保持 $\boldsymbol{l}_\infty$ 不变的最一般的线性变换。但是，在仿射变换下，$\boldsymbol{l}_\infty$ 不是点点不动的：在仿射变换下，$\boldsymbol{l}_\infty$ 的点(理想点)被映射为 $\boldsymbol{l}_\infty$ 的点，但它不是原来的点，除非 $A(x_1,x_2)^{\mathrm{T}} = k(x_1,x_2)^{\mathrm{T}}$。

在平面图像中，一旦无穷远直线的像得到辨认，就有可能对原图像进行仿射度量。例如，如果两条直线的像相交在 $\boldsymbol{l}_\infty$ 的像上，则可以确定这两条直线在原平面上是平行的。这是因为在欧氏平面中平行线相交在 $\boldsymbol{l}_\infty$ 上，又因射影变换保持交点不变，经射影变换后直线的交点仍然在 $\boldsymbol{l}_\infty$ 的像上。类似地，一旦 $\boldsymbol{l}_\infty$ 被辨认，直线上的长度比便可由图像平面上该直线上确定长度的 3 个点以及该直线与 $\boldsymbol{l}_\infty$ 的交点的交比来计算。

但是，一个更加适用于计算机算法的方法是直接把已经辨认的 $\boldsymbol{l}_\infty$ 变换到它的标准位置 $\boldsymbol{l}_\infty = (0,0,1)^{\mathrm{T}}$。把实现此变换的矩阵应用于图像中的每一点以达到对图像进行仿射矫正的目的，即变换之后，仿射度量可以直接在矫正过的图像中进行，如图 11.5.1 所示，图中 $\boldsymbol{H}'_P$ 为仿射矫正，$\boldsymbol{H}_P$ 为原图与像的差距，$\boldsymbol{H}_A$ 为原图与矫正图像的差距。

射影变换把 $\boldsymbol{l}_\infty$ 从欧氏平面 $\boldsymbol{\pi}_1$ 的 $(0,0,1)^{\mathrm{T}}$ 映射到平面 $\boldsymbol{\pi}_2$ 的有限直线 $\boldsymbol{l}$。如果构造一个射影变换把 $\boldsymbol{l}$ 映射回 $(0,0,1)^{\mathrm{T}}$，那么根据命题 11.5.1 从第一到第三张平面的变换必定是仿射变换，因为 $\boldsymbol{l}_\infty$ 的标准位置保持不变。这意味着第一张平面的仿射性质可以从第三张平面上测量，即第三张平面为第一张平面的仿射像。

如果无穷远直线的像是 $\boldsymbol{l} = (l_1,l_2,l_3)^{\mathrm{T}}$，假定 $l_3 \neq 0$，那么把 $\boldsymbol{l}$ 映射回 $\boldsymbol{l}_\infty = (0,0,1)^{\mathrm{T}}$ 的一

个合适的点射影变换是

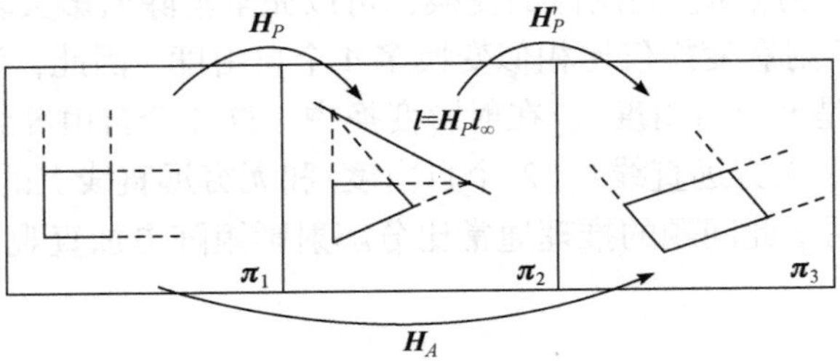


图 11.5.1　仿射矫正

$$H = H_A \begin{pmatrix} 1 & 0 & 0 \\ 0 & 1 & 0 \\ l_1 & l_2 & l_3 \end{pmatrix} \tag{11.5.2}$$

其中，$\boldsymbol{H}_A$ 是任意的仿射变换（$\boldsymbol{H}$ 的最后一行是 $\boldsymbol{l}^{\mathrm{T}}$）。因此，可以得到，在直线变换下，$\boldsymbol{H}^{-\mathrm{T}}(l_1,l_2,l_3)^{\mathrm{T}} = (0,0,1)^{\mathrm{T}} = \boldsymbol{l}_\infty$。

如图 11.5.2 所示，消失线可以由平行线的像的交点来计算。然后用射影变换(对应式(11.5.2))来作用于图像平面，使 $\boldsymbol{l}$ 映射到它的标准位置 $\boldsymbol{l}_\infty = (0,0,1)^{\mathrm{T}}$，从而达到图像仿射矫正的目的。

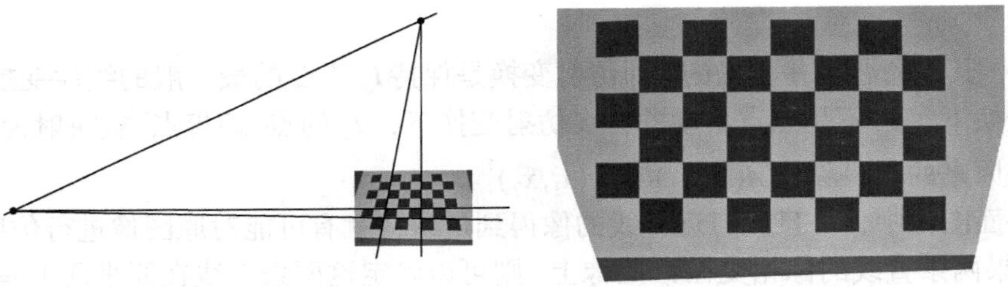

(a) 用两条平行线的像的交点计算消失线　　(b) 仿射矫正后的图像

图 11.5.2　通过消失线实现仿射矫正

此外，给定一条直线上有已知长度比的两条线段，该直线上的无穷远点便可以被确定。典型的情况是在直线上的三个点 $\boldsymbol{a}'$、$\boldsymbol{b}'$、$\boldsymbol{c}'$ 已被辨认。假定 $\boldsymbol{a}$、$\boldsymbol{b}$、$\boldsymbol{c}$ 是世界直线上对应的共线点，且已知长度比 $d(\boldsymbol{a},\boldsymbol{b}):d(\boldsymbol{b},\boldsymbol{c}) = a:b$（这里 $d(\boldsymbol{x},\boldsymbol{y})$ 是点 $\boldsymbol{x}$ 和 $\boldsymbol{y}$ 之间的欧氏距离），确定消失点的过程如下：

(1) 在图像中量出距离比，$d(\boldsymbol{a}',\boldsymbol{b}'):d(\boldsymbol{b}',\boldsymbol{c}') = a':b'$；

(2) 在直线 $\langle \boldsymbol{a},\boldsymbol{b},\boldsymbol{c} \rangle$ 上建立坐标系，使点 $\boldsymbol{a}$、$\boldsymbol{b}$、$\boldsymbol{c}$ 的齐次坐标分别为 $(0,1)^{\mathrm{T}}$、$(a,1)^{\mathrm{T}}$、$(a+b,1)^{\mathrm{T}}$。类似地，点 $\boldsymbol{a}'$、$\boldsymbol{b}'$、$\boldsymbol{c}'$ 的齐次坐标为 $(0,1)^{\mathrm{T}}$、$(a',1)^{\mathrm{T}}$、$(a'+b',1)^{\mathrm{T}}$；

(3) 相对于这些坐标系，计算 $\boldsymbol{a} \to \boldsymbol{a}'$、$\boldsymbol{b} \to \boldsymbol{b}'$、$\boldsymbol{c} \to \boldsymbol{c}'$ 的 1D 射影变换 $\boldsymbol{H}_{2\times2}$；

(4) 在变换 $\boldsymbol{H}_{2\times2}$ 下无穷远点的像是直线 $\langle \boldsymbol{a}',\boldsymbol{b}',\boldsymbol{c}' \rangle$ 的消失点。用这种方法计算消失点的例子如图 11.5.3 所示。

此外，图 11.5.3 给出的消失点也可以用纯几何作图的方式得到(图 11.5.4)，步骤如下。

(1) 给定图像中三个共线点 $\boldsymbol{a}'$ 、$\boldsymbol{b}'$ 、$\boldsymbol{c}'$ ，它们与线段比为 $a:b$ 的真实世界点所构成的几何关系是对应的。

(2) 过 $\boldsymbol{a}'$ 画任意直线 $\boldsymbol{l}$ (不与直线 $\boldsymbol{a}'\boldsymbol{c}'$ 重叠) 并且标注点 $\boldsymbol{a}=\boldsymbol{a}'$ 、$\boldsymbol{b}$ 、$\boldsymbol{c}$ 使线段 $\langle \boldsymbol{ab} \rangle$ 、$\langle \boldsymbol{bc} \rangle$ 的长度比为 $a:b$ 。

(3) 连接 $\boldsymbol{bb}'$ 和 $\boldsymbol{cc}'$ ，它们交于 $\boldsymbol{o}$ 。

(4) 过 $\boldsymbol{o}$ 作平行于 $\boldsymbol{l}$ 的直线交直线 $\boldsymbol{a}'\boldsymbol{c}'$ 于消失点 $\boldsymbol{v}'$ 。

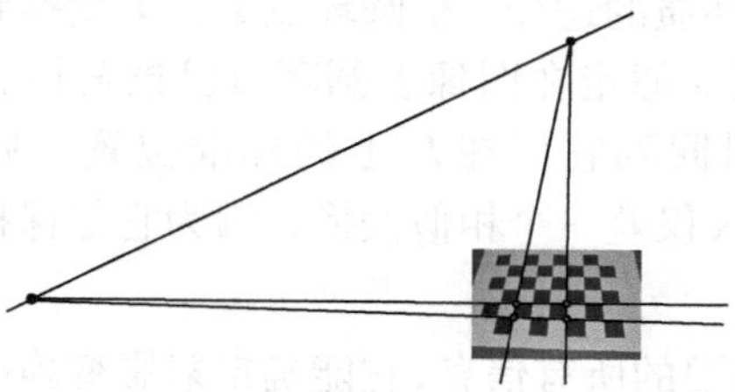

图 11.5.3　用直线上的等距比来确定无穷远点

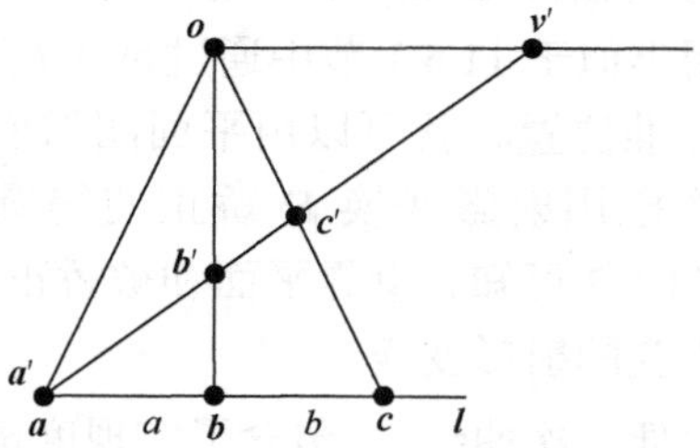


图 11.5.4　已知长度比，求一条直线上无穷远点的像的几何作图法

### 11.5.2　度量矫正

在相似变换下，$\boldsymbol{l}_\infty$ 上有两个不动点，它们是圆环点 $\boldsymbol{I}$ 、$\boldsymbol{J}$，其标准坐标是 $\boldsymbol{I}=(1,i,0)^{\mathrm{T}}$ 、$\boldsymbol{J}=(1,-i,0)^{\mathrm{T}}$ 。

**命题 11.5.2**　在射影变换 $\boldsymbol{H}$ 下，圆环点 $\boldsymbol{I}$ 和 $\boldsymbol{J}$ 为不动点的充要条件是 $\boldsymbol{H}$ 是相似变换。

**证明**　圆环点 $\boldsymbol{I}$ 的保向相似变换 $\boldsymbol{H}_S$ 表示为

$$\boldsymbol{I}'=\boldsymbol{H}_S\boldsymbol{I}=\begin{pmatrix} s\cos\theta & -s\sin\theta & t_x \\ s\sin\theta & s\cos\theta & t_y \\ 0 & 0 & 1 \end{pmatrix}\begin{pmatrix} 1 \\ i \\ 0 \end{pmatrix}=se^{-i\theta}\begin{pmatrix} 1 \\ i \\ 0 \end{pmatrix}=\boldsymbol{I} \tag{11.5.3}$$

其中，$s$ 、$\theta$ 、$t_x$ 和 $t_y$ 分别为 $\boldsymbol{H}_S$ 对应的缩放、旋转角，以及 $x$ 轴平移和 $y$ 轴平移参数。

**证毕**

类似地，可以给出 $\boldsymbol{J}$ 的证明。此外，它的逆命题也成立，即如果圆环点在一个线性变换下保持不动，那么该线性变换必然是相似变换。

对偶二次曲线 $\boldsymbol{C}_\infty^*$ 是由两个圆环点构成的退化(秩为 2)的线二次曲线，其在欧氏坐标系下表示为

$$\boldsymbol{C}_\infty^*=\boldsymbol{IJ}^{\mathrm{T}}+\boldsymbol{JI}^{\mathrm{T}}=\begin{pmatrix} 1 & 0 & 0 \\ 0 & 1 & 0 \\ 0 & 0 & 0 \end{pmatrix} \tag{11.5.4}$$

类似于圆环点的不动性质，对偶二次曲线 $C_\infty^*$ 在相似变换下也保持不变。

**推论 11.5.1**　对偶二次曲线 $C_\infty^*$ 在射影变换 $H$ 下不变的充要条件是 $H$ 是相似变换。

在任何射影变换下，$C_\infty^*$ 具有以下性质。

(1) $C_\infty^*$ 有 4 个自由度：$3\times3$ 齐次对称矩阵有 5 个自由度，但约束 $\det(C_\infty^*)=0$ 减去一个自由度。

(2) $l_\infty$ 是 $C_\infty^*$ 的零矢量。根据定义圆环点在 $l_\infty$ 上，即有 $I^{\mathrm{T}}l_\infty = J^{\mathrm{T}}l_\infty = 0$，从而有 $C_\infty^* l_\infty = (IJ^{\mathrm{T}} + JI^{\mathrm{T}})l_\infty = \mathbf{0}$。

(3) 如果 $l^{\mathrm{T}}C_\infty^* m = 0$，则直线 $l$ 和 $m$ 正交。

用类似于 11.5.1 节中通过辨认 $l_\infty$ 来恢复仿射性质的途径，把圆环点 $I$、$J$ 变换到它们的标准位置，就可以由平面图像恢复度量性质。假定在图像上圆环点已被辨认，并且图像已用射影变换 $H$ 矫正使得圆环点被映射回到它们在 $l_\infty$ 上的标准位置，则由命题 11.5.2 可知，世界平面和被矫正的图像之间仅仅差一个相似变换，因为它是保持圆环点不变的射影变换。

对偶二次曲线 $C_\infty^*$ 包含了实现度量矫正的所需要的所有信息，它能确定射影变换中的仿射和射影成分，而只留下相似变换的失真。如果点变换是 $x' = Hx$，其中 $x$ 是欧氏坐标而 $x'$ 是射影坐标，则 $C_\infty^*$ 的变换为

$$
\begin{aligned}
C_\infty^{*\prime} &= (H_P H_A H_S) C_\infty^* (H_P H_A H_S)^{\mathrm{T}} = (H_P H_A)\left(H_S C_\infty^* H_S^{\mathrm{T}}\right)\left(H_A^{\mathrm{T}} H_P^{\mathrm{T}}\right) \\
&= (H_P H_A)\left(C_\infty^*\right)\left(H_A^{\mathrm{T}} H_P^{\mathrm{T}}\right) \\
&= \begin{pmatrix} KK^{\mathrm{T}} & KK^{\mathrm{T}}v \\ v^{\mathrm{T}}KK^{\mathrm{T}} & v^{\mathrm{T}}KK^{\mathrm{T}}v \end{pmatrix}
\end{aligned}
\tag{11.5.5}
$$

其中，$H_P$、$H_A$ 和 $H_S$ 分别为射影、仿射和相似变换，显然射影成分 $v$ 和仿射成分 $K$ 可以由 $C_\infty^{*\prime}$ 确定。

**命题 11.5.3**　在射影平面上，一旦 $C_\infty^{*\prime}$ 被辨认，那么射影失真可以被矫正到相差一个相似变换。

**证明**　实际上，利用 SVD 分解，可以直接从图像中已经辨认的绝对二次曲线 $C_\infty^{*\prime}$ 获得所需的矫正单应变换。首先将 $C_\infty^{*\prime}$ SVD 分解为

$$
C_\infty^{*\prime} = U\begin{pmatrix} 1 & 0 & 0 \\ 0 & 1 & 0 \\ 0 & 0 & 0 \end{pmatrix}U^{\mathrm{T}}
\tag{11.5.6}
$$

通过对比式(11.5.5)和式(11.5.6)，求得相差一个相似变换的矫正射影变换为 $H = U$。

**证毕**

假设一幅图像已经被仿射矫正(图 11.5.2(b))，那么为了确定度量矫正，仅仅只需要两个约束便可确定圆环点的两个自由度。这两个约束可以在世界平面中获得。

假设已经仿射矫正的图像中的直线 $\boldsymbol{l}'$ 和 $\boldsymbol{m}'$ 与世界平面上的一对垂直直线 $\boldsymbol{l}$ 和 $\boldsymbol{m}$ 对应，则有 $\boldsymbol{l}'^{\mathrm{T}}\boldsymbol{C}_{\infty}^{*}{}'\boldsymbol{m}'=0$，利用式(11.5.5)且让 $\boldsymbol{v}=0$ 可得

$$\left(l_1',l_2',l_3'\right)\begin{pmatrix}\boldsymbol{KK}^{\mathrm{T}} & \boldsymbol{0}\\ \boldsymbol{0}^{\mathrm{T}} & 0\end{pmatrix}\begin{pmatrix}m_1'\\ m_2'\\ m_3'\end{pmatrix}=0 \tag{11.5.7}$$

它是关于 2×2 矩阵 $\boldsymbol{S}=\boldsymbol{KK}^{\mathrm{T}}$ 的线性约束，矩阵 $\boldsymbol{S}=\boldsymbol{KK}^{\mathrm{T}}$ 是对称矩阵并有三个独立元素。因此，两个这样的正交直线对即可联合求解 $\boldsymbol{S}$，通过 Cholesky 分解进一步得到 $\boldsymbol{K}$。图 11.5.5 给出了一个例子。

(a) 仿射矫正过的图像　　(b) 度量矫正后的图像

图 11.5.5　通过正交直线进行度量矫正

# 11.6　卷　　积

11.6-视频

卷积(Convolution)，也叫褶积，是分析数学中的一种重要运算。在信号处理或图像处理中，卷积操作指的是使用一个卷积核对图像中的每个像素进行一系列操作，卷积核(算子)用来作图像处理时的矩阵，图像处理时也称为掩模，是与原图像作运算的参数。卷积核通常是一个正方形的网格结构(如 3×3 的矩阵或像素区域)，该区域上每个方格都有一个权重值，使用卷积进行计算时，需要将卷积核的中心放置在要计算的像素上，依次计算核中每个元素和其覆盖的图像像素值的乘积并求和，得到的结构就是该位置的新像素值。

## 11.6.1　一维卷积

一维卷积常用在信号处理中，用于计算信号的延迟累积。假设一个信号发生器每隔时刻 $t$ 产生一个信号 $x_t$，其信息的衰减率为 $w_k$，即在 $k-1$ 个时间步长后，信息为原来的 $w_k$ 倍。假设 $w_1=1$，$w_2=1/2$，$w_3=1/4$，那么在时刻 $t$ 收到的信号 $y_t$ 为当前时刻产生的信息和以前时刻延迟信息的叠加，则

$$y_t=w_1x_t+w_2x_{t-1}+w_3x_{t-2}=\sum_{k=1}^{3}w_kx_{t-k+1} \tag{11.6.1}$$

其中，$w_1,w_2,\cdots$ 称为滤波器或卷积核。

假设滤波器长度为 $m$，它和一个信号序列 $x_1,x_2,\cdots$ 的卷积为

$$y_t = \sum_{k=1}^{m} w_k x_{t-k+1} \tag{11.6.2}$$

信号序列 $x$ 和滤波器 $w$ 的卷积定义为

$$y = w \otimes x \tag{11.6.3}$$

其中，“⊗”表示卷积运算。

一般情况下滤波器的长度 $m$ 远小于信号序列长度 $n$ 。当滤波器 $w_k = 1/m$（$1 \leqslant k \leqslant m$）时，卷积相当于信号序列的移动平均。图11.6.1给出了一维卷积示例，滤波器为[−1,0,1]，连接边上的数字为滤波器中的权重。

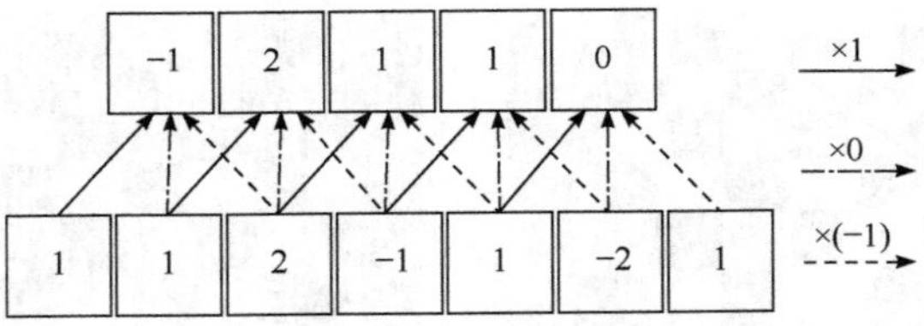

图 11.6.1　一维卷积示例

## 11.6.2　二维卷积

卷积也常用在图像处理中，因为图像为一个二维结构，所以需要将一维卷积进行扩展。给定一个图像 $X \in \mathbb{R}^{M \times N}$ 和滤波器 $W \in \mathbb{R}^{m \times n}$ ，一般 $m \ll M$ , $n \ll N$ ，其卷积为

$$y_{ij} = \sum_{u=1}^{m} \sum_{v=1}^{n} w_{uv} \cdot x_{i-u+1, j-v+1} \tag{11.6.4}$$

图 11.6.2 给出了二维卷积示例。常用的均值滤波就是将当前位置的像素值设为滤波器窗口中所有像素的平均值，即 $w_{uv} = 1/(mn)$ 。在图像处理中，卷积经常作为特征提取的有效方法，一幅图像在经过卷积操作后得到的结果称为特征映射。

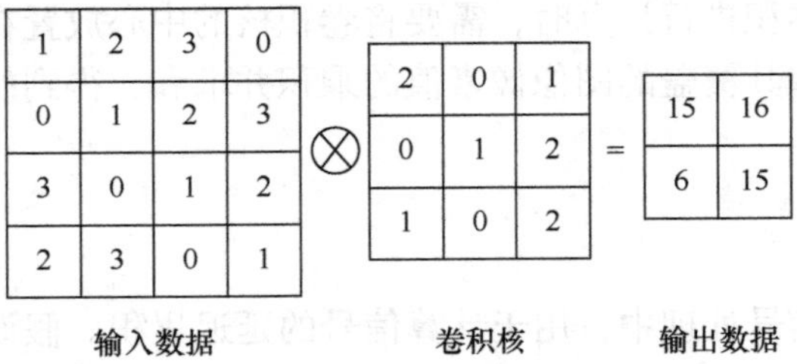

图 11.6.2　二维卷积示例

## 11.6.3　互相关

在机器学习和图像处理领域，卷积的主要功能是在一幅图像(或某种特征)上滑动一个卷积核(即滤波器)，通过卷积操作得到一组新的特征。在计算卷积的过程中，需要进行卷积核翻转，在具体实现上，一般以互相关操作来代替卷积，从而减少一些不必要的操作或开销。互相关是一个衡量两个序列相关性的函数，通常用滑动窗口的点积计算来

实现。给定一个图像 $X \in \mathbb{R}^{M \times N}$ 和卷积核 $W \in \mathbb{R}^{m \times n}$，它们的互相关为

$$y_{ij} = \sum_{u=1}^{m}\sum_{v=1}^{n} w_{uv} x_{i+u-1, j+v-1} \tag{11.6.5}$$

互相关和卷积的区别仅在于卷积核是否翻转，因此互相关也可以称为不翻转卷积。

### 11.6.4　卷积的变种

在卷积的标准定义基础上，还可以引入滤波器的步长和零填充来增加卷积的多样性，可以更灵活地进行特征抽取。滤波器的步长(Stride)指滤波器在滑动时的时间间隔；零填充(Zero Padding)是在输入向量两端进行补零。图 11.6.3 给出了输入的两端各补一个零后的卷积示例，其中填充为 1。

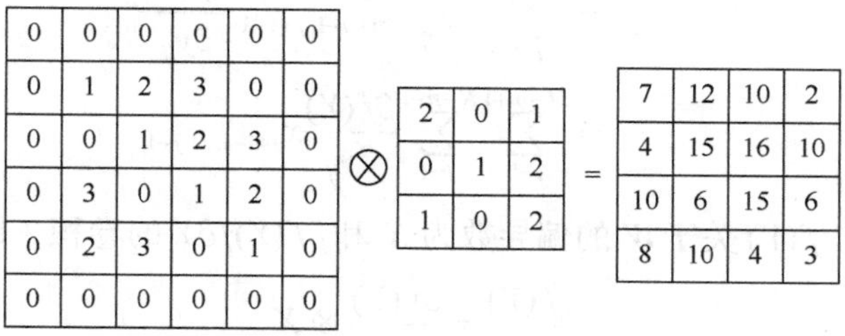


图 11.6.3　卷积的零填充

假设卷积层的输入神经元个数为 $n$，卷积大小为 $m$，步长为 $s$，输入神经元两端各填补 $p$ 个零，那么该卷积层的神经元数量为 $(n-m+2p)/s+1$。

一般常用的卷积有以下三类。

(1)窄卷积，$s=1$，$p=0$，卷积后输出长度为 $n-m+1$。

(2)宽卷积，$s=1$，$p=m-1$，卷积后输出长度为 $n+m-1$。

(3)等长卷积，$s=1$，$p=(m-1)/2$，卷积后输出长度为 $n$。

### 11.6.5　卷积的数学性质

卷积有很多很好的数学性质。本节介绍一些二维卷积的数学性质，这些数学性质同样适用于一维卷积。

1. 交换性

如果不限制两个卷积信号的长度，卷积是具有交换性的，即 $x \otimes y = y \otimes x$。当输入信息和卷积核有固定长度时，它们的宽卷积依然具有交换性。

对于二维图像 $X \in \mathbb{R}^{M \times N}$ 和卷积核 $W \in \mathbb{R}^{m \times n}$，对图像 $X$ 的两个维度进行零填充，两端各补 $m-1$ 和 $n-1$ 个零，得到全填充的图像 $\tilde{X} \in \mathbb{R}^{(M+2m-2)\times(N+2n-2)}$，则图像 $X$ 和卷积核 $W$ 的宽卷积定义为

$$W \tilde{\otimes} X \overset{\Delta}{=\!=} W \otimes \tilde{X} \tag{11.6.6}$$

其中，"$\tilde{\otimes}$"为宽卷积操作。

宽卷积具有交换性，即

$$W \tilde{\otimes} X = X \tilde{\otimes} W \tag{11.6.7}$$

2. 导数

假设 $Y = W \otimes X$，其中 $X \in \mathbb{R}^{M\times N}, W \in \mathbb{R}^{m\times n}$，$Y \in \mathbb{R}^{(M-m+1)\times(N-n+1)}$，函数 $f(Y) \in \mathbb{R}$ 为一个标量函数，则

$$\begin{aligned}\frac{\partial f(Y)}{\partial w_{uv}} &= \sum_{i=1}^{M-m+1}\sum_{j=1}^{N-n+1}\frac{\partial y_{ij}}{\partial w_{uv}}\frac{\partial f(Y)}{\partial y_{ij}} \\ &= \sum_{i=1}^{M-m+1}\sum_{j=1}^{N-n+1} x_{i+u-1,j+v-1}\frac{\partial f(Y)}{\partial y_{ij}} \\ &= \sum_{i=1}^{M-m+1}\sum_{j=1}^{N-n+1}\frac{\partial f(Y)}{\partial y_{ij}} x_{u+i-1,v+j-1}\end{aligned} \tag{11.6.8}$$

由式(11.6.8)可知，$f(Y)$ 关于 $W$ 的偏导数为 $X$ 和 $\partial f(Y)/\partial Y$ 的卷积，即

$$\frac{\partial f(Y)}{\partial W} = \frac{\partial f(Y)}{\partial Y} \otimes X \tag{11.6.9}$$

同理得到

$$\begin{aligned}\frac{\partial f(Y)}{\partial x_{st}} &= \sum_{i=1}^{M-m+1}\sum_{j=1}^{N-n+1}\frac{\partial y_{ij}}{\partial x_{st}}\frac{\partial f(Y)}{\partial y_{ij}} \\ &= \sum_{i=1}^{M-m+1}\sum_{j=1}^{N-n+1} w_{s-i+1,t-j+1}\frac{\partial f(Y)}{\partial y_{ij}}\end{aligned} \tag{11.6.10}$$

当 $(s-i+1)<1$ 或 $(s-i+1)>m$ 或 $(t-j+1)<1$ 或 $(t-j+1)>n$ 时，$w_{s-i+1,t-j+1}=0$。即相当于对 $W$ 进行 $p=(M-m,N-n)$ 的零填充。从上述公式可知，$f(Y)$ 关于 $X$ 的偏导数为 $W$ 和 $\partial f(Y)/\partial Y$ 的宽卷积。为了一致性，可以用互相关的卷积，即

$$\begin{aligned}\frac{\partial f(Y)}{\partial X} &= \mathrm{rot180}\left(\frac{\partial f(Y)}{\partial Y}\right)\tilde{\otimes} W \\ &= \mathrm{rot180}(W)\,\tilde{\otimes}\,\frac{\partial f(Y)}{\partial Y}\end{aligned} \tag{11.6.11}$$

其中，$\mathrm{rot180}(\cdot)$ 表示旋转 180°。

# 第12章 数值技术

## 12.1 矩阵分解

矩阵分解就是通过线性变换将某个给定的矩阵分解为两个或三个比较简单或具有某种特性的矩阵的乘积，在矩阵理论的研究与应用中有着十分重要的作用。本节介绍在计算机视觉中有着重要作用的两种矩阵分解：Cholesky 分解和奇异值分解。

### 12.1.1 Cholesky 分解

在摄像机标定中，一旦获得了绝对二次曲线的像，通过 Cholesky 分解便可获得摄像机内参数矩阵。

**定义 12.1.1** 将一个 $n$ 阶正定矩阵 $\boldsymbol{A}$ 表示为 $n$ 阶下三角矩阵 $\boldsymbol{L}$ 和 $\boldsymbol{L}^{\mathrm{T}}$ 的乘积，即

$$\boldsymbol{A}=\boldsymbol{L}\boldsymbol{L}^{\mathrm{T}} \tag{12.1.1}$$

称式(12.1.1)为 $\boldsymbol{A}$ 的 Cholesky 分解。

关于 Cholesky 分解有如下定理。

**定理 12.1.1** 对任意 $n$ 阶正定矩阵 $\boldsymbol{A}$ 总可以分解为 $n$ 阶下三角矩阵 $\boldsymbol{L}$ 与 $\boldsymbol{L}^{\mathrm{T}}$ 的乘积，如果要求下三角矩阵 $\boldsymbol{L}$ 的主对角线元素均为正数，则分解是唯一的。

**证明** 设 $\lambda_1,\lambda_2,\cdots,\lambda_n$ 为正定矩阵 $\boldsymbol{A}$ 的 $n$ 个特征值，则 $\lambda_j>0(j=1,2,\cdots,n)$，且存在 $n$ 阶正交矩阵 $\boldsymbol{Q}$，使得

$$\begin{aligned}\boldsymbol{A}&=\boldsymbol{Q}\mathrm{diag}(\lambda_1,\lambda_2,\cdots,\lambda_n)\boldsymbol{Q}^{\mathrm{T}}\\&=\left[\boldsymbol{Q}\mathrm{diag}\left(\sqrt{\lambda_1},\sqrt{\lambda_2},\cdots,\sqrt{\lambda_n}\right)\right]\left[\boldsymbol{Q}\mathrm{diag}\left(\sqrt{\lambda_1},\sqrt{\lambda_2},\cdots,\sqrt{\lambda_n}\right)\right]^{\mathrm{T}}\end{aligned} \tag{12.1.2}$$

记 $\boldsymbol{V}=\boldsymbol{Q}\mathrm{diag}\left(\sqrt{\lambda_1},\sqrt{\lambda_2},\cdots,\sqrt{\lambda_n}\right)$，则 $R(\boldsymbol{V})=n$，其中 $R(\cdot)$ 表示矩阵的秩。于是 $\boldsymbol{V}$ 的行向量组 $\boldsymbol{v}_1,\boldsymbol{v}_2,\cdots,\boldsymbol{v}_n$ 线性无关，对 $\boldsymbol{v}_1,\boldsymbol{v}_2,\cdots,\boldsymbol{v}_n$ 施行格拉姆-施密特正交化与单位化，有

$$\begin{cases}\boldsymbol{\varepsilon}_1=c_{11}\boldsymbol{v}_1\\\boldsymbol{\varepsilon}_2=c_{12}\boldsymbol{v}_1+c_{22}\boldsymbol{v}_2\\\qquad\vdots\\\boldsymbol{\varepsilon}_n=c_{1n}\boldsymbol{v}_1+c_{2n}\boldsymbol{v}_2+\cdots+c_{nn}\boldsymbol{v}_n\end{cases} \tag{12.1.3}$$

其中，$\boldsymbol{\varepsilon}_1,\boldsymbol{\varepsilon}_2,\cdots,\boldsymbol{\varepsilon}_n$ 为两两正交的单位行向量。将式(12.1.3)写成矩阵形式，有

$$\begin{pmatrix}\boldsymbol{\varepsilon}_1\\\boldsymbol{\varepsilon}_2\\\vdots\\\boldsymbol{\varepsilon}_n\end{pmatrix}=\begin{pmatrix}c_{11}&0&\cdots&0\\c_{21}&c_{22}&\ddots&\vdots\\\vdots&\vdots&\ddots&0\\c_{n1}&c_{n2}&\cdots&c_{nn}\end{pmatrix}\begin{pmatrix}\boldsymbol{v}_1\\\boldsymbol{v}_2\\\vdots\\\boldsymbol{v}_n\end{pmatrix} \tag{12.1.4}$$

记 $U=\begin{pmatrix}\varepsilon_1\\ \varepsilon_2\\ \vdots\\ \varepsilon_n\end{pmatrix}, C=\begin{pmatrix}c_{11} & 0 & \cdots & 0\\ c_{21} & c_{22} & \ddots & \vdots\\ \vdots & \vdots & \ddots & 0\\ c_{n1} & c_{n2} & \cdots & c_{nn}\end{pmatrix}$，则 $U$ 为正交矩阵，$C$ 为可逆下三角矩阵。式(12.1.4)两端同时左乘 $C^{-1}$，有

$$V=C^{-1}U \tag{12.1.5}$$

令 $\hat{L}=C^{-1}$，不难验证 $\hat{L}$ 为下三角矩阵。于是

$$A=VV^{\mathrm{T}}=\hat{L}UU^{\mathrm{T}}\hat{L}^{\mathrm{T}}=\hat{L}\hat{L}^{\mathrm{T}} \tag{12.1.6}$$

令

$$D=\mathrm{diag}\left(\mathrm{sign}\left(\hat{l}_{11}\right),\mathrm{sign}\left(\hat{l}_{22}\right),\cdots,\mathrm{sign}\left(\hat{l}_{nn}\right)\right) \tag{12.1.7}$$

其中，$\hat{l}_{11},\hat{l}_{22},\cdots,\hat{l}_{nn}$ 为 $\hat{L}$ 主对角线上的元素；$\mathrm{sign}(\cdot)$ 为符号函数。取 $L=\hat{L}D$，则 $L$ 为主对角线元素均为正数的下三角矩阵，且

$$A=\hat{L}\hat{L}^{\mathrm{T}}=LD^{-1}D^{-\mathrm{T}}L^{\mathrm{T}}=LL^{\mathrm{T}} \tag{12.1.8}$$

**唯一性：**若存在两个下三角矩阵 $L_1,L_2$ 使得 $L_1L_1^{\mathrm{T}}=A=L_2L_2^{\mathrm{T}}$，则必有

$$L_2^{-1}L_1=L_2^{\mathrm{T}}L_1^{-\mathrm{T}}=(L_2^{-1}L_1)^{-\mathrm{T}} \tag{12.1.9}$$

又 $L_2^{-1}L_1$ 为下三角矩阵，而 $(L_2^{-1}L_1)^{-\mathrm{T}}$ 为上三角矩阵，因此 $L_2^{-1}L_1$ 和 $(L_2^{-1}L_1)^{-\mathrm{T}}$ 为同一对角矩阵，从而

$$L_2^{-1}L_1=(L_2^{-1}L_1)^{-\mathrm{T}}=\mathrm{diag}(d_1,d_2,\cdots,d_n) \tag{12.1.10}$$

由于 $L_1,L_2$ 的主对角线元素均大于零，因此 $d_i>0(i=1,2,\cdots,n)$。由式(12.1.10)可得

$$d_i=\frac{1}{d_i}\quad (i=1,2,\cdots,n) \tag{12.1.11}$$

由式(12.1.11)解得 $d_i=1(i=1,2,\cdots,n)$，即 $L_2^{-1}L_1=I$，故 $L_1=L_2$。

**证毕**

### 12.1.2 奇异值分解

矩阵的奇异值分解(SVD)在最优化问题、特征值问题、最小二乘问题及伪逆等问题中都有着重要的意义。

**定义 12.1.2** 设 $A$ 是一个实的 $m\times n$ 矩阵，且 $R(A)=r$，则 $A^{\mathrm{T}}A$ 有特征值

$$\lambda_1\geqslant\lambda_2\geqslant\cdots\geqslant\lambda_r>\lambda_{r+1}=\cdots=\lambda_n=0 \tag{12.1.12}$$

此时称 $\sigma_i=\sqrt{\lambda_i}(i=1,2,\cdots,n)$ 为 $A$ 的奇异值。

一般地，$A$ 的奇异值个数等于它的列数，非零奇异值个数等于 $A$ 的秩，这一结论的证明留给读者。

**定理 12.1.2(奇异值分解)**　设 $\boldsymbol{A}$ 是一个实的 $m\times n$ 矩阵，且 $R(\boldsymbol{A})=r$，则存在 $m$ 阶正交矩阵 $\boldsymbol{Q}_1$ 和 $n$ 阶正交矩阵 $\boldsymbol{Q}_2$ 使得

$$\boldsymbol{A}=\boldsymbol{Q}_1\begin{pmatrix}\boldsymbol{\Sigma} & \boldsymbol{O}_{r\times(n-r)}\\ \boldsymbol{O}_{(m-r)\times r} & \boldsymbol{O}_{(m-r)\times(n-r)}\end{pmatrix}\boldsymbol{Q}_2^{\mathrm{T}} \tag{12.1.13}$$

其中，$\boldsymbol{\Sigma}=\operatorname{diag}(\sigma_1,\sigma_2,\cdots,\sigma_r)$，$\sigma_1\geqslant\sigma_2\geqslant\cdots\geqslant\sigma_r>0$ 为 $\boldsymbol{A}$ 的非零奇异值；$\boldsymbol{O}_{r\times(n-r)},\boldsymbol{O}_{(m-r)\times r}$，$\boldsymbol{O}_{(m-r)\times(n-r)}$ 分别为 $r\times(n-r),(m-r)\times r,(m-r)\times(n-r)$ 阶零矩阵。通常将式(12.1.13)写为

$$\boldsymbol{A}=\boldsymbol{Q}_1\boldsymbol{D}\boldsymbol{Q}_2^{\mathrm{T}} \tag{12.1.14}$$

**证明**　为了书写方便，证明中涉及的零矩阵统一简写为 $\boldsymbol{O}$，行数和列数与式(12.1.13)保持一致。由 $R(\boldsymbol{A})=r$，可设矩阵 $\boldsymbol{A}^{\mathrm{T}}\boldsymbol{A}$ 的特征值为

$$\lambda_1\geqslant\lambda_2\geqslant\cdots\geqslant\lambda_r>\lambda_{r+1}=\cdots=\lambda_n=0 \tag{12.1.15}$$

则存在 $n$ 阶正交矩阵 $\boldsymbol{Q}_2$，使得

$$\boldsymbol{Q}_2^{\mathrm{T}}(\boldsymbol{A}^{\mathrm{T}}\boldsymbol{A})\boldsymbol{Q}_2=\operatorname{diag}(\lambda_1,\lambda_2,\cdots,\lambda_n)=\begin{pmatrix}\boldsymbol{\Sigma}^2 & \boldsymbol{O}\\ \boldsymbol{O} & \boldsymbol{O}\end{pmatrix} \tag{12.1.16}$$

将 $\boldsymbol{Q}_2$ 分块为

$$\boldsymbol{Q}_2=(\boldsymbol{V}_1,\boldsymbol{V}_2) \tag{12.1.17}$$

其中，$\boldsymbol{V}_1$ 是一个 $n\times r$ 矩阵；$\boldsymbol{V}_2$ 是一个 $n\times(n-r)$ 矩阵。将式(12.1.17)代入式(12.1.16)，得

$$\boldsymbol{V}_1^{\mathrm{T}}\boldsymbol{A}^{\mathrm{T}}\boldsymbol{A}\boldsymbol{V}_1=\boldsymbol{\Sigma}^2,\quad \boldsymbol{V}_2^{\mathrm{T}}\boldsymbol{A}^{\mathrm{T}}\boldsymbol{A}\boldsymbol{V}_2=\boldsymbol{O} \tag{12.1.18}$$

于是

$$\boldsymbol{\Sigma}^{-\mathrm{T}}\boldsymbol{V}_1^{\mathrm{T}}\boldsymbol{A}^{\mathrm{T}}\boldsymbol{A}\boldsymbol{V}_1\boldsymbol{\Sigma}^{-1}=\boldsymbol{I}_r,\quad (\boldsymbol{A}\boldsymbol{V}_2)^{\mathrm{T}}(\boldsymbol{A}\boldsymbol{V}_2)=\boldsymbol{O} \tag{12.1.19}$$

从而 $\boldsymbol{A}\boldsymbol{V}_2=\boldsymbol{O}$。令 $\boldsymbol{U}_1=\boldsymbol{A}\boldsymbol{V}_1\boldsymbol{\Sigma}^{-1}$，由式(12.1.19)可知 $\boldsymbol{U}_1^{\mathrm{T}}\boldsymbol{U}_1=\boldsymbol{I}_r$，即 $\boldsymbol{U}_1$ 的 $r$ 列是两两正交的单位向量。取 $m\times(m-r)$ 矩阵 $\boldsymbol{U}_2$，使得

$$\boldsymbol{Q}_1=(\boldsymbol{U}_1,\boldsymbol{U}_2) \tag{12.1.20}$$

为 $m$ 阶正交矩阵，则

$$\boldsymbol{U}_2^{\mathrm{T}}\boldsymbol{U}_1=\boldsymbol{O} \tag{12.1.21}$$

则有

$$\boldsymbol{Q}_1^{\mathrm{T}}\boldsymbol{A}\boldsymbol{Q}_2=\begin{pmatrix}\boldsymbol{U}_1^{\mathrm{T}}\\ \boldsymbol{U}_2^{\mathrm{T}}\end{pmatrix}(\boldsymbol{A}\boldsymbol{V}_1,\boldsymbol{A}\boldsymbol{V}_2)=\begin{pmatrix}\boldsymbol{U}_1^{\mathrm{T}}\\ \boldsymbol{U}_2^{\mathrm{T}}\end{pmatrix}(\boldsymbol{U}_1\boldsymbol{\Sigma},\boldsymbol{O})=\begin{pmatrix}\boldsymbol{\Sigma} & \boldsymbol{O}\\ \boldsymbol{O} & \boldsymbol{O}\end{pmatrix} \tag{12.1.22}$$

于是有

$$\boldsymbol{A}=\boldsymbol{Q}_1\boldsymbol{D}\boldsymbol{Q}_2^{\mathrm{T}} \tag{12.1.23}$$

**证毕**

# 12.2　线性方程组的最小二乘解

最小二乘法是估计理论中的核心方法。该方法的本质是最小化误差的平方和寻找数据的最佳函数匹配。在许多实际应用中都会遇到超定线性方程组求解问题，理论上超定线性方程组无解，但实际应用中希望能获得它的近似解，最小二乘法提供了求解该问题的一种有效途径，通过最小二乘法获得的超定线性方程组的解称为最小二乘解。

## 12.2.1　超定非齐次线性方程组的最小二乘问题

设 $\boldsymbol{A}$ 是一个 $m\times n$ 矩阵，$\boldsymbol{b}$ 是一个 $m\times 1$ 向量。考虑非齐次线性方程组：

$$\boldsymbol{Ax}=\boldsymbol{b} \tag{12.2.1}$$

当 $m>n$ 时，称式(12.2.1)为超定非齐次线性方程组。

根据线性方程组解的情况及其判定定理，当 $R(\boldsymbol{A})<R(\boldsymbol{A},\boldsymbol{b})$ 时，方程组(12.2.1)无解。此时，系数矩阵 $\boldsymbol{A}$ 的秩有两种情形：① $R(\boldsymbol{A})=n$，即 $\boldsymbol{A}$ 是列满秩矩阵，称对应方程组为列满秩方程组；② $0<R(\boldsymbol{A})<n$，称对应方程组为降秩方程组。这两种情形出现在许多实际应用中，且由于实际问题的需要，此时希望获得方程组(12.2.1)的一个近似解 $\boldsymbol{x}^*$，使得残差向量 $\boldsymbol{Ax}^*-\boldsymbol{b}$ 满足

$$\left\|\boldsymbol{Ax}^*-\boldsymbol{b}\right\|^2=\min_{\boldsymbol{x}\in\mathbb{R}^{n\times 1}}\left\|\boldsymbol{Ax}-\boldsymbol{b}\right\|^2 \tag{12.2.2}$$

称 $\boldsymbol{x}^*$ 为方程组(12.2.1)的最小二乘解。

### 1. 用正规方程组解超定非齐次线性方程组的最小二乘问题

线性最小二乘问题可通过构造正规方程组的方法去求解，下面分列满秩方程组和降秩方程组两种情况介绍该方法。

1)列满秩方程组

从一个简单的列满秩方程组 $\boldsymbol{Ax}=\boldsymbol{b}$ 出发讨论它的最小二乘解的计算。取 $\boldsymbol{A}$ 是一个秩为 2 的 $3\times 2$ 矩阵，记 $\boldsymbol{A}$ 的列向量为 $\boldsymbol{\alpha}_1,\boldsymbol{\alpha}_2$，这里 $\boldsymbol{\alpha}_1,\boldsymbol{\alpha}_2$ 均为三维列向量且线性无关。由于方程组 $\boldsymbol{Ax}=\boldsymbol{b}$ 无解，因此 $\boldsymbol{b}$ 不能由 $\boldsymbol{\alpha}_1,\boldsymbol{\alpha}_2$ 线性表示。同时，$\boldsymbol{\alpha}_1,\boldsymbol{\alpha}_2$ 生成的向量空间为三维空间中的一个平面，记为 $\boldsymbol{\pi}$。如图 12.2.1 所示，若 $\boldsymbol{x}^*$ 为 $\boldsymbol{Ax}=\boldsymbol{b}$ 的最小二乘解，根据几何知识，向量 $\boldsymbol{Ax}^*$ 为 $\boldsymbol{b}$ 在 $\boldsymbol{\pi}$ 上的投影，则 $\boldsymbol{Ax}^*-\boldsymbol{b}$ 与 $\boldsymbol{\pi}$ 垂直，于是 $\boldsymbol{Ax}^*-\boldsymbol{b}$ 与 $\boldsymbol{\alpha}_1,\boldsymbol{\alpha}_2$ 垂直，那么

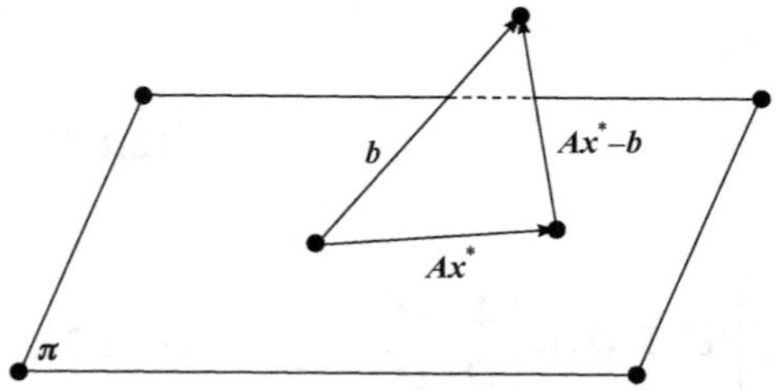


图 12.2.1　$\boldsymbol{b}$ 在 $\boldsymbol{\pi}$ 上的正交投影

$$\begin{cases}\boldsymbol{\alpha}_1^{\mathrm{T}}(\boldsymbol{Ax}^*-\boldsymbol{b})=0\\ \boldsymbol{\alpha}_2^{\mathrm{T}}(\boldsymbol{Ax}^*-\boldsymbol{b})=0\end{cases} \tag{12.2.3}$$

式(12.2.3)可等价地写为

$$A^{\mathrm{T}}(Ax^{*}-b)=\mathbf{0} \tag{12.2.4}$$

式(12.2.4)也可改写为

$$A^{\mathrm{T}}Ax^{*}=A^{\mathrm{T}}b \tag{12.2.5}$$

此时 $x^{*}$ 可通过求解方程组

$$A^{\mathrm{T}}Ax=A^{\mathrm{T}}b \tag{12.2.6}$$

获得，称方程组(12.2.6)为 $Ax=b$ 的正规方程组。又 $A$ 是一个列满秩矩阵，因此 $R(A^{\mathrm{T}}A)=2$，从而方程组(12.2.6)有唯一解。上述结论可推广到一般情形：若方程组(12.2.1)为列满秩方程组，它的最小二乘解 $x^{*}$ 为对应正规方程组 $A^{\mathrm{T}}Ax=A^{\mathrm{T}}b$ 的解，此时 $x^{*}$ 唯一确定。

2)降秩方程组

从一个简单的降秩方程组 $Ax=b$ 出发讨论它的最小二乘解的计算。取 $A$ 是一个秩为 1 的 $3\times2$ 矩阵，记 $A$ 的列向量分别为 $\alpha_1,\alpha_2$，这里 $\alpha_1,\alpha_2$ 均为三维列向量且 $\alpha_1=\lambda\alpha_2,\lambda\neq0$。由于方程组 $Ax=b$ 无解，因此 $b$ 不能由 $\alpha_1,\alpha_2$ 线性表示。同时，$\alpha_1,\alpha_2$ 生成的向量空间为三维空间中的一条直线，记为 $l$。如图 12.2.2 所示，若 $x^{*}$ 为 $Ax=b$ 的最小二乘解，根据几何知识，向量 $Ax^{*}$ 为 $b$ 在 $l$ 上的投影，则 $Ax^{*}-b$ 与 $l$ 垂直，于是 $Ax^{*}-b$ 与 $\alpha_1,\alpha_2$ 垂直。类似于列满秩方程组，也可构造正规方程组：

$$A^{\mathrm{T}}Ax=A^{\mathrm{T}}b \tag{12.2.7}$$

此时 $x^{*}$ 可通过求解方程组获得。由 $\alpha_1=\lambda\alpha_2,\lambda\neq0$，得方程组(12.2.7)的增广矩阵：

$$\left(A^{\mathrm{T}}A\middle|A^{\mathrm{T}}b\right)=\left(\begin{array}{cc|c}\alpha_1^{\mathrm{T}}\alpha_1 & \frac{1}{\lambda}\alpha_1^{\mathrm{T}}\alpha_1 & \alpha_1^{\mathrm{T}}b\\ \frac{1}{\lambda}\alpha_1^{\mathrm{T}}\alpha_1 & \frac{1}{\lambda^2}\alpha_1^{\mathrm{T}}\alpha_1 & \frac{1}{\lambda}\alpha_1^{\mathrm{T}}b\end{array}\right) \tag{12.2.8}$$

对 $\left(A^{\mathrm{T}}A\middle|A^{\mathrm{T}}b\right)$ 作等变换，有

$$\left(A^{\mathrm{T}}A\middle|A^{\mathrm{T}}b\right)=\left(\begin{array}{cc|c}\alpha_1^{\mathrm{T}}\alpha_1 & \frac{1}{\lambda}\alpha_1^{\mathrm{T}}\alpha_1 & \alpha_1^{\mathrm{T}}b\\ \frac{1}{\lambda}\alpha_1^{\mathrm{T}}\alpha_1 & \frac{1}{\lambda^2}\alpha_1^{\mathrm{T}}\alpha_1 & \frac{1}{\lambda}\alpha_1^{\mathrm{T}}b\end{array}\right)\overset{-\frac{1}{\lambda}}{\sim}\left(\begin{array}{cc|c}\alpha_1^{\mathrm{T}}\alpha_1 & \frac{1}{\lambda}\alpha_1^{\mathrm{T}}\alpha_1 & \alpha_1^{\mathrm{T}}b\\ 0 & 0 & 0\end{array}\right) \tag{12.2.9}$$

其中，“$\underset{\sim}{-\frac{1}{\lambda}}$”为做对第一行乘 $-\frac{1}{\lambda}$ 加到第二行的初等行变换。又 $R(A)=1$，因此 $\alpha_1^{\mathrm{T}}\alpha_1\neq0$，从而 $R(A^{\mathrm{T}}A)=R(A^{\mathrm{T}}A\mid A^{\mathrm{T}}b)=1<2$，根据线性方程组解的判定定理，方程组(12.2.7)有无穷多解。上述结论可推广到一般情形：若方程组(12.2.1)为降秩方程组，它的最小二乘解 $x^{*}$ 为对应正规方程组 $A^{\mathrm{T}}Ax=A^{\mathrm{T}}b$ 的解，此时 $x^{*}$ 有无穷多个。

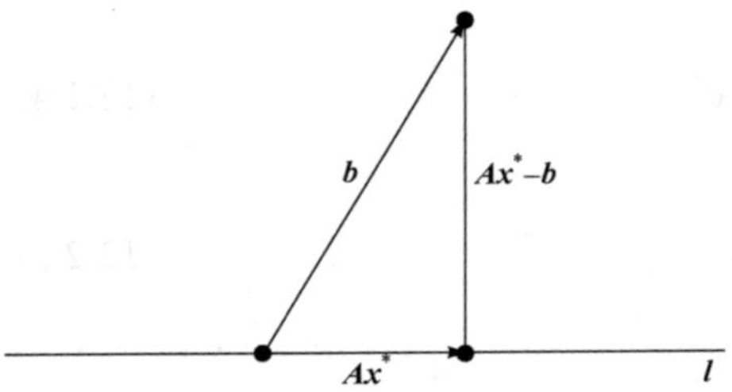


图 12.2.2　b 在 l 上的正交投影

结合上述讨论，可得如下定义和结论。

**定义 12.2.1**　设 $\boldsymbol{A}$ 是一个 $m\times n(m>n)$ 矩阵，则称方程组

$$\boldsymbol{A}^{\mathrm{T}}\boldsymbol{A}\boldsymbol{x}=\boldsymbol{A}^{\mathrm{T}}\boldsymbol{b} \tag{12.2.10}$$

为方程组 $\boldsymbol{A}\boldsymbol{x}=\boldsymbol{b}$ 的正规方程组。

**定理 12.2.1**　当 $m>n$ 时，方程组 $\boldsymbol{A}\boldsymbol{x}=\boldsymbol{b}$ 的最小二乘解和正规方程组 $\boldsymbol{A}^{\mathrm{T}}\boldsymbol{A}\boldsymbol{x}=\boldsymbol{A}^{\mathrm{T}}\boldsymbol{b}$ 的解一致。

2. 用 SVD 解超定非齐次线性方程组的最小二乘问题

考虑式(12.2.1)所表示的超定非齐次线性方程组的最小二乘问题。由定理 12.1.2 可知存在 $m$ 阶正交矩阵 $\boldsymbol{Q}_1$ 和 $n$ 阶正交矩阵 $\boldsymbol{Q}_2$ 使得 $\boldsymbol{A}=\boldsymbol{Q}_1\boldsymbol{D}\boldsymbol{Q}_2^{\mathrm{T}}$，其中 $\boldsymbol{D}$ 的形式可参见定理 12.1.2。因此式(12.2.2)可写为

$$\left\|\left(\boldsymbol{Q}_1\boldsymbol{D}\boldsymbol{Q}_2^{\mathrm{T}}\right)\boldsymbol{x}^*-\boldsymbol{b}\right\|^2=\min_{\boldsymbol{x}\in\mathbb{R}^{n\times 1}}\left\|\left(\boldsymbol{Q}_1\boldsymbol{D}\boldsymbol{Q}_2^{\mathrm{T}}\right)\boldsymbol{x}-\boldsymbol{b}\right\|^2 \tag{12.2.11}$$

根据正交矩阵的定义，式(12.2.11)又可写为

$$\left\|\boldsymbol{D}\boldsymbol{Q}_2^{\mathrm{T}}\boldsymbol{x}^*-\boldsymbol{Q}_1^{\mathrm{T}}\boldsymbol{b}\right\|^2=\min_{\boldsymbol{x}\in\mathbb{R}^{n\times 1}}\left\|\boldsymbol{D}\boldsymbol{Q}_2^{\mathrm{T}}\boldsymbol{x}-\boldsymbol{Q}_1^{\mathrm{T}}\boldsymbol{b}\right\|^2 \tag{12.2.12}$$

记 $\boldsymbol{y}=\boldsymbol{Q}_2^{\mathrm{T}}\boldsymbol{x},\boldsymbol{b}'=\boldsymbol{Q}_1^{\mathrm{T}}\boldsymbol{b}$，则式(12.2.12)可简写为

$$\left\|\boldsymbol{D}\boldsymbol{y}^*-\boldsymbol{b}'\right\|^2=\min_{\boldsymbol{y}\in\mathbb{R}^{n\times 1}}\left\|\boldsymbol{D}\boldsymbol{y}-\boldsymbol{b}'\right\|^2 \tag{12.2.13}$$

式(12.2.13)中 $\boldsymbol{D}$ 的形式与 $R(\boldsymbol{A})$ 密切相关。对于不同的 $\boldsymbol{D}$，上述线性方程组的最小二乘解的求解方法也不尽相同。下面介绍如何用 SVD 求列满秩方程组和降秩方程组的最小二乘解。

1) 列满秩方程组

在这种情况下，有

$$\boldsymbol{D}=\begin{pmatrix}\tilde{\boldsymbol{D}}\\ \boldsymbol{O}\end{pmatrix} \tag{12.2.14}$$

其中，$\tilde{\boldsymbol{D}}=\mathrm{diag}(d_1,d_2,\cdots,d_n),d_1\geqslant d_2\geqslant\cdots\geqslant d_n>0$; $\boldsymbol{O}$ 是一个 $(m-n)\times n$ 的零矩阵。考虑方程组：

$$\begin{pmatrix}d_1 & & & \\ & d_2 & & \\ & & \ddots & \\ & & & d_n\\ 0 & 0 & \cdots & 0\\ \vdots & \vdots & & \vdots\\ 0 & 0 & \cdots & 0\end{pmatrix}\begin{pmatrix}y_1\\ y_2\\ \vdots\\ y_n\end{pmatrix}=\begin{pmatrix}b_1'\\ b_2'\\ \vdots\\ b_n'\\ b_{n+1}'\\ \vdots\\ b_m'\end{pmatrix} \tag{12.2.15}$$

其中，$\boldsymbol{y}=(y_1,y_2,\cdots,y_n)^{\mathrm{T}}$；$\boldsymbol{b}'=(b_1',b_2',\cdots,b_n',b_{n+1}',\cdots,b_m')^{\mathrm{T}}$。不难看出，离 $\boldsymbol{b}'$ 最近的 $\boldsymbol{Dy}$ 是 $(b_1',b_2',\cdots,b_n',0,\cdots,0)^{\mathrm{T}}$，令 $y_i=b_i'/d_i\,(i=1,2,\cdots,n)$ 便可得到满足式(12.2.13)的向量 $\boldsymbol{y}^*$，从而 $\boldsymbol{x}^*=\boldsymbol{Q}_2\boldsymbol{y}^*$ 为超定非齐次线性方程组(12.2.1)的最小二乘解。

2)降秩方程组

在这种情况下，令 $r=R(\boldsymbol{A})$，则 $r<n$，有

$$\boldsymbol{D}=\begin{pmatrix}\tilde{\boldsymbol{D}} & \\ & \boldsymbol{O}_{n-r}\\ \boldsymbol{O}_{(m-n)\times r} & \boldsymbol{O}_{(m-n)\times(n-r)}\end{pmatrix} \tag{12.2.16}$$

其中，$\tilde{\boldsymbol{D}}=\mathrm{diag}(d_1,d_2,\cdots,d_r),d_1\geqslant d_2\geqslant\cdots\geqslant d_r>0$；而 $\boldsymbol{O}_{n-r},\boldsymbol{O}_{(m-n)\times r},\boldsymbol{O}_{(m-n)\times(n-r)}$ 分别为 $n-r$，$(m-n)\times r$，$(m-n)\times(n-r)$ 阶的零矩阵。考虑方程组：

$$\begin{pmatrix}d_1 &&&&& \\ & \ddots &&&& \\ && d_r &&& \\ &&& 0 && \\ &&&& \ddots & \\ &&&&& 0\\ 0 & 0 & 0 & \cdots & 0 & 0\\ \vdots & \vdots & \vdots && \vdots & \vdots\\ 0 & 0 & 0 & \cdots & 0 & 0\end{pmatrix}\begin{pmatrix}y_1\\ y_2\\ \vdots\\ y_r\\ y_{r+1}\\ \vdots\\ y_n\end{pmatrix}=\begin{pmatrix}b_1'\\ b_2'\\ \vdots\\ b_r'\\ b_{r+1}'\\ \vdots\\ b_m'\end{pmatrix} \tag{12.2.17}$$

其中，$\boldsymbol{y}=(y_1,y_2,\cdots,y_r,y_{r+1},\cdots,y_n)^{\mathrm{T}}$；$\boldsymbol{b}'=(b_1',b_2',\cdots,b_r',b_{r+1}',\cdots,b_m')^{\mathrm{T}}$。不难看出，离 $\boldsymbol{b}'$ 最近的 $\boldsymbol{Dy}$ 是 $(b_1',b_2',\cdots,b_r',0,\cdots,0)^{\mathrm{T}}$。满足式(12.2.13)的向量 $\boldsymbol{y}^*$ 为方程组

$$\begin{pmatrix}d_1 &&&&& \\ & \ddots &&&& \\ && d_r &&& \\ &&& 0 && \\ &&&& \ddots & \\ &&&&& 0\\ 0 & 0 & 0 & \cdots & 0 & 0\\ \vdots & \vdots & \vdots && \vdots & \vdots\\ 0 & 0 & 0 & \cdots & 0 & 0\end{pmatrix}_{m\times n}\begin{pmatrix}y_1\\ y_2\\ \vdots\\ y_r\\ y_{r+1}\\ \vdots\\ y_n\end{pmatrix}=\begin{pmatrix}b_1'\\ b_2'\\ \vdots\\ b_r'\\ 0\\ \vdots\\ 0\end{pmatrix} \tag{12.2.18}$$

的解。方程组(12.2.18)有无穷多解，它的一个基础解系 $\xi_1,\xi_2,\cdots,\xi_{n-r}$ 和一个特解 $\boldsymbol{\eta}$ 分别为

$$\boldsymbol{\xi}_1=\begin{pmatrix}\dfrac{b_1'}{d_1}\\ \vdots\\ \dfrac{b_r'}{d_r}\\ 1\\ \vdots\\ 0\end{pmatrix}_{n\times1},\ \boldsymbol{\xi}_2=\begin{pmatrix}\dfrac{b_1'}{d_1}\\ \vdots\\ \dfrac{b_r'}{d_r}\\ 0\\ 1\\ \vdots\\ 0\end{pmatrix}_{n\times1},\cdots,\ \boldsymbol{\xi}_{n-r}=\begin{pmatrix}\dfrac{b_1'}{d_1}\\ \vdots\\ \dfrac{b_r'}{d_r}\\ 0\\ \vdots\\ 0\\ 1\end{pmatrix}_{n\times1},\ \boldsymbol{\eta}=\begin{pmatrix}\dfrac{b_1'}{d_1}\\ \vdots\\ \dfrac{b_r'}{d_r}\\ 0\\ \vdots\\ 0\end{pmatrix}_{n\times1} \tag{12.2.19}$$

于是，有

$$\boldsymbol{y}^*=k_1\boldsymbol{\xi}_1+k_2\boldsymbol{\xi}_2+\cdots+k_{n-r}\boldsymbol{\xi}_{n-r}+\boldsymbol{\eta} \tag{12.2.20}$$

其中，$k_1,k_2,\cdots,k_{n-r}$ 为任意常数。从而 $\boldsymbol{x}^*=\boldsymbol{Q}_2\boldsymbol{y}^*$ 为超定非齐次线性方程组(12.2.1)的最小二乘解。

### 3. 算法步骤

综上，即可用不同方法得到超定非齐次线性方程组的最小二乘解。

---

**算法 12.1**　用正规方程组求超定非齐次线性方程组 $\boldsymbol{Ax}=\boldsymbol{b}$ 的最小二乘解 $\boldsymbol{x}^*$

**输入：** $m\times n(m>n)$ 的系数矩阵 $\boldsymbol{A}$ 和 $m$ 维常向量 $\boldsymbol{b}$

**输出：** 非齐次线性方程组 $\boldsymbol{Ax}=\boldsymbol{b}$ 的最小二乘解 $\boldsymbol{x}^*$

第一步，构造正规方程组 $\boldsymbol{A}^{\mathrm{T}}\boldsymbol{Ax}=\boldsymbol{A}^{\mathrm{T}}\boldsymbol{b}$；

第二步，解正规方程组 $\boldsymbol{A}^{\mathrm{T}}\boldsymbol{Ax}=\boldsymbol{A}^{\mathrm{T}}\boldsymbol{b}$ 获得 $\boldsymbol{x}^*$。

**算法 12.2**　用 SVD 求满秩方程组 $\boldsymbol{Ax}=\boldsymbol{b}$ 的最小二乘解 $\boldsymbol{x}^*$

**输入：** $m\times n(m>n)$ 的系数矩阵 $\boldsymbol{A}$ 和 $m$ 维常向量 $\boldsymbol{b}$

**输出：** 非齐次线性方程组 $\boldsymbol{Ax}=\boldsymbol{b}$ 的最小二乘解 $\boldsymbol{x}^*$

第一步，对系数矩阵 $\boldsymbol{A}$ 使用 SVD，得到 $\boldsymbol{A}=\boldsymbol{Q}_1\boldsymbol{D}\boldsymbol{Q}_2^{\mathrm{T}}$；

第二步，令 $\boldsymbol{b}'=\boldsymbol{Q}_1^{\mathrm{T}}\boldsymbol{U}$；

第三步，由 $\boldsymbol{y}^*=(b_1'/d_1,b_2'/d_2,\cdots,b_n'/d_n)^{\mathrm{T}}$ 获得 $\boldsymbol{y}^*$；

第四步，由 $\boldsymbol{x}^*=\boldsymbol{Q}_2\boldsymbol{y}^*$ 获得 $\boldsymbol{x}^*$。

**算法 12.3**　用 SVD 求降秩方程组 $\boldsymbol{Ax}=\boldsymbol{b}$ 的最小二乘解 $\boldsymbol{x}^*$

**输入：** $m\times n(m>n)$ 的系数矩阵 $\boldsymbol{A}$ 和 $m$ 维常向量 $\boldsymbol{b}$

**输出：** 非齐次线性方程组 $\boldsymbol{Ax}=\boldsymbol{b}$ 的最小二乘解 $\boldsymbol{x}^*$

第一步，对系数矩阵 $\boldsymbol{A}$ 使用 SVD，得到 $\boldsymbol{A}=\boldsymbol{Q}_1\boldsymbol{D}\boldsymbol{Q}_2^{\mathrm{T}}$；

第二步，令 $\boldsymbol{b}'=\boldsymbol{Q}_1^{\mathrm{T}}\boldsymbol{b}$；

第三步，由式(12.2.20)获得 $\boldsymbol{y}^*$；

第四步，由 $\boldsymbol{x}^*=\boldsymbol{Q}_2\boldsymbol{y}^*$ 获得 $\boldsymbol{x}^*$。

### 12.2.2 超定齐次线性方程组的最小二乘问题

设 $\boldsymbol{A}$ 是一个 $m\times n$ 矩阵，考虑齐次线性方程组：

$$\boldsymbol{Ax}=\boldsymbol{0} \tag{12.2.21}$$

其中，$\boldsymbol{0}$ 是一个 $m\times 1$ 的零向量。当 $m>n$ 时，称(12.2.21)为超定齐次线性方程组。

根据线性方程组解的情况及其判定定理，当 $R(\boldsymbol{A})=n$ 时，方程组(12.2.21)仅有零解。由于实际问题的需要，希望获得方程组(12.2.21)的非零解 $\boldsymbol{x}^*$，使得

$$\left\|\boldsymbol{Ax}^*\right\|^2=\min_{\|\boldsymbol{x}\|^2=1}\left\|\boldsymbol{Ax}\right\|^2 \tag{12.2.22}$$

则称 $\boldsymbol{x}^*$ 为方程组(12.2.21)的最小二乘解。

1. 用正交变换法解超定齐次线性方程组的最小二乘问题

由向量范数的定义，有

$$\left\|\boldsymbol{Ax}\right\|^2=(\boldsymbol{Ax})^{\mathrm{T}}\boldsymbol{Ax}=\boldsymbol{x}^{\mathrm{T}}\boldsymbol{A}^{\mathrm{T}}\boldsymbol{Ax} \tag{12.2.23}$$

式(12.2.23)表示一个 $n$ 元二次型，用 $f$ 表示，则 $f$ 的对应矩阵为 $\boldsymbol{A}^{\mathrm{T}}\boldsymbol{A}$。由于所考虑的问题满足条件 $R(\boldsymbol{A})=n$，因此 $\boldsymbol{A}^{\mathrm{T}}\boldsymbol{A}$ 为正定矩阵。由主轴定理，存在正交变换 $\boldsymbol{x}=\boldsymbol{Qy}$，使二次型 $f$ 化为标准形 $\boldsymbol{\Lambda}=\mathrm{diag}(\lambda_1,\lambda_2,\cdots,\lambda_n)$

$$f=\sum_{j=1}^{n}\lambda_j y_j^2 \tag{12.2.24}$$

其中，$\boldsymbol{y}=(y_1,y_2,\cdots,y_n)^{\mathrm{T}}$；$\lambda_1,\lambda_2,\cdots,\lambda_n$ 为 $\boldsymbol{A}^{\mathrm{T}}\boldsymbol{A}$ 的 $n$ 个特征值；$\boldsymbol{q}_1,\boldsymbol{q}_2,\cdots,\boldsymbol{q}_n$ 为 $\boldsymbol{A}^{\mathrm{T}}\boldsymbol{A}$ 的对应于特征值 $\lambda_1,\lambda_2,\cdots,\lambda_n$ 的单位特征向量，$\boldsymbol{Q}=(\boldsymbol{q}_1,\boldsymbol{q}_2,\cdots,\boldsymbol{q}_n)$。由正定矩阵的性质可知，$\boldsymbol{A}^{\mathrm{T}}\boldsymbol{A}$ 的特征值均为正实数，不妨设 $\lambda_n\geqslant\lambda_{n-1}\geqslant\cdots\geqslant\lambda_1>0$。由于正交变换具有保范性，因此

$$\min_{\|\boldsymbol{x}\|^2=1}\left\|\boldsymbol{Ax}\right\|^2=\min_{\|\boldsymbol{x}\|^2=1}\boldsymbol{x}^{\mathrm{T}}\boldsymbol{A}^{\mathrm{T}}\boldsymbol{Ax}=\min_{\|\boldsymbol{y}\|^2=1}\sum_{j=1}^{n}\lambda_j y_j^2 \tag{12.2.25}$$

又 $\|\boldsymbol{y}\|^2=1$ 时，有

$$\sum_{j=1}^{n}\lambda_j y_j^2\geqslant\lambda_1\sum_{j=1}^{n}y_j^2=\lambda_1 \tag{12.2.26}$$

式(12.2.26)取等号 $\Leftrightarrow y_1^2=1(y_j=0,j=2,\cdots,n)$，即

$$\min_{\|y\|^2=1}\sum_{j=1}^{n}\lambda_j y_j^2=\lambda_1 \Leftrightarrow \boldsymbol{y}=(\pm1,0,\cdots,0)^{\mathrm{T}} \tag{12.2.27}$$

这一论断的证明留给读者。于是方程组(12.2.21)对应的最小二乘解为

$$\boldsymbol{x}^*=\boldsymbol{Q}(\pm1,0,\cdots,0)^{\mathrm{T}}=\pm\boldsymbol{q}_1 \tag{12.2.28}$$

式(12.2.28)表明$\boldsymbol{A}^{\mathrm{T}}\boldsymbol{A}$的最小特征值$\lambda_1$对应的所有单位向量均为方程组(12.2.21)对应的最小二乘解。

2. 用 SVD 解超定齐次线性方程组的最小二乘问题

考虑式(12.2.21)所表示的超定齐次线性方程组的最小二乘问题，这里有$R(\boldsymbol{A})=n$。对矩阵$\boldsymbol{A}$使用 SVD，有$\boldsymbol{A}=\boldsymbol{Q}_1\boldsymbol{D}\boldsymbol{Q}_2^{\mathrm{T}}$，其中$\boldsymbol{Q}_1$和$\boldsymbol{Q}_2$分别为$m$阶和$n$阶正交矩阵，$\boldsymbol{D}=\begin{pmatrix} d_1 & & & \\ & d_2 & & \\ & & \ddots & \\ & & & d_n \\ \hline & & \boldsymbol{O} & \end{pmatrix}_{m\times n}$，$d_1\geqslant\cdots\geqslant d_n>0$，$\boldsymbol{O}$是一个$(m-n)\times n$的零矩阵。因此式(12.2.22)可写为

$$\left\|\left(\boldsymbol{Q}_1\boldsymbol{D}\boldsymbol{Q}_2^{\mathrm{T}}\right)\boldsymbol{x}^*\right\|^2=\min_{\|\boldsymbol{x}\|^2=1}\left\|\left(\boldsymbol{Q}_1\boldsymbol{D}\boldsymbol{Q}_2^{\mathrm{T}}\right)\boldsymbol{x}\right\|^2 \tag{12.2.29}$$

由于正交变换具有保范性，式(12.2.29)又可写为

$$\left\|\boldsymbol{D}\boldsymbol{Q}_2^{\mathrm{T}}\boldsymbol{x}^*\right\|^2=\min_{\|\boldsymbol{x}\|^2=1}\left\|\boldsymbol{D}\boldsymbol{Q}_2^{\mathrm{T}}\boldsymbol{x}\right\|^2 \tag{12.2.30}$$

记$\boldsymbol{Q}_2^{\mathrm{T}}\boldsymbol{x}=\boldsymbol{y}=(y_1,y_2,\cdots,y_n)^{\mathrm{T}}$，则$\|\boldsymbol{y}\|=\|\boldsymbol{x}\|$，于是式(12.2.30)可写为

$$\left\|\boldsymbol{D}\boldsymbol{y}^*\right\|^2=\min_{\|\boldsymbol{y}\|^2=1}\left\|\boldsymbol{D}\boldsymbol{y}\right\|^2=\min_{\|\boldsymbol{y}\|^2=1}\sum_{j=1}^{n}d_j y_j^2 \tag{12.2.31}$$

式(12.2.31)与式(12.2.25)本质相同，那么$\min\limits_{\|\boldsymbol{y}\|^2=1}\sum_{j=1}^{n}d_j y_j^2=d_n\Leftrightarrow\boldsymbol{y}=(0,\cdots,0,\pm1)^{\mathrm{T}}$。记$\boldsymbol{Q}_2$的最后一列组成的列向量为$\boldsymbol{q}_{2n}$，从而方程组(12.2.21)对应的最小二乘解为

$$\boldsymbol{x}^*=\boldsymbol{Q}_2(0,\cdots,0,\pm1)^{\mathrm{T}}=\pm\boldsymbol{q}_{2n} \tag{12.2.32}$$

式(12.2.32)表明$\boldsymbol{Q}_2$的最后一列组成的列向量及其负向量均为方程组(12.2.21)对应的最小二乘解。

3. 算法步骤

综上，即可用不同方法得到超定齐次线性方程组的最小二乘解。

**算法 12.4**　用正交变换法求超定齐次线性方程组 $\boldsymbol{Ax}=\boldsymbol{0}$ 的最小二乘解 $\boldsymbol{x}^*$

**输入：** $m\times n(m>n)$ 的系数矩阵 $\boldsymbol{A}$

**输出：** 超定齐次线性方程组 $\boldsymbol{Ax}=\boldsymbol{0}$ 的最小二乘解 $\boldsymbol{x}^*$

第一步，通过系数矩阵 $\boldsymbol{A}$ 构造正定矩阵 $\boldsymbol{A}^{\mathrm{T}}\boldsymbol{A}$；

第二步，求 $\boldsymbol{A}^{\mathrm{T}}\boldsymbol{A}$ 的最小特征值 $\lambda_1$ 对应的特征向量 $\boldsymbol{q}_1$；

第三步，由 $\boldsymbol{x}^*=\dfrac{\boldsymbol{q}_1}{\|\boldsymbol{q}_1\|}$ 获得 $\boldsymbol{x}^*$。

**算法 12.5**　用 SVD 求超定齐次线性方程组 $\boldsymbol{Ax}=\boldsymbol{0}$ 的最小二乘解 $\boldsymbol{x}^*$

**输入：** $m\times n(m>n)$ 的系数矩阵 $\boldsymbol{A}$

**输出：** 超定齐次线性方程组 $\boldsymbol{Ax}=\boldsymbol{0}$ 的最小二乘解 $\boldsymbol{x}^*$

第一步，对系数矩阵 $\boldsymbol{A}$ 使用 SVD，得到 $\boldsymbol{A}=\boldsymbol{Q}_1\boldsymbol{D}\boldsymbol{Q}_2^{\mathrm{T}}$；

第二步，通过取 $\boldsymbol{Q}_2$ 的最后一列得到 $\boldsymbol{x}^*$。

## 12.3　直线与二次曲线拟合

在计算机视觉的许多应用中，都需要提取场景中物体在图像中的边缘曲线。直线与二次曲线作为两类最为常见的边缘曲线需要从图像中提取像素点拟合获得。本节介绍利用线性方程组最小二乘解拟合直线与二次曲线的方法。

### 12.3.1　直线拟合

通过提取场景中物体对应图像边缘曲线上的 $m(m>2)$ 个不同位置点的非齐次像素坐标，获得数据 $(x_1,y_1),(x_2,y_2),\cdots,(x_m,y_m)$。如果边缘曲线为直线，则需要通过提取的像素坐标确定该直线，这就是直线拟合问题。下面分别介绍基于点斜式方程和一般方程拟合直线的方法。

#### 1. 基于点斜式方程的直线拟合

若边缘曲线为直线，同时在相应坐标系中能预判直线斜率存在，则可设其点斜式方程为

$$y=kx+b \tag{12.3.1}$$

将提取的坐标代入式(12.3.1)中，有

$$\begin{cases} kx_1+b=y_1 \\ kx_2+b=y_2 \\ \quad\vdots \\ kx_m+b=y_m \end{cases} \tag{12.3.2}$$

记 $z=\begin{pmatrix}k\\b\end{pmatrix}, A=\begin{pmatrix}x_1 & 1\\x_2 & 1\\ \vdots & \vdots\\x_m & 1\end{pmatrix}, \alpha=\begin{pmatrix}y_1\\y_2\\ \vdots\\y_m\end{pmatrix}_{m\times 1}$，则式(12.3.2)可以表示为

$$Az=\alpha \tag{12.3.3}$$

确定边缘只需确定直线的斜率 $k$ 和 $y$ 轴截距 $b$，可通过求解方程组(12.3.3)实现。由于实际提取像素坐标的过程会导致相应误差，因此有 $R(A,\alpha)=3$，方程组(12.3.3)为超定非齐次线性方程组，无解。这样无法求出精确的边缘直线，这里希望确定近似边缘直线，即寻找方程组(12.3.3)的近似解 $z^*$，使得残差向量 $Az^*-\alpha$ 满足

$$\left\|Az^*-\alpha\right\|^2=\min_{z\in\mathbb{R}^2}\left\|Az-\alpha\right\|^2 \tag{12.3.4}$$

根据 12.2.1 节的讨论，方程组(12.3.3)的最小二乘解 $z^*$ 即为所求，可通过 12.2.1 节介绍的方法获得 $z^*$，最后，通过 $z^*$ 可确定边缘直线的方程。

上述方法将点到直线的竖直偏差的平方作为误差(图 12.3.1(a))，当直线的倾斜角接近 90° 时，误差急剧增大，拟合所得的直线与真实直线之间的误差也随之增大。但是，当直线的倾斜角接近 0° 或 180° 时，拟合所得的直线与真实直线之间的误差较小。换言之，这种方法对坐标系选取的依赖性较强。

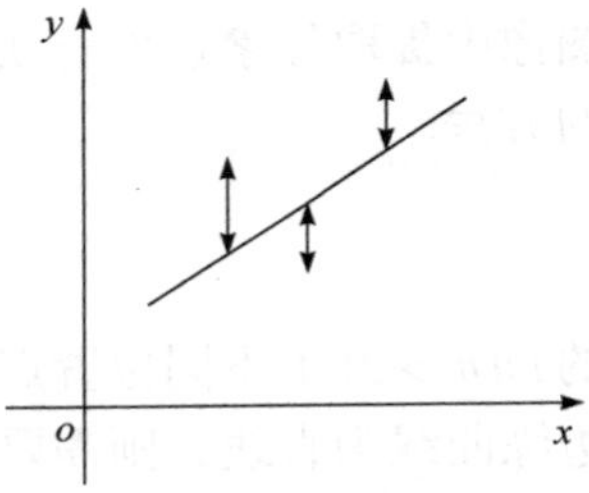


(a) 点到直线的竖直偏差

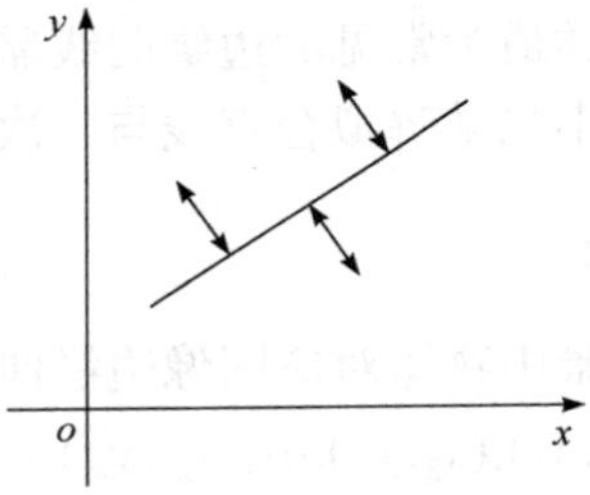


(b) 点到直线的竖直距离

图 12.3.1　点到直线的竖直偏差和点到直线的竖直距离

2. 基于一般方程的直线拟合

由于边缘曲线为直线，设其一般方程为

$$ax+by+c=0 \tag{12.3.5}$$

将提取的坐标代入式(12.3.5)中，有

$$\begin{cases}ax_1+by_1+c=0\\ax_2+by_2+c=0\\ \quad\vdots\\ax_m+by_m+c=0\end{cases} \tag{12.3.6}$$

记 $z=\begin{pmatrix}a\\b\\c\end{pmatrix}, A=\begin{pmatrix}x_1 & y_1 & 1\\x_2 & y_2 & 1\\\vdots & \vdots & \vdots\\x_m & y_m & 1\end{pmatrix}$，$\mathbf{0}$ 表示 $m\times1$ 的零向量，则式(12.3.6)可以表示为

$$Az=\mathbf{0} \tag{12.3.7}$$

确定边缘只需确定直线方程的系数 $a$、$b$、$c$，可通过求解方程组(12.3.7)实现。由于实际提取像素坐标的过程会导致相应误差，因此有 $R(A)=3$，方程组(12.3.7)为超定齐次线性方程组，仅有零解。由于实际问题的需要，希望获得方程组(12.3.7)的非零解 $z^*$，使得

$$\left\|Az^*\right\|^2=\min_{\|z\|^2=1}\|Az\|^2 \tag{12.3.8}$$

根据 12.2.2 节的讨论，方程组(12.3.7)的最小二乘解 $z^*$ 即为所求，可通过 12.2.2 节介绍的方法获得 $z^*$，最后，通过 $z^*$ 可确定边缘直线的方程。

上述方法将点到直线的竖直距离的平方的常数倍作为误差(图 12.3.1(b))，这样坐标系的选取对误差没有影响，同时直线的斜率也不会对误差产生影响，拟合所得的直线与真实直线之间的误差较小。

### 12.3.2　二次曲线拟合

通过提取场景中物体对应图像边缘曲线上的 $m(m>5)$ 个不同位置点的非齐次像素坐标，获得数据 $(x_1,y_1),(x_2,y_2),\cdots,(x_m,y_m)$。如果边缘曲线为二次曲线，则需要通过提取的像素坐标确定该二次曲线，这就是二次曲线拟合问题。下面分别介绍利用超定非齐次线性方程组最小二乘解(非齐次线性方程组法)和超定齐次线性方程组最小二乘解(齐次线性方程组法)拟合二次曲线的方法。

1. 非齐次线性方程组法

由于边缘曲线为二次曲线，不妨设其方程为

$$ax^2+bxy+cy^2+dx+ey+f=0 \tag{12.3.9}$$

又二次曲线方程的系数不全为零，不妨设 $f\neq0$，式(12.3.9)两端同除以 $-f$，有

$$-\frac{a}{f}x^2-\frac{b}{f}xy-\frac{c}{f}y^2-\frac{d}{f}x-\frac{e}{f}y-1=0 \tag{12.3.10}$$

令 $-\frac{a}{f}=a_1,-\frac{b}{f}=b_1,-\frac{c}{f}=c_1,-\frac{d}{f}=d_1,-\frac{e}{f}=e_1$，则式(12.3.10)可写为

$$a_1x^2+b_1xy+c_1y^2+d_1x+e_1y=1 \tag{12.3.11}$$

式(12.3.11)与式(12.3.9)表示相同的二次曲线。将提取的坐标代入式(12.3.11)中，有

$$\begin{cases} a_1x_1^2 + b_1x_1y_1 + c_1y_1^2 + d_1x_1 + e_1y_1 = 1 \\ a_1x_2^2 + b_1x_2y_2 + c_1y_2^2 + d_1x_2 + e_1y_2 = 1 \\ \cdots \\ a_1x_m^2 + b_1x_my_m + c_1y_m^2 + d_1x_m + e_1y_m = 1 \end{cases} \tag{12.3.12}$$

记 $z = \begin{pmatrix} a_1 \\ b_1 \\ c_1 \\ d_1 \\ e_1 \end{pmatrix}, A = \begin{pmatrix} x_1^2 & x_1y_1 & y_1^2 & x_1 & y_1 \\ x_2^2 & x_2y_2 & y_2^2 & x_2 & y_2 \\ x_3^2 & x_3y_3 & y_3^2 & x_3 & y_3 \\ \vdots & \vdots & \vdots & \vdots & \vdots \\ x_m^2 & x_my_m & y_m^2 & x_m & y_m \end{pmatrix}, \alpha = \begin{pmatrix} 1 \\ 1 \\ 1 \\ \vdots \\ 1 \end{pmatrix}_{m\times 1}$，则式(12.3.12)可以表示为

$$Az = \alpha \tag{12.3.13}$$

确定边缘只需确定二次曲线方程的系数 $a_1$、$b_1$、$c_1$、$d_1$、$e_1$，可通过求解方程组(12.3.13)实现。由于实际提取像素坐标的过程会导致相应误差，因此有 $R(A,\alpha) = 6$，方程组(12.3.13)为超定非齐次线性方程组，无解。这样无法求出精确的边缘曲线，这里希望确定近似边缘曲线，即寻找方程组(12.3.13)的近似解 $z^*$，使得残差向量 $Az^* - \alpha$ 满足

$$\|Az^* - \alpha\|^2 = \min_{z\in\mathbb{R}^5} \|Az - \alpha\|^2 \tag{12.3.14}$$

根据 12.2.1 节的讨论，方程组(12.3.13)的最小二乘解 $z^*$ 即为所求，可通过 12.2.1 节介绍的方法获得 $z^*$，最后，通过 $z^*$ 可确定边缘曲线的方程。

2. 齐次线性方程组法

类似于 12.3.1 节，这里设边缘曲线的方程为

$$ax^2 + bxy + cy^2 + dx + ey + f = 0 \tag{12.3.15}$$

将提取的坐标代入式(12.3.15)中，有

$$\begin{cases} ax_1^2 + bx_1y_1 + cy_1^2 + dx_1 + ey_1 + f = 0 \\ ax_2^2 + bx_2y_2 + cy_2^2 + dx_2 + ey_2 + f = 0 \\ \quad\vdots \\ ax_m^2 + bx_my_m + cy_m^2 + dx_m + ey_m + f = 0 \end{cases} \tag{12.3.16}$$

记 $z = \begin{pmatrix} a \\ b \\ c \\ d \\ e \\ f \end{pmatrix}, A = \begin{pmatrix} x_1^2 & x_1y_1 & y_1^2 & x_1 & y_1 & 1 \\ x_2^2 & x_2y_2 & y_2^2 & x_2 & y_2 & 1 \\ x_3^2 & x_3y_3 & y_3^2 & x_3 & y_3 & 1 \\ \vdots & \vdots & \vdots & \vdots & \vdots & \vdots \\ x_m^2 & x_my_m & y_m^2 & x_m & y_m & 1 \end{pmatrix}$，$\mathbf{0}$ 表示 $m\times 1$ 的零向量，则式(12.3.16)可以表示为

$$Az = 0 \tag{12.3.17}$$

确定边缘只需确定二次曲线方程的系数$a$、$b$、$c$、$d$、$e$、$f$，可通过求解方程组(12.3.17)实现。由于实际提取像素坐标的过程会导致相应误差，因此有$R(A)=6$，方程组(12.3.17)为超定齐次线性方程组，仅有零解。由于实际问题的需要，希望获得方程组(12.3.17)的非零解$z^*$，使得

$$\left\|Az^*\right\|^2 = \min_{\|z\|^2=1}\left\|Az\right\|^2 \tag{12.3.18}$$

根据12.2.2节的讨论，方程组(12.3.17)的最小二乘解$z^*$即为所求，可通过12.2.2节介绍的方法获得$z^*$，最后，通过$z^*$可确定边缘曲线的方程。

# 参考文献


陈乐，吕文阁，丁少华，2005. 角点检测技术研究进展[J]. 自动化技术与应用，24(5)：5.

陈旺，徐玮，熊志辉，等，2009. 折反射全向图像柱面展开校正算法研究[J]. 中国图象图形学报，14(12)：2559-2565.

陈西，黎宁，周建江，2009. 基于正方形模板的摄像机自标定新方法[J]. 信息通信，22(1)：27-30.

程德志，李言俊，余瑞星，2011. 基于改进 SIFT 算法的图像匹配方法[J]. 计算机仿真，28(7)：285-289.

迟健男，徐心和，2004. 移动机器人即时定位与地图创建问题研究[J]. 机器人，26(1)：5.

高尚，2011. 基于垂直距离的直线拟合[J]. 大学数学，27(2)：4.

黄剑玲，邹辉，2007. 基于高斯 Laplace 算子图像边缘检测的改进[J]. 微电子学与计算机，24(9)：4.

刘海香，张彩明，梁秀霞，2004. 平面上散乱数据点的二次曲线拟合[J]. 计算机辅助设计与图形学学报，16(11)：5.

刘涌，黄丁发，刘志勤，等，2010. 基于仿射变换和透视投影的摄像机镜头畸变校正方法[J]. 西南科技大学学报，25(3)：76-81.

龙钧宇，金连文，2004. 一种基于全局均值和局部方差的图像二值化方法[J]. 计算机工程，30(2)：3.

楼建光，柳崎峰，胡卫明，等，2002. 交通视觉监控中的摄像机参数求解[J]. 计算机学报，25(11)：1269-1273.

卢宏涛，张秦川，2016. 深度卷积神经网络在计算机视觉中的应用研究综述[J]. 数据采集与处理，31(1)：17.

梅向明，刘增贤，王汇淳，等，2008. 高等几何[M]. 3 版. 北京：高等教育出版社.

孟晓桥，胡占义，2002. 一种新的基于圆环点的摄像机自标定方法[J]. 软件学报，13(5)：9.

裴明涛，贾云得，2006. 基于主动视觉的摄像机线性自标定方法[J]. 北京理工大学学报，26(1)：27-35.

佟帅，徐晓刚，易成涛，等，2011. 基于视觉的三维重建技术综述[J]. 计算机应用研究，28(7)：17-23.

王强，马利庄，2000. 图像二值化时图像特征的保留[J]. 计算机辅助设计与图形学学报，12(10)：5.

王植，贺赛先，2004. 一种基于 Canny 理论的自适应边缘检测方法[J]. 中国图象图形学报：A 辑，9(8)：6.

魏伟波，芮筱亭，2006. 图像边缘检测方法研究[J]. 计算机工程与应用，42(30)：4.

吴福朝，2008. 计算机视觉中的数学方法[M]. 北京：科学出版社.

杨长江，孙凤梅，胡占义，2000. 基于平面二次曲线的摄像机标定[J]. 计算机学报，5(23)：541-547.

袁春兰，熊宗龙，周雪花，等，2009. 基于 Sobel 算子的图像边缘检测研究[J]. 激光与红外，39(1)：3.

曾接贤，张桂梅，储珺，等，2003. 霍夫变换与最小二乘法相结合的直线拟合[J]. 南昌航空大学学报：自然科学版，17(4)：9-13.

张莲，宋桂荣，2001. 求线性方程组最小二乘解的一种方法[J]. 沈阳工业大学学报，23(5)：2.

张贤达，2019. 矩阵分析与应用[M]. 北京：清华大学出版社.

张永亮，刘安心，2005. 基于 Prewitt 算子的计算机数字图像边缘检测改进算法[J]. 解放军理工大学学报：自然科学版，6(1)：3.

赵万金，龚声蓉，刘纯平，等，2008. 一种自适应的 Harris 角点检测算法[J]. 计算机工程，34(10)：4.

FAUGERAS O D, LUONG O T, MAYBANK S, 1992. Camera self-calibration: theory and experiments[C]. Santa Margherita Ligure: Proceedings of the 2nd European Conference on Computer Vision, 321-334.

GEYER C, DANIILIDIS K, 2001. Catadioptric projective geometry[J]. International journal of computer vision, 45(3): 223-243.

HARTLEY R, ZISSERMAN A, 2004. Multiple view geometry in computer vision[M]. Cambridge: Cambridge University Press.

HARTLEY R, DE AGAPITE L, HAYMAN E, et al., 1999. Camera calibration and search for infinity[C]. Kerkyra: Proceeding of the International Conference on Computer Vision, 510-517.

HU Z Y, WANG G H, WU F H, 2003. Affine reconstruction from planes and lines[J]. Chinese journal of computers, 8(6): 722-728.

KIM J S, GURDJOS P, KWEON I S, 2005. Geometric and algebraic constraints of projected concentric circles and their applications to camera calibration[J]. IEEE transactions on pattern analysis & machine intelligence, 27(4): 637-642.

LUONG Q T, FAUGERAS O D, 1996. The fundamental matrix: theory, algorithms, and stability analysis[J]. International journal of computer vision, 17(2): 43-75.

MA S D, 1996. A self-calibration technique for active vision system[J]. Transactions on robot automation, 12(1): 114-120.

POLLEFEYS M, KOCH R, VAN G L, 1999. Self-calibration and metric reconstruction in spite of varying and unknown intrinsic camera parameters[J]. International journal of computer vision, 32(1): 7-25.

SOBODA T, PAJDLA T, 2002. Epipolar geometry for central catadioptric cameras[J]. International journal of computer vision, 49(1): 23-27.

SUN J, CHEN X, GONG Z, et al., 2015. Accurate camera calibration with distortion models using sphere images[J]. Optics and laser technology, 65(1): 83-87.

TOMASI C, KANADE T, 1992. Shape and motion from image streams: a factorization method[J]. International journal of computer vision, 9(2): 137-154.

WANG S M, WANG J, ZHAO Y, 2009. A linear method for rank 2 fundamental matrix with non-compulsory constraint[C]. Guilin: Robotics and Biomimetics.

WENG J Y, THOMAS T S, AHUJA N, 1992. Motion and structure from correspondence: closed-form solution, uniqueness and optimization[J]. IEEE transactions on pattern analysis & machine intelligence, 14(3): 318-336.

WENG J, COHEN P, HERNIOUS M, 1992. Camera calibration with distortion models and accuracy evaluation[J]. IEEE transactions on pattern analysis & machine intelligence, 14(10): 965-980.

WONG K, ZHANG G, CHEN Z, 2011. A stratified approach for camera calibration using spheres[J]. IEEE trans image process, 20(2): 305-316.

WU F C, DUAN F Q, HU Z Y, 2008. A new linear algorithm for calibrating central catadioptric cameras[J]. Pattern recognition, 41(10): 3166-3172.

YANG F L, ZHAO Y, WANG X C, 2020. Two separate circles with same-radius: projective geometric properties and applicability in camera calibration[J]. IEEE access, 8(1): 16795-16806.

YING X H, HU Z H, 2004. Catadioptric camera calibration using geometric invariants[J]. IEEE transactions on pattern analysis & machine intelligence, 13(12): 1260-1271.

ZHANG Z, 2004. Camera calibration with one-dimensional objects[J]. IEEE transactions on pattern analysis & machine intelligence, 26(7): 892-899.

ZHANG Z Y, 2000. A flexible new technique for camera calibration[J]. IEEE transactions on pattern analysis & machine intelligence, 22(11): 1330-1334.